普通高等教育“十二五”规划教材
电子电气基础课程规划教材

电子技术

（电工学Ⅱ）

邓　坚　主编
全书海　主审

電子工業出版社
Publishing House of Electronics Industry
北京·BEIJING

内 容 简 介

本套教材是普通高等教育“十二五”规划教材，电子电气基础课程规划教材，分为《电工技术（电工学Ⅰ）》和《电子技术（电工学Ⅱ）》两册出版。

本书共分9章，包括半导体器件、基本放大电路、集成运算放大器及其应用、正弦波振荡电路、电力电子技术、门电路和组合逻辑电路、触发器与时序逻辑电路、半导体存储器和可编程逻辑器件、模拟量与数字量的转换。

本书课程体系新颖，内容全面实用，由浅入深，重点突出。每章均配有本章小结、关键术语（中英名词对照）和习题，书后附有部分习题参考答案，便于学生自学和巩固。为方便教学，本书配有免费电子课件。

作者讲的电工学课程于2004年被评为湖北省高等学校省级精品课程，本书是作者多年从事电工学教学实践和教学改革经验的总结，不仅可作为高等院校工科非电类本科生、大专生及成人教育学生的教材和参考书，还可作为自学考试或相关工程技术人员的参考用书。

本书可与我校刘明老师主编的《电工技术（电工学Ⅰ）》配套使用。

图书在版编目(CIP)数据

电子技术：电工学. 2 / 邓坚主编. —北京：电子工业出版社，2012.9
电子电气基础课程规划教材
ISBN 978-7-121-18093-4

Ⅰ. ①电… Ⅱ. ①邓… Ⅲ. ①电子技术－高等学校－教材 ②电工学－高等学校－教材 Ⅳ. ①TN ②TM

中国版本图书馆CIP数据核字(2012)第201961号

策划编辑：竺南直
责任编辑：桑 昀
印 刷：
装 订：三河市鑫金马印装有限公司
出版发行：电子工业出版社
北京市海淀区万寿路173信箱 邮编 100036
开 本：787×1092 1/16 印张：17 字数：438.4千字
印 次：2012年9月第1次印刷
印 数：5 000册 定价：32.00元

凡所购买电子工业出版社图书有缺损问题，请向购买书店调换。若书店售缺，请与本社发行部联系，联系及邮购电话：(010)88254888。

质量投诉请发邮件至zlts@phei.com.cn，盗版侵权举报请发邮件至dbqq@phei.com.cn。

服务热线：(010)88258888。

前　言

本书《电子技术》（电工学Ⅱ）是普通高等教育“十二五”规划教材，是电气与电子信息类基础课程规划教材。

《电子技术》课程是高等学校本科非电类专业的一门重要技术基础课程，是一门关于电学科的综合性、导论性、实践性的课程。本课程的主要任务是使学生获得电子技术等领域必要的基本理论、基本知识和基本技能，为学习后续课程及将来从事工程技术工作和科学研究工作打下一定的电工与电子理论基础和实践基础。该课程面向专业多，学生数量大，课程内容涉及电子学科的各个领域，有很强的实践性。

本书依据教育部电子信息科学与电气信息类基础课程教学指导分委员会制定的电工学（电子技术）课程的基本要求，以及教育部关于普通高等教育“十二五”国家级规划教材的基本要求，配合教育部首批“卓越工程师培养计划”项目，本着“夯实基础、注重综合、强化设计、旨在创新”的理念，结合普通本科院校本科生的实际情况由多年从事电子技术教学、经验丰富的教师编写而成。在课程内容的选择上，注意精简传统内容，提高起点，重点突出基本概念、基本理论、基本原理和基本分析方法，尽量减少过于复杂的分析与计算，力求反映电工电子学科的新成就和新进展，反映学科前沿，具有时代特征。编写时着重考虑了以下三方面的辩证关系。

（1）原理与应用——两者并重，注意理论与实践应用相结合。

（2）元件与系统——两者紧密结合，元件着重外部特性，元件为系统应用服务。

（3）掌握与了解——广泛应用的基础知识要掌握，目前已开始应用的新技术要了解。

本书文字力求简明，概念清晰，条理清楚，讲解到位，插图规范，易于教学。各章均配有本章小结、关键术语（中英名词对照）、习题和部分习题参考答案等，供学生课后复习和巩固。

本教材主要是面对 50～120 学时（含实验）的电工电子技术基础课程（电子技术部分）而设计，可与我校刘明老师主编的《电工技术（电工学Ⅰ）》配套使用。为方便教学，本书配有免费电子课件。任课教师可登录华信教育资源网（http://www hxedu.com.cn）免费注册下载。

本书的编写是在武汉理工大学电工电子教研室的大力支持下进行的，由全书海教授组织了本书的编写工作，邓坚制订了详细的编写提纲并负责了全书的统稿工作。本书共 9 章，其中第 1、2 章由罗文辉编写，第 3、9 章和附录由邓坚编写，第 4 章由陆宁编写，第 5、8 章由翁显耀编写，第 6、7 章由林伟编写。

本书由全书海教授主审，并提出了许多建设性的意见和建议，在此表示诚挚的感谢。本书的编写还得到了武汉理工大学教务处和自动化学院的大力支持，在此一并表示诚挚的感谢。在编写过程中，参阅和借鉴了大量有关的参考资料，在此向所有资料的编写者们表示衷心的感谢。

鉴于编者水平有限，疏漏和不当之处在所难免，恳请读者批评指正，不胜感激。

编　者

2012 年 6 月

目　录

第 1 章　半导体器件……1

1.1　半导体的基础知识……1

1.1.1　本征半导体……1

1.1.2　N 型半导体和 P 型半导体……2

1.1.3　PN 结及其单向导电性……3

思考与练习题……5

1.2　半导体二极管……5

1.2.1　基本结构……5

1.2.2　伏安特性……6

1.2.3　二极管的主要参数……7

1.2.4　二极管应用举例……7

思考与练习题……8

1.3　稳压二极管……8

思考与练习题……10

1.4　半导体晶体管……10

1.4.1　基本结构……10

1.4.2　晶体管的电流放大原理……11

1.4.3　特性曲线……13

1.4.4　主要参数……15

思考与练习题……16

1.5　绝缘栅型场效应晶体管……16

1.5.1　N 沟道增强型场效应晶体管……16

1.5.2　N 沟道耗尽型场效应晶体管……19

1.5.3　P 沟道增强型场效应晶体管……20

1.6　光电器件……21

1.6.1　发光二极管……21

1.6.2　光电二极管……22

思考与练习题……22

本章小结……22

关键术语……24

习题……24

第 2 章　基本放大电路……29

2.1　基本放大电路概述……29

2.1.1　基本放大电路的组成……29

2.1.2　直流通路和交流通路……30

2.1.3 共发射极基本放大电路的工作原理 …… 30
思考与练习题 …… 31
2.2 放大电路的静态分析 …… 32
思考与练习题 …… 34
2.3 放大电路的动态分析 …… 34
2.3.1 微变等效电路法 …… 34
2.3.2 图解法分析动态特性 …… 38
2.3.3 非线性失真 …… 40
思考与练习题 …… 40
2.4 放大器静态工作点的稳定 …… 40
2.4.1 静态分析 …… 41
2.4.2 动态分析 …… 42
思考与练习题 …… 45
2.5 射极输出器 …… 45
2.5.1 静态分析 …… 45
2.5.2 动态分析 …… 45
思考与练习题 …… 47
2.6 场效应晶体管放大电路 …… 47
2.6.1 共源极放大电路 …… 48
2.6.2 共漏极放大电路 …… 50
思考与练习题 …… 51
2.7 阻容耦合多级放大电路 …… 51
思考与练习题 …… 54
2.8 互补对称功率放大电路 …… 54
2.8.1 功率放大电路的基本要求 …… 54
2.8.2 互补对称式功率放大电路 …… 55
2.8.3 集成功率放大电路 …… 58
思考与练习题 …… 59
本章小结 …… 59
关键术语 …… 60
习题 …… 60
第3章 集成运算放大器及其应用 …… 65
3.1 差分放大电路 …… 65
3.1.1 差分放大电路的工作原理 …… 66
3.1.2 典型差分放大电路 …… 67
3.1.3 差分放大电路的共模抑制比 …… 71
思考与练习题 …… 71
3.2 集成运算放大器的概述 …… 72
3.2.1 集成运算放大器的组成 …… 72
3.2.2 集成运算放大器的主要参数 …… 73

3.2.3 集成运算放大器的传输特性……73
3.2.4 理想运算放大器及其分析依据……74
思考与练习题……75
3.3 集成运算放大电路中的反馈……75
3.3.1 反馈的概念……75
3.3.2 负反馈的类型……76
3.3.3 负反馈对放大电路性能的影响……79
思考与练习题……82
3.4 信号运算基本电路……82
3.4.1 比例运算……82
3.4.2 加法运算和减法运算……85
3.4.3 积分运算和微分运算……88
3.4.4 仪用放大器……90
思考与练习题……91
3.5 信号处理电路……91
3.5.1 有源滤波器……91
3.5.2 采样保持电路……94
3.5.3 电压比较器……95
3.5.4 信号转换电路……97
思考与练习题……98
3.6 信号产生电路……99
3.6.1 方波发生器……99
3.6.2 三角波发生器……100
3.6.3 锯齿波发生器……101
思考与练习题……102
3.7 使用集成运算放大器注意事项……102
3.7.1 选用元件原则……102
3.7.2 消振……102
3.7.3 调零……102
3.7.4 保护措施……103
3.7.5 增大输出电流……103
本章小结……104
关键术语……105
习题……105
第4章 正弦波振荡电路……113
4.1 正弦波振荡电路的基本原理……113
4.1.1 自激振荡产生的条件……113
4.1.2 自激振荡的建立与稳定……114
4.1.3 正弦波振荡电路的组成……114
思考与练习题……115

4.2 正弦波振荡电路 115
4.2.1 RC 正弦波振荡电路 115
4.2.2 LC 正弦波振荡电路 117
4.2.3 石英晶体正弦波振荡电路 121
思考与练习题 123
本章小结 123
关键术语 123
习题 123
第 5 章 电力电子技术 126
5.1 直流稳压电源 126
5.1.1 整流电路 126
5.1.2 滤波电路 129
5.1.3 稳压电路 131
5.2 晶闸管及其应用 134
5.2.1 晶闸管 134
5.2.2 可控整流电路 136
本章小结 136
关键术语 137
习题 137
第 6 章 门电路和组合逻辑电路 139
6.1 数字电路概述 139
6.1.1 脉冲信号和数字信号 139
6.1.2 二进制数 140
思考与练习题 141
6.2 基本逻辑运算及逻辑门 141
6.2.1 与逻辑运算及与门 142
6.2.2 或逻辑运算及或门 143
6.2.3 非逻辑运算及非门 143
6.2.4 复合逻辑运算及复合门 144
思考与练习题 145
6.3 数字集成门电路 145
6.3.1 TTL 门电路 145
6.3.2 TTL 三态输出与非门 149
6.3.3 集电极开路与非门 150
6.3.4 CMOS 门电路 150
6.4 数字电路的逻辑分析 152
6.4.1 逻辑代数运算法则 152
6.4.2 逻辑函数的表示方法 153
6.4.3 逻辑函数的化简 154
6.5 组合逻辑电路 158

6.5.1 组合逻辑电路的分析 …… 158
6.5.2 组合逻辑电路的综合 …… 159
思考与练习题 …… 161
6.6 常用组合逻辑集成器件 …… 161
6.6.1 加法器 …… 161
6.6.2 编码器 …… 163
6.6.3 译码器和数码显示 …… 165
6.6.4 数据选择器和数据分配器 …… 167
6.6.5 数值比较器 …… 169
6.7 应用举例 …… 170
本章小结 …… 172
关键术语 …… 173
习题 …… 173
第 7 章 触发器与时序逻辑电路 …… 179
7.1 双稳态触发器 …… 179
7.1.1 RS 触发器 …… 179
7.1.2 主从型 JK 触发器 …… 182
7.1.3 维持阻塞型 D 触发器 …… 183
7.1.4 触发器逻辑功能的转换 …… 184
7.2 寄存器 …… 185
7.2.1 并行数码寄存器 …… 186
7.2.2 串行移位寄存器 …… 187
7.2.3 74194 集成寄存器 …… 187
思考与练习题 …… 188
7.3 计数器 …… 189
7.3.1 二进制计数器 …… 189
7.3.2 二-十进制加法计数器 …… 191
7.3.3 中规模集成计数器组件 …… 192
7.3.4 任意进制计数器 …… 194
思考与练习题 …… 197
7.4 集成电路定时器 555 …… 197
7.4.1 555 定时器电路简介 …… 197
7.4.2 由 555 定时器组成施密特触发器 …… 199
7.4.3 由 555 定时器组成的多谐振荡器 …… 199
7.4.4 由 555 定时器组成的单稳态触发器 …… 201
思考与练习题 …… 201
7.5 应用举例 …… 202
7.5.1 时钟脉冲发生器 …… 202
7.5.2 通断检测器 …… 202
7.5.3 RS 触发器和施密特触发器的应用 …… 203

本章小结……204
关键术语……204
习题……205
第8章 半导体存储器和可编程逻辑器件……210
8.1 只读存储器……210
8.1.1 掩模ROM……211
8.1.2 可编程ROM（PROM）……211
8.1.3 可紫外线擦除PROM（EPROM）……212
8.1.4 可电擦除PROM（EEPROM）……212
8.2 随机存取存储器……213
8.2.1 静态随机RAM……213
8.2.2 动态随机RAM……213
8.3 闪存……214
8.4 可编程逻辑器件……215
8.4.1 可编程逻辑器件概述……215
8.4.2 可编程只读存储器……215
8.4.3 可编程阵列逻辑器件……215
8.4.4 通用可编程阵列逻辑器件……216
8.4.5 复杂可编程逻辑器件……217
8.4.6 现场可编程“门”阵列逻辑器件……220
本章小结……220
关键术语……220
习题……221
第9章 模拟量与数字量的转换……222
9.1 数模转换器……222
9.1.1 T形电阻网络D/A转换器……223
9.1.2 倒T形电阻网络D/A转换器……225
9.1.3 单片集成D/A转换器……226
9.1.4 D/A转换器的主要技术指标……227
思考与练习题……228
9.2 模数转换器……228
9.2.1 A/D转换的基本原理……228
9.2.2 并行比较型A/D转换器……229
9.2.3 逐次逼近型A/D转换器……230
9.2.4 集成A/D转换器……233
9.2.5 A/D转换器的主要技术指标……234
思考与练习题……235
本章小结……235
关键术语……235
习题……236

附录 A　半导体器件型号及命名（国家标准 GB /T 249—1989）……237
附录 B　常用半导体分立器件的型号和主要参数……239
附录 C　半导体集成器件型号命名方法（国家标准 GB /T 3430—1989）……241
附录 D　部分集成电路的主要参数……242
附录 E　数字集成电路部分系列型号分类表……243
附录 F　数字集成电路部分品种型号……244
附录 G　数字电路部分常用符号……247
部分习题参考答案……249
参考文献……259

第 1 章　半导体器件

半导体器件是用半导体材料制成的电子器件，是构成各种电子电路最基本的核心元件，它包括半导体二极管、稳压管、半导体三极管、场效应管和发光器件等。半导体器件具有体积小、质量轻、功耗低、使用寿命长等优点，因此在现代工业、农业、科学技术、国防等各个领域得到了广泛应用。

1.1　半导体的基础知识

自然界中存在着各种物质，按导电能力的强弱可分为导体、绝缘体和半导体。半导体的导电能力介于导体和绝缘体之间，主要有硅、锗、硒、砷化镓、氧化物和硫化物等。半导体之所以被重视，是因为很多半导体的导电能力在不同的条件下有着显著的差异。例如，有些半导体如钴、锰、硒等的氧化物对温度的反应特别灵敏，当环境温度升高时，它们的导电能力会明显增强。利用这种热敏特性可制成各种热敏元件。又如，有些半导体如镉、铝的硫化物和硒化物受到光照时，它们的导电能力会变得很强；当无光照射时，又变得像绝缘体那样不导电。利用这种光敏特性可制成各种光敏元件。更重要的是，如果在纯净的半导体中掺入微量的杂质元素，其导电能力会猛增到几千、几万甚至上百万倍。利用半导体的这种掺杂特性，可制成种类繁多的具有不同用途的半导体器件，如半导体二极管、半导体三极管、场效应管等。

1.1.1　本征半导体

目前用来制造半导体器件的材料主要是硅（Si）、锗（Ge）等。硅和锗半导体材料经高纯度提炼后，其原子排列已变成非常整齐的状态，称为单晶体，也称为本征半导体。

硅和锗的原子结构示意图如图 1-1 所示。它们的最外层电子轨道上都有 4 个电子，最外层的电子称为价电子，所以硅和锗都是四价元素。最外层具有 8 个电子的原子才处于稳定状态。因此，在本征半导体中，每个原子与相邻的 4 个原子结合。每一个原子的 4 个价电子分别为相邻的 4 个原子所共有，组成所谓的共价键结构，如图 1-2 所示。

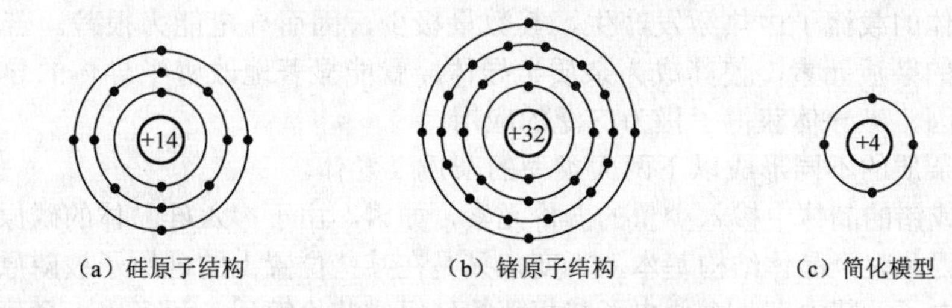

图 1-1　硅和锗的原子结构示意图

共价键中的价电子不像绝缘体中的价电子被束缚得那么紧，在获得一定能量（温度增高或受光照）后，可能挣脱原子核的束缚，电子受到本征激发而成为自由电子，自由电子带负电。与此同时，共价键中就留下一个空位，称为空穴，如图 1-3 所示。空穴的出现是半导体的一个重要特点。显然存在空穴的原子带正电。

如果半导体加上电场，带有空穴的原子可能会吸引相邻原子中的价电子来递补空穴。同时，失去了一个价电子的相邻原子的共价键中出现另一个空穴，它也可以由相邻的价电子来递补，而在该位置上又出现一个空穴。如此继续下去，就好像空穴在运动，则带正电的空穴与自由电子反方向运动，形成空穴电流。

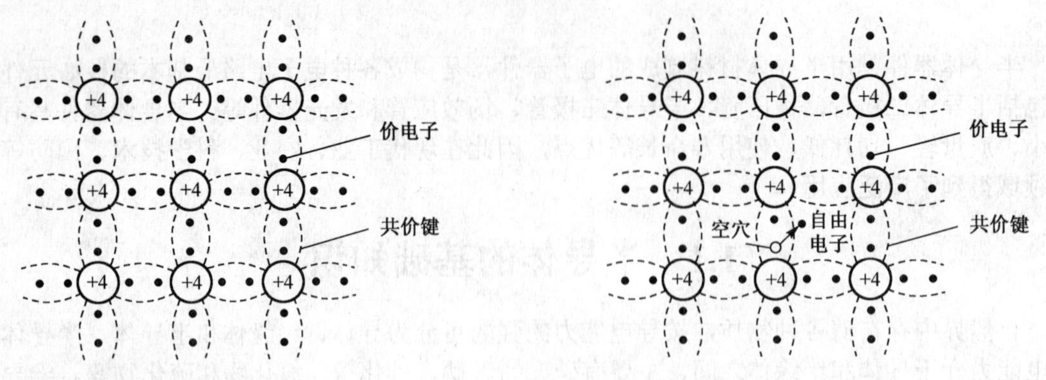

图 1-2　晶体共价键结构　　　　图 1-3　自由电子和空穴的产生

综上所述，可以得出两个结论，一是本征半导体的原子获得能量后，价电子激发成自由电子，同时在原子留下一个空穴，自由电子与空穴是成对出现的。二是在半导体两端加外电场，半导体出现定向运动的电子电流，以及价电子依次递补空穴形成的空穴电流。

同时存在自由电子导电和空穴导电是半导体不同于金属导电的显著特点和本质区别。自由电子和空穴都参与导电，故两者统称为载流子。

本征半导体激发产生的自由电子，如果既能释放激发吸收的能量，又能填补空穴，称为复合。在一定温度下，载流子的产生和复合总是处在动态平衡状态，载流子的数量也维持在一定的值。当温度升高时，动态平衡被打破，载流子数目增多，半导体的导电能力也就增强，这就是温度对半导体导电性能有很大影响的根本原因。综上所述，本征半导体有如下特点：

（1）温度越高，空穴电子对越多，导电能力就越强。

（2）空穴电子对的热运动是无序的、成对出现的，就本征半导体而言，对外不显电性。只有在外电场作用下，电子空穴才具有方向性。

1.1.2　N 型半导体和 P 型半导体

本征半导体的载流子由热激发产生，其数量极少，因而导电能力很差。若在本征半导体中掺入少量的杂质元素，使其成为杂质半导体，就能显著地改善半导体的导电性能。正是由于这种原因，半导体获得了极为广泛的应用。

根据所掺杂质的不同形成以下两大类型的杂质半导体。

（1）在硅或锗的晶体中掺入少量的五价元素，如磷。由于掺入硅晶体的磷原子数比硅原子数少很多，因此整个晶体结构基本上不变，只是在某些位置上的硅原子被磷原子取代。磷原子有 5 个价电子，其中有 4 个价电子与相邻的硅组成共价键后，还多出 1 个价电子，这个价电子只受磷原子核的束缚，比共价键中的价电子受到的束缚力要小得多，这些多余的价电子很容易被激发成为自由电子。当磷原子的多余电子被激发后，磷原子本身因失去 1 个价电子而成为不能移动的带正电荷的杂质离子，由于这个杂质离子不能移动，因而也不能导电。在这种半导体中，自由电子与正离子总是成对出现的。

掺入的磷元素越多，则自由电子就越多（如图 1-4 所示），于是半导体的自由电子数目大量增加，自由电子导电成为这种导体的主要导电方式，故称为电子半导体或N型半导体。在N型半导体中，自由电子数远大于空穴数，所以自由电子称为多数载流子（简称多子），而空穴称为少数载流子（简称少子）。

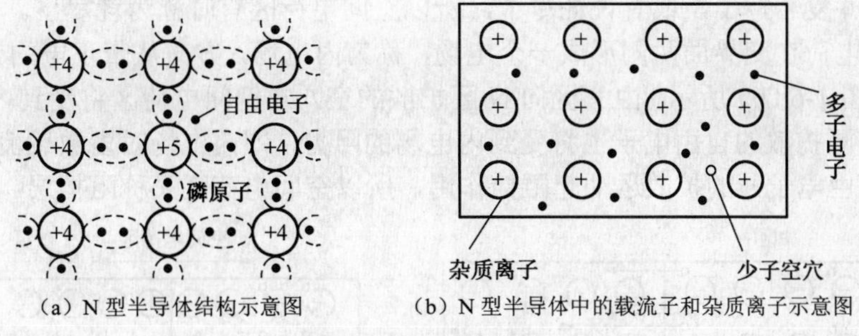

（a）N型半导体结构示意图　（b）N型半导体中的载流子和杂质离子示意图

图1-4　N型半导体

（2）在本征半导体中掺入少量的三价元素，如硼等，可使半导体中空穴的数目大大增加，形成P型半导体。例如，掺入少量的硼，由于硼原子是三价的，和周围的四价硅原子组成共价键时因缺少一个电子而形成一个空位，如图1-5所示。在常温下，邻近的硅原子共价控中的价电子具有足够的能量去填补这个空穴，而在原硅原子中留下一个空穴。由于硼原子接受一个电子而成为不能移动的带负电的杂质离子，因此硼原子不能导电。这样，掺入一个硼原子可以生成一个空穴，掺入少量的硼元素便可以使空穴数目剧增，这种半导体主要是带正电的空穴导电，所以，多数载流子（多子）是空穴，少数载流子（少子）为自由电子，这种半导体也称为空穴半导体。

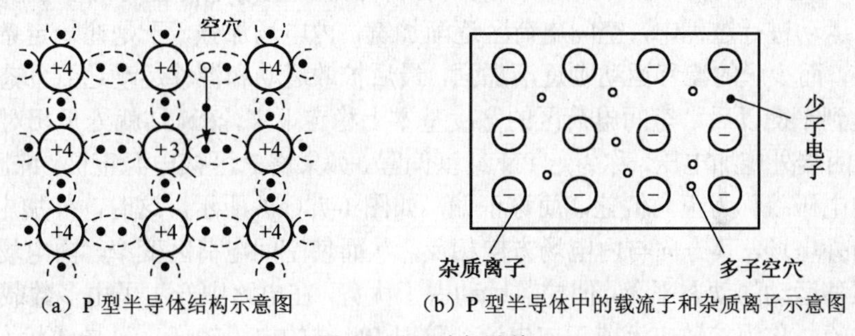

（a）P型半导体结构示意图　（b）P型半导体中的载流子和杂质离子示意图

图1-5　P型半导体

综上所述，在本征半导体中掺入少量杂质构成杂质半导体后，在常温下杂质原子均已电离，载流子数目大大增加使半导体的导电能力显著提高，因此，掺杂质是提高半导体导电能力的最有效方法。需要指出的是，无论是N型半导体还是P型半导体，其正、负电荷是相等的，多出的载流子与杂质所带的正、负电荷相平衡。因此，杂质半导体也依然呈电中性。

1.1.3　PN结及其单向导电性

如果通过一定的工艺措施，使同一硅片的两边分别形成N型半导体和P型半导体。那它们的交界面处就可形成PN结。PN结是构成各种半导体器件的基础。

N型半导体和P型半导体的交界处，由于N区的自由电子浓度远大于P区的自由电子的浓度，因此自由电子将从N区向P区扩散，同理，P区的空穴将向N区扩散，如图1-6（a）所示。扩散使得交界面的N区侧因失去电子而留下带正电的正离子，交界面P区侧因失去空穴而留下带负电的负离子。这些带电离子在交界面两侧形成带异号电荷的空间电荷区，这就是PN结。

形成空间电荷区的正、负离子虽然带电，但是它们不能移动，不参与导电，而在这个区域内，载流子极少，所以空间电荷区的电阻率很高。此外，由于这个区域内多数载流子已扩散到对方区域并复合掉了，或者说耗尽了，所以空间电荷区有时称为耗尽层。

正负空间电荷在交界面两侧形成一个电场，称为内电场，方向从带正电的N区指向带负电的P区，如图1-6（b）所示。由P区向N区扩散的空穴在空间电荷区将受到内电场的阻力，而由N区向P区扩散的自由电子也将受到内电场的阻力，即内电场对多数载流子（P区的空穴和N区的自由电子）的扩散运动起阻挡作用，所以空间电荷区又称阻挡层。

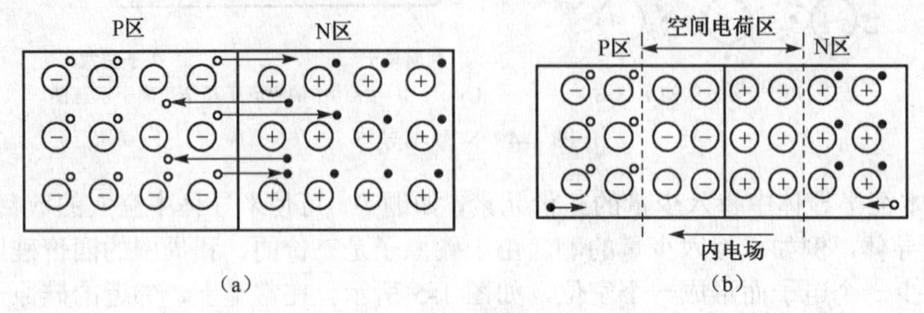

图1-6　PN结的形成

一方面空间电荷区的内电场对多数载流子的扩散运动起阻挡作用。另一方面，内电场对少数载流子（P区的自由电子和N区的空穴）则可推动它们越过空间电荷区，进入对方。少数载流子在内电场作用下有规则的运动称为漂移运动。

扩散和漂移是互相联系又是互相矛盾的。在开始形成空间电荷区时，多子的扩散运动占优势，但在扩散运动进行过程中，空间电荷区逐渐加宽，内电场加强，于是在一定条件下，多子的扩散逐渐减弱，而少子的漂移运动则逐渐加强，最后扩散运动和漂移运动达到动态平衡。当扩散和漂移运动达到平衡以后，空间电荷区的宽度基本上稳定下来，PN结就处于相对稳定的状态。

在PN结两端外施加电压，称为给PN结以偏置。如果将P区接电源正极，N区接电源负极，则称为加正向电压或称为正向偏置，简称正偏，如图1-7（a）所示。这时，外加电压对PN结产生的电场称为外电场，其方向与内电场方向相反，从而使空间电荷区变窄，内电场减弱，破坏了扩散运动与漂移运动的动态平衡，使扩散运动占了优势，在电路中产生了由多数载流子扩散运动形成的较大电流，称为扩散电流或正向电流，这时PN结的电阻较低，呈导通状态。

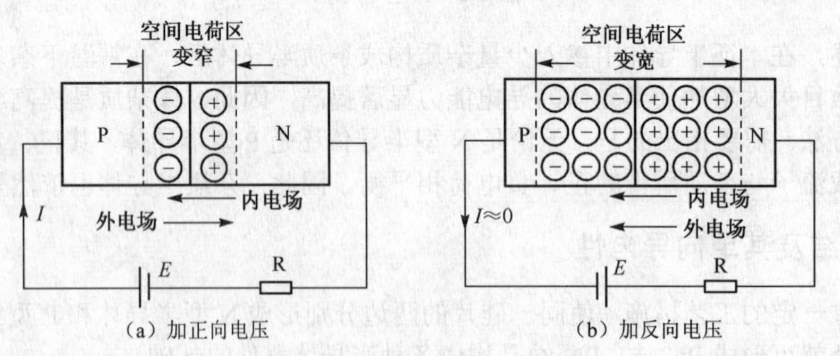

图1-7　外加电压时的PN结特性

如果将P区接电源负极，N区接电源正极，则称为加反向电压或称为反向偏置，简称反偏，如图1-7（b）所示。这时，外加电压对PN结产生的外电场与内电场方向相同，从而使空间电荷区变宽，内电场加强，破坏了扩散运动与漂移运动的动态平衡，使漂移运动占了优势，在电路中产生了由少数载流子漂移运动形成的极小电流，称为漂移电流或反向电流，这时 PN 结的电阻较高，呈截止状态。

由此可知，PN 结具有单向导电性，即在 PN 结上加正向电压时，PN 结电阻较低，正向电流大，PN 结处于导通状态；在加反向电压时，PN 结电阻较高，反向电流很小，PN 结处于截止状态。

思考与练习题

1.1.1　在制造半导体器件时，为什么先将导电性能介于导体与绝缘体之间的硅或锗制成本征半导体，使之导电性极差，然后再用扩散工艺在本征半导体中掺入杂质形成 N 型半导体或 P 型半导体改善其导电性？

1.1.2　为什么称空穴是载流子？在空穴导电时，电子运动吗？

1.1.3　什么是 N 型半导体？什么是 P 型半导体？当两种半导体制作在一起时会产生什么现象？

1.1.4　为什么 PN 结具有单向导电性？在 PN 结加反向电压时果真没有电流吗？

1.2　半导体二极管

1.2.1　基本结构

如果在一个 PN 结的两端加上电极引线并用外壳封装起来，就构成一只半导体二极管，简称二极管。如图 1-8 所示为二极管的外形、结构示意图和图形符号。由 P 区引出的电极称为阳极，由 N 区引出的电极称为阴极，文字符号为 VD。

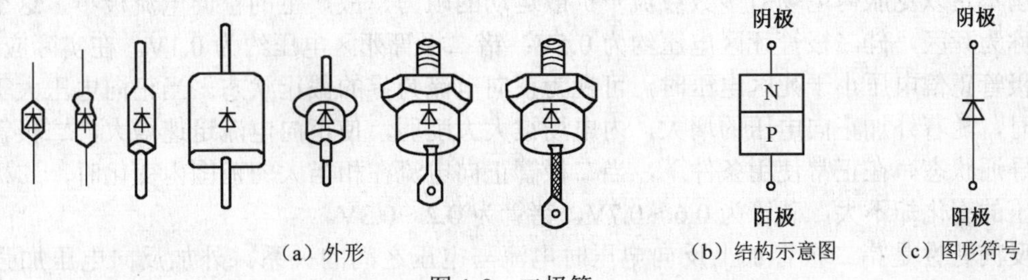

（a）外形　（b）结构示意图　（c）图形符号

图 1-8　二极管

按二极管的结构可分为点接触型和面接触型两类，如图 1-9 所示。点接触型二极管的结面积较小，因此结电容很小，且不能通过较大的电流，但其高频性能好，故一般适用于高频和小功率电路，也可用于数字电路中作开关元件；面接触型二极管的结面积较大，可允许通过较大的电流，但结电容较大，工作频率较低，适用于整流电路。

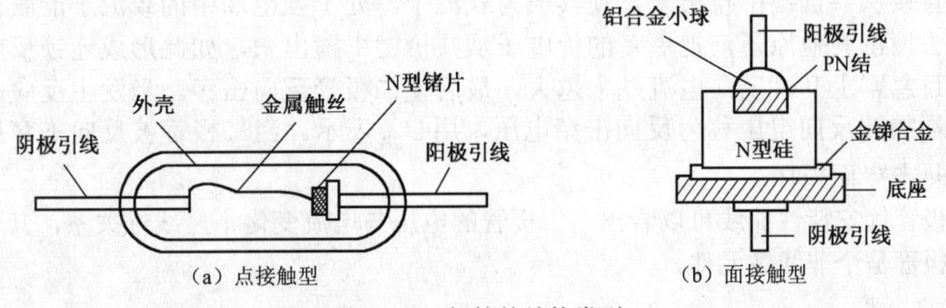

（a）点接触型　（b）面接触型

图 1-9　二极管的结构类型

二极管的种类很多，根据所用材料的不同可分为硅二极管和锗二极管两种。硅二极管因其温度特性较好，故使用较为广泛。

1.2.2　伏安特性

二极管既然是一个 PN 结，它当然具有单向导电性，其导电性能常用伏安特性来表征。加在二极管两极间的电压 U 和流过二极管的电流 I 之间的关系称为二极管的伏安特性，用于定量描述这两者关系的曲线称为伏安特性曲线。二极管典型的伏安特性曲线如图 1-10 所示。

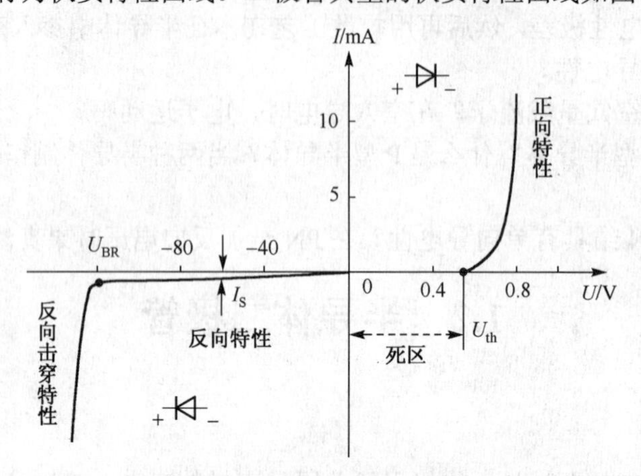

图 1-10　二极管典型的伏安特性曲线

正向特性是指二极管加上正向电压时电流与电压之间的关系。当外加正向电压很低时，外电场不足以克服内电场对多数载流子扩散运动的阻力，故产生的正向电流极小，这个电压区域称为死区，硅二极管死区电压约为 0.5V；锗二极管死区电压约为 0.1V。在实际应用中，当二极管正偏电压小于死区电压时，可视为正向电流为零的截止状态。当正向电压大于死区电压时，随着外加正向电压的增大，内电场被大大削弱，使正向电流迅速增大，二极管处于正向导通状态。在正常使用条件下，当二极管正向电流在相当大的范围内变化时，二极管两端电压的变化却不大，硅管为 0.6～0.7V，锗管为 0.2～0.3V。

反向特性是指二极管加上反向电压时电流与电压之间的关系。外加反向电压加强了内电场，有利于少数载流子的漂移运动，形成很小的反向电流。由于少数载流子数量的限制，这种反向电流在外加反向电压增加时并无明显增大，通常硅管为几微安到几十微安；锗管为几十微安到几百微安，故又称反向饱和电流，对应的这个区域称为反向截止区。当反向电压增大到一定值时，反向电流急剧增大，特性曲线接近于陡峭直线，这种现象称为二极管的反向击穿。之所以产生反向击穿，是因为过高的反向电压将产生很强的外电场，可以把价电子直接从共价键中拉出来，使其成为载流子。处于强电场中的载流子能获得足够的动能，又去撞击其他原子，把更多的价电子从共价键中撞出来，如此形成连锁反应，使载流子的数目急剧上升，反向电流越来越大，最后使二极管反向击穿。当发生反向击穿时，二极管两端加的反向电压称为反向击穿电压，用 U_{BR} 表示。当二极管被反向击穿后，则导致二极管热击穿而损坏。

从二极管伏安特性曲线可以看出，二极管的电压与电流变化不呈线性关系，其内阻不是常数，二极管是个非线性元件。

1.2.3 二极管的主要参数

二极管的参数是反映其性能的质量指标，也是选用二极管的主要依据。二极管的主要参数有如下几个。

1．最大整流电流（I_{OM}）

最大整流电流是指二极管长期使用时，允许流过二极管的最大正向平均电流。I_{OM} 的大小主要取决于 PN 结的结面积，I_{OM} 受结温的限制。二极管使用时的工作电流应小于 I_{OM}，否则，会由于 PN 结过热而使二极管损坏。点接触型二极管的 I_{OM} 一般在几十毫安以下，而面接触型二极管的 I_{OM} 较大，一般在几百毫安以上。

2．反向工作峰值电压（U_{RM}）

反向工作峰值电压是指二极管不被击穿而允许加的最大反向电压，通常取反向击穿电压 U_{BR} 的一半或三分之二。点接触型二极管的反向工作峰值电压一般为数十伏，而面接触型二极管的反向工作峰值电压可达数百伏。

3．反向工作峰值电流（I_{RM}）

反向工作峰值电流是指在二极管加反向工作峰值电压时的反向电流值。反向电流大，说明二极管的单向导电性差，并且受温度的影响大。

1.2.4 二极管应用举例

普通二极管的应用范围很广，可用于开关、稳压、整流、限幅等电路。

例 1-1 电路如图 1-11 所示，VD_A、VD_B 的导通电压均为 0.7V，若 $V_A=3V$、$V_B=0V$ 时，求输出端的电压 V_F。

解：当两个二极管阳极连在一起时，阴极电位低的二极管优先导通。

图中 $V_A>V_B$，所以 VD_B 抢先导通，$V_F=0.7V$。VD_B 导通后，在 VD_A 上加反向电压而使其截止。在这里 VD_B 起钳位作用，把输出端的电位钳制在了 0.7V 上。

例 1-2 电路如图 1-12 所示，求 U_{AB}。

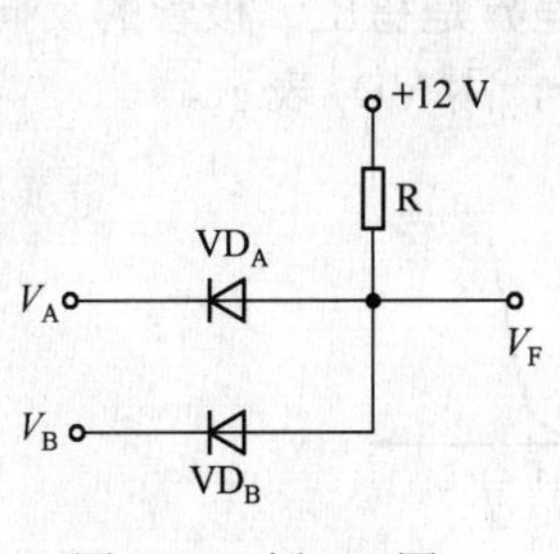

图 1-11 例 1-1 图

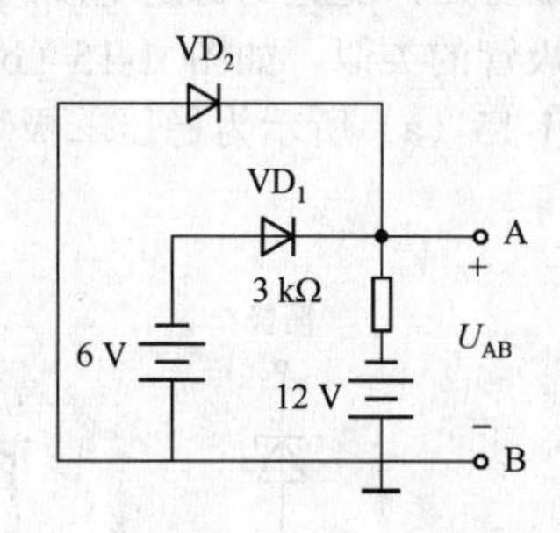

图 1-12 例 1-2 图

解：把两个二极管的阴极连接在一起，取 B 点作参考点，再断开二极管，分析二极管阳极和阴极的电位。

$VD_{1阳}=-6V$，$VD_{2阳}=0V$，$VD_{1阴}=VD_{2阴}=-12V$

$U_{VD_1}=6V$，$U_{VD_2}=12V$

由于$U_{VD_1} > U_{VD_2}$，所以 VD_2优先导通，VD_1截止。

若忽略管压降，二极管可看做短路，$U_{AB} = 0V$。

例 1-3 如图 1-13 所示已知：$u_i = 18\sin\omega t$，二极管是理想的，试画出u_o的波形。

解：二极管是理想，就表示导通压降为零。

二极管阴极电位为 8V

u_i >8V，二极管导通，可看做短路，u_o = 8V

u_i < 8V，二极管截止，可看做开路，$u_o = u_i$

结果如图 1-14 所示

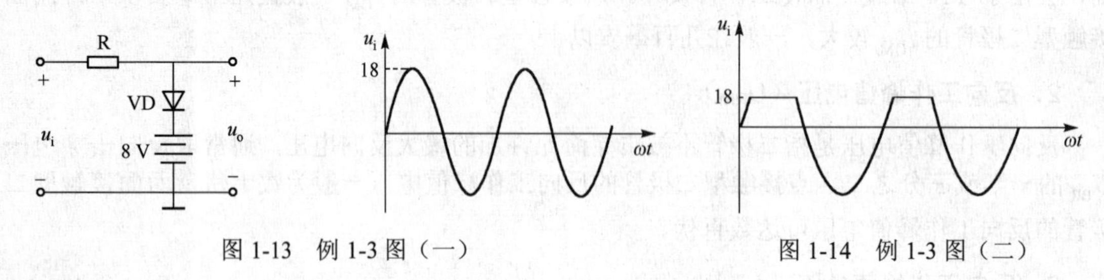

图 1-13 例 1-3 图（一）　　图 1-14 例 1-3 图（二）

思考与练习题

1.2.1 为什么说在使用二极管时，应特别注意不要超过最大整流电流和最高反向工作电压？

1.2.2 在二极管电路中，当其他条件不变，温度升高时，二极管的电流将会产生怎样的变化趋势？硅二极管和锗二极管相比，哪种二极管的反向电流受温度的影响较大？

1.2.3 能否将 1.5V 的电池直接以正向接法接到二极管的两端？为什么？

1.3 稳压二极管

稳压管又称稳压二极管，是一种特殊的面接触型半导体硅二极管。由于它在电路中与适当数值的电阻配合后，能起到稳定电压的作用，故称为稳压二极管。稳压二极管的伏安特性曲线与普通二极管的类似，如图 1-15（b）所示，其差异是稳压二极管的反向击穿特性曲线比较陡。如图 1-15（a）所示为稳压二极管的图形符号，用 VD_Z表示。

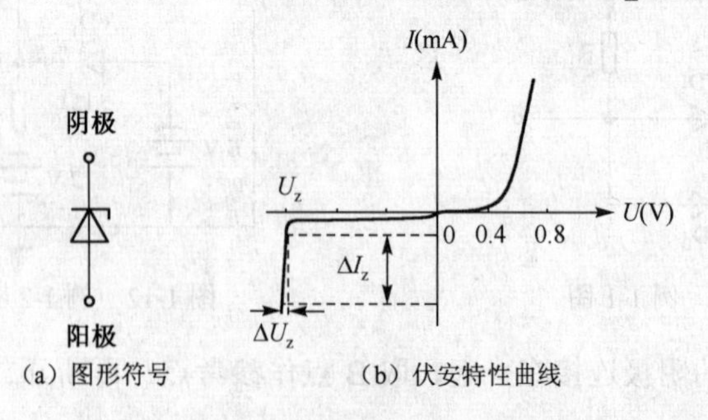

（a）图形符号　（b）伏安特性曲线

图 1-15 稳压二极管的图形符号和伏安特性曲线

稳压二极管正向电压和普通二极管一样，也有死区电压，硅管约为 0.5V；锗管约为 0.1V。

稳压二极管正常工作于反向击穿区，且在外加反向电压撤除后，稳压二极管又恢复正常，即它的反向击穿是可逆的。从反向特性曲线上可以看出，当稳压二极管工作于反向击穿区时，电流虽然在很大范围内变化，但稳压二极管两端的电压变化很小，即它起稳压的作用。如果稳压二极管的反向电流超过允许值，那么它会因过热而损坏。所以，与其配合的电阻要适当，才能起到稳压作用。

稳压二极管的主要参数有以下几个。

1．稳定电压（U_Z）

稳定电压是指稳压二极管在正常工作情况下其两端的电压值，也称稳压值。由于制造工艺方面和其他原因，稳压值也有一定的分散性。同一型号稳压二极管的稳压值可能略有不同。手册给出的都是一定条件（工作电流、温度）下的数值，如 2CW18 稳压二极管的稳压值是 10～12V。

2．稳定电流（I_Z）

稳定电流是指稳压二极管工作电压等于稳定电压时的工作电流。手册中给出的数值，可作为使用的参考数据。如当工作电流低于 I_Z 时，则稳压管的稳压性能变差；当工作电流高于 I_Z 时，只要不超过额定功耗，稳压二极管可以正常工作。一般来说，当工作电流较大时稳压性能较好。

3．电压温度系数（α_U）

电压温度系数是指稳压值受温度影响的系数，表示稳压二极管温度的稳定性。例如，2CW18 稳压二极管的电压温度系数是 0.095%/℃，这说明温度每增加 1℃，它的稳定性将升高 0.095%，假如在 20℃时的稳压值是 11V，那么在 40℃的稳压值将是

$$\left[11+\frac{0.095}{100}\times(40-20)\times 11\right]\approx 11.2\text{V}$$

4．动态电阻（r_Z）

动态电阻指稳压区间内，稳压二极管上的电压变化量与电流变化量之比，称为动态电阻，即 $r_Z=\dfrac{\Delta U_Z}{\Delta I_Z}$，$r_z$ 越小，说明稳压性能就越好。

5．最大允许耗散功率（P_{ZM}）

二极管不被击穿所允许的最大功率损耗为

$$P_{ZM}=U_Z I_{Z\max}$$

为保证稳压二极管工作于稳压区且电流不致过大而使功耗超过 P_{ZM} 而损坏，需串联一个电阻一起使用。

稳压二极管的应用非常广泛，下面举两个简单的例子。

（1）简单的稳压电路：电路如图 1-16 所示。输入电压 u_i 是脉动直流电压，输出电压 u_o 是几乎恒定的电压 U_Z，R 是限流电阻，R_L 是负载电阻。当输入电压 u_i 变化或负载电阻 R_L 变化时，稳压二极管 VD_Z 中的电流迅速变化，从而通过限流电阻 R 上压降的变化来保持 $u_o=U_Z$ 恒定。

（2）削波电路：电路与图 1-16 所示电路相同。输入电压 u_i 和输出电压 u_o 如图 1-17 所示。u_o 的波顶被削去，获得梯形波，故称削波电路。

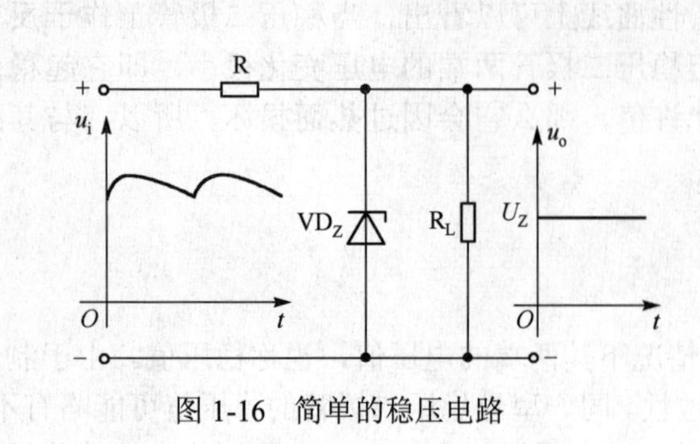

图 1-16　简单的稳压电路

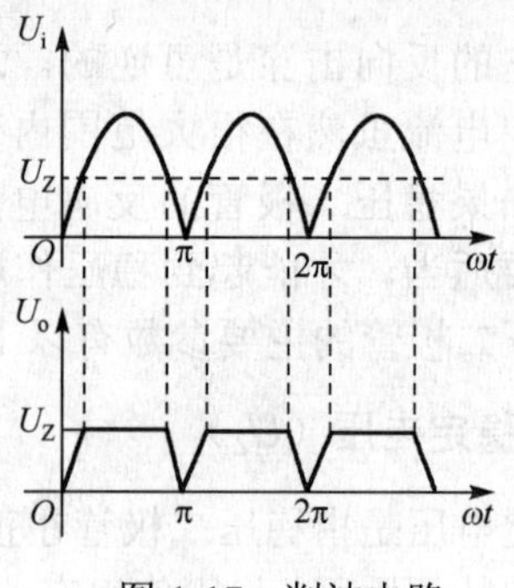

图 1-17　削波电路

思考与练习题

1.3.1　利用稳压二极管或普通二极管的正向特性是否也可以稳压？

1.3.2　稳压二极管工作在什么状态下可以稳定电压？为什么？

1.4　半导体晶体管

晶体管又称半导体晶体管，是最重要的一种半导体器件，可利用它的放大作用组成各式各样的放大电路，也可用它的开关作用组成逻辑门电路等。晶体管是电子电路的组成基础，本节主要介绍晶体管的基本结构、工作原理和参数特性等。

1.4.1　基本结构

双极型晶体管（Bipolar Junction Transistor, BJT）简称晶体管。它的种类很多，按照工作频率可分为高频管、低频管；按照功率可分为小功率管、大功率管；按照使用材料可分为硅管和锗管。我国生产的晶体管，目前最常见的有平面型和合金型两类，如图 1-18 所示。硅管主要是平面型，锗管都是合金型。常见的晶体管外形图如图 1-19 所示。

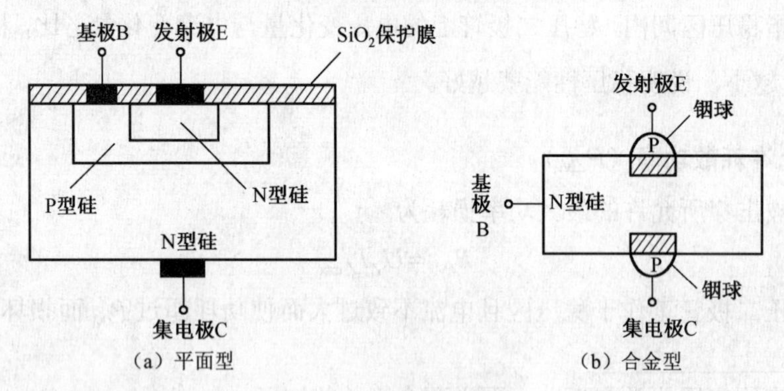

图 1-18　晶体管的结构

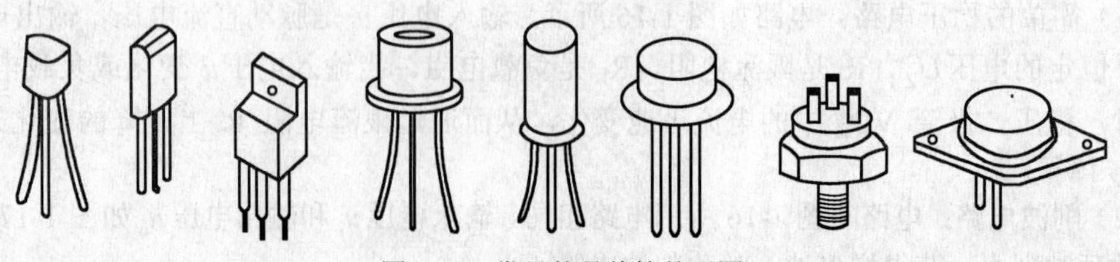
图 1-19　常见的晶体管外形图

不论平面型还是合金型，内部芯片都分成NPN或PNP三层，因此又把晶体管分为NPN型和PNP型两类，其结构示意图和图形符号如图1-20所示。目前，国内生产的硅晶体管多为NPN型（如3D系列），锗晶体管多为PNP型（如3A系列）。

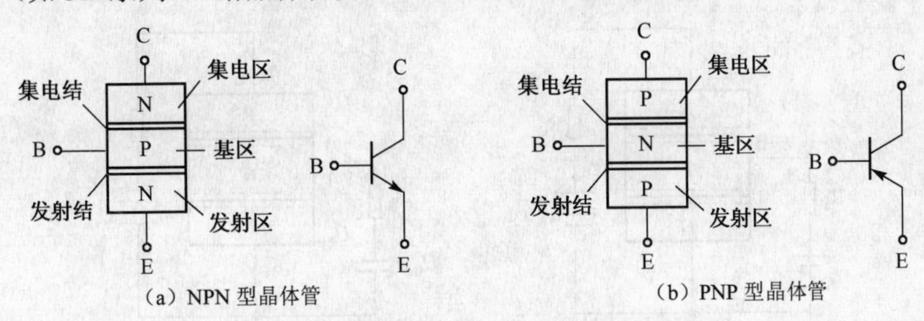

图1-20　晶体管的结构示意图和图形符号

晶体管分为基区、发射区和集电区，分别引出基极B、发射极E和集电极C。它有两个PN结，基区和集电区之间的PN结称为集电结，而基区和发射区之间的PN结称为发射结。

在电路符号中，发射极的箭头方向表示发射结正向偏置时的电流方向。为了保证晶体管具有放大特性，其结构具有以下特点：

（1）发射区杂质浓度大于集电区杂质浓度，以便于有足够的载流子供“发射”；

（2）集电结的面积比发射结的面积大，以利于集电区收集载流子；

（3）基区很薄，杂质浓度很低，以减少载流子在基区的复合机会。

一个晶体管并不是两个PN结的简单组合，它不能用两个反向串联的二极管来代替。在使用时，集电极C和发射极B也不能互换。NPN型和PNP型两种晶体管的工作原理基本相同，但使用时应注意电源极性连接不同。

1.4.2　晶体管的电流放大原理

1．晶体管的电流分配关系

要使晶体管能够正常地传送和控制载流子，完成放大作用，必须给晶体管加上合适的极间电压，即偏置电压。由于发射区要向基区注入载流子自由电子，因此发射结必须正向偏置，其大小通常为零点几伏。到达基区的自由电子，要传送到集电极，集电极的电位必须要高于基极电位，即要求集电结反向偏置，其大小通常为几伏至几十伏。不论采用何种管型和何种电路形式的晶体管放大电路，其晶体管只有满足“发射结正向偏置，集电结反向偏置”这个基本工作条件，才能正常工作。

在图1-21中，基极电源U_{BB}通过R_b给发射结加一个正向电压，U_{BB}、R_b及基极B和发射极E组成输入回路电路；集电极电源U_{CC}通过R_C给集电结加一个反向电压，U_{CC}、R_C及集电极C和发射极E组成输出回路电路。发射极E是输入、输出回路的公共端，故这种电路结构称为共发射极放大电路。由于$U_{CC} > U_{BB}$，且$U_{CE} = U_{CC} - U_{BE}$，因此，以发射极为参考电位。对于NPN型管，晶体管三个电极的电位应满足$U_C > U_B > U_E$；对于PNP型管，晶体管三个电极的电位应满足$U_C < U_B < U_E$，无论是NPN型管还是PNP型管，都能确保发射结正偏，集电结反偏。

下面以NPN型晶体管为例来说明晶体管的放大作用。

（1）发射区向基区扩散电子。如图1-22所示，由于发射结正偏，因而有利于该结两边半导体中多子的扩散。发射区的电子不断扩散到基区，同时，基区的空穴也要扩散到发射区。

由于基区的掺杂浓度远低于发射区，所以流过发射结的正向电流主要是由发射区的电子向基区扩散形成的，且电源不断地向发射区补充电子，从而形成发射极电流I_E。电流方向与电子运动的方向相反。

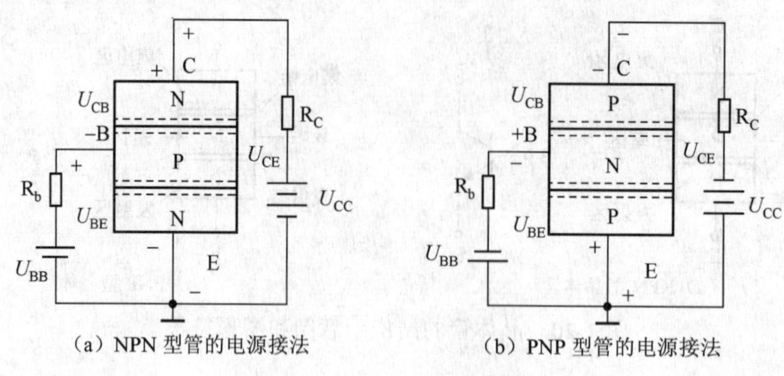

图 1-21　晶体管电源接法

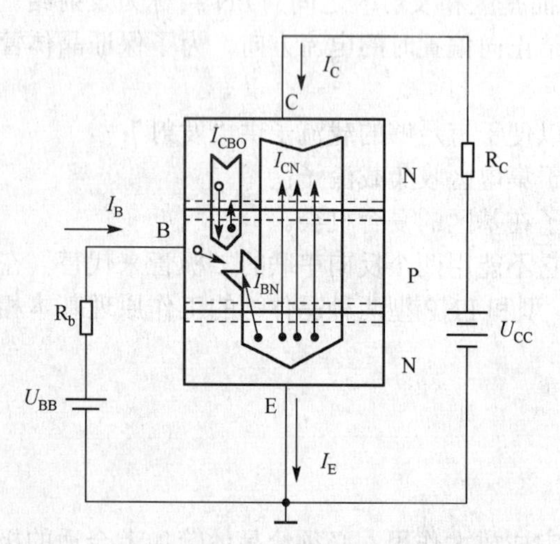

图 1-22　NPN 型管内部载流子的运动和各级电流

（2）电子在基区的扩散与复合。由发射区来的电子注入基区后，少数电子与基区空穴复合形成电流I_{BN}，而复合掉的空穴由基极电源U_{BB}补充。由于基区很薄且掺杂浓度低，电子在基区的复合机会很少，因而基极电流很小，大部分电子将到达集电结。

（3）集电区收集电子。由于集电结反偏，外电场的方向将阻止集电区的电子向基区扩散，而有利于把基区扩散过来的电子收集到集电区而形成集电极电流I_C的主要成分I_{CN}。

此外，由于集电结反偏，基区的少子电子和集电区的少子空穴在电场作用下形成反向漂移电流。这部分电流决定于少子的浓度，称为反向饱和电流I_{CBO}。它的数值是很小的，多数情况下可忽略不计。而且I_{CBO}受温度影响很大，容易使晶体管工作不稳定，所以I_{CBO}的值越小越好。

晶体管内部电流分配方式应符合下式：

$$I_E = I_B + I_C \approx I_C$$

$$I_C = I_{CN} + I_{CBO}$$

$$I_B = I_{BN} - I_{CBO}$$

2．晶体管的电流放大原理

所谓晶体管的电流放大作用，实际上是用较小电流的变化量去控制能源，使输出获得较大的变化量。其中，放大的对象是变化量，放大的本质是对能量的控制，而不是对能量的放大。

下面通过实验来说明晶体管的电流放大作用。

如图 1-23 所示，E_B是基极电源，R_B是基极偏

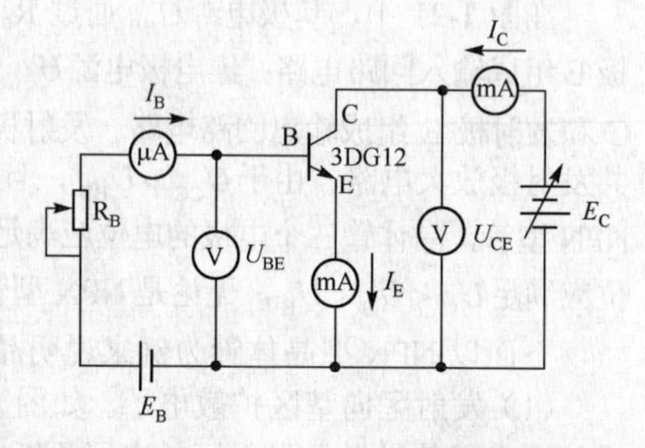

图 1-23　晶体管电流放大作用的实验电路

置电阻。集电极电源 E_C 加在集电极与发射极之间。I_C、I_B、I_E 代表集电极电流、基极电流和发射极电流。

改变可变电阻 R_B，则基极电流 I_B、集电极电流 I_C 发射极电流 I_E 都将发生变化，测量结果见参表 1-1。

表 1-1　晶体管的电流分配数据　　单位（mA）

项目	1	2	3	4	5	6
I_B	0.0035	0	0.01	0.02	0.04	0.05
I_C	−0.0035	0.01	0.56	1.14	2.33	2.91
I_E	0	0.01	0.57	1.16	2.37	2.96

实验表明：

（1）电流分配关系：晶体管各电极间的电流分配关系满足 $I_E = I_B + I_C$。此结果符合基尔霍夫电流定律，即流入晶体管的电流之和等于流出晶体管的电流之和。

（2）I_C 比 I_B 大数十至数百倍，虽然有的 I_B 很小，但对 I_C 有控制作用，I_C 随 I_B 的变化而变化。

（3）把集电极电流的变化量与基极电流变化量之比定义为晶体管交流电流放大系数 β。

1.4.3 特性曲线

晶体管的特性曲线是用来表示该晶体管各极电压和电流之间的相互关系的，反映了晶体管的外特性，是分析放大电路的重要依据。最常用的是共发射极接法的输入、输出特性曲线，特性曲线可通过图 1-24 的实验电路进行实际测绘而成。

1. 输入特性曲线

输入特性曲线是当集电极与发射极电压之间 U_{CE} 为常数时，输入回路中基极与发射极电压 U_{BE} 与基极电流 I_B 之间的关系曲线，即 $I_B = f(U_{BE})$，如图 1-25 所示。

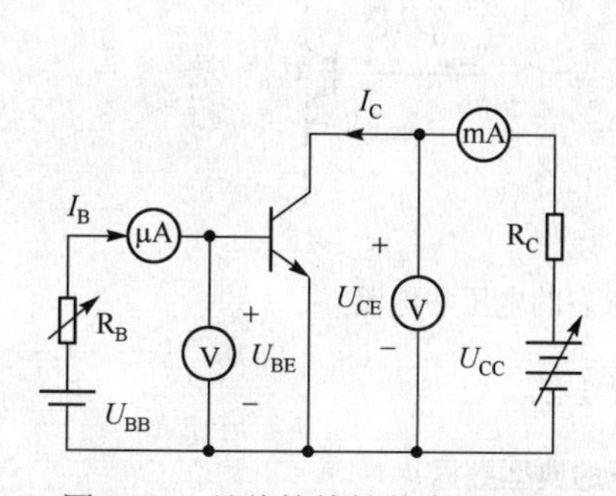

图 1-24　晶体管特性的实验电路

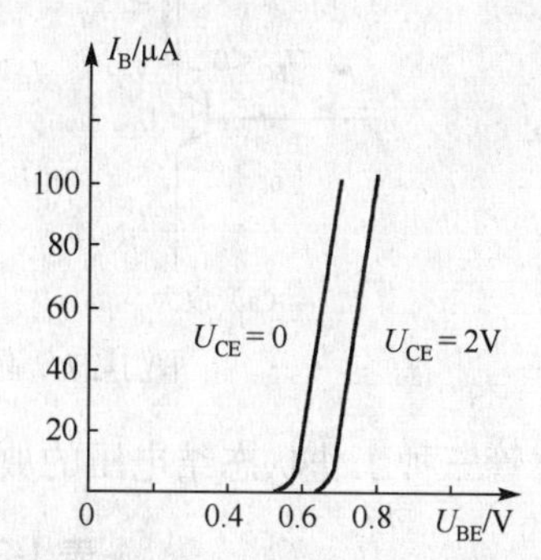

图 1-25　晶体管输入特性曲线

由图 1-25 可见，晶体管的输入特性曲线与二极管的正向特性曲线相似，它也存在一个死区电压，硅管的死区电压也为 0.5V，锗管的死区电压为 0.1V。在正常情况下，NPN 型硅管的发射结电压 $U_{BE} = (0.6\sim0.7)$V，PNP 型锗管的发射结电压 $U_{BE} = (-0.2\sim-0.3)$V。严格地讲，不同的 U_{CE} 得到的曲线应略有不同，也就是说应该有一组曲线。在实际应用时，当 $U_{CE} \geqslant 1$V 后，只要 U_{BE} 保持不变，输入曲线是重合的。

2. 输出特性曲线

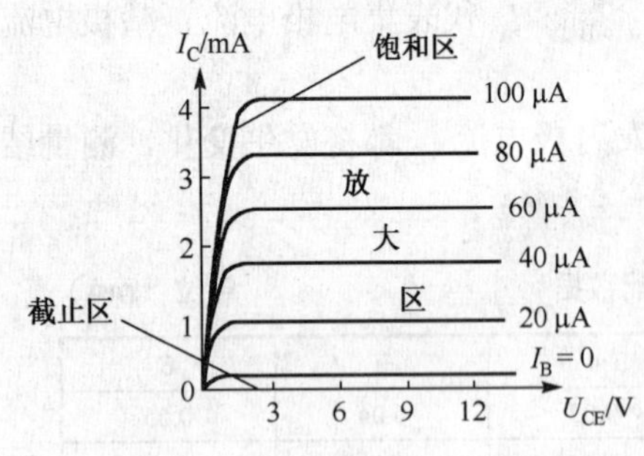

图 1-26 晶体管的输出特性曲线

输出特性曲线是当基极电流 I_B 为常数时，输出电路中集电极与发射极电压 U_{CE} 与集电极电流 I_C 之间的关系曲线，即 $I_C = f(U_{CE})$，当 I_B 不同时可得到不同的曲线，所以晶体管的输出特性曲线是一组曲线，如图 1-26 所示。

通常把晶体管的输出特性曲线分成 3 个区域。

（1）放大区。输出特性曲线近于水平的部分称为放大区。在该区域内 $I_C = \beta I_B$ 的关系式才成立，此区也称为线性区。它体现了晶体管的电流放大作用，在该区域内发射结处于正向偏置，集电结处于反向偏置。对 NPN 型硅管而言，应使 $U_{BE} > 0$，$U_{BC} < 0$，此时 $U_{CE} > U_{BE}$。

（2）截止区。$I_B = 0$ 的曲线以下的区域成为截止区。当 $I_B = 0$ 时，$I_C = I_{CEO}$。对 NPN 型硅管而言，当 $U_{BE} < 0.5$V 时，即开始截止，但为了截止可靠，常使 $U_{BE} \leqslant 0$ 截止时发射结和集电结都处于反向偏置。此时，$I_C \approx 0$，$U_{CE} \approx U_{CC}$。

（3）饱和区。在图 1-26 中位于左偏上部分区域称为饱和区。在该区域内，I_C 不受 I_B 控制，β 值不适用于该区，$I_C \neq \beta I_B$，由于 U_{CE} 的变化对 I_C 的影响较大，所以 $U_{BE} > U_{CE}$，即 NPN 型硅管 $U_{CE} \leqslant 0.7$V，锗管 $U_{CE} \leqslant 0.3$V 的区域。饱和区的晶体管工作在饱和导通状态，当外部条件是发射结正向偏置，而集电结也正向偏置时，$U_{CE} \approx 0$V，$I_C \approx \dfrac{U_{CC}}{R_C}$。

由上述分析可知，如果把晶体管的集电极和发射极之间等效成一个电子开关，当晶体管饱和时，$U_{CE} \approx 0$，此时如同电子开关被接通，其间电阻很小；当晶体管截止时，$I_C \approx 0$，此时如同电子开关被断开，其间电阻很大。可见，晶体管除了有放大作用，还有开关作用。

晶体管三种工作状态的电压和电流如图 1-27 所示。

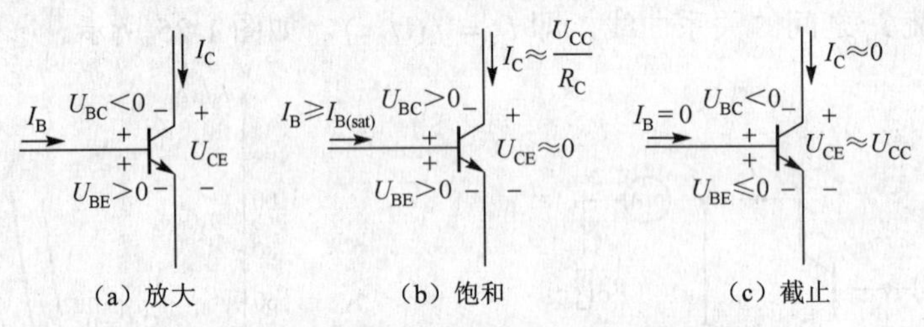

图 1-27 晶体管三种工作状态的电压和电流

晶体管三种工作状态结电压的典型数据参见表 1-2。

表 1-2 晶体管结电压的典型数据

管型	工作状态				
	饱和		放大	截止	
				U_{BE}/V	
	$U_{BE(sat)}$/V	$U_{CE(sat)}$/V	U_{BE}/V	开始截止	可靠截止
硅管（NPN）	0.7	0.3	0.6～0.7	0.5	≤0
锗管（PNP）	–0.3	–0.1	–0.2～–0.3	–0.1	≥0

例 1-4 电路如图 1-28 所示，当晶体管导通时$U_{BE}=0.7V$，$\beta=50$。试分析u_i在 0V、1V 和 3V 三种情况下，VT 的工作状态及输出电压u_o的值。

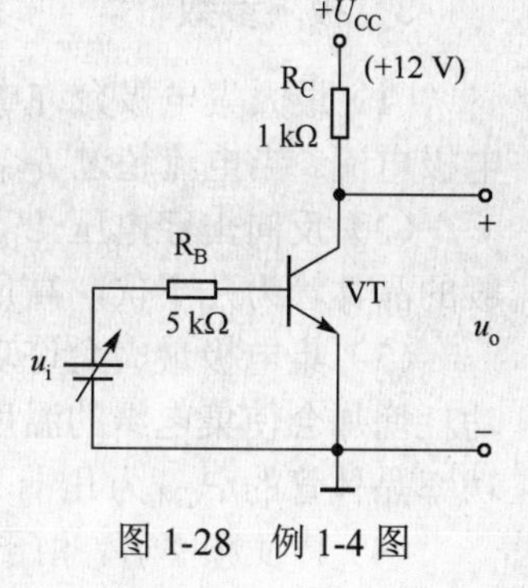

图 1-28 例 1-4 图

解：（1）当$u_i=0\,V$时，发射结零偏，VT 截止，$u_o=12\,V$。

（2）当$u_i=1\,V$时，因为$I_B=\dfrac{u_i-U_{BE}}{R_B}=60\mu A$，$I_C=\beta I_B=3mA$，

$u_o=V_{CC}-I_CR_C=9V$，$U_{CE}>U_{BE}$，所以 VT 处于放大状态。

（3）当$u_i=3\,V$时，假设晶体管工作在放大状态，则

$$I_B=\frac{u_i-U_{BE}}{R_B}=460\mu A$$

$$I_C=\beta I_B=23mA$$

$$u_o=U_{CC}-I_CR_C=-11V$$

由于$U_{CE}<U_{BE}$，所以假设不成立，VT 处于饱和状态，$u_o=U_{CE}=0.3V$。

1.4.4 主要参数

表示晶体管特性的数据称为晶体管的参数，晶体管的参数也是设计电路、选用晶体管的依据。主要参数有以下几个。

1. 电流放大倍数$\overline{\beta}$和β

在前面所述电路中，晶体管的发射极是输入/输出的公共点，称为共射接法，相应地还有共基接法、共集接法。

共射接法时的直流电流放大倍数为

$$\overline{\beta}=\frac{I_C}{I_B}$$

工作于动态的晶体管，真正的信号是叠加在直流上的交流信号。基极电流的变化量为ΔI_B，相应的集电极的电流变化为ΔI_C，则交流电流放大倍数为

$$\beta=\frac{\Delta I_C}{\Delta I_B}$$

例 1-5 当$U_{CE}=6V$时，$I_B=40\mu A$，$I_C=1.5mA$；$I_B=60\mu A$，$I_C=2.3mA$。试计算$\overline{\beta}$和β的值。

解：
$$\overline{\beta}=\frac{I_C}{I_B}=\frac{1.5}{0.04}=37.5$$

$$\beta=\frac{\Delta I_C}{\Delta I_B}=\frac{2.3-1.5}{0.06-0.04}=40$$

$\overline{\beta}$和β的含义是不同的，但在输出特性曲线近于平行等距且I_{CEO}较小的情况下，两者的数值较为接近。今后在估算时，常用$\overline{\beta}=\beta$这个近似关系。一般小功率晶体管的β值在 30～100 之间，大功率晶体管的β值较低，在 10～30 之间。晶体管的β值过小放大能力就小；但是β值过大，稳定性差。在手册上常用h_{FE}表示β值。

2. 穿透电流I_{CEO}

穿透电流是衡量一个晶体管好坏的重要指标，穿透电流大，晶体管电流中非受控成分就大，

晶体管性能也就差。由于穿透电流是由少子飘移形成的，因此受温度影响大，温度上升，穿透电流急剧增大。

3. 极限参数

（1）最大集电极允许电流 I_{CM}。I_{CM} 是指晶体管的参数变化不允许超过允许值时的最大集电极电流。当电流超过 I_{CM} 时，晶体管的性能显著下降，集电结温度上升，甚至烧坏晶体管。

（2）反向击穿电压 $U_{(BR)CEO}$。当晶体管基极开路时，允许加到 C-E 极间的最大电压。一般的晶体管为几十伏，高反压的晶体管的反向击穿电压可达上千伏。

（3）集电极最大允许功耗 P_{CM}。晶体管在工作时，消耗的功率为 $P_C = I_C U_{CE}$。晶体管的功耗增加会使集电结的温度上升，过高的温度会损坏晶体管。因此，$I_C U_{CE}$ 不能超过 P_{CM}。小功率晶体管的 P_{CM} 为几十毫瓦，大功率晶体管的 P_{CM} 可达几百瓦以上。

（4）特征频率 f_T。由于极间电容的影响，当频率增加时，晶体管的电流放大倍数会下降。f_T 是晶体管的 β 值下降到 1 时的频率，而高频率晶体管的特征频率可达 1000MHz。

思考与练习题

1.4.1　为使 NPN 型管和 PNP 型管工作在放大状态，应分别在外部加什么样的电压？

1.4.2　晶体管的发射极和集电极是否可以互换？为什么？晶体管工作在饱和区时，其电流放大系数和在放大区工作时是否一样大？

1.4.3　为什么说少数载流子的数目虽少，但却是影响二极管、晶体管温度稳定性的主要因素？

1.4.4　测得某晶体管的 $I_B = 10\mu A$，$I_C = 1mA$，能否确定它的电流放大系数？为什么？

1.4.5　有两个晶体管，一个晶体管的 $\beta = 50$，$I_{CBO} = 0.5\mu A$。另一个晶体管的 $I_{CBO} = 2\mu A$。如果它们的其他参数相同，在用做放大器时，你认为哪个晶体管较合适？

1.5　绝缘栅型场效应晶体管

场效应晶体管是一种外形与普通晶体管相似，但控制特性不同的半导体器件。普通晶体管是电流控制元件，通过控制基极电流达到控制集电极电流或发射极电流的目的，即信号源必须提供一定的电流才能工作，它的输入电阻较低，仅有 $10^2 \sim 10^4\Omega$。场效应晶体管则是电压控制元件，它的输出电流决定于输入端电压的大小，基本上不需要信号源提供电流，所以它的输入电阻可高达 $10^9 \sim 10^{14}\Omega$。此外场效应晶体管制造工艺简单，适用于制造大规模及超大规模集成电路。

场效应晶体管也称做 MOS 管，按其结构不同，分为结型场效应晶体管（Junction type Field Effect Transistor, JFET）和绝缘栅场效应晶体管（Metal-Oxide-Semiconductor type Field Effect Transistor, MOSFET）两种类型。在本节中只简单介绍后一种场效应晶体管。

根据绝缘栅型场效应晶体管的内部结构不同，可分为 N 沟道和 P 沟道两种。而每种又有增强型和耗尽型两类，所以 MOS 管共有 4 种类型。下面简单介绍它们的结构及工作原理。

1.5.1　N 沟道增强型场效应晶体管

N 沟道增强型绝缘栅场效应晶体管的结构如图 1-29（a）所示。先用一块掺杂浓度较低的 P 型硅作为衬底，在其表面覆盖一层很薄的二氧化硅（SiO_2）绝缘层。首先用光刻、扩散工艺制作两个高掺杂浓度的N^+区，并用金属铝引出两个电极，称做漏极 d 和源极 s。然后在漏-源极之间的绝缘层上再装一个铝电极，称做栅极 g。在衬底上引出一个电极 B 作为衬底引线，通常情况下将它与源极在场效应管内部连接在一起，这就构成了一个 N 沟道增强型场效应晶体管，从结构图可以看出，它主要是由金属、氧化物和半导体组成，所以也称为 MOS 管。因为它的栅极与其他电极间是绝缘的，所以称为绝缘栅场效应晶体管，它的电路符号如图 1-29（b）所示，其箭头方向表示由 P（衬底）指向 N（沟道）。

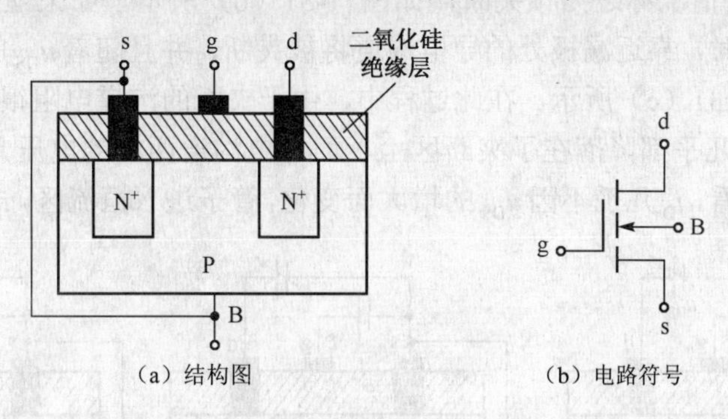

（a）结构图　　（b）电路符号

图 1-29　N 沟道增强型绝缘栅场效应晶体管的结构和符号

由图 1-29（a）可看出，增强型 MOS 管的漏极 d 和源极 s 被 P 型衬底隔开，形成了两个背靠背的 PN 结，当栅-源电压$u_{GS}=0$时，即使加上漏-源电压u_{DS}，并且不论u_{DS}的极性如何，总有一个 PN 结处于反偏状态，漏-源极间没有导电沟道，也不会有漏极电流存在，即$i_D \approx 0$。

在正常工作时，MOS 管的衬底与源极是连在一起的。当$u_{DS}=0$且$u_{GS}>0$时，在栅极和衬底之间的SiO_2绝缘层中便产生了一个垂直于半导体表面，由栅极指向衬底的电场，这个电场将排斥 P 型衬底靠近SiO_2一侧的多子空穴，从而留下不能移动的负离子区，形成耗尽层，如图 1-30（a）所示。随着u_{GS}的不断增加，耗尽层也不断加宽，同时电场也将衬底的自由电子吸引到耗尽层与绝缘层之间。当u_{GS}增加到一定程度后，在耗尽层与绝缘层之间便形成了一个 N 型薄层，称为反型层，如图 1-30（b）所示。这个反型层就构成了漏-源之间的 N 型导电沟道。一般把在漏-源电压作用下开始导电时的栅源电压u_{GS}称做开启电压U_T。显然，栅源电压u_{GS}值越大，作用于半导体表面的电场越强，被吸引到反型层中的电子数越多，导电沟道越厚，沟道电阻就越小。这种在$u_{GS}>U_T$后才开始形成导电沟道，并且随着u_{GS}的增加，导电沟道不断加厚的场效应晶体管称为增强型场效应晶体管。

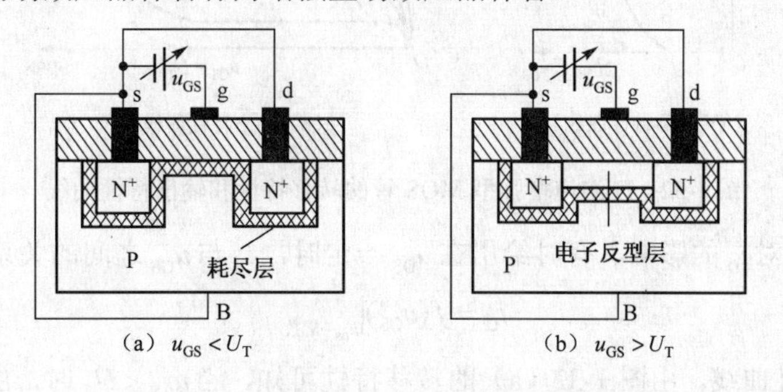

（a）$u_{GS}<U_T$　　（b）$u_{GS}>U_T$

图 1-30　N 沟道增强型 MOS 管导电沟道的形成

当$u_{GS}>U_T$为某一固定值时，若在漏-源间加一正向电压u_{DS}，且$u_{DS}<u_{GS}-U_T$，即

$u_{GD}=u_{GS}-u_{DS}>U_T$。此时由于漏-源之间存在导电沟道，则将有一个漏极电流i_D产生。但是，因为i_D流过导电沟道时产生了电压降落，使沟道上各点电位不同。在靠近源区，栅极与沟道间的电压最大，其值为u_{GS}，而靠近漏区，栅极与沟道间的电压最小，其值为$u_{GD}=u_{GS}-u_{DS}$。这使得沟道从源区到漏区逐渐变窄，呈楔形分布，如图 1-31（a）所示。当u_{DS}增大到使$u_{DS}=u_{GS}-U_T$，即$u_{GD}=u_{GS}-u_{DS}=U_T$时，靠近漏极处的沟道达到临界开启的程度，即导电沟道开始消失，这种情况称之为预夹断，如图 1-31（b）所示。如果继续增大u_{DS}，即使得$u_{GD}=u_{GS}-u_{DS}<U_T$时，靠近漏极处的导电沟道将被夹断，并且随着u_{DS}的增加，夹断区不断向源区延长，如图 1-31（c）所示。在此过程中，由于夹断的沟道电阻很大，所以当u_{DS}逐渐增大时，增加的u_{DS}几乎都降落在了夹断区上，而导电沟道两端的电压几乎没有增大，基本上保持不变。从外部看，i_D几乎不因u_{DS}的增大而变化，管子进入恒流区，i_D几乎仅决定于u_{GS}。

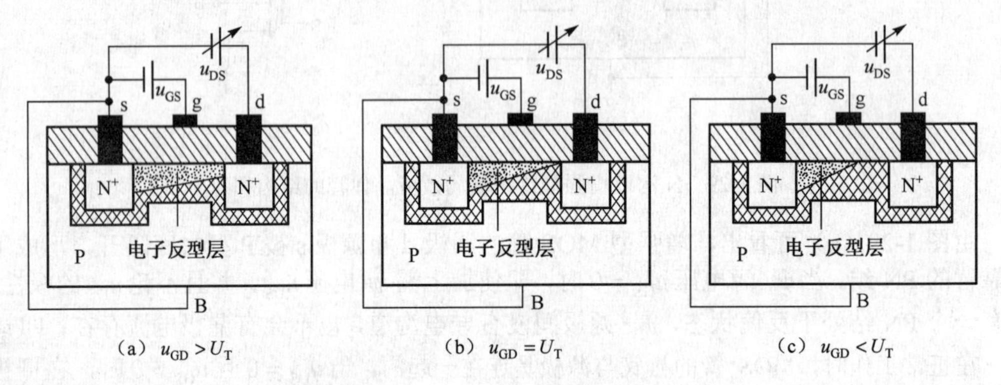

图 1-31 u_{DS}对导电沟道的影响

N 沟道增强型 MOS 管的转移特性和输出特性曲线如图 1-32 所示。

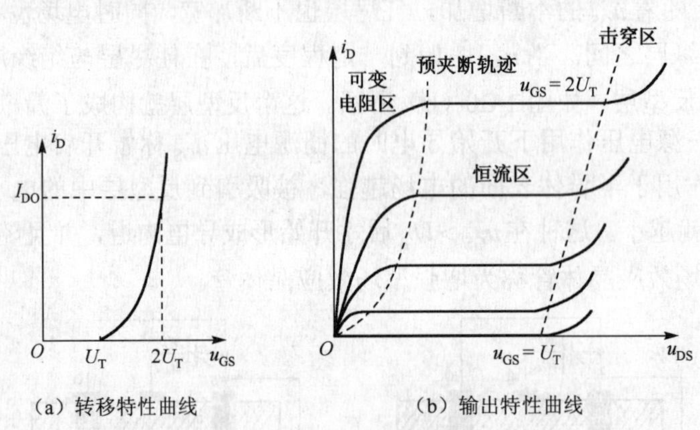

图 1-32 N 沟道增强型 MOS 管的转移特性和输出特性曲线

为了突出u_{GS}对i_D的影响，有时给出在u_{DS}一定时，i_D与u_{GS}之间的关系曲线，即

$$i_D=f(u_{GS})\big|_{u_{DS}=\text{常数}}$$

此即转移特性曲线。由图 1-32（a）的转移特性可知，当$u_{GS}<U_T$时，由于尚未形成导电沟道，因此i_D基本为零。当$u_{GS}\geqslant U_T$时，形成了导电沟道，而且随着u_{GS}的增加，导电沟道变宽，沟道电阻减小，于是i_D也随之增大。

如图 1-32（a）所示的转移特性可用下列近似公式表示

$$i_{\mathrm{D}}=I_{\mathrm{DO}}\left(\frac{u_{\mathrm{GS}}}{U_{\mathrm{T}}}-1\right)^{2} \qquad （当 u_{\mathrm{GS}}>U_{\mathrm{T}} 时）$$

其中，I_{DO} 为 $u_{\mathrm{GS}}=2U_{\mathrm{T}}$ 时的 i_{D} 的值。

N 沟道增强型 MOS 管的输出特性也称为漏极特性，它表示在 u_{GS} 一定时，漏极电流 i_{D} 和漏源电压 u_{DS} 之间的关系，即

$$i_{\mathrm{D}}=f(u_{\mathrm{DS}})\big|_{u_{\mathrm{GS}}=常数}$$

如图 1-32（b）所示的是 N 沟道增强型 MOS 管的输出特性曲线，它可分为三个工作区。

（1）可变电阻区。可变电阻区位于输出特性曲线的起始部分，该区的特点是 u_{DS} 数值较小，对导电沟道影响不大，在 u_{GS} 一定时，导电沟道电阻一定，故 i_{D} 与 u_{DS} 成近似线性关系，改变 u_{GS} 的值，可以改变沟道电阻的大小，故称为可变电阻区。

（2）恒流区（也称饱和区或放大区）。当 $u_{\mathrm{DS}}>u_{\mathrm{GS}}-U_{\mathrm{T}}$ 后，靠近漏区的导电沟道被夹断，随着 u_{DS} 的增加，夹断区不断扩大，沟道电阻也在增加，因此 i_{D} 基本上保持不变，故称为恒流区，这是 i_{D} 主要受 u_{GS} 的控制。

（3）击穿区。当 u_{DS} 增加到一定值时，漏极电流 i_{D} 急剧增大，场效应晶体管将被击穿。

1.5.2 N 沟道耗尽型场效应晶体管

N 沟道耗尽型 MOS 管的结构示意图如图 1-33（a）所示，其电路符号如图 1-33（b）所示。

从结构上看，N 沟道耗尽型 MOS 管与 N 沟道增强型 MOS 管基本相同，不同的是，在制造耗尽层 MOS 管时已预先在 SiO_2 绝缘层中掺入了大量的金属钠或钾的正离子，那么即使 $u_{\mathrm{GS}}=0$，在正离子的作用下 P 型衬底表层也存在反型层，即漏-源之间存在导电沟道。只要在漏-源间加正向电压，就会产生漏极电流 i_{D}，如图 1-33（a）所示。当 u_{GS} 由零增大时，反型层变宽，沟道变厚，沟道电阻变小，使导电能力增强，i_{D} 增大；反之，当 u_{GS} 为负时，反型层变窄，沟道电阻变大，使导电能力减弱，i_{D} 减小。当 u_{GS} 从零减小到一定值时，反型层消失，漏-源之间的导电沟道消失，$i_{\mathrm{D}}=0$。此时栅源电压 u_{GS} 的值称为夹断电压 U_{P}。N 沟道耗尽型 MOS 管与 N 沟道增强型 MOS 管工作原理相似，特性曲线基本类似，如图 1-34 所示，不同之处在于 N 沟道增强型 MOS 管的 u_{GS} 只能是正值，而 N 沟道耗尽型 MOS 管的 u_{GS} 可正可负。

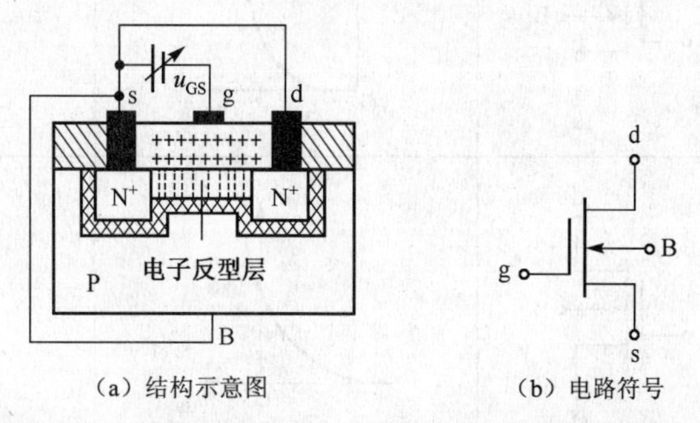

（a）结构示意图　　（b）电路符号

图 1-33　N 沟道耗尽型 MOS 管的结构示意图和电路符号

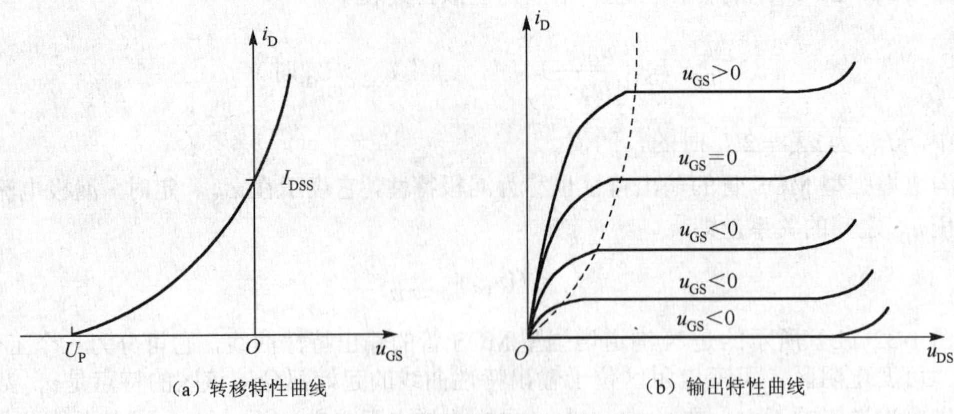

（a）转移特性曲线　　（b）输出特性曲线

图 1-34　N 沟道耗尽型 MOS 管的特性曲线

当$u_{GS}=0$时，$i_D=I_{DSS}$，此时I_{DSS}称为饱和漏极电流。N 沟道耗尽型 MOS 管的转移特性可近似表示为

$$i_D = I_{DSS}\left(1-\frac{u_{GS}}{U_P}\right)^2$$

1.5.3　P 沟道增强型场效应晶体管

如果在制造时，将衬底改为 N 型半导体，漏区和源区改为 P^+型半导体，即可构成 P 沟道 MOS 管，P 沟道 MOS 管也有增强型和耗尽型两种。P 沟道 MOS 管的工作原理与 N 沟道的类似，P 沟道增强型 MOS 管的开启电压$U_T<0$，当$u_{GS}<U_T$时，场效应晶体管才导通，漏-源之间应加负电源电压；P 沟道耗尽型 MOS 管的夹断电压$U_P>0$，而u_{GS}可在正、负值的一定范围内实现对i_D的控制，漏-源之间也应加负电压。各种场效应晶体管的符号和特性曲线参见表 1-3。

表 1-3　各种场效应晶体管的符号和特性曲线

种类		符号	转移特性曲线	输出特性曲线
绝缘栅型 N 沟道	增强型	d g B s	i_D O U_T u_{GS}	i_D + + + O $u_{GS}=U_T$ u_{DS}
	耗尽型	d g B s	i_D I_{DSS} U_P O u_{GS}	i_D + $u_{GS}=0$ − − O u_{DS}

续表

种类		符号	转移特性曲线	输出特性曲线
绝缘栅型 P沟道	增强型	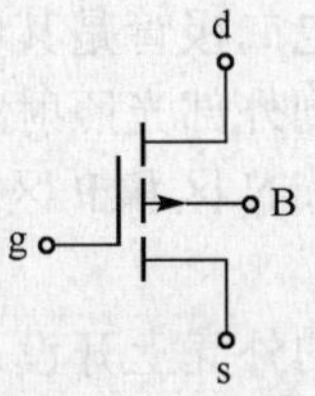 d, B, g, s	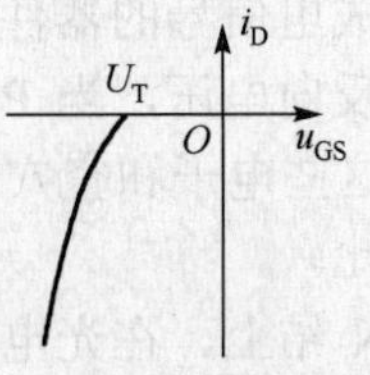 i_D, U_T, O, u_{GS}	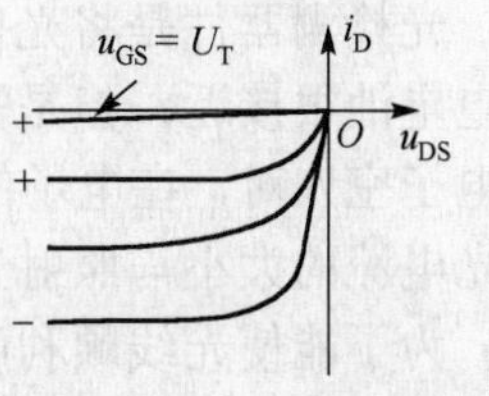 $u_{GS}=U_T$, i_D, O, u_{DS}, +, +
	耗尽型	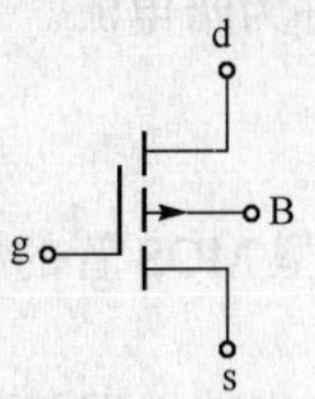 d, B, g, s	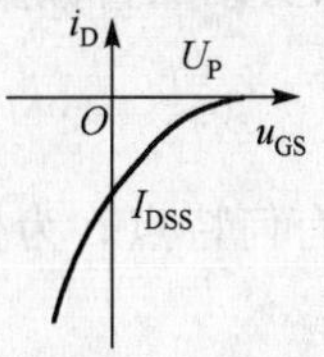 i_D, U_P, O, u_{GS}, I_{DSS}	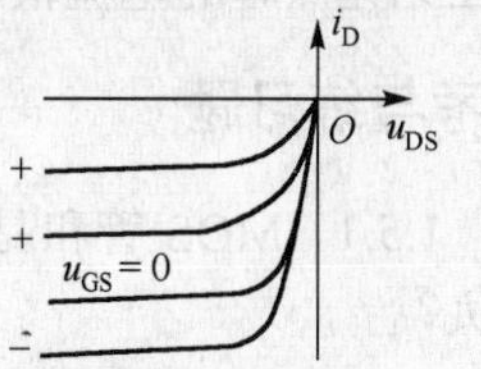 i_D, O, u_{DS}, +, +, $u_{GS}=0$, –

MOS 管的主要参数包括：增强型 MOS 管的开启电压U_T，耗尽型 MOS 管的夹断电压U_P和饱和漏极电流I_{DSS}，栅-源输入直流电阻R_{GS}，栅-源击穿电压$U_{(BR)GS}$，漏-源击穿电压$U_{(BR)DS}$，漏极最大允许功率损耗P_{DM}等。除以上参数外，MOS 管还有一个表示其放大能力的参数——低频跨导g_m。跨导g_m是当漏-源电压u_{DS}为常数时，漏极电流的增量Δi_D对引起这一变化的栅-源电压Δu_{GS}的比值，即

$$g_m = \left.\frac{\Delta i_D}{\Delta u_{GS}}\right|_{u_{DS}=\text{常数}}$$

跨导是衡量场效应晶体管栅-源电压对漏极电流控制能力的一个重要参数，它的单位是μA/V 或 mA/V。

1.6 光 电 器 件

1.6.1 发光二极管

发光二极管（Light Emitting Diode, LED）是一种通正向电流时就会发光的二极管。它可根据制成材料的不同，可发出红、橙、黄、绿、蓝色的可见光。发光二极管的电路路符号如图 1-35 所示。发光二极管的伏安特性与普通二极管相似，不过它的正向导通电压大于 1V，同时发光的亮度随通过的正向电流增大而增强，工作电流为几毫安到几十毫安，典型工作电流为 10mA 左右。发光二极管的反向击穿电压一般大于 5V，但为使器件稳定可靠工作，应使其工作在 5V 以下。

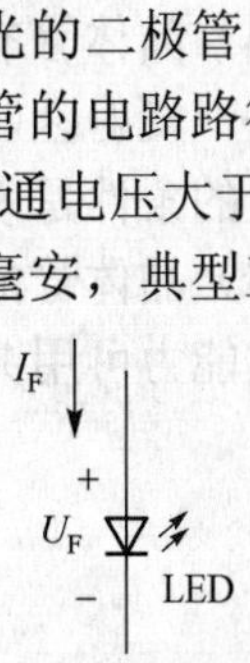

发光二极管特点是在通以正向电流时，当其内部电子和空穴在复合时，以可见光的形式释放能量。

发光二极管的伏安特性曲线与普通二极管基本相似，当其两端的正向电压U_F较小时，几乎没有电流I_F流过；但当U_F加大到超过发光二极管的开启电压时，I_F会快速上升，并且I_F与U_F的关系有较宽一段线性区，此时发光二极管呈现欧姆导通特性。而这个导通电流I_F就会激发发光二极管发光。

I_F + U_F – LED

图 1-35 发光二极管的电路符号

1.6.2 光电二极管

光检测器件是将光信号转换成电信号的器件，而光电二极管是其中的一种。它的结构与光电电池很接近，但是需要外加反向电压，当 PN 结受到外部光照射时，由于受到激发而产生电子空穴对，在电场的作用下这些电子和空穴分别进入 N 区和 P 区，产生光电流，而产生的光电流的大小与照射光强成正比。

为了能使光线顺利照射到 PN 结上，在光电二极管的外壳上开设了一个光窗。光电二极管在无光照时的电流很小，从几微安到上百微安不等，称为暗电流。

思考与练习题

1.5.1 MOS 管和晶体管比较有何特点？为什么耗尽型 MOS 管的栅-源电压可正、可零、可负？

1.5.2 MOS 管有哪几种类型？它们的转移特性和输出特性有何区别？电源极性应如何连接？

1.5.3 对于无栅-源保护电路的 MOS 管，为什么栅极不能开路？

1.5.4 MOS 管的源极和漏极能否对换使用？在什么情况下可以使用？在什么情况下不可以使用？

1.5.5 对于 N 沟道 MOS 管，衬底电位能不能比源极电位高？为什么？

本 章 小 结

（1）本征半导体中具有两种载流子——自由电子和空穴，两者数量相等。在常温下，载流子数量很少，因而本征半导体的导电性能很差。

（2）在本征半导体中掺入五价元素或三价元素的杂质，可得到 N 型半导体或 P 型半导体，使其导电性能大大增强。杂质半导体的多数载流子由杂质原子提供，少数载流子通常由热激发产生。

（3）PN 结是载流子在浓度差作用下的扩散运动和内电场作用下的漂移运动所产生的，它具有单向导电性。二极管的基本结构就是一个 PN 结。

（4）晶体管有 NPN 型和 PNP 型两种基本类型。有两个 PN 结——发射结和集电结；三个区——发射区、基区和集电区；三个电极——发射极、基极和集电极。晶体管具有电流放大作用的条件是发射结正向偏置、集电结反向偏置。

（5）晶体管的输出特性曲线分为三个工作区——截止区、饱和区和放大区。晶体管的电流放大能力可用共发射极直流电流放大系数 $\overline{\beta}$ 和交流电流放大系数 β 来衡量

$$\overline{\beta}=\frac{I_C}{I_B}$$

$$\beta=\frac{\Delta I_C}{\Delta I_B}$$

$\overline{\beta}$ 和 β 意义不同，但数值接近。在计算时，近似认为 $\beta \approx \overline{\beta}$。晶体管各电极的电流分配关系为

$$I_C=\overline{\beta}I_B+I_{CEO}=\overline{\beta}I_B+(1+\overline{\beta})I_{CBO}$$

$$I_E = I_C + I_B = (1+\bar{\beta})I_B + (1+\bar{\beta})I_{CBO}$$

由于I_{CEO}和I_B很小，一般情况下可认为

$$I_E \approx I_C \approx \bar{\beta} I_B$$

（6）场效应晶体管是电压控制元件，按其结构的不同可分为结型场效应晶体管和绝缘栅场效应晶体管两种类型。绝缘栅型场效应晶体管通过栅源电压控制沟道中的感应电荷，从而改变沟道的导电能力。

（7）根据是否存在原始导电沟道，绝缘栅场效应晶体管又分为增强型和耗尽型。只有加上合适的栅源电压后才有漏电流的是增强型，而栅源电压为零时就有较大漏电流的是耗尽型。

场效应晶体管是一种单极型晶体管，沟道中参与导电的只有一种极性的载流子。N沟道场效应晶体管的导电载流子是电子，P沟道场效应晶体管的导电载流子是空穴。

（8）场效应晶体管的伏安特性有转移特性和输出特性。转移特性是漏源电压u_{DS}为常数时，栅源电压u_{GS}与漏极电流i_D之间的关系曲线。实验表明，在$U_P \leqslant u_{GS} \leqslant 0$范围内，耗尽型场效应晶体管的转移特性可近似于下式：

$$i_D = I_{DSS}\left(1 - \frac{u_{GS}}{U_P}\right)^2$$

式中　I_{DSS}——饱和漏极电流；

　　　U_P——夹断电压。

输出特性曲线是栅源电压u_{GS}为常数时，漏源电压u_{DS}与漏极电流i_D之间的关系曲线。它可划分为可变电阻区、饱和区（线性放大区或恒流区）和击穿区三个区域。

场效应晶体管工作在放大状态时，栅极偏压和漏极电压极性参见表1-4（以N沟道为例）。

表1-4　N沟道场效应晶体管的栅极偏压和漏极电压极性

类型		栅极偏压极性	漏极电压极性
结型	N沟道	负	正
绝缘栅	N沟道耗尽型	负、零、正	正
	N沟道增强型	正	正

P沟道场效应晶体管各电源的极性正好与N沟道相反，使用时必须注意。

（9）跨导g_m是衡量场效应晶体管栅源电压u_{GS}对漏极电流i_D控制能力强弱的一个重要参数，定义为

$$g_m = \left.\frac{\Delta i_D}{\Delta u_{GS}}\right|_{u_{DS}=\text{常数}}$$

或

$$i_D = g_m \cdot u_{GS}$$

跨导g_m的单位是μA/V或mA/V。

与晶体管电路类似，场效应晶体管工作在小信号时，也可用微变等效电路进行分析。由于栅极基本上不取用信号电流，栅-源之间可看做开路，而漏-源之间可用受控电流源$g_m u_{GS}$表示。

关键术语

半导体	Semiconductor
硅	Silicon
锗	Germanium
本征半导体	Intrinsic Semiconductor
载流子	Carrier
自由电子	Free Electron
空穴	Hole
PN 结	PN Junction
P 型半导体	P-Type Semiconductor
N 型半导体	N-Type Semiconductor
扩散	Diffusion
漂移	Drift
截止	Cut-Off
导通	On
P 沟道	P Channel
N 沟道	N Channel
二极管	Diode
伏安特性	Volt-Ampere Characteristics
稳压二极管	Zener Diode
发光二极管	Light-Emitting Diode（LED）
光电二极管	Photodiode
场效晶体管	Field- Effect Transistor（FET）
绝缘栅场效应晶体管	Isolated-Gate Field- Effect Transistor（IGFET）
晶体管	Transistor
双极型晶体管	Bipolar Junction Transistor（BJT）
基极	Base
发射极	Emitter
集电极	Collector
漏极	Drain
源极	Source
栅极	Grid

习　题

1.1　选择题

（1）硅材料的 N 型半导体中加入的杂质是（　　）元素；锗材料的 P 型半导体中加入的杂质是（　　）元素。

A．三价　　　　B．四价　　　　C．五价

（2）在 PN 结正向偏置时，空间电荷区将（　　）。

A．变宽　　　　　　B．变窄　　　　　　C．不变

（3）场效应晶体管的夹断电压 $U_P = -10V$，则此场效应晶体管为（　　）。

A．耗尽型　　　　　B．增强型　　　　　C．结型

（4）某晶体管的发射结电压大于零，集电结电压也大于零，则它工作在（　　）状态。

A．放大　　　　　　B．截止　　　　　　C．饱和

（5）场效应晶体管是一种（　　）控制型器件。

A．电流　　　　　　B．电压　　　　　　C．光电

1.2　电路如图 1-36 所示，设电路中的二极管为理想二极管，试求各电路中的输出电压 U_{AB}。

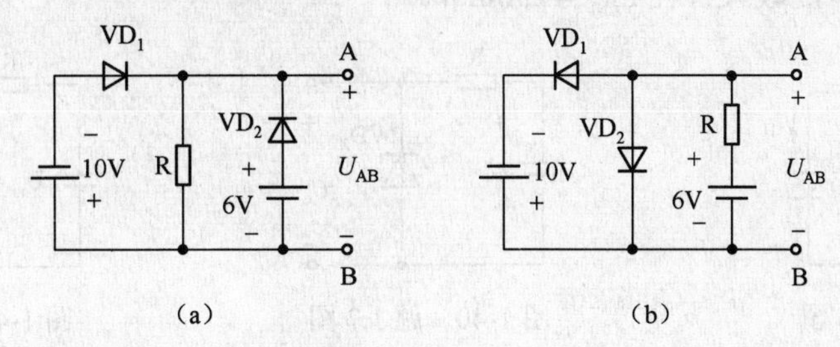

图 1-36　题 1.2 图

1.3　写出图 1-37 所示电路的输出电压值，设二极管导通电压 $U_D = 0.7V$。

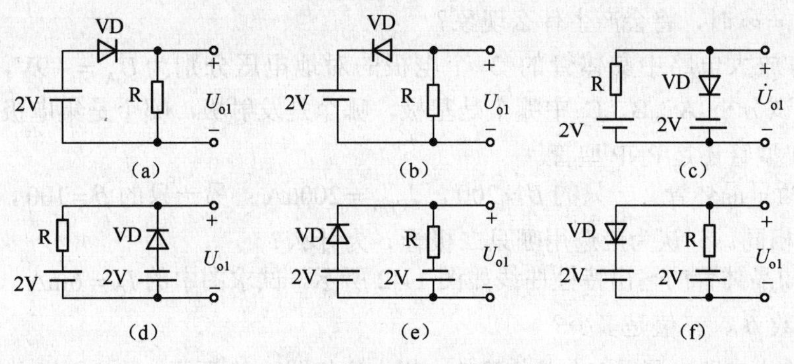

图 1-37　题 1.3 图

1.4　电路如图 1-38 所示，设二极管正向导通电压为 0，反向电阻为无穷大，输入电压 $u_i = 10\sin\omega t$，$E = 5V$，试分别画出输出电压 u_o 的波形图。

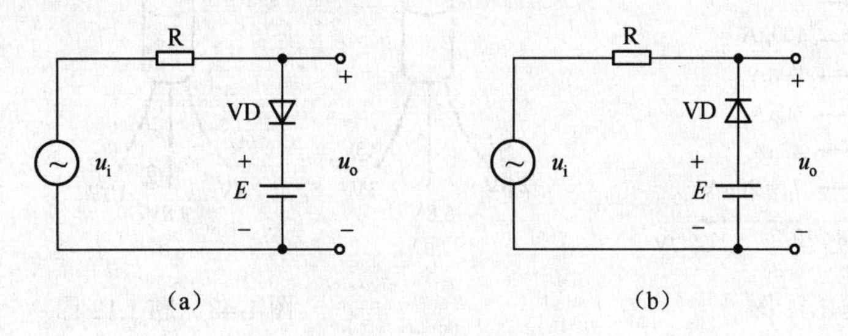

图 1-38　题 1.4 图

1.5　稳压值为 7.5V 和 8.5V 的两只稳压二极管串联或并联使用时，可得到几种不同的稳压值？稳压值各为多少伏？设稳压二极管正向导通压降为 0.7V。

1.6 电路如图 1-39 所示，二极管导通电压 $U_D = 0.7V$，常温下 $U_T \approx 26mV$，电容 C 对交流信号可视为短路；u_i 为正弦波，有效值为 10mV。试问二极管中流过的交流电流有效值为多少？

1.7 电路如图 1-40 所示，已知稳压二极管 VD_Z 的稳定电压 $U_Z = 6V$，稳定电流的最小值 $I_{Zmin} = 5mA$，最大值 $I_{Zmax} = 20mA$。

试求：（1）当 $U_i = 8V$ 时，R 的范围；

（2）当 $R = 1k\Omega$ 时，U_i 的范围。

1.8 在如图 1-41 所示的电路中，$R = 400\Omega$，已知稳压二极管 VD_Z 的稳定电压 $U_Z = 10V$，最小电流 $I_{Zmin} = 5mA$，最大管耗 $P_{ZM} = 150mW$。

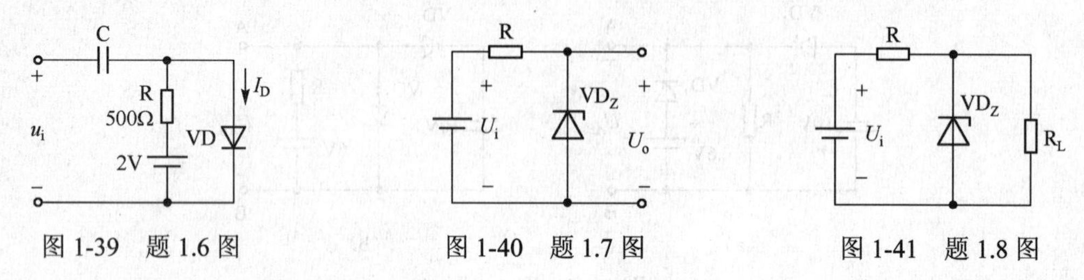

图 1-39 题 1.6 图 图 1-40 题 1.7 图 图 1-41 题 1.8 图

试求：（1）当 $U_i = 20V$ 时，R_L 的最小值；

（2）当 $U_i = 26V$ 时，R_L 的最大值；

（3）若 $R_L = \infty$ 时，将会产生什么现象？

1.9 测得放大电路中晶体管的 3 个电极的对地电压分别为 $U_A = -9V$，$U_B = -6V$，$U_C = -6.2V$，试分析 A、B、C 中哪个是基极，哪个是发射极，哪个是集电极，并说明这个晶体管是 NPN 型管还是 PNP 型管。

1.10 有两只晶体管，一只的 $\beta = 200$，$I_{CEO} = 200\mu A$；另一只的 $\beta = 100$，$I_{CEO} = 10\mu A$，其他参数大致相同。你认为应选用哪只二极管？为什么？

1.11 已知晶体管的输出特性曲线如图 1-42 所示，试求图中的 $I_C = 6mA$，$U_{CE} = 6V$ 时，电流的放大系数 $\bar{\beta}$、$\bar{\alpha}$ 值是多少？

1.12 在放大电路中测得 3 个晶体管的电极电位如图 1-43 所示，试分别指出晶体管的引脚、类型及材料。

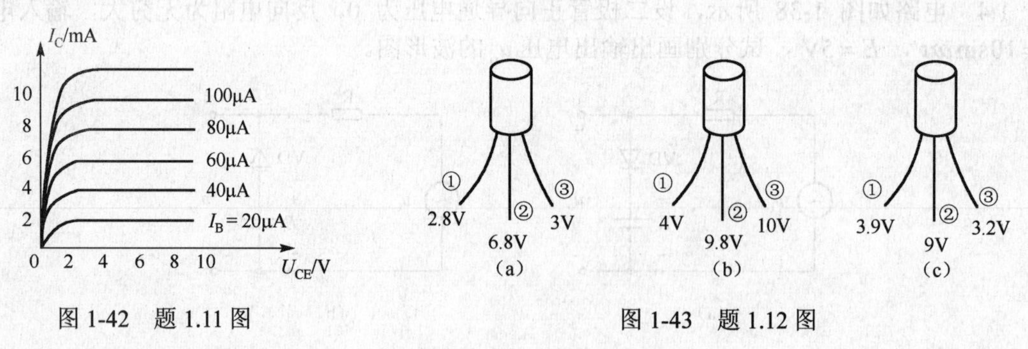

图 1-42 题 1.11 图 图 1-43 题 1.12 图

1.13 已测得晶体管的各极电位如图 1-44 所示，试判别它们各处于放大、饱和与截止中的哪种工作状态？

1.14　已知一个 N 沟道增强型 MOS 场效应晶体管的开启电压 $U_{\mathrm{T}}=3\mathrm{V}$，$I_{\mathrm{DO}}=4\mathrm{mA}$，请画出转移特性曲线示意图。

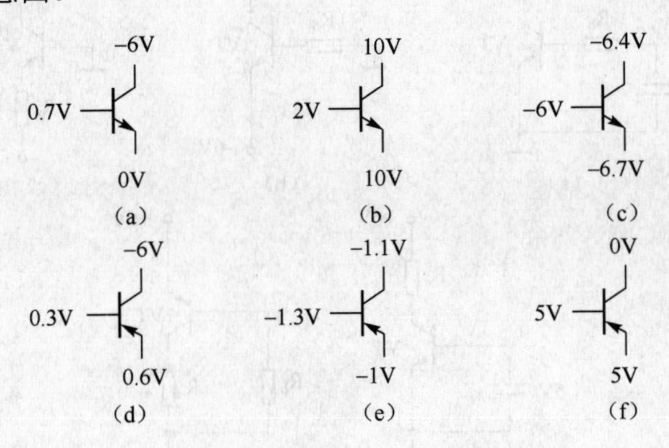

图 1-44　题 1.13 图

1.15　测得放大电路中 6 只晶体管的直流电位如图 1-45 所示，在圆圈中画出晶体管，并分别说明它们是硅管还是锗管。

1.16　电路如图 1-46 所示，晶体管导通时 $U_{\mathrm{BE}}=0.7\mathrm{V}$，$\beta=50$。试分析 u_{i} 为 0V、1V、1.5V 三种情况下 VT 的工作状态及输出电压 u_{o} 的值。

1.17　电路如图 1-47 所示，试问 β 大于多少时晶体管饱和？

1.18　分别判断图 1-48 所示各电路中的晶体管是否有可能工作在放大状态。

1.19　已知场效应管的输出特性曲线如图 1-49 所示，试画出它在恒流区的转移特性曲线。

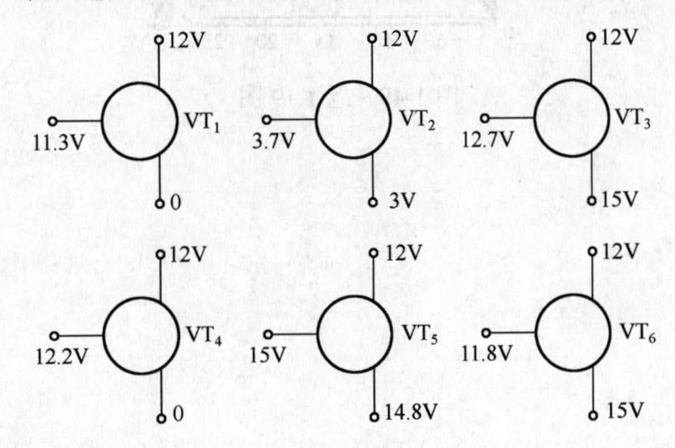

图 1-45　题 1.15 图

图 1-46　题 1.16 图

图 1-47　题 1.17 图

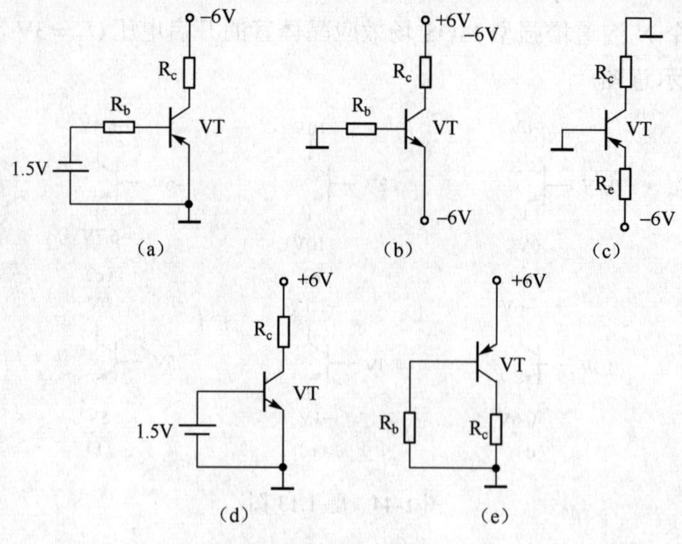

图 1-48　题 1.18 图

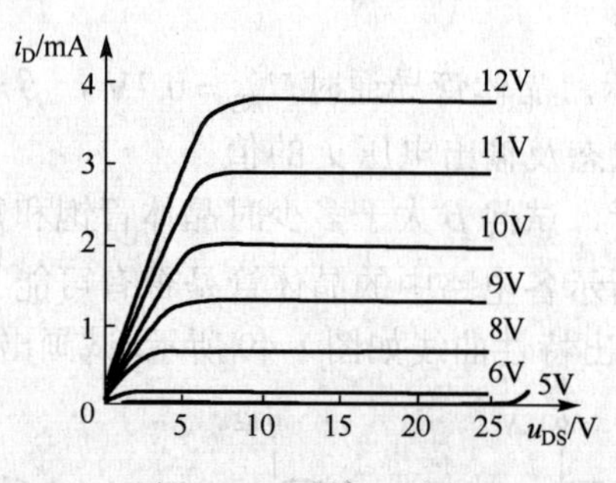

图 1-49　题 1.19 图

第 2 章　基本放大电路

晶体管的主要用途之一是利用其放大作用组成放大电路。放大电路是电子设备中最普遍的一种基本单元，应用十分广泛。

2.1　基本放大电路概述

2.1.1　基本放大电路的组成

共发射极接法的基本放大电路如图 2-1 所示，输入端接需要进行放大的交流信号源，信号源的电动势为 e_s，R_S 为信号源的内阻，输出端接负载电阻 R_L，输出电压为 u_o。电路中各元件分别有如下作用。

晶体管 VT 是电路中的放大元件，利用它的电流放大作用，将由信号源产生的很小的基极电流放大为较大的集电极电流。如果从能量观点来看，输入信号的能量是较小的，而输出的能量是较大的，但这不能说明放大电路把输入能量放大了。能量是守恒的，不能放大，输出的较大能量来自于直流电源 E_C，也就是能量较小的输入信号通过晶体管的控制作用，去控制电源 E_C 所供给的能量，以在输出端获得一个较大能量的信号。这就是放大作用的实质，而晶体管也可以说是一个控制元件。

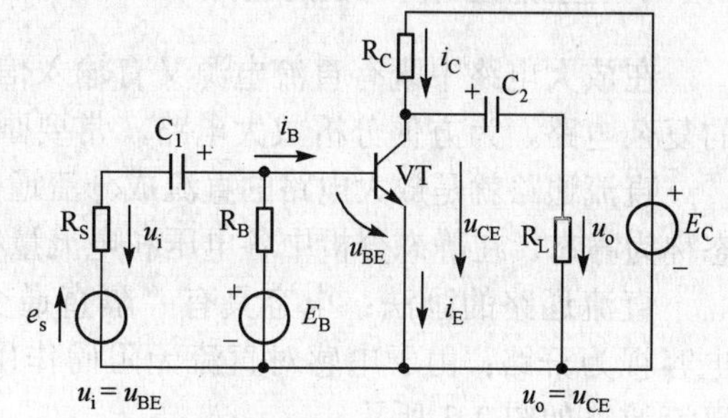

图 2-1　共发射极接法的基本放大电路

电阻 R_C 称为集电极负载电阻，简称集电极电阻。它的作用是将集电极电流的变化转变为电压的变化，实现电压放大。R_C 的阻值一般为几千欧到几十千欧。

集电极电源 E_C 除为输出信号提供能量外，还使集电结处于反向偏置状态，以保证晶体管工作在放大状态。E_C 一般为几伏到几十伏。

基极电源 E_B 和基极电阻 R_B，它们的作用一方面是使发射结处于正向偏置状态，另一方面可以通过调节 R_B，使晶体管的基极电流大小合适。R_B 称为基极偏流电阻，其阻值一般为几十千欧到几百千欧。

电容 C_1 和 C_2 称为耦合电容，它们的主要作用是"隔直通交"。隔直是指用 C_1 和 C_2 分别将信号源与放大器之间、负载与放大器之间的直流通道隔断，也就是使信号源、放大器和负载三者之间无直流联系，互不影响。通交是指 C_1 和 C_2 使所放大的交流信号畅通无阻，即对于交流信号而言，C_1 和 C_2 的容抗很小，可以忽略不计，可作为短路处理。因此，C_1 和 C_2 的电容值一般较大，为几微法到几十微法，所用的是有极性的电解电容。

在图 2-1 所示的电路中，用了两个直流电源 E_C 和 E_B。实际上 E_B 可以省去，只由 E_C 供电，将 R_B 改接到 E_C 的正极与基极之间，适当改变 R_B 的阻值，仍可使发射结正向偏置，如图 2-2（a）所示。

在放大电路中，常设公共端的电位为零（用接地符号“⊥”表示），作为电路中其他各点电位的参考点。同时为了简化电路的画法，常将电源 E_C 的符号省去，只标出 E_C 电压值 U_{CC} 和极性（“+”或“−”）即可，如图 2-2（b）所示。若 E_C 的内阻可忽略不计，则 $U_{CC}=E_C$。

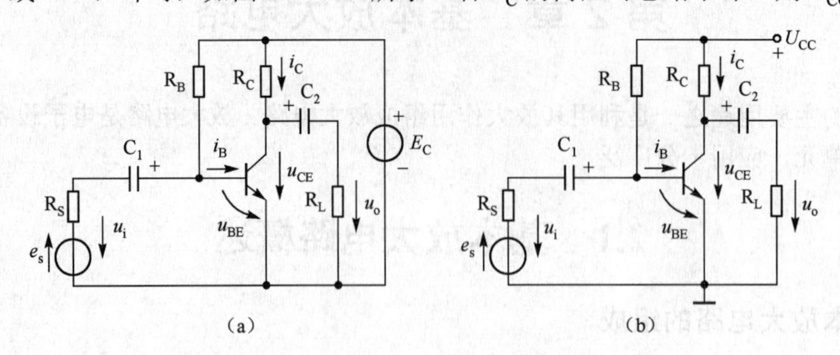

图 2-2　共发射极基本放大电路

2.1.2　直流通路和交流通路

在放大电路中既有直流电源又有输入信号，所以放大电路是一个交、直流共存的非线性的复杂电路，为方便分析放大电路，常要画出其直流通路和交流通路。

直流通路就是放大电路的直流成分流通的路径。放大电路在没有输入信号时的直流工作状态称为静态。在静态分析中各电压和电流量都是直流，因此，静态分析要在直流通路中进行。

直流通路的画法：电容具有“隔直通交”的作用，画直流通路时，要把放大电路中的电容视为开路；由于电感对直流无阻碍作用，因此在画直流通路时可把电感元件视为短路。直流通路如图 2-3 所示。

交流通路就是放大电路中交流成分流通的路径。放大电路中有交流信号输入时的状态称为动态。放大电路的动态分析要在交流通路中进行。

交流通路的画法：对于频率不太低的交流信号，耦合电容、交流旁路电容的容抗很小，电容器可视为短路。直流电源的内阻很小，交流成分在其上产生的压降可以忽略不计，所以对交流信号，直流电源可视为短路（但要保留其内阻）。交流通路如图 2-4 所示。

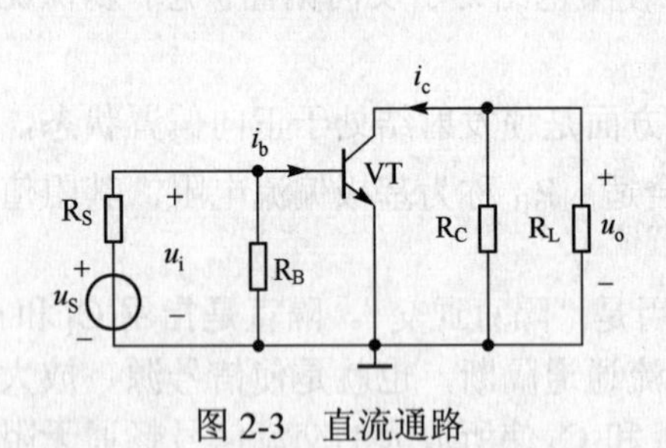

图 2-3　直流通路

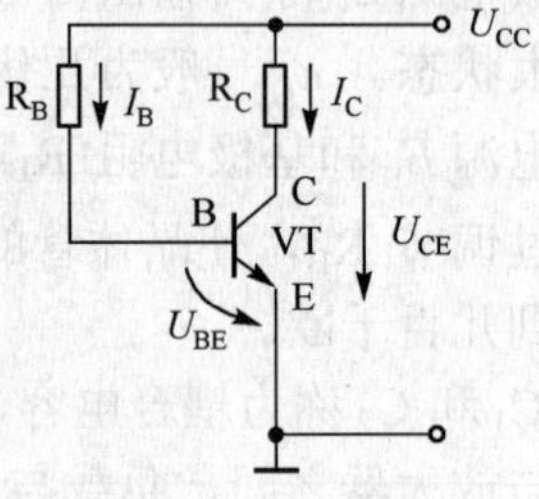

图 2-4　交流通路

2.1.3　共发射极基本放大电路的工作原理

下面分析图 2-2 所示的共发射极基本放大电路的工作原理。

假设图 2-2 所示的共发射极基本放大电路中的元件参数及晶体管的特性能够保证晶体管工作于放大状态，此时，如果在放大电路的输入端加上一个小的输入电压 u_i，经电容 C_1 传送到晶体管的基极，使基极与发射极之间的电压u_{BE}也随之发生变化，产生变化量Δu_{BE}。因晶体管的发射结处于正向偏置状态，故当发射结电压发生变化时，将引起基极电流i_B产生相应变化量Δi_B。由于晶体管工作在放大区，具有电流放大作用，因此，基极电流的变化将引起集电极电流i_C发生更大的变化，即Δi_C等于Δi_B的β倍。当这个集电极电流的变化量流过集电极负载电阻R_C和负载电阻R_L时，将引起集电极和发射极之间的电压u_{CE}发生变化。由图 2-5 可知，当i_C增大时，R_C上的电压降也增大，而R_C上的电压与u_{CE}之和等于U_{CC}，且这个集电极直流电源U_{CC}是恒定不变的，所以u_{CE}的变化恰与i_C相反，即u_{CE}将相应减小。u_{CE}的变化量经电容C_2传送到输出端成为输出电压u_o。如果电路的参数选择适当，u_o的幅度将比u大得多，从而达到放大的目的。放大电路的工作原理图如图 2-6 所示。

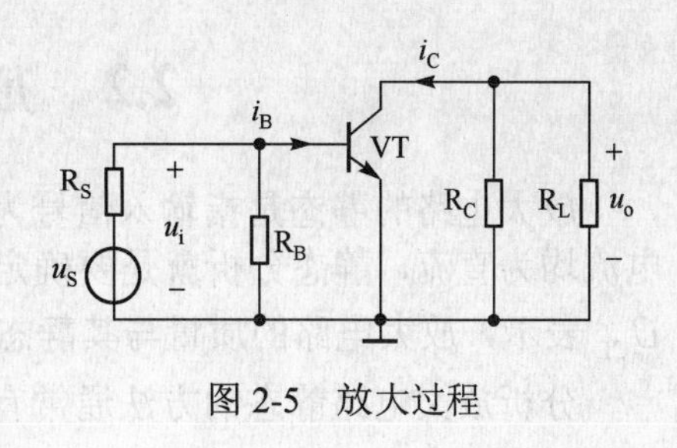

图 2-5 放大过程

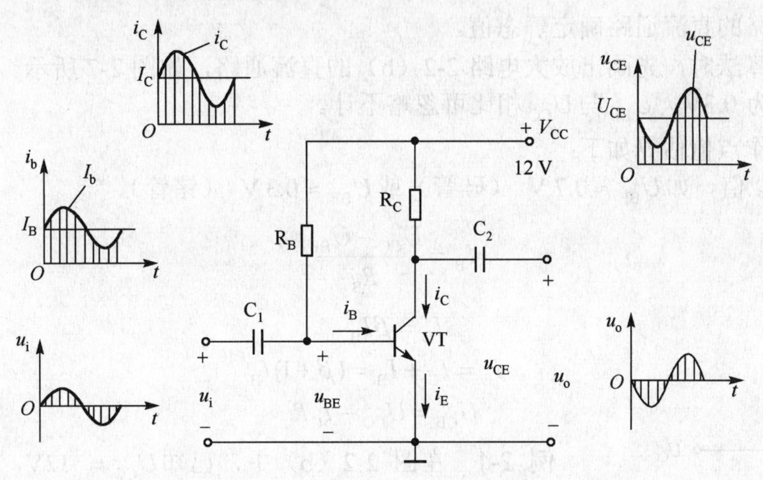

图 2-6 放大电路的工作原理

从以上分析可知，在组成放大电路时必须遵循以下几个原则。

（1）外加直流电源的极性必须使晶体管的发射结正向偏置，集电结反向偏置，以保证晶体管工作在放大区。此时，若基极电流i_B有一个微小的变化量Δi_B,将控制集电极电流i_C产生一个较大的变化量Δi_C，两者之间的关系为

$$\Delta i_C = \beta \Delta i_B$$

（2）输入回路的接法，应该使输入电压的变化量能够传送到晶体管的基极回路，并使基极电流产生相应的变化量i_B。

（3）输出回路的接法，应该使集电极电流的变化量Δi_C能够转化为集电极电压的变化量Δu_{CE}，并传送到放大电路的输出端。

（4）为了保证放大电路能够正常工作，在电路没有外加信号时，不仅需要使晶体管处于放大状态，而且要有一个合适的静态工作电压和静态工作电流。

思考与练习题

2.1.1 在共射极放大电路中，时变电压是如何被放大的？

2.1.2　试用 NPN 型管组成一个共射放大电路，使之在输入为零时输出为零，并试画出电路图。

2.1.3　用 PNP 管组成一个共射放大电路，并说明它的输出电压与输入电压是否反相？请用波形来进行分析。

2.2　放大电路的静态分析

放大电路的静态是指输入信号为零时的工作状态。在静态情况下，电路中各处的电压和电流均为直流，静态分析就是要确定放大电路的静态值（直流值），分别用 I_B、I_C、U_{BE} 和 U_{CE} 表示，放大电路的质量与其静态值的关系很大。

分析放大电路静态的方法通常有估算法和图解法两种。

1．估算法

用放大电路的直流通路确定静态值。

在采用估算法时，先画出放大电路 2-2（b）的直流通路，如图 2-7 所示。通常硅管约为 0.7V，锗管约为 0.3V。U_{BE} 与 U_{CC} 相比可忽略不计。

各静态工作点值估算如下：

U_{BE} 用近似值，如 $U_{BE} \approx 0.7\text{ V}$ （硅管）或 $U_{BE} \approx 0.3\text{ V}$ （锗管）。

$$I_B = \frac{U_{CC} - U_{BE}}{R_B} \tag{2-1}$$

$$I_C = \beta I_B \tag{2-2}$$

$$I_E = I_C + I_B = (\beta + 1) I_B \tag{2-3}$$

$$U_{CE} = U_{CC} - I_C R_C \tag{2-4}$$

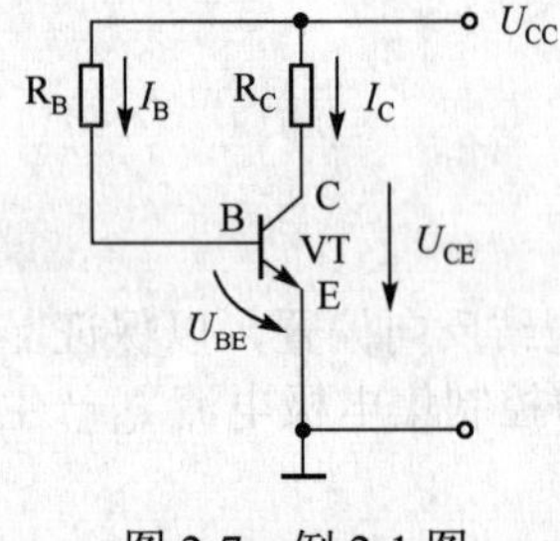

图 2-7　例 2-1 图

例 2-1　在图 2-2（b）中，已知 $U_{CC}=$ 12V，$R_B = 300\text{k}\Omega$，$R_C = 4\text{k}\Omega$，$\beta = 37.5$，试求放大电路的静态值。

解：根据图 2-7 的直流通路可得

$$I_B = \frac{U_{CC} - U_{BE}}{R_B} \approx \frac{12}{300} = 0.04\text{mA} = 40\mu\text{A}$$

$$I_C = \beta I_B = 37.5 \times 0.04 = 1.5\text{mA}$$

$$U_{CE} = U_{CC} - I_C R_C = 12 - 1.5 \times 4 = 6\text{ V}$$

2．图解法

用图解法确定静态工作点。

晶体管是一种非线性元件，其集电极电流 I_C 与集电极-发射极间的电压 U_{CE} 之间不是线性关系。可利用晶体管的输出特性曲线，采用作图的方法求放大电路的静态值，此静态值表现为输出特性曲线上的一个点，称为放大电路的静态工作点。通过图解法能够直观地分析并了解到静态工作点对放大电路工作的影响。

在如图 2-7 所示的直流通路中，若晶体管的输出特性曲线如图 2-8 所示，那么晶体管的 I_C 与 U_{CE} 之间必须满足该输出特性曲线。从图 2-7 所示的直流通路中可知，I_C 与 U_{CE} 之间必须满足基尔霍夫电压定律，即

$$U_{CC}=I_C R_C+U_{CE}$$

或

$$I_C=-\frac{1}{R_C}U_{CE}+\frac{U_{CC}}{R_C} \tag{2-5}$$

式（2-5）是一个直线方程，其斜率 $\tan\alpha=-\frac{1}{R_C}$，在横轴上的截距为 U_{CC}，在纵轴上的截距为 $\frac{U_{CC}}{R_C}$。可以很容易地在图 2-8 中作出这一直线。由于这条直线的方程是由直流通路得出的，其斜率由集电极负载电阻 R_C 值决定，所以称这条直线为直流负载线。直流负载线与晶体管的某条（由 I_B 确定）输出特性曲线的交点 Q，称为放大电路的静态工作点，由它确定放大电路的电压和电流的静态值。

由图 2-8 可知，当基极电流 I_B 的大小不同时，直流负载线与输出特性曲线的交点（即工作点）将不同，如果 I_B 较大，工作点会在直流负载线的左上方（如 Q_1 点），此时 I_C 较大，U_{CE} 较小；若 I_B 较小，工作点会在直流负载线的右下方（如 Q_2 点），此时 I_C 较小，U_{CE} 较大。为了得到合适的静态工作点，可通过调节偏流电阻 R_B 的值来改变 I_B 的大小。因此 I_B 很重要，它确定晶体管的工作状态，通常称它为偏置电流，简称偏流。产生偏流的电路，称为偏置电路。在图 2-7 中，其路径为 U_{CC}→R_B→发射结→“地”。其中 R_B 为偏置电阻，通常是改变偏置电阻 R_B 的阻值来调整偏流 I_B 的大小。

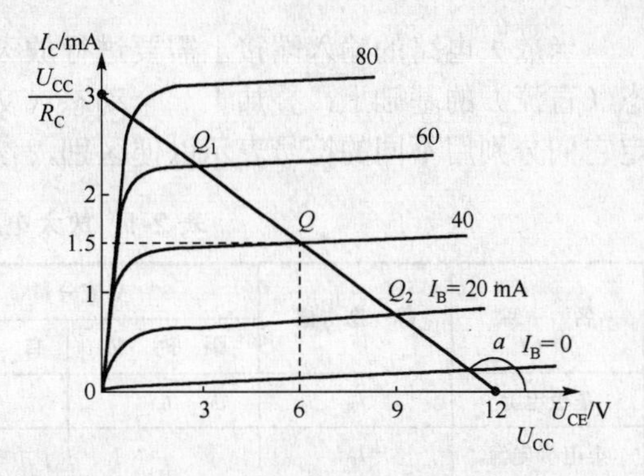

图 2-8　用图解法确定放大电路的静态工作点

例 2-2　在图 2-7 中，所用元件参数均与例 2-1 相同，晶体管的输出特性曲线如图 2-8 所示。试作出直流负载线并求静态工作点。

解：从图 2-2（b）所示中，可列出输出回路的电压方程为

$$U_{CC}=I_C R_C+U_{CE}$$

此式即为直流负载线方程，只要找出这条直线上的两个特殊点（分别为横轴和纵轴上的截距），就可作出该直线。

当 $I_C=0$ 时，$U_{CE}=U_{CC}=12\text{V}$

当 $U_{CE}=0$ 时，$I_C=\frac{U_{CC}}{R_C}=\frac{12}{4}=3\text{mA}$

在图 2-8 中作出该直流负载线。

由图 2-7 可知

$$I_B=\frac{U_{CC}-U_{BE}}{R_B}\approx\frac{U_{CC}}{R_B}=\frac{12}{300}=40\mu\text{A}$$

则直流负载线与 $I_B=40\mu\text{A}$ 的那条输出特性曲线的交点 Q，即为该交流放大电路的静态工作点，对应的静态值为

$$I_B=40\mu\text{A}$$

$$I_C=1.5\ \text{mA}$$

$$U_{CE}=6\text{V}$$

思考与练习题

2.2.1　什么叫静态？什么是静态工作点？在图 2-8 中，如果静态工作点偏高（如Q_1点），要想把工作点降低一些，应采取什么措施？

2.2.2　如果保持R_B、R_C和U_{CC}三个量中的任意两个不变，只改变其中一个量的大小，试分析对静态工作点有何影响？

2.2.3　用估算法计算放大电路静态工作点Q的思路是什么？为什么要设置Q点？

2.3　放大电路的动态分析

当放大电路的输入端接上需要进行放大的交流信号时，电路中的各个电流与电压是在静态（直流）的基础上，叠加上一个动态（交流）量。为了将这些不同的量加以区分，我们规定它们分别用不同的符号表示以便区别，参见表 2-1。

表 2-1　放大电路中的电压和电压符号

名　称	静 态 值	交流分量		总电压或总电流		直流电源	
		瞬 时 值	有 效 值	瞬 时 值	平 均 值	电 动 势	电 压
基极电流	I_B	i_b	I_b	i_B	$I_{B(AV)}$	—	—
集电极电流	I_C		I_c	i_C	$I_{C(AV)}$	—	—
发射极电流	I_E	i_e	I_e	i_E	$I_{E(AV)}$	—	—
集-射极电压	U_{CE}	u_{ce}	U_{ce}	u_{CE}	$U_{CE(AV)}$	—	—
基-射极电压	U_{BE}	u_{be}	U_{be}	u_{BE}	$U_{BE(AV)}$	—	—
集电极电源	—	—	—	—	—	E_C	U_{CC}
基极电源	—	—	—	—	—	E_B	U_{BB}
发射极电源	—	—	—	—	—	E_E	U_{EE}

动态分析是在静态值确定后分析信号的传输情况，考虑的只是电流和电压的交流分量（信号分量）。动态分析是要确定放大电路的电压放大倍数A_u、输入电阻r_i和输出电阻r_o。

放大电路动态分析的基本方法是微变等效电路法和图解法。

2.3.1　微变等效电路法

微变等效电路法的实质是在小信号（微变量）的情况下，将非线性元件晶体管线性化，即把晶体管等效为一个线性电路。这样，就可以采用计算线性电路的方法来计算放大电路的输入电阻、输出电阻及电压放大倍数。

1. 晶体管的微变等效电路

从图 2-11（a）所示的晶体管电路的输入端来看，i_b与u_{be}之间应该遵循晶体管的输入特性曲线，是非线性的。但当输入信号很小时，在静态工作点Q附近的工作段可认为是直线，如图 2-9 所示。因此，在这一小段直线范围内，U_{BE}与I_B之比为常数，称为晶体管的输入电阻，用r_{be}表示，即

$$r_{\mathrm{be}}=\frac{\Delta U_{\mathrm{BE}}}{\Delta I_{\mathrm{B}}}\bigg|_{U_{\mathrm{CE}}}=\frac{u_{\mathrm{be}}}{i_{\mathrm{b}}}\bigg|_{U_{\mathrm{CE}}} \tag{2-6}$$

因此，在小信号的情况下，晶体管的输入电路可用电阻r_{be}来代替，如图2-11（b）所示。低频小功率晶体管的输入电阻常用式（2-7）估算

$$r_{\mathrm{be}}=200(\Omega)+(1+\beta)\frac{26(\mathrm{mV})}{I_{\mathrm{E}}(\mathrm{mA})} \tag{2-7}$$

其中，I_{E}是发射极电流的静态值。r_{be}一般为几百欧到几千欧。必须注意，r_{be}是晶体管输入电路对交流（动态）信号所呈现的一个动态电阻

图2-10是晶体管的输出特性曲线组，在线性工作区是一组近似等距离的平行直线。当U_{CE}为常数时，ΔI_{C}与ΔI_{B}之比

$$\beta=\frac{\Delta I_{\mathrm{C}}}{\Delta I_{\mathrm{B}}}\bigg|_{U_{\mathrm{CE}}}=\frac{i_{\mathrm{c}}}{i_{\mathrm{b}}}\bigg|_{U_{\mathrm{CE}}} \tag{2-8}$$

式（2-8）中β即为晶体管的电流放大系数。在小信号的条件下，β是一常数，由它确定i_{c}受i_{b}控制的关系。因此，晶体管的输出电路可用一等效恒流源$i_{\mathrm{c}}=\beta i_{\mathrm{b}}$代替，以表示晶体管的电流控制作用。当$i_{\mathrm{b}}=0$时，$\beta i_{\mathrm{b}}$不复存在，所以它不是一个独立电源，而是受输入电流$i_{\mathrm{b}}$控制的受控电源。

此外，在图 2-10 中还可看到，晶体管的输出特性曲线不完全与横轴平行，当I_{B}为常数时，ΔU_{CE}与ΔI_{C}之比

$$r_{\mathrm{ce}}=\frac{\Delta U_{\mathrm{CE}}}{\Delta I_{\mathrm{C}}}\bigg|_{I_{\mathrm{B}}}=\frac{u_{\mathrm{ce}}}{i_{\mathrm{c}}}\bigg|_{I_{\mathrm{B}}} \tag{2-9}$$

式（2-9）中，r_{ce}称为晶体管的输出电阻，在小信号的条件下，r_{ce}也是一个常数。如果把晶体管的输出电路看做电流源，那么r_{ce}就是电源的内阻，故在等效电路中与恒流源βi_{b}并联。由于r_{ce}的值很高，约为几十千欧到几百千欧，所以在后面的微变等效电路中忽略不计。

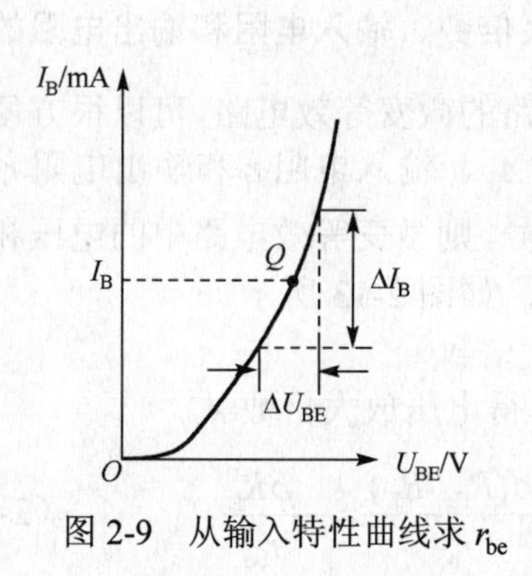

图2-9　从输入特性曲线求r_{be}

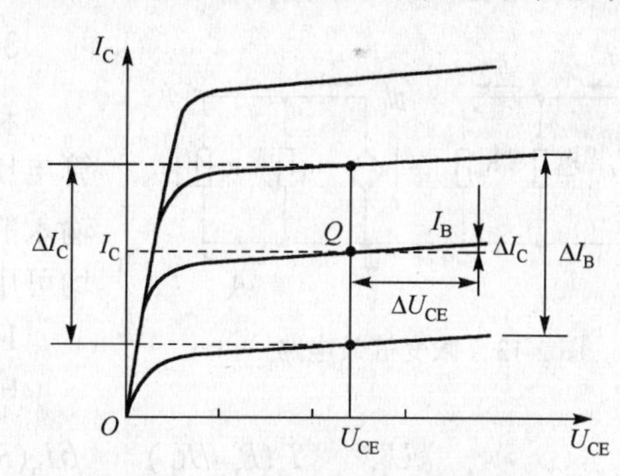

图2-10　从输入特性曲线求β、r_{ce}

由以上分析可知，在小信号的情况下，一个晶体管就可用图2-11所示的电路去代替，这样就将含有晶体管这种非线性元件的电路变成了一个线性电路。

2．放大电路的微变等效电路

在进行放大电路的分析计算时，通常采用的方法是将放大电路的静态计算与动态计算分开进行。在进行静态分析时，先画出放大电流的直流通路，利用直流通路采用估算法或图解

法求静态值（静态工作点）。在进行动态分析时，先画出放大电路的交流通路，图 2-12（a）是图 2-2（b）所示基本交流放大电路的交流通路。对于交流信号而言，电容 C_1 和 C_2 可视做短路，因一般直流电源的内阻很小，交流信号在电源内阻上的压降可以忽略不计，所以对交流而言，直流电源也可认为是短路的。根据以上原则首先可画出放大电路的交流通路；然后，再将交流通路中的晶体管用它的微变等效电路来代替，这样就得到了放大电路的微变等效电路，如图 2-12（b）所示。必须注意，交流通路或微变等效电路，只能用来分析计算放大电路的交流量，图 2-12 所示的各电量均为交流量的参考正方向（可用瞬时值或有效值表示）。

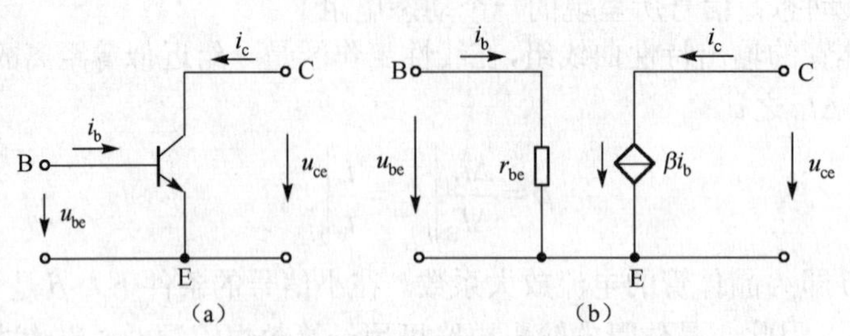

图 2-11　晶体管及其微变等效电路

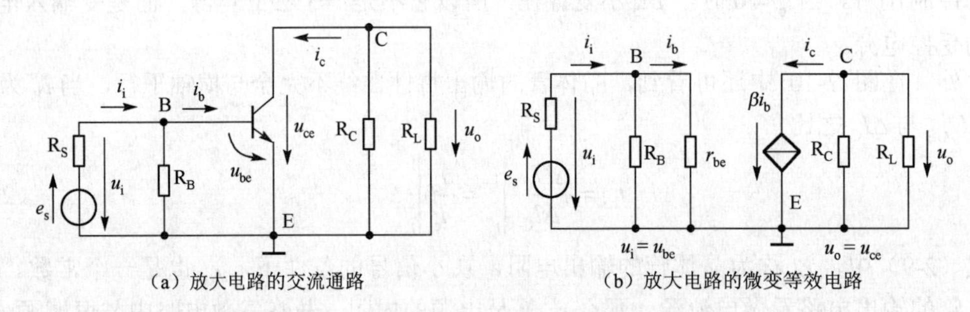

图 2-12　放大电路的交流通路和微变等效电路

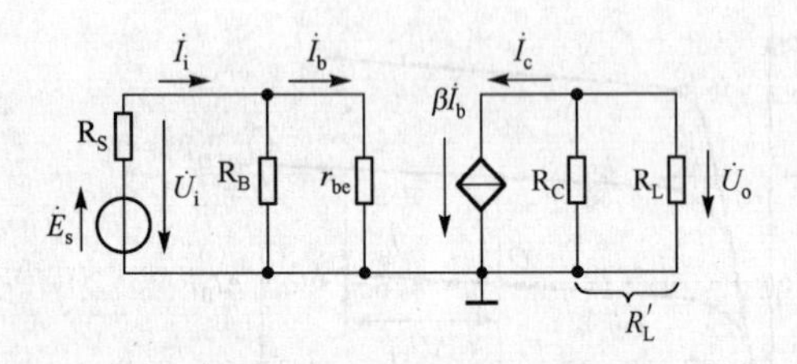

图 2-13　微变等效电路

3. 电压放大倍数、输入电阻和输出电阻的计算

利用放大电路的微变等效电路，可以很方便地计算电压放大倍数 A_u、输入电阻 r_i 和输出电阻 r_o。设输入的是正弦信号，则微变等效电路中的电压和电流均可用相量表示，如图 2-13 所示。

1）电压放大倍数

由图 2-13 可得电压放大倍数 A_u

$$A_u = \frac{\dot{U}_O}{\dot{U}_I} = -\frac{\dot{I}_c(R_C//R_L)}{\dot{I}_b r_{be}} = -\frac{\beta\dot{I}_b(R_C//R_L)}{\dot{I}_b r_{be}} = -\frac{\beta(R_C//R_L)}{r_{be}} = -\frac{\beta R_L'}{r_{be}} \tag{2-10}$$

其中，$R_L' = R_C//R_L$，R_L' 为放大电路总的等效负载电阻。式中的负号表示输出电压与输入电压相位相反。

当不带负载时，有

$$A_u = -\frac{\beta R_C}{r_{be}} \tag{2-11}$$

由于$R_L' < R_C$，所以这种放大电路带负载要比不带负载时的电压放大倍数小。

2）放大电路的输入电阻

放大电路的输入电阻是从放大电路的输入端看进去的等效电阻，其表达式为

$$r_i = \frac{\dot{U}_i}{\dot{I}_i} \tag{2-12}$$

它是对交流信号而言的一个动态电阻。

放大电路的输入电阻就是信号源的负载电阻，如图 2-14 所示。由图可知，如果放大电路的输入电阻较小，将对电路有以下几种影响。

① 信号源输出的电流$I_i = \dfrac{\dot{E}_s}{R_S + r_i}$将较大，这就相应增加了信号源的负担；

② 实际加在放大器输入端的电压$\dot{U}_i = \dot{E}_s - \dot{I}_i R_S$将较小，在放大器放大倍数不变的情况下，其输出电压$\dot{U}_o$将变小；

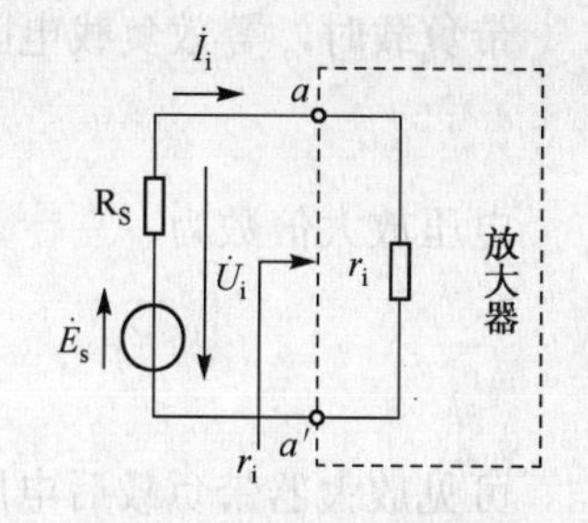

图 2-14 放大器的输入电阻

③ 在多级放大电路中，后一级的输入电阻，就是前一级的负载电阻，这样会降低前一级的电压放大倍数。因此，总是希望放大电路的输入电阻大一些好。

如图 2-14 所示放大电路的输入电阻为

$$r_i = R_B // r_{be} \approx r_{be} \tag{2-13}$$

因$R_B \gg r_{be}$，所以这种放大器的输入电阻不高。注意，式（2-13）中只表示r_i的值约等于r_{be}，但r_i和r_{be}的意义是不同的，其中r_i是指放大电路的输入电阻，r_{be}是晶体管的输入电阻，两者不能混淆。

3）放大电路的输出电阻

放大电路对负载（或对后级放大电路）来说，是一个信号源，其内阻就是放大电路的输出电阻，它也是一个动态电阻。如果放大电路的输出电阻较大（相当于信号源的内阻较大），当负载变化时，输出电压的变化也会很大，也就是放大电路带负载的能力较差。因此，通常希望放大电路输出级的输出电阻低一些。放大电路的输出电阻可在信号源短路（$\dot{U}_i = 0$）和输出端开路的条件下求得。现以图 2-2（b）的放大电路为例，从它的微变等效电路（见图 2-13）看，当$\dot{U}_i = 0$，$\dot{I}_b = 0$时，$\dot{I}_c = \beta \dot{I}_b = 0$，电流源相当于开路，故图 2-13 所示电路的输出电阻为

$$r_o = R_C \tag{2-14}$$

放大电路的输出电阻是从放大电路的输出端看进去的一个电阻。这表明共射接法的放大电路的输出电阻就等于集电极负载电阻R_C，一般为几千欧姆到十几千欧姆。通常希望放大电路的输出电阻小一点好，这样可提高放大器带负载的能力。注意，输出电阻r_o不包括负载电阻R_L。

例 2-3 在图 2-2（b）所示的放大电路中，已知U_{CC} = 12V，R_C = 4kΩ，R_B= 300kΩ，$I_C = 1.5\text{mA} \approx I_E$ = 4kΩ，β = 37.5，试求不带负载与带负载两种情况下的电压放大倍数及放大电路的输入电阻和输出电阻。

解：在例 2-1 中已求出

$$I_C = 1.5\text{mA} \approx I_E$$

则晶体管的输入电阻为

$$r_{be} = 200 + (1+\beta)\frac{26\text{mV}}{I_E\text{mA}} = 200 + (1+37.5)\frac{26}{1.5} = 0.867\text{k}\Omega$$

不带负载时的电压放大倍数为

$$A_u = -\beta\frac{R_C}{r_{be}} = -37.5 \times \frac{4}{0.867} = -173$$

带负载时，等效负载电阻为

$$R'_L = R_C // R_L = 4//4 = 2\text{k}\Omega$$

电压放大倍数为

$$A_u = -\beta\frac{R'_L}{r_{be}} = -37.5 \times \frac{2}{0.867} = -86.5$$

可见放大器带负载后电压放大倍数降低了。

放大电路的输入电阻为

$$r_i = R_B // r_{be} \approx 0.867\text{k}\Omega$$

输出电阻为

$$r_o = R_C = 4\text{k}\Omega$$

2.3.2 图解法分析动态特性

利用晶体管的特性曲线在静态工作点的基础上，用作图的方法进行动态分析，即分析各个电压电流分量之间的传输关系。

1．交流负载线

放大电路动态工作时，电路中的电压和电流都是在静态值的基础上产生与输入信号相对应的变化，电路的工作点也将在静态值工作点附近变化。对于交流信号来说，它们通过的路径为交流通路，如图 2-12（a）所示，得

$$u_o = u_{ce} = -i_c R'_L \tag{2-15}$$

式（2-15）反映交流电压 u_{ce} 与电流 i_c 的关系，交流负载线其斜率为 $-\frac{1}{R'_L}$。

交流负载线的画法：过静态工作点 Q 作斜率为 $-\frac{1}{R'_L}$ 的直线。因为直流负载线的斜率为 $-\frac{1}{R_C}$，而交流负载线的斜率为 $-\frac{1}{R'_L}$，故交流负载线比直流负载线要陡，如图 2-15 所示。容易理解，如负载开路时，交流负载线和直流负载线便会重叠在一起。

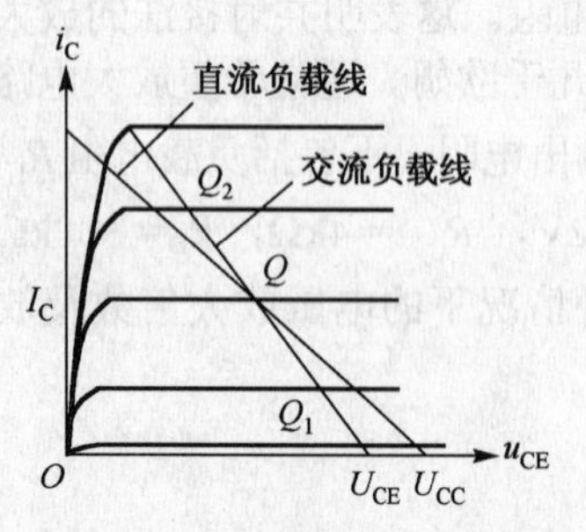

图 2-15　直流负载线和交流负载线

2．交流工作状态的图解分析

在如图 2-16 所示的交流放大电路中，各元件参数均已在图中标出，晶体管的输入和输出特性曲线如图 2-17 所示。若放大电路的输入信号 $u_i = 0.02\sin\omega t$。

由以上图解分析可得出如下结论。

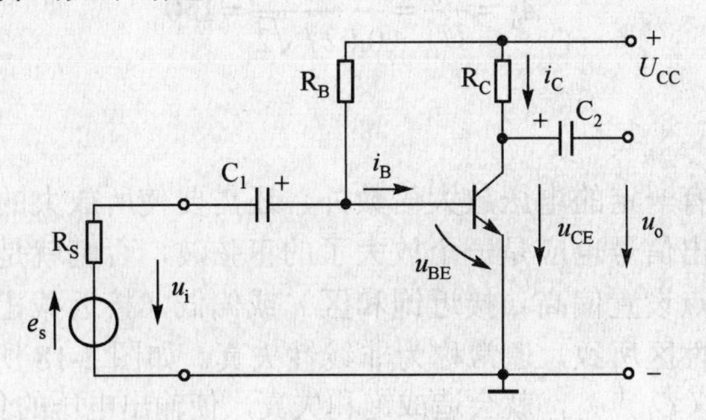

图 2-16 不带负载的交流放大电路

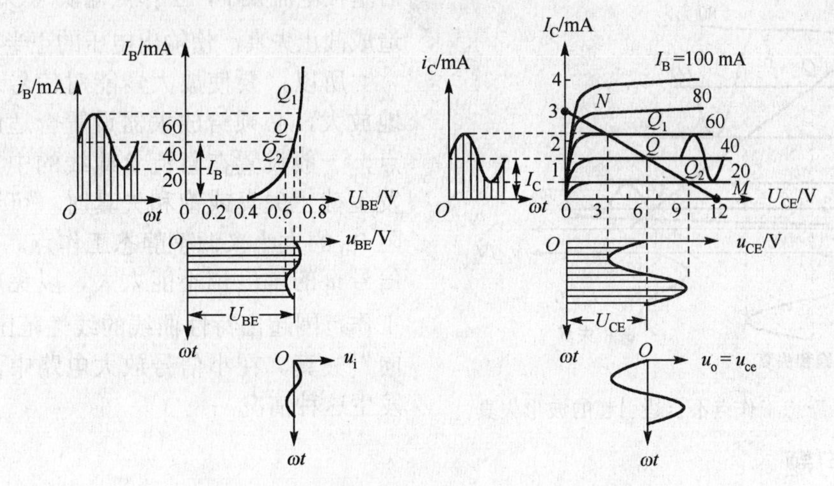

图 2-17 用图解法分析放大电路的动态情况

① 当放大器有交流信号输入时，晶体管各极的电流和电压都是在原静态（直流）的基础上叠加了一个由交流输入信号产生的交流分量，即

$$u_{BE} = U_{BE} + u_i = U_{BE} + u_{be} \quad (u_{be} = u_i)$$

$$i_B = I_B + i_b$$

$$i_C = I_C + i_c$$

$$u_{CE} = U_{CE} + u_{ce} = U_{CE} + u_o \quad (u_o = u_{ce})$$

② 如无失真，电路中各处电流与电压的交流分量，如i_b、u_{be}、i_c、u_{ce}与u_o，都是和输入信号u_i频率相同的正弦量。

③ 在共射接法的交流放大电路中，输出电压与输入电压相位相反。这是因为在输入信号的正半周时，由于基极电流i_B在原来静态值的基础上增大，因此i_C也随之增大，由下式

$$u_{CE} = U_{CC} - i_C R_C$$

可知，u_{ce}会在原来静态的基础上减小，因此，当u_i为正半周（正值）时，$u_o = u_{ce}$为负半周（负值）。当u_i为负半周时，$u_o = u_{ce}$为正半周。这种现象称为放大器的倒相作用。

从图 2-17 中，可以计算出放大电路的电压放大倍数A_u，因输入电压的幅值为 0.02V，从图中可量出输出电压的幅值为 3V，则

$$A_u = \frac{U_o}{U_i} = \frac{3/\sqrt{2}}{0.02/\sqrt{2}} = 150$$

2.3.3 非线性失真

一个放大器除了要有一定的电压放大倍数外，还需要使所放大的信号不失真，即输入信号是一个正弦波时，输出信号也应是一个放大了的正弦波，否则就是出现了失真。造成失真的主要原因是静态工作点设置偏高（接近饱和区）或偏低（接近截止区）。由于这种失真是因为晶体管工作于非线性区所致，通常称为非线性失真。如图 2-18 所示，如果静态时基极电流 I_B 太大，工作点偏高（Q_1 点），就会造成饱和失真，使输出电压的负半周被削平；如果静态时基极电流太小，工作点偏低（Q_2 点），就会造成截止失真，使输出电压的正半周被削平。

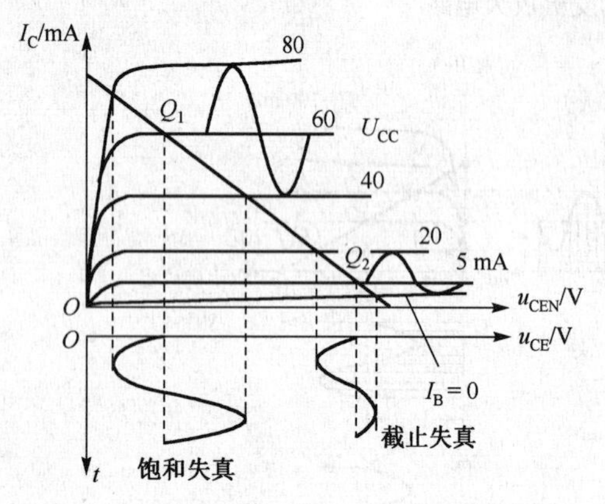

图 2-18 静态工作点不合适引起的波形失真

所以，要使放大器能对信号进行不失真地放大，必须给放大器设置合适的静态工作点，一般设置在直流负载线的中点附近。当发生截止失真或饱和失真时，可通过改变电阻 R_B 的大小来调整静态工作点。另外，输入信号 u_i 的幅度也不能太大，以免放大电路的工作范围超出特性曲线的线性范围，发生“双向”失真。在小信号放大电路中，一般不会发生这种情况。

思考与练习题

2.3.1 图 2-2（b）所示的放大电路在工作时，发现输出波形严重失真，当用直流电压表测量时：

（1）若测得 $U_{CE} \approx U_{CC}$，试分析晶体管工作在什么状态？怎样调节 R_B 才能消除失真？

（2）若测得 $U_{CE} < U_{BE}$，试分析晶体管工作在什么状态？怎样调节 R_B 才能消除失真？

2.3.2 在图 2-2（b）所示的放大电路中，电容器 C_1 和 C_2 两端的直流电压和交流电压各应等于多少？并说明其上直流电压的极性。

2.3.3 r_{be}、r_i 和 r_o 是交流电阻，还是直流电阻？它们各表示什么电阻？在 r_o 中应不应该包括负载电阻 R_L？

2.3.4 如果输出波形出现失真，是否就一定是静态工作点不合适？

2.4 放大器静态工作点的稳定

根据前面的分析可知，要使放大器正常工作，必须有一个合适的静态工作点。当电源 U_{CC} 和集电极电阻 R_C 确定后，静态工作点的位置就取决于静态基极电流 I_B，称 I_B 为基极偏流，而提供基极偏流的电路称偏置电路。在图 2-2（b）所示的放大电路中，偏置电路只由电阻 R_B 组成，当 U_{CC} 和 R_B 一经确定后，$I_B \approx U_{CC}/R_B$ 是固定不变的，所以称这种偏置电路为固定偏置电路。这种固定偏置电路虽然具有电路结构比较简单的优点，但它的静态工作点不稳定，当外界条件发生变化时，电路的静态工作点也会发生变化。影响电路的静态工作点变动的因素很多，如温度的变化、晶体管和电阻的损坏、电容元件的老化、电源电压的波动等。其中温度的变化对静态工作点的影响最大。

在固定偏置电路中，因基极偏流是固定不变的，当温度升高时，晶体管的穿透电流I_{CEO}会随着增大，这就导致晶体管的整个输出特性曲线向上平移，如图2-19中的虚线所示。在I_B不变的情况下，所对应的I_C都增大了，工作点由原来的Q点移到了Q'点。严重时会使原来设置合适的工作点移到饱和区，使放大电路不能正常工作。为此，必须对这种固定偏置电路进行改进。由于温度升高会导致I_C增大，那么，改进后的偏置电路就应具有这样的功能：只要I_C增大，基极偏流I_B就自动减小，用I_B的减小去抑制I_C的增大，以保持工作点基本稳定。

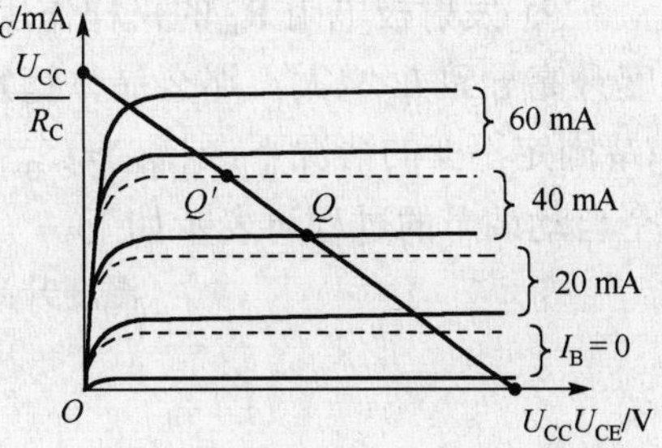

图2-19 温度对静态工作点的影响

2.4.1 静态分析

分压式偏置电路能自动稳定工作点，其电路如图2-20（a）所示。其中R_{B1}和R_{B2}构成偏置电路，图2-20（b）为直流通路。该电路是通过以下两个环节来自动稳定静态工作点的。

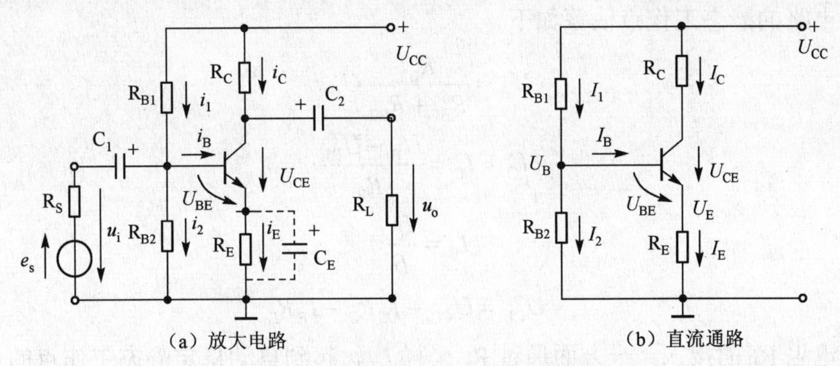

图2-20 分压式偏置电路及其直流通路

① 由图2-20（b）所示的直流通路中，电阻R_{B1}和R_{B2}分压为晶体管提供一个固定的基极电位U_B。

可知

$$I_1 = I_2 + I_B$$

若使

$$I_2 \gg I_B$$

则

$$I_1 \approx I_2 \approx \frac{U_{CC}}{R_{B1}+R_{B2}}$$

基极电位

$$U_B \approx \frac{R_{B2}}{R_{B1}+R_{B2}} U_{CC} \tag{2-16}$$

可见U_B与晶体管的参数无关，不受温度的影响，仅由R_{B1}和R_{B2}的分压电路所决定。为了使U_B恒定不变，基本上不受I_B变化的影响，应使I_2远远大于I_B，这就要使R_{B1}和R_{B2}的值取得较小。但若R_{B1}和R_{B2}的值过小，会有两个后果，其一是这两个电阻消耗的直流功率会较大，其二是会减小放大电路的输入电阻，因此要统筹兼顾，通常按下式来确定I_2，即

$$I_2 = (5\sim10)I_B$$

② 发射极电阻 R_E 的采样作用。因流过发射极电阻 R_E 的电流为 $I_E = I_B + I_C \approx I_C$，如果温度升高导致 I_C 增大，那么晶体管发射极的电位 $U_E = I_E R_E \approx I_C R_E$ 就会相应升高。在基极电位 U_B 固定不变的情况下，$U_{BE} = U_B - U_E$ 将会减小，从而使 I_B 减小，这就抑制了 I_C 的增大。这个自动调节的过程可表示如下。

$$\text{温度升高} \rightarrow I_C \uparrow \rightarrow U_E \uparrow \rightarrow U_{BE} \downarrow \rightarrow I_B \downarrow \rightarrow I_C \downarrow$$

也就是说，该放大电路具有自动抑制静态工作点温度漂移的能力。

为了提高这种自动调节的灵敏度，采样电阻 R_E 越大越好，这样，只要 I_C 发生一点微小的变化，就会使 U_E 发生明显的变化。但 R_E 太大会使其上的静态压降增大，在电源电压一定的情况下，晶体管的静态压降 U_{CE} 就会相应减小，从而减小了放大电路输出电压的变化范围。因此 R_E 不能取得过大，要统筹兼顾，通常按下式来选择 U_E，即

$$U_B = (5\sim10)U_{BE}$$

该放大电路的静态工作点估算如下

$$U_B \approx \frac{R_{B2}}{R_{B1} + R_{B2}} U_{CC}$$

$$I_C \approx I_E = \frac{U_B - U_{BE}}{R_E} \tag{2-17}$$

$$I_B = \frac{I_C}{\beta} \tag{2-18}$$

$$U_{CE} = U_{CC} - I_C R_C - I_E R_E \tag{2-19}$$

发射极电阻 R_E 的接入，一方面通过 R_E 采样 I_C，起到自动稳定静态工作点的作用；另一方面，在放大交流信号时，发射极电流的交流分量 i_e 会流过 R_E 产生交流压降，使放大电路的电压放大倍数降低。为了既能稳定静态工作点，又不降低放大倍数，可在 R_E 两端并联一个容量足够大的电容器 C_E，如图 2-20（a）中的虚线所示，因为 C_E 一般为几十微法到几百微法，对交流信号而言可视做短路，交流分量就不会在 R_E 上产生压降了，而直流分量必须流过 R_E。故 C_E 称为射极旁路电容。

2.4.2 动态分析

1. 有射极旁路电容 C_E 的分压式偏置放大电路

由于射极旁路电容 C_E 对交流信号的“旁路作用”，发射极电阻 R_E 被“短接”，这样，使输入信号、输出信号与晶体管的发射极共地，因此该放大电路也属于共射极放大电路类型。有射极旁路电容 C_E 时的微变等效电路如图 2-21 所示。

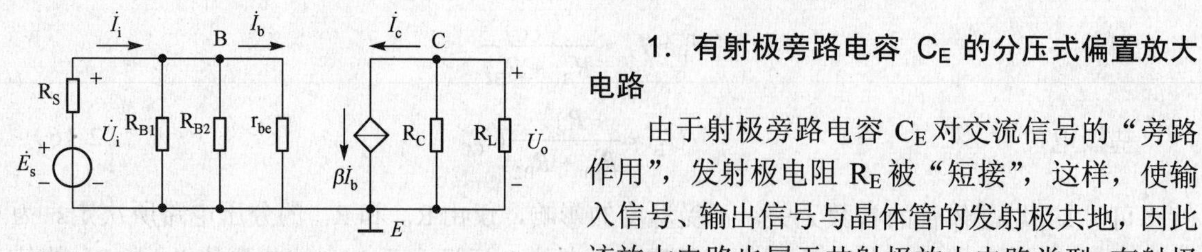

图 2-21　有射极旁路电容 C_E 时的微变等效电路

由图 2-21 估算该放大电路的电压放大倍数、输入电阻和输出电阻如下

$$A_u = \frac{\dot{U}_o}{\dot{U}_i} = -\frac{\dot{I}_c(R_C//R_L)}{\dot{I}_b r_{be}} = -\frac{\beta\dot{I}_b(R_C//R_L)}{\dot{I}_b r_{be}} = -\frac{\beta(R_C//R_L)}{r_{be}} = -\frac{\beta R'_L}{r_{be}} \quad (2\text{-}20)$$

$$r_i = R_{B1}//R_{B2}//r_{be} \quad (2\text{-}21)$$

$$r_o = R_C \quad (2\text{-}22)$$

2．无射极旁路电容 C_E 的分压式偏置放大电路

在图 2-20（a）所示放大电路中，去掉有射旁路电容 C_E 的电路如图 2-22 所示。其微变等效电路如图 2-23 所示。

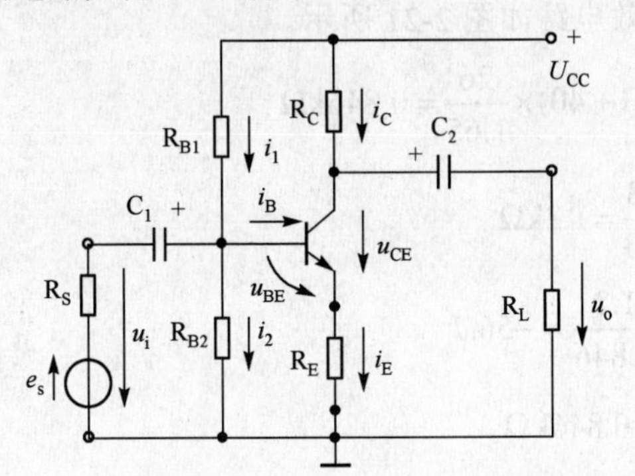

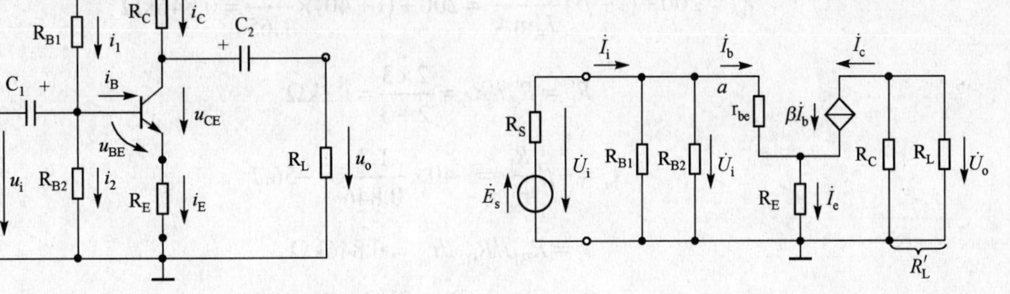

图 2-22　无射极旁路电容 C_E 的分压式偏置放大电路　　图 2-23　无射极旁路电容 C_E 时的微变等效电路

由图 2-23 可知，电压放大倍数为

$$A_u = \frac{\dot{U}_o}{\dot{U}_i} = -\frac{\beta\dot{I}_b R'_L}{\dot{I}_b[r_{be}+(1+\beta)R_E]} = -\frac{\beta R'_L}{r_{be}+(1+\beta)R_E} \quad (2\text{-}23)$$

输入电阻为

$$r_i = R_{B1}//R_{B2}//[r_{be}+(1+\beta)R_E] \quad (2\text{-}24)$$

输出电阻为

$$r_o = R_C \quad (2\text{-}25)$$

由此可知，去掉射极旁路电容 C_E 以后，电压放大倍数下降了，输入电阻高了。

例 2-4　在图 2-20（a）所示的放大电路中，已知 $U_{CC}=12\text{V}$，$R_{B1}=20\text{k}\Omega$，$R_{B2}=10\text{k}\Omega$，$R_C=2\text{k}\Omega$，$R_E=2\text{k}\Omega$，$R_L=3\text{k}\Omega$，$\beta=40$，C_1、C_2 和 C_E 对交流信号而言均可视做短路。

① 用估算法求静态值；

② 求有射极旁路电容和无射极旁路电容两种情况下的电压放大倍数 A_u 及输入电阻 r_i 和输出电阻 r_o；

③ 当信号源电动势 $E_S=0.02\sin\omega t$，内阻 $R_S=0.5\text{k}\Omega$ 时，求有旁路电容时输出电压 U_o。

解：① 利用图 2-20（b）所示的直流通路估算静态值。

$$U_B = \frac{R_{B2}}{R_{B1}+R_{B2}}U_{CC} = \frac{10}{20+10}\times 12 = 4\text{V}$$

发射极电流为

$$I_E = \frac{U_B - U_{BE}}{R_E} = \frac{4-0.7}{2} = 1.65\text{mA}$$

$$I_C \approx I_E = 1.65\text{mA}$$

$$I_B = \frac{I_C}{\beta} = 0.04\text{mA} = 40\mu\text{A}$$

晶体管的静态压降为

$$U_{CE} \approx U_{CC} - I_C(R_C + R_E) = 12 - 1.65 \times (2+2) = 5.4\text{V}$$

② 有射极旁路电容时，该放大电路的微变等效电路如图 2-21 所示。

$$r_{be} = 200 + (1+\beta)\frac{26\text{mV}}{I_E\text{mA}} = 200 + (1+40) \times \frac{26}{1.65} = 0.846\text{k}\Omega$$

$$R_L' = R_C // R_L = \frac{2\times 3}{2+3} = 1.2\text{k}\Omega$$

$$A_u = -\beta\frac{R_L'}{r_{be}} = -40 \times \frac{1.2}{0.846} = -56.7$$

$$r_i = R_{B1} // R_{B2} // r_{be} = 0.846\text{k}\Omega$$

$$r_o = R_C = 2\text{k}\Omega$$

无射极旁路电容时，该放大电路的微变等效电路如图 2-23 所示。

电压放大倍数为

$$A_u = \frac{\dot{U}_o}{\dot{U}_i} = -\frac{\beta \dot{I}_b R_L'}{\dot{I}_b[r_{be} + (1+\beta)R_E]} = -\beta\frac{R_L'}{r_{be} + (1+\beta)R_E}$$

代入有关数据后可得

$$A_u = -40 \times \frac{1.2}{0.846 + 41 \times 2} = -0.58$$

输入电阻为 $r_i = R_{B1} // R_{B2} // [r_{be} + (1+\beta)R_E] = 20//10//(0.846 + 41 \times 2) = 6.17\text{k}\Omega$

两种情况下的输出电阻均为 $r_o = R_C = 2\text{k}\Omega$。

③ 当 $E_S = 0.02\sin\omega t$，$R_S = 0.5\text{k}\Omega$ 时，从图 2-3 可知 $\dot{I}_i = \frac{\dot{E}_S}{R_S + r_i}$

则
$$\dot{U}_i = \dot{I}_i r_i = \frac{r_i}{R_S + r_i}\dot{E}_S$$

所以
$$\dot{U}_i = \frac{0.846}{0.5 + 0.846} \times \frac{0.02}{\sqrt{2}} = 0.00889\text{V}$$

因有射极旁路电容时的电压放大倍数

$$A_u = -56.7$$

所以

$$U_o = 0.00889 \times 56.7 = 0.5\text{V}$$

思考与练习题

2.4.1　分压式偏置电路是如何稳定静态工作点的？试简述其自动调节过程。

2.4.2　将例 2-4 中在有射极旁路电容和无射极旁路电容的两种情况下，电压放大倍数 A_u，输入电阻 r_i 和输出电阻 r_o 的计算公式进行系统整理并进行比较，这些公式是计算放大电路时经常用到的，应牢记。

2.4.3　射极旁路电容的作用是什么？接不接射极旁路电容对静态工作点有无影响？

2.5　射极输出器

射极输出器的电路如图 2-24（a）所示。和前面所讲的放大电路相比，在电路结构上有两点不同，一是放大电路是从晶体管的集电极和“地”之间取输出电压，而本电路是从发射极和“地”之间取输出电压，故称为射极输出器；二是放大电路为共发射极接法，而从图 2-24（b）所示的射极输出器的微变等效电路中可以看出，集电极 C 对于交流信号而言是接“地”的，这样，集电极就成了输入电路与输出电路的公共端。所以射极输出器为共集电极电路。

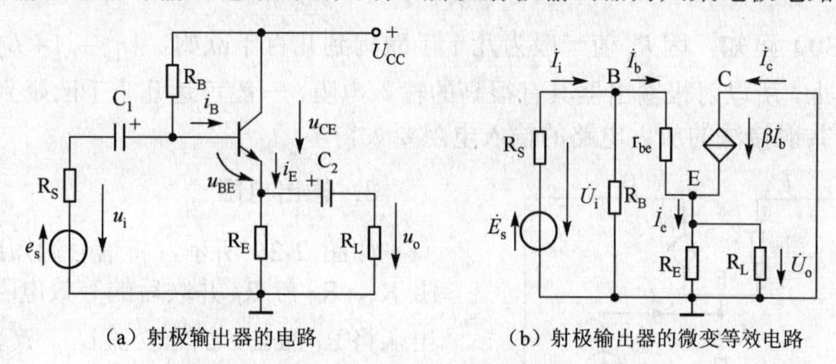

（a）射极输出器的电路　　（b）射极输出器的微变等效电路

图 2-24　射极输出器的电路及其微变等效电路

2.5.1　静态分析

利用射极输出器的直流通路如图 2-25 所示，可求出各静态值，因

$$U_{CC}=I_BR_B+U_{BE}+I_ER_E=I_BR_B+U_{BE}+(1+\beta)I_BR_E$$

所以

$$I_B=\frac{U_{CC}-U_{BE}}{R_B+(1+\beta)R_E} \tag{2-26}$$

$$I_C=\beta I_B \tag{2-27}$$

$$U_{CE}=U_{CC}-I_ER_E \tag{2-28}$$

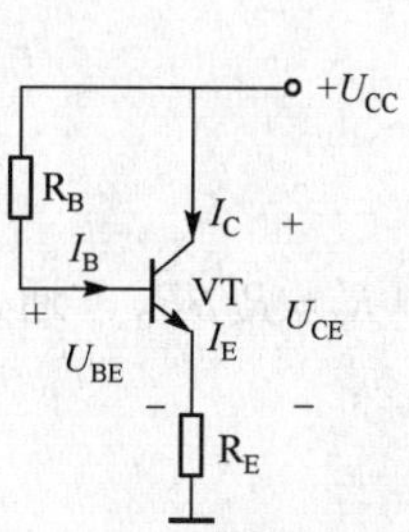

图 2-25　利用射极输出器的直流通路

2.5.2　动态分析

1. 电压放大倍数

由图 2-24（b）所示的微变等效电路可得

$$\dot{U}_o = \dot{I}_e R_L' = (1+\beta)\dot{I}_b R_L'$$

其中，$R_L' = R_E // R_L$

$$\dot{U}_i = \dot{I}_b r_{be} + \dot{I}_e R_L' = \dot{I}_b r_{be} + (1+\beta)\dot{I}_b R_L'$$

则
$$A_u = \frac{\dot{U}_o}{\dot{U}_i} = \frac{(1+\beta)\dot{I}_b R_L'}{\dot{I}_b r_{be} + (1+\beta)\dot{I}_b R_L'} = \frac{(1+\beta)R_L'}{r_{be} + (1+\beta)R_L'} \tag{2-29}$$

由式（2-29）可知：

① 因为 $r_{be} \ll (1+\beta)R_L'$，射极输出器的电压放大倍数接近于 1，但恒小于 1。故射极输出器无电压放大作用。由于 $I_e = (1+\beta)I_b$，故有电流放大和功率放大作用。

② 输出电压与输入电压同相，且大小近似相等，即 $\dot{U}_o \approx \dot{U}_i$。这就是射极输出器有跟随作用（输出电压随着输入电压的变化而变化），故射极输出器又称为射极跟随器。

2．输入电阻

从图 2-24（b）所示的微变等效电路的输入端看进去，射极输出器的输入电阻为

$$r_i = R_B // [r_{be} + (1+\beta)R_L'] \tag{2-30}$$

由式（2-30）可知，因 R_B 值一般为几十千欧姆到几百千欧姆，$[r_{be} + (1+\beta)R_L']$ 一般也有几十千欧姆以上，所以射极输出器具有很高的输入电阻，一般可达几十千欧姆到几百千欧姆，比前面所讲的共射接法的放大电路的输入电阻要大得多。

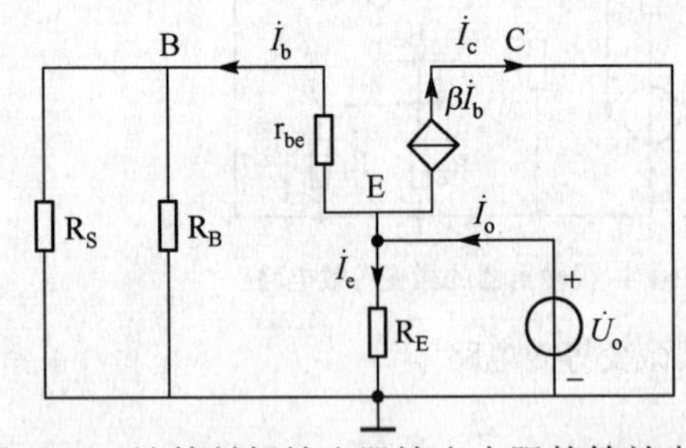

图 2-26　计算射极输出器输出电阻的等效电路

3．输出电阻

如图 2-26 所示，将信号源短路，保留其内阻 R_S，R_S 与 R_B 并联后的等效电阻为 R_S'。在输出端将 R_L 撤去，加一交流 $\dot{U}_o$，产生电流 $\dot{I}_o$，则

$$\dot{I}_o = \dot{I}_b + \beta\dot{I}_b + \dot{I}_c = \frac{\dot{U}_o}{r_{be} + R_S'} + \beta\frac{\dot{U}_o}{r_{be} + R_S'} + \frac{\dot{U}_o}{R_E}$$

所以输出电阻为

$$r_o = \frac{\dot{U}_o}{\dot{I}_o} = \frac{1}{\dfrac{1+\beta}{r_{be} + R_S'} + \dfrac{1}{R_E}} = \frac{R_E(r_{be} + R_S')}{(1+\beta)R_E + (r_{be} + R_S')}$$

其中 $R_S' = R_S // R_B$。通常 $R_E \gg \dfrac{r_{be} + R_S'}{1+\beta}$，所以

$$r_o \approx \frac{r_{be} + R_S'}{1+\beta} \approx \frac{r_{be} + R_S'}{\beta} \tag{2-31}$$

例如，$\beta = 40$，$r_{be} = 0.8\text{k}\Omega$，$R_S = 50\Omega$，$R_B = 120\text{k}\Omega$，则

$$R_S' = R_S // R_B = 50 // 120 \times 10^3 \approx 50\,\Omega,$$

$$r_o \approx \frac{r_{be} + R_S'}{\beta} = \frac{800 + 50}{40} = 21.25\Omega$$

综上所述，射极输出器的主要特点是：电压放大倍数接近于 1；输入电阻高；输出电阻

低。由于它的输入电阻高，常被作为多级放大电路的输入级使用，可以提高放大电路的输入电阻，减小信号源的负担；利用它的输出电阻低的特点，常用它作为输出级，可以提高放大电路带负载的能力；利用它的输入电阻高、输出电阻低的特点，把它作为中间级，起阻抗变换作用，使前后级共发射极放大电路阻抗匹配，实现信号的最大功率传输。

例 2-5 在图 2-24(a)所示的射极输出器中，已知 $U_{CC}=12V$，$\beta=50$，$R_B=200k\Omega$，$R_E=2k\Omega$，$R_L=2k\Omega$，信号源内阻 $R_S=0.5k\Omega$。试求：① 静态值；②求 A_u、r_i 和 r_o 的值。

解：①

$$I_B=\frac{U_{CC}-U_{BE}}{R_B+(1+\beta)R_E}=\frac{12-0.7}{200+(1+50)\times2}=\frac{11.3}{302}=0.037mA$$

$$I_E\approx I_C=\beta I_B=50\times0.037=1.85mA$$

$$U_{CE}=U_{CC}-I_ER_E=12-1.85\times2=8.3V$$

②

$$r_{be}=200+(1+\beta)\frac{26mV}{I_EmA}=200+(1+50)\frac{26}{1.85}=0.917k\Omega$$

$$R_L'=R_E//R_L=2//2=1k\Omega$$

则

$$A_u=\frac{(1+\beta)R_L'}{r_{be}+(1+\beta)R_L'}=\frac{(1+50)\times1}{0.917+(1+50)\times1}=0.98$$

$$r_i=R_B//[r_{be}+(1+\beta)R_L']=\frac{200\times51.917}{200+51.917}=41.2k\Omega$$

$$R_S'=R_S//R_B=\frac{0.5\times200}{0.5+200}=0.499k\Omega$$

$$r_o=\frac{r_{be}+R_S'}{\beta}=\frac{0.917+0.499}{50}=28.3\Omega$$

思考与练习题

2.5.1 射极输出器有哪些主要特点？

2.5.2 一个放大器的输入电阻相当于信号源的负载电阻，在信号源内阻 R_S 一定的情况下，放大器的输入电阻大有何好处？

2.5.3 一个放大器的输出部分对于负载 R_L 而言，相当于一个信号源，放大器的输出电阻就是该信号源的内阻，在负载电阻一定的情况下，放大器的输出电阻小有何好处？

2.6 场效应晶体管放大电路

场效应晶体管是电压控制元件，由栅-源之间的电压来控制漏极电流，从而达到放大输入信号的目的。场效应晶体管具有输入电阻高、噪声低等优点，常用于多级放大电路的输入级及要求噪声低的放大电路。

场效应晶体管的源极、漏极和栅极相当于双极型晶体管的发射极、集电极、基极。场效应晶体管有共源极放大电路和源极输出器等。场效应晶体管的共源极放大电路和源极输出器与双极型晶体管的共发射极放大电路和射极输出器在结构上也相类似。在双极性晶体管放大电路中必须设置合适的静态工作点，否则将造成输出信号的失真。同理，场效应晶体管放大电路也必须设置合适的工作点。场效应晶体管放大电路的分析与双极型晶体管放大电路一样，包括静态分析和动态分析。

2.6.1 共源极放大电路

1．自给偏压式偏置电路

图 2-27 所示电路是一个自给偏压偏置电路，源极电流 I_S（等于 I_D）流经源极电阻 R_S，在 R_S 上产生电压降 R_SI_S，显然 $U_{GS}=-R_SI_S=-R_SI_D$，它是自给偏压。

电路中各元件的作用如下：

① R_S 为源极电阻，静态工作点受它控制，其阻值约为几千欧姆；

② C_S 为源极电阻上的交流旁路电容，其容量约为几十微法；

③ R_G 为栅极电阻，用于构成栅-源极间的直流通路，R_G 的阻值不能太小，否则影响放大电路的输入电阻，其阻值为 200kΩ～10MΩ；

④ R_D 为漏极电阻，它使放大电路具有电压放大功能，其阻值约为几十千欧姆；

⑤ C_1、C_1 分别为输入电路和输出电路的耦合电容，其容量为 0.01～0.047μF。

应该指出，由 N 沟道增强型绝缘栅场效应晶体管组成的放大电路，在工作时 U_{GS} 为正，所以无法采用自给偏压偏置电路。

2．分压式偏置电路

（1）静态分析。分压式偏置电路如图 2-28 所示，其中 R_{G1} 和 R_{G2} 为分压电阻。

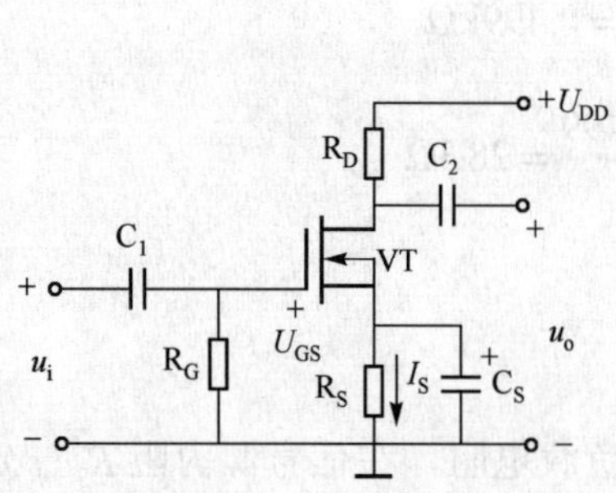

图 2-27 耗尽性绝缘栅场效应晶体管的自给偏压偏置电路

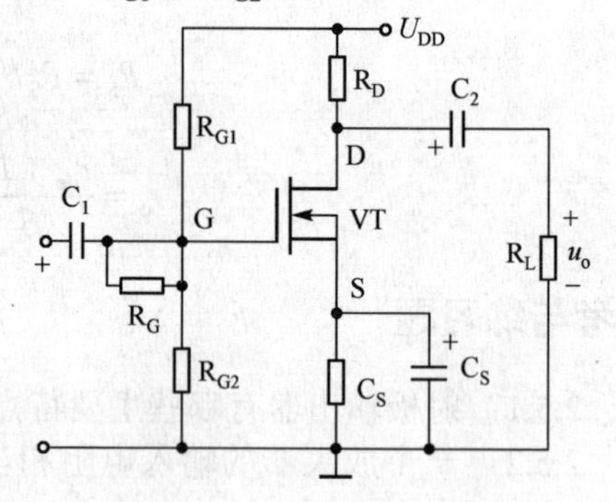

图 2-28 分压式偏置电路

由直流通路容易求出（栅极电流为零，）电阻 R_G 中并无电流通过

$$U_G=\frac{R_{G2}}{R_{G1}+R_{G2}}U_{DD} \tag{2-32}$$

$$U_{GS}=\frac{R_{G2}}{R_{G1}+R_{G2}}U_{DD}-I_DR_S \tag{2-33}$$

由式（2-32）可见，分压式为栅极提供了正的偏置电压 U_G，当 $U_G>U_S$，且 $U_{GS}>U_{GS(th)}$ 时，就可以满足增强型绝缘栅场效应晶体管偏置的需求。而当 $U_G<U_S$，且 $U_{GS(off)}<U_{GS}<0$，就可以满足耗尽型绝缘栅场效应晶体管的要求，且由于分压所得 U_G 使得 R_S 的取值范围增大了。

耗尽型 NMOS 管分压式偏置电路的静态工作点

$$U_{GS}=\frac{R_{G2}}{R_{G1}+R_{G2}}U_{DD}-I_DR_S$$

$$I_D = I_{DSS}\left(1-\frac{U_{GS}}{U_{GS(off)}}\right)^2$$

解出U_{GS}、I_D；由$U_{DS}=U_{DD}-I_D(R_D+R_S)$解出$U_{DS}$。

（2）动态分析。当有信号输入时，对放大电路进行动态分析，主要是分析它的电压放大倍数及输入电阻与输出电阻。图 2-29 是图 2-28 所示分压式偏置放大电路的交流通路。设输入信号为正弦量。

① 电压放大倍数A_u。由图 2-29 可知，输出电压为

$$\dot{U}_o = -R_L'\dot{I}_d = -g_m R_L'\dot{U}_{GS} \qquad (2\text{-}34)$$

其中，$R_L' = R_D // R_L$

输入电压为

$$\dot{U}_i = \dot{U}_{GS}$$

所以

$$A_u = \frac{\dot{U}_o}{\dot{U}_i} = -\frac{g_m\dot{U}_{GS}(R_D//R_L)}{\dot{U}_{GS}} = -g_m R_L' \qquad (2\text{-}35)$$

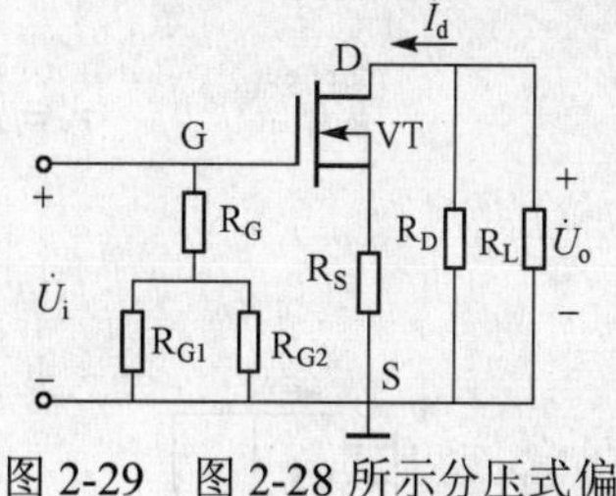

图 2-29　图 2-28 所示分压式偏置放大电路的交流通路

式（2-35）中的负号表示输出电压和输入电压反相。

② 输入电阻。在图 2-29 的分压式偏置电路中，假如$R_G=0$，则放大电路的输入电阻为

$$r_i = R_{G1}//R_{G2}//r_{GS} \approx R_{G1}//R_{G2}$$

因为场效应晶体管的输入电阻r_{GS}的阻值是很高的，比R_{G1}的阻值或R_{G2}的阻值要高得多，三者并联后可将r_{GS}略去。显然，由于R_{G1}或R_{G2}的接入使放大电路的输入电阻降低了。因此，通常在分压点和栅极之间接入一个阻值较高的电阻R_G，这样就大大提高了放大电路的输入电阻为

$$r_i = R_G + R_{G1}//R_{G2} \qquad (2\text{-}36)$$

R_G的接入对电压放大倍数并无影响；在静态时，R_G中无电流通过，因此也不影响静态工作点。

由于场效应晶体管的输出特性具有恒流特性（从输出特性曲线可见）

$$r_{DS} = \left.\frac{\Delta U_{DS}}{\Delta I_D}\right|_{U_{GS}}, \text{GS}=\text{常数}$$

故其输出电阻是很高的。在共源极放大电路中，漏极电阻R_D和场效应晶体管的输出电阻r_{DS}是并联的，所以，当$r_{DS} \gg R_D$时，放大电路的输出电阻为

$$r_o \approx R_D \qquad (2\text{-}37)$$

这点和晶体管共发射极放大电路是类似的。

例 2-6　在图 2-28 所示的放大电路中，已知$U_{DD}=18\text{V}$，$R_D=30\text{k}\Omega$，$R_S=2\text{k}\Omega$，$R_{G1}=2\text{M}\Omega$，$R_{G2}=47\text{k}\Omega$，$R_G=1\text{M}\Omega$，输出电阻为$R_L=30\text{k}\Omega$。设静态值$U_{GS}=-0.2\text{V}$，$g_m=1.2\text{mA/V}$。试求：① 静态值I_D和U_{DS}；② A_u，r_i和r_o的值；③ 将旁路电容C_S除去，计算A_{uf}。

解：① 求静态值，由电路图 2-28 可知

$$U_G = \frac{R_{G2}}{R_{G1}+R_{G2}}U_{DD} = 18\times\frac{47}{2000+47} \approx 0.41\text{V}$$

$$U_{GS}=\frac{R_{G2}}{R_{G1}+R_{G2}}U_{DD}-I_D R_S$$

$$I_D=\frac{1}{R_S}(U_G-U_{GS})=\frac{1}{2}[0.41-(-0.2)]\approx 0.305\text{mA}$$

$$U_{DS}=U_{DD}-I_D(R_D+R_S)=18-0.305\times(30+2)\approx 8.2\text{V}$$

② 求 A_u、r_i 和 r_o 的值分别为

$$A_u=\frac{\dot{U}_o}{\dot{U}_i}=-g_m R_L'=-1.2\times\frac{30\times 30}{30+30}=-18$$

$$r_i=R_G+R_{G1}//R_{G2}=10+\frac{2\times 0.047}{2+0.047}\approx 10\text{M}\Omega$$

$$r_o=R_D=30\text{k}\Omega$$

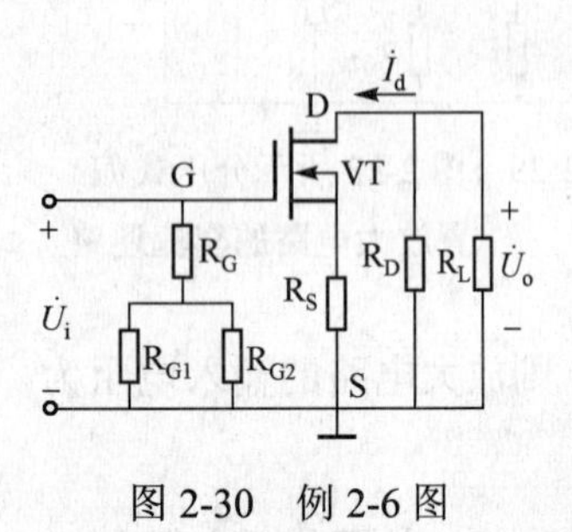

图 2-30　例 2-6 图

③ C_S 开路求 A_{u_f}。先画交流通路，由图 2-30 所示可知由于

$$\dot{U}_o=-R_L'\dot{I}_d=-g_m R_L'\dot{U}_{gs}$$

$$\dot{U}_i=\dot{U}_{gs}+R_S\dot{I}_d=\dot{U}_{gs}+g_m R_S\dot{U}_{gs}=(1+g_m R_S)\dot{U}_{gs}$$

故电压放大倍数为

$$A_{uf}=\frac{\dot{U}_o}{\dot{U}_i}=\frac{-g_m R_L'}{1+g_m R_S}=-\frac{-1.2\times 15}{1+1.2\times 2}=-5.3$$

2.6.2　共漏极放大电路

如图 2-31 所示电路是共漏极放大电路，它的交流公共端是漏极，交流信号由栅极输入，源极输出，所以也称为源极输出器。

1. 静态分析

由图 2-31 所示可知

$$U_S\approx U_G=\frac{R_{G2}}{R_{G2}+G_{G1}}U_{DD}\qquad(2\text{-}38)$$

$$I_D=\frac{U_S}{R_S}\qquad(2\text{-}39)$$

$$U_{DS}=U_{DD}-U_S\qquad(2\text{-}40)$$

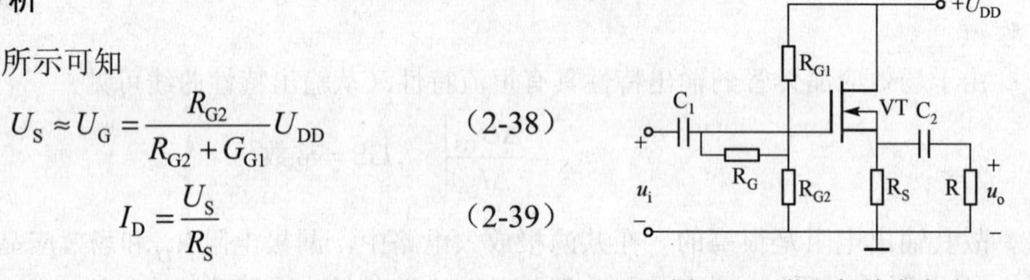

图 2-31　共漏极放大电路

2. 动态分析

图 2-32 是共漏极放大电路的交流通路，可知电压放大倍数为

$$A_u=\frac{\dot{U}_o}{\dot{U}_i}=\frac{\dot{U}_o}{\dot{U}_{GS}+\dot{U}_o}=\frac{g_m\dot{U}_{GS}(R_S//R_L)}{\dot{U}_{GS}+g_m\dot{U}_{GS}(R_S//R_L)}=\frac{g_m R_L'}{1+g_m R_L'}\qquad(2\text{-}41)$$

$$A_u=\frac{\dot{U}_o}{\dot{U}_i}=\frac{g_m R_L'}{1+g_m R_L'}\approx 1$$

其中，$R_L'=R_S//R_L$，输入电阻为

$$r_i = R_G + R_{G1} // R_{G2} \tag{2-42}$$

输出电阻为

$$r_o = R_S // \frac{1}{g_m} \tag{2-43}$$

可见源极输出器与晶体管射极输出器类似，具有电压放大倍数小于但接近于 1，输入电阻高和输出电阻低等特点。

思考与练习题

2.6.1 什么场合下采用场效应晶体管放大电路？

2.6.2 MOS 场效应晶体管的静态偏置电路有哪几种？哪些场效应晶体管组成的放大电路可以采用自给偏压的方法设置静态工作点？并试画出图来。

2.6.3 在 MOS 管放大电路中，为什么输入、输出耦合电容的数值比晶体管放大电路中的耦合电容数值小得多？

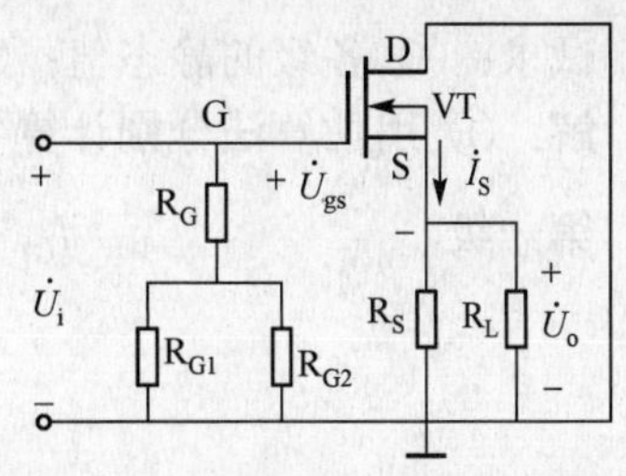

图 2-32　共漏极放大电路的交流通路

2.7 阻容耦合多级放大电路

从传感器来的信号一般都很微弱，都是毫伏量级或更小的，只用单级放大电路不能将信号放大到足够的幅度，因此，必须采用多级放大电路。多级放大电路是由多个单级放大电路级联组成的。将信号从前一级传输到后一级，称为信号的耦合，信号耦合的方式有以下四种：阻容耦合、变压器耦合、直接耦合和光电耦合。前两种耦合方式只适用于放大交流信号，后两种既适用于放大交流信号，又适用于放大直流信号。本节只介绍阻容耦合的多级放大电路。

两级阻容耦合放大电路如图 2-33 所示。两级之间通过电容 C_2 和下一级的输入电阻连接，故称为阻容耦合，前一级的输出信号就无损失地传送到后一级继续放大。多级放大器的第一级称为输入级，最后一级称为输出级。

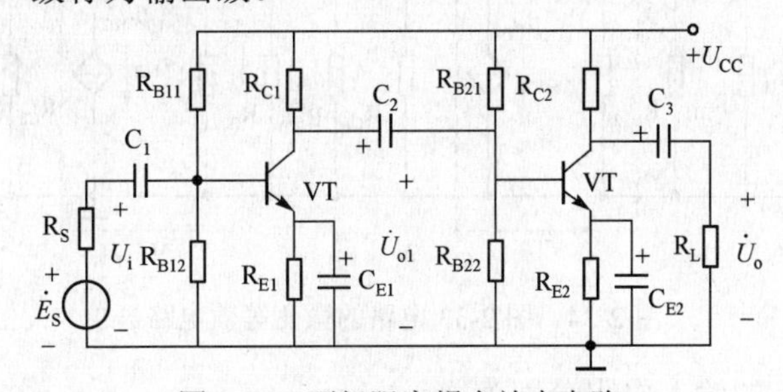

图 2-33　两级阻容耦合放大电路

阻容耦合多级放大电路的分析方法如下：

（1）由于电容的隔直作用，各级放大电路的静态工作点相互独立，可分别估算。

（2）由于电容值较大，通常取几微法到几十微法，耦合电容对交流信号视为短路，所以，前一级的输出电压可认为是后一级的输入电压，即 $U_{o1} = U_{i2}$。

（3）总的电压放大倍数等于各级电压放大倍数的乘积。这是因为

$$A_u = \frac{\dot{U}_o}{\dot{U}_i} = \frac{\dot{U}_{o1}}{\dot{U}_i} \cdot \frac{\dot{U}_o}{\dot{U}_{i2}} = A_{u1} \cdot A_{u2}$$

（4）总输入电阻即为第一级的输入电阻，即 $r_i = r_{i1}$。

（5）总输出电阻即为最后一级的输出电阻，即 $r_o = r_{o2}$。

例 2-7 在图 2-33 所示的两级阻容耦合放大电路中，已知

$$U_{CC} = 12V, R_{E1} = 3k\Omega, R_{C1} = 3k\Omega, R_{B11} = 30k\Omega, R_{B12} = 15k\Omega, R_{B21} = 20k\Omega,$$
$$R_{B22} = 10k\Omega, R_{C2} = 2.5k\Omega, R_{E2} = 2k\Omega, R_L = 5k\Omega, \beta_1 = \beta_2 = 40,$$
$$C_1 = C_2 = C_3 = 50\mu F, C_{E1} = C_{E2} = 100\mu F。$$

试求：① 各级的静态值；② 总电压放大倍数和输入电阻与输出电阻。

解： ① 用估算法分别计算各级的静态值。

第一级

$$I_{C1} \approx I_{E1} = \frac{U_{B1} - U_{BE1}}{R_{E1}} = \frac{4-0.7}{3} = 1.1mA$$

$$I_{B1} = \frac{I_{C1}}{\beta_1} = \frac{1.1}{40} = 0.0275mA$$

$$U_{CE1} \approx U_{CC} - I_{C1}(R_{C1} + R_{E1}) = 12 - 1.1\times(3+3) = 5.4V$$

第二级

$$U_{B2} = \frac{R_{B22}}{R_{B21} + R_{B22}} U_{CC} = \frac{10}{20+10} \times 12 = 4V$$

$$I_{C2} \approx I_{E2} = \frac{U_{B2} - U_{BE2}}{R_{E2}} = \frac{4-0.7}{2} = 1.65mA$$

$$I_{B2} = \frac{I_{C2}}{\beta_2} = \frac{1.65}{40} = 0.0413mA$$

$$U_{CE2} \approx U_{CC} - I_{C2}(R_{C2} + R_{E2}) = 12 - 1.65\times(2.5+2) = 4.6V$$

② 画出图 2-33 的微变等效电路，如图 2-34 所示。

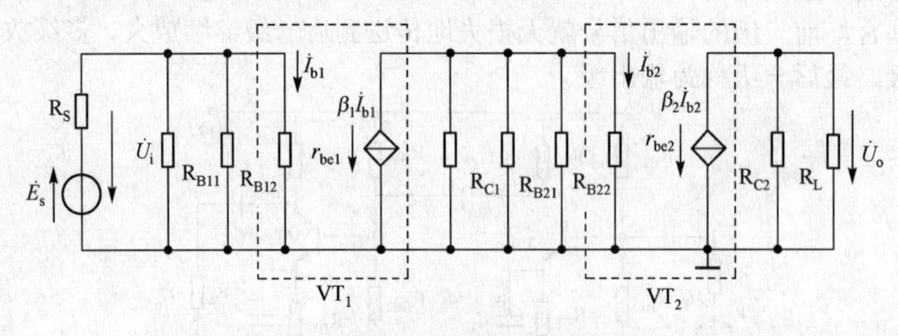

图 2-34 图 2-33 电路的微变等效电路

晶体管 VT_1 和 VT_2 的输入电阻分别为

$$r_{be1} = 200 + (1+\beta_1)\frac{26}{I_{E1}} = 200 + (1+40)\times\frac{26}{1.1} = 1.17k\Omega$$

$$r_{be2} = 200 + (1+\beta_2)\frac{26}{I_{E2}} = 200 + (1+40)\times\frac{26}{1.65} = 0.85k\Omega$$

第二级的输入电阻为

$$r_{i2} = R_{B21} // R_{B22} // r_{be2} = 20 // 10 // 0.85 = 0.83k\Omega$$

第一级的等效负载为

$$R'_{L1}=R_{C1}//r_{i2}=3//0.83=0.65\text{k}\Omega$$

第一级的电压放大倍数为

$$A_{u1}=-\beta_1\frac{R'_{L1}}{r_{be1}}=-40\times\frac{0.65}{1.17}=-22$$

第二级的等效负载为

$$R'_{L2}=R_{C2}//R_L=2.5//5=1.7\text{k}\Omega$$

第二级的电压放大倍数为

$$A_{u2}=-\beta_2\frac{R'_{L2}}{r_{be2}}=-40\times\frac{1.7}{0.85}=-80$$

总电压放大倍数为

$$A_u=A_{u1}\cdot A_{u2}=-22\times(-80)=1760$$

多级放大器的输入电阻就是第一级的输入电阻，即

$$r_i=r_{i1}=R_{B11}//R_{B12}//r_{be1}=30//15//1.17=1.12\text{k}\Omega$$

多级放大器的输出电阻就是最后一级的输出电阻，即

$$r_o=r_{o2}=R_{C2}=2.5\text{k}\Omega$$

在由分立元件组成的多级交流放大电路中，阻容耦合得到了广泛的应用，但在集成电路中，由于难以制造较大容量的电容器，因而基本上不采用阻容耦合，而是采用直接耦合。

下面再简单地介绍一下放大电路的通频带的概念。

在阻容耦合放大电路中，由于存在级间耦合电容，发射极旁路电容及晶体管的结电容（因PN 结的两边带有等量异号的电荷，相当于一个电容器，称为结电容），它们的容抗将随频率而变化，这就会使放大器在放大不同频率的信号时，电压放大倍数不同。放大倍数与频率的关系称为幅频特性。单级阻容耦合放大电路的幅频特性曲线如图 2-35 所示。

由图 2-35 可知，在某一段频率范围内（称中频段），放大电路的电压放大倍数 A_u 与频率无关，是一个常数。但在偏离这段频率范围以外的高频段或低频段，电压放大倍数都要下降。而引起高频段电压放大倍数下降的主要是晶体管的结电容，引起低频段电压放大倍数下降的主要是级间耦合电容与发射极旁路电容。将电压放大倍数下降到中频段放大倍数的 $\frac{1}{\sqrt{2}}$ 时所对应的频率 f_2 和 f_1 分别称为上限频率和下限频率。在 f_2 和 f_1 之间的频率范围，就是该放大电路的通频带。每一个放大电路都有它的通频带，它只能对通频带内的交流信号进行有效放大。例如，晶体管收音机中的音频放大电路，就只能对 20Hz～20kHz 范围的音频信号进行有效的放大。

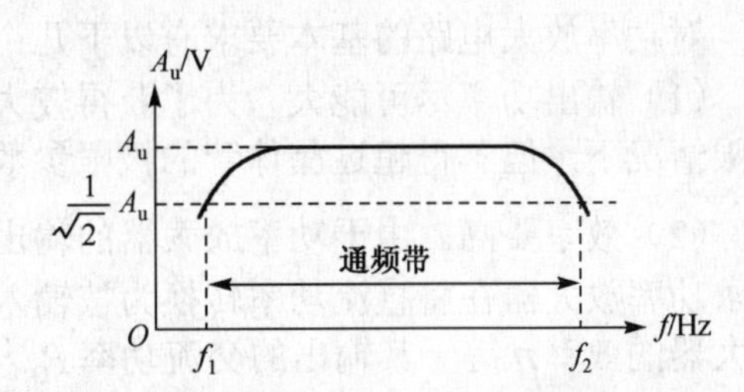

图 2-35　单级阻容耦合放大电路的幅频特性曲线

必须指出，前面各节讨论的电压放大倍数与计算公式，都是指信号频率在放大电路通频带内的情况。今后在要求计算放大电路的电压放大倍数时，都是指通频带内的电压放大倍数。

思考与练习题

2.7.1　一个多级放大电路大致可分为哪几级？对各级的要求有何不同？在组成多级放大电路时，什么情况下采用阻容耦合方式？

2.7.2　在阻容耦合多级放大电路中，各级直流工作状态之间互相有无影响？交流工作状态之间有无影响？在计算多级放大电路的动态性能指标时，如何体现后级对前级的影响？

2.7.3　在低频段和高频段，放大电路的电压放大倍数为什么会下降？

2.8　互补对称功率放大电路

一个多级放大电路通常由输入级、中间级和输出级组成，如图 2-36 所示。输入级以解决与信号源的匹配及抑制零漂为主；中间级又称为电压放大级，负责将微弱的输入信号电压放大到足够的幅度；输出级的任务是向负载提供足够大的输出功率，驱动负载工作。例如，驱动扬声器发声，仪表指针偏转，继电器动作，电动机旋转等。所以输出级又称为功率放大级。因此，功率放大电路的基本功能是高效率地把直流电能转换为按输入信号变化的交流电能。对于功率放大电路而言，电压放大仍然是需要的，但更重要的是电流放大。由于功率放大电路通常都工作在高电压、大电流的情况下，因此它的电路形式、工作状态及元件的选择和普通电压放大器是不一样的。

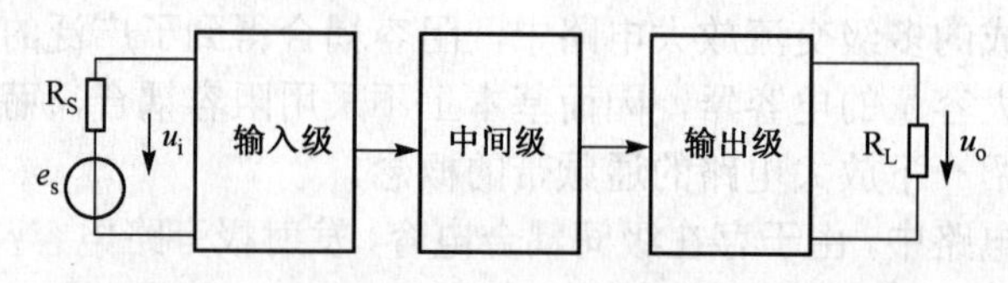

图 2-36　多级放大电路

2.8.1　功率放大电路的基本要求

对功率放大电路的基本要求有以下几个方面。

（1）输出功率尽可能大。为了获得较大的功率，晶体管一般都工作在高电压、大电流的极限情况下，但不得超过晶体管的极限参数 P_{CM}、I_{CM} 和 $U_{(BR)CE}$。

（2）效率要高。由于功率放大器的输出功率大，因而直流电源所提供的功率也大。这就要求功率放大器在将直流功率转换为按输入信号变化的交流功率时，尽可能提高效率。功率放大器的效率 η 等于其输出的交流功率 P_O 与直流电源提供的直流功率 P_E 的比值，即

$$\eta = \frac{P_O}{P_E} \times 100\% \tag{2-44}$$

由式（2-44）可知，要想提高效率，需从两个方面着手，一是尽量使放大电路的动态工作范围加大，以此来增大输出交流电压和电流的幅度，从而增大输出功率；二是减小电源供给的直流功率。在 U_{CC} 一定的情况下，电源供给的直流功率为

$$P_E = U_{CC} I_{C(AV)} \tag{2-45}$$

其中，$I_{C(AV)}$ 是集电极电流的平均值。为了减小 P_E，可将静态工作点 Q 沿负载线下移，使静态电流 I_C 减小。

在前面所讲的电压放大电路中，静态工作点一般都设在交流负载线的中点，如图 2-37（a）所示为甲类工作状态。甲类工作状态时的最高效率也只能达到 50%。图 2-37（b）所示为乙类工作状态，此时的工作点位于截止区，静态电流 $i_C \approx 0$，晶体管的损耗最小，工作在乙类状态的最高效率可达到 78.5%。图 2-37（c）所示为甲乙类工作状态，工作点介于甲类与乙类工作状态之间。

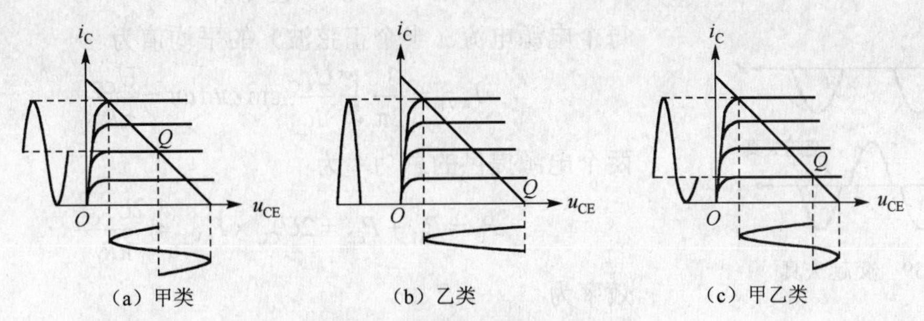

图 2-37　放大电路的工作状态

由图 2-37 可知，乙类和甲乙类两种工作状态虽然提高了效率，但出现了严重的失真。为了提高效率，减小信号的失真，一般采用下面将要介绍的互补对称式功率放大电路。

（3）非线性失真要小。由于功率放大器是大信号运行，它的工作点移动范围很大，接近于晶体管的截止区和饱和区，又因为晶体管是一种非线性元件，使得波形产生较大的非线性失真。虽然功率放大器的输出波形不可能完全不失真，但是要使失真限制在规定的允许范围内。

2.8.2　互补对称式功率放大电路

1. OCL 乙类互补对称式功率放大电路

OCL 乙类互补式对称放大电路如图 2-38 所示，图中 $E_{C1}=E_{C2}$，晶体管 VT_1 是 NPN 型，VT_2 是 PNP 型，VT_1 和 VT_2 的性能基本一致。两个晶体管的基极和发射极彼此分别连在一起，信号由基极输入从发射极传送到负载上去。所以这个电路实际上是由两个射极输出器组成。当静态时，由于基极回路没有偏流，两个晶体管都处于截止状态，静态集电极电流，所以电路工作在乙类状态。

在有输入信号时，在信号的正半周，VT_1 导通，VT_2 截止，电流按如图 2-38 中所示的方向流经负载 R_L，在负载上产生输出电压的正半周，如图 2-39 所示。在信号的负半周，VT_1 截止，VT_2 导通，电流 I_{C1} 按如图 2-38 中所示的方向流经负载 R_L，在 R_L 上产生输出电压的负半周，如图 2-39 所示。在信号的一个周期内，VT_1 和 VT_2 轮流导通，i_{C1} 和 i_{C2} 分别从相反的方向流经 R_L，因此在 R_L 上合成为一个完整的波形，因此称为互补对称式功率放大电路。由于这种电路的输出端没有耦合电容，所以又称为无输出电容电路，简称 OCL 电路。

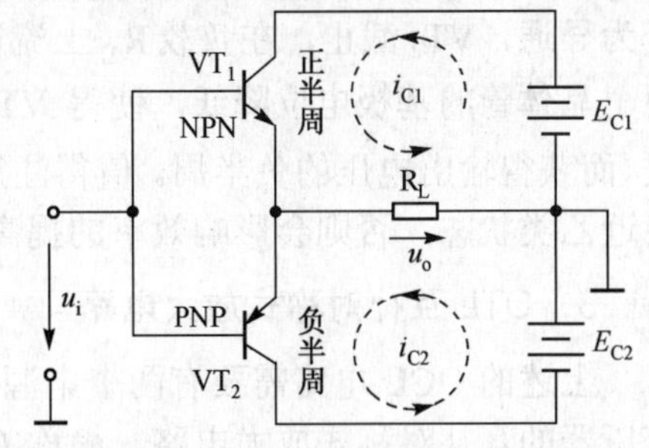

图 2-38　OCL 乙类互补式对称放大电路

至于 OCL 功率放大电路的效率，即

$$u_{Lmax}=U_{CC} \qquad i_{Lmax}=\frac{U_{CC}}{R_L}$$

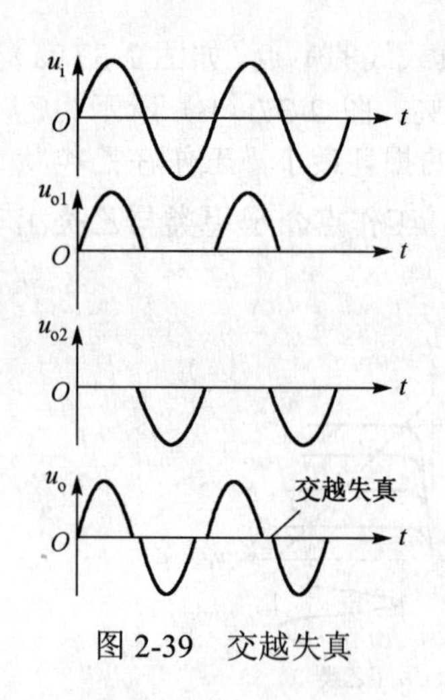

图 2-39　交越失真

负载得到的最大功率为

$$P_{\text{Omax}}=\frac{u_{\text{Lmax}}}{\sqrt{2}}\times\frac{i_{\text{Lmax}}}{\sqrt{2}}=\frac{U_{\text{CC}}^2}{2R_{\text{L}}}$$

电源提供的直流平均功率为

$$P_{\text{E}}=U_{\text{CC}}I_{\text{C(AV)}}$$

每个电源电流（半个正弦波）的平均值为

$$I_{\text{AV1}}=\frac{1}{2\pi}\int_0^{\pi}\frac{U_{\text{CC}}}{R_{\text{L}}}\sin\omega t\text{d}\omega t=\frac{U_{\text{CC}}}{\pi R_{\text{L}}}$$

两个电源提供的总功率为

$$P_{\text{E}}=P_{\text{E1}}+P_{\text{E2}}=2U_{\text{CC}}\times I_{\text{AV2}}=\frac{2U_{\text{CC}}{}^2}{\pi R_{\text{L}}}$$

效率为

$$\eta=\frac{P_{\text{Omax}}}{P_{\text{E}}}=\frac{U_{\text{CC}}{}^2}{2R_{\text{L}}}\Big/\frac{2U_{\text{CC}}{}^2}{\pi R_{\text{L}}}=\frac{\pi}{4}=78.5\%$$

从图 2-39 可见，虽然在负载上得到了一个完整的波形，但这个波形是失真的，失真发生在正半周与负半周的交接处，称为交越失真，产生交越失真的原因是由于静态时 VT_1 和 VT_2 均处于截止状态，无论是正半周的输入信号还是负半周的输入信号，只有当输入电压高于晶体管的死区电压后，晶体管才会从截止状态进入放大状态，因此就导致了交越失真的产生。

2. OCL 甲乙类互补对称式放大电路

为了克服交越失真，应设置偏置电路，给 VT_1 和 VT_2 提供很小的基极偏流，使放大电路工作在甲乙类状态。图 2-40 就是一种工作在甲乙类状态下的 OCL 互补对称式放大电路。图中二极管 VD_1 和 VD_2 串联后接在 VT_1 和 VT_2 的基极之间，当静态时，VD_1 和 VD_2 的正向压降可使 VT_1 和 VT_2 处于微导通状态，因此电路的静态工作点较低，处于甲乙类工作状态。因两个晶体管的特性基本一致，电路是对称的，使得两个晶体管的发射极电位 $U_{\text{E}}=0$，所以静态时负载上没有电流。

当有输入信号时，因二极管 VD_1 和 VD_2 的动态电阻很小，对于交流信号而言，VD_1 和 VD_2 相当于短路。在输入信号的正半周时，两个晶体管的基极电位升高，使得 VT_1 由微导通变为导通，VT_2 截止，在负载 R_L 上流过而获得输出电压的正半周时；在输入信号的负半周，两个晶体管的基极电位降低，使得 VT_1 截止而 VT_2 由微导通变为导通，在负载 R_L 上反向流过 而获得输出电压的负半周。值得注意的是，这种放大电路在设置静态工作点时，应尽可能接近乙类状态，否则会影响效率的提高。

3. OTL 互补对称式放大电路

上述的 OCL 电路需要有两个电源，为了省去一个电源，可采用如图 2-41 所示的无输出变压器的互补对称式放大电路，简称 OTL 电路。该电路用一个容量较大的耦合电容 C 代替了图 2-38 中电源的作用。当静态时，由于两管的基极均无偏流，所以 VT_1 和 VT_2 均处于截止状态，电路工作于乙类状态。由于电路的对称性，两个晶体管发射极的静态电位 $U_{\text{E}}=\frac{1}{2}E_{\text{C}}$，而电容器上的直流电压也等于 $\frac{1}{2}E_{\text{C}}$。在输入信号的正半周时，VT_1 导通、VT_2 截止，由电源 E_{C} 提供的集电极电流 i_{C1} 正向流过负载 R_L；在输入信号的负半周时，VT_1 截止，VT_2 导通，此时代替电源的电容器 C 通过导通的 VT_2 放电，集电极电流 i_{C2} 反向流过负载 R_L。

由图 2-41 可知，当 VT_1 导通时，电容 C 被充电，其上电压为 $\frac{1}{2}E_C$。当 VT_2 导通时，C 代替电源通过 VT_2 放电。但是，要使输出波形对称，即要求 $i_{C1}=i_{C2}$（大小相等，方向相反），必须保持 C 上的电压为 $\frac{1}{2}E_C$。在 C 放电过程中，其电压不能下降过多，因此 C 的容量必须要足够大。

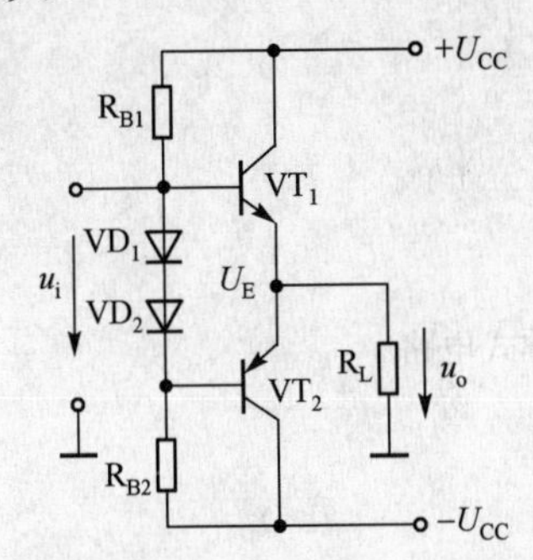

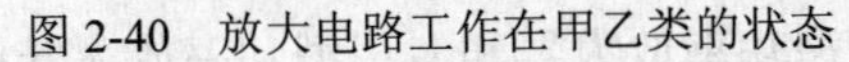
图 2-40　放大电路工作在甲乙类的状态

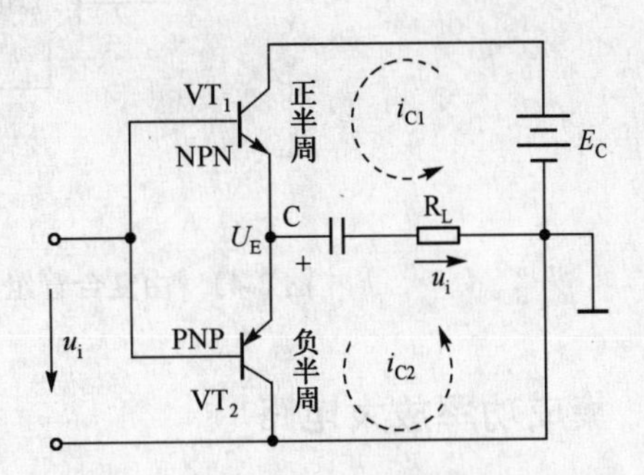

图 2-41　OTL 互补对称式放大电路

上述互补对称式电路要求有一对特性相同的 NPN 型和 PNP 型的输出功率管。在输出功率较小时，比较容易选配这对晶体管，但在要求输出功率较大时，就难以配对，因此采用复合管。图 2-42 列举了两种类型的复合管。

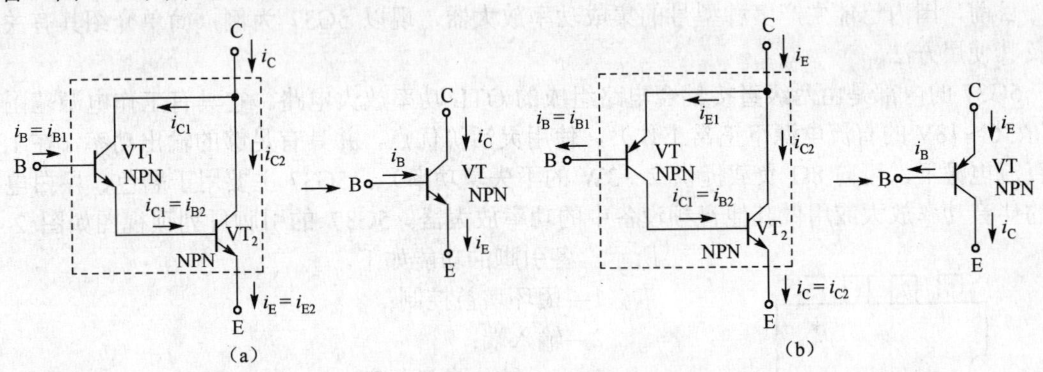

图 2-42　复合管

首先以图 2-42（a）的复合管为例，讨论复合管的电流放大系数。

因为 $i_C=i_{C1}+i_{C2}=\beta_1 i_{B1}+\beta_2 i_{B2}=\beta_1 i_{B1}+\beta_2(1+\beta_1)i_{B1}=\beta_1\beta_2 i_{B1}$

可得复合管的电流放大系数为

$$\beta=\frac{i_C}{i_B}=\frac{i_C}{i_{B1}}\approx\beta_1\beta_2$$

其次，从图 2-42（b）可以看出，复合管的类型与第一个晶体管 VT_1 相同，而与后接晶体管 VT_2 的类型无关。图 2-43 是一个由复合管组成的 OTL 互补对称式放大电路。将复合管分别看成一个 NPN 型和一个 PNP 型晶体管后，该电路与图 2-41 所示的电路完全相同。

显然，图 2-41 和图 2-43 所示的电路都工作在乙类状态，若要避免交越失真，也应设置适当的偏置电路。

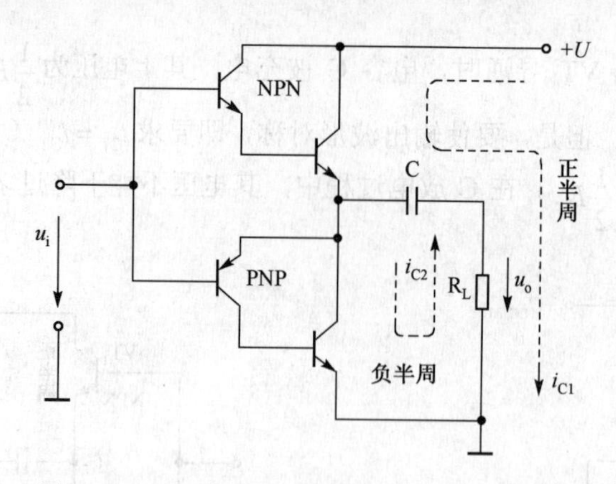

图 2-43　由复合管组成的 OTL 互补对称式电路

2.8.3　集成功率放大电路

集成功率放大器的种类很多，从用途划分，有通用型功率放大器和专用型功率放大器；从芯片内部的构成划分，有单通道功率放大器和双通道功率放大器；从输出功率划分，有小功率功率放大器和大功率功率放大器等。由于集成功率放大器具有体积小、重量轻、外围连接元件少和安装调试方便等优点，性价比也十分优越，因此获得了较为广泛的应用。

目前，国内已能生产多种型号的集成功率放大器，现以 5G37 为例，简单介绍其有关性能及其使用方法。

5G37 的内部是由两级直接耦合电路组成的 OTL 功率放大电路。它具有工作电源范围大（可在 6～18V 的直流电源下正常工作），使用灵活等优点，并具有足够的输出功率（在 18V 的直流电源下，可向 8Ω 负载提供 2～3W 的不失真功率）。5G37 主要用于彩色、黑白电视机的伴音功率放大或用做其他音频设备中的功率放大器。5G37 的引脚排列顶视图如图 2-44 所示。各引脚的功能如下。

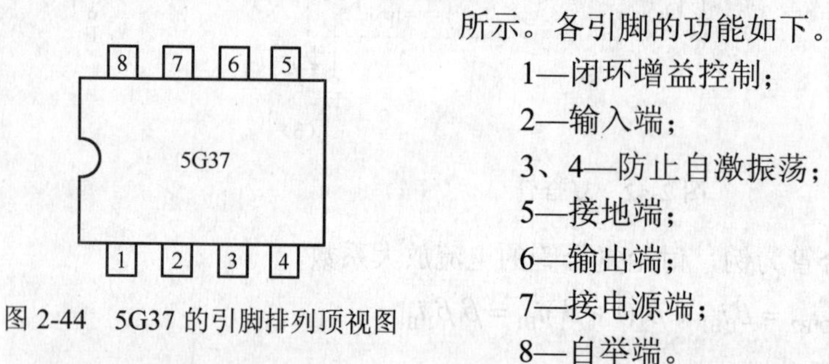

图 2-44　5G37 的引脚排列顶视图

1—闭环增益控制；

2—输入端；

3、4—防止自激振荡；

5—接地端；

6—输出端；

7—接电源端；

8—自举端。

在使用集成功率放大器时，都要加接适当的外围电路。5G37 用做音频功率放大时的电路如图 2-45 所示。

图 2-45 中 R_1 和 R_2 是电路的主要偏置电阻，为保证最大输出功率，应调整 R_1^*(22kΩ)，使输出端（6 脚）保持静态电压等于 $\frac{1}{2}U_{CC}$。调节电阻 R_4 的阻值可以改变闭环电压增益（即放大倍数）。如有自激振荡，可适当加大 3 脚和 4 脚间的电容，但电容值不宜超过 250pF。

各种不同型号的集成功率放大器，它们的性能及引脚也分布不同，在选择与使用时请查阅有关资料。

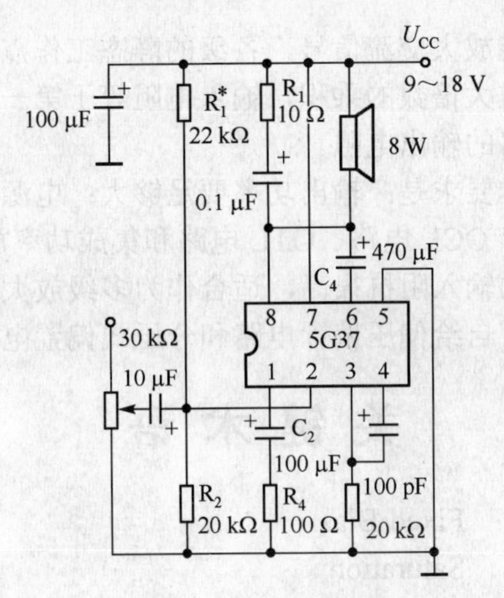

图 2-45　5G37 用做音频功率放大器时的外围电路

思考与练习题

2.8.1　功率放大器的任务是什么？它与电压放大器有何区别？对功率放大器有何要求？

2.8.2　什么是甲类、乙类和甲乙类工作状态？产生交越失真的原因什么？如何消除这种失真？

2.8.3　互补对称功率放大电路的实质，是利用两个对称的射极输出器，一个放大信号的正半周，另一个放大信号的负半周，试说明这种做法的好处。

本 章 小 结

（1）用来对电信号进行放大的电路称为放大电路，它是使用最为广泛的电子电路，也是构成其他电子电路的基本单元电路。

（2）放大电路一般由晶体管、直流电源、偏置电阻及耦合电容组成。在放大电路正常工作时，具有交、直流并存的特点，即电路中各种电流和电压既有直流分量，又有交流分量。对放大电路的分析包括静态分析和动态分析。静态分析是根据放大电路的直流通路来分析其静态工作点，动态分析是根据其交流微变等效电路来分析电压放大倍数、输入电阻和输出电阻。

（3）放大电路的静态工作点很重要，一般选在晶体管放大区的中间部位，以保证放大电路有足够的动态范围。如果静态工作点选得过低，则在输入信号的负半周易产生截止失真；静态工作点选得过高，则在输入信号的正半周易产生饱和失真。

（4）温度变化会引起晶体管静态工作点的波动。为了稳定静态工作点，一般采用分压式偏置电路。发射极电阻 R_E 能很好地稳定静态工作点，而发射极旁路电容可保证对交流信号的放大不受影响。

（5）共发射极放大电路的电压放大倍数较大，输出信号与输入信号反相。共发射极放大电路一般用于多级放大电路的中间级，以起到电压放大作用。

（6）共集电极放大电路的主要特点是：电压放大倍数小于 1 且近似等于 1，输出电压与输入电压同相位，输入电阻高，输出电阻低，常用做多级放大电路的输入级和输出级。

（7）多级放大电路常用的级间耦合方式有阻容耦合和直接耦合。阻容耦合由于电容隔断了级间的直流通路，因此只能放大交流信号，各级的静态工作点彼此独立。多级放大电路的电压放大倍数等于各级电压放大倍数的乘积，输入电阻等于第一级放大电路的输入电阻，输出电阻等于最后一级放大电路的输出电阻。

（8）对功率放大器的基本要求是：输出功率要足够大；电源的转换效率要高；非线性失真要小。常用的功率放大器有 OCL 电路、OTL 电路和集成功率放大器。

（9）场效应管放大电路的输入阻抗很高，适合作为多级放大电路的输入级。在共源极放大电路中，常用的偏置方法有自给偏压偏置电路和分压式偏置电路两种。

关 键 术 语

固定偏置	Fixed-Bias
饱和	Saturation
射极输出器	Emitter Follower
偏置电路	Biasing Circuit
接地	Grounding，Earth，Earthing，Ground
静态工作点	Quiescent Point
旁路电容	Bypass Capacitor
非线性失真	Nonlinear Distortion
参数	Parameter
阻容耦合放大器	Resistance-Capacitance Coupled Amplifier
负载线	Load Line
负载电阻	Load Resistance
电压放大器	Voltage Amplifier
电压放大倍数	Voltage Gain
电流放大系数	Current Amplification Coefficient
失真	Distortion
功率放大器	Power Amplifier
互补对称功率式放大电路	Complementary Symmetry Power Amplifier
无输出变压器功率放大器	Output Transformerless（OTL）Power Amplifier
无输出电容器功率放大器	Output Capacitorless（OCL）Power Amplifier

习 题

2.1　电压放大倍数 A_u 是否与 β 成正比？能否靠增大 R_C 来提高放大电路的电压放大倍数？当 R_C 过大时对放大电路的工作有何影响（设 I_B 不变）？

2.2　输入电阻和输出电阻反映了放大器哪方面的性能？通常希望放大电路的输入电阻高一些好，还是低一些好？输出电阻呢？放大电路的带负载能力是指什么？

2.3　试判断图 2-46 中各个电路能否放大交流信号，为什么？

2.4　画出图 2-47 所示各电路的直流通路和交流通路。设所有电容对交流信号均可视为短路。

2.5　电路如图 2-48（a）所示，图 2-48（b）所示的是晶体管的输出特性，当静态时

$U_{BEQ}=0.7V$。利用图解法分别求出 $R_L=\infty$ 和 $R_L=3k\Omega$ 时的静态工作点和最大不失真输出电压 U_{om}（有效值）。

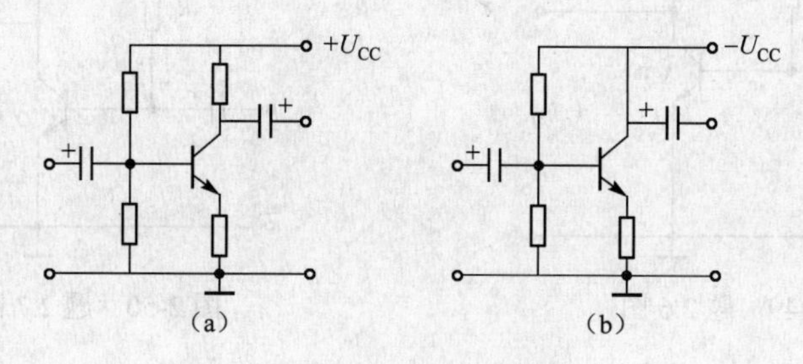

图 2-46　题 2.3 图

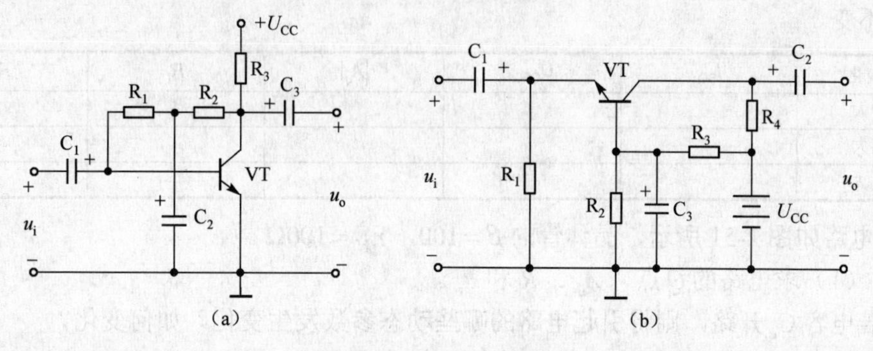

图 2-47　题 2.4 图

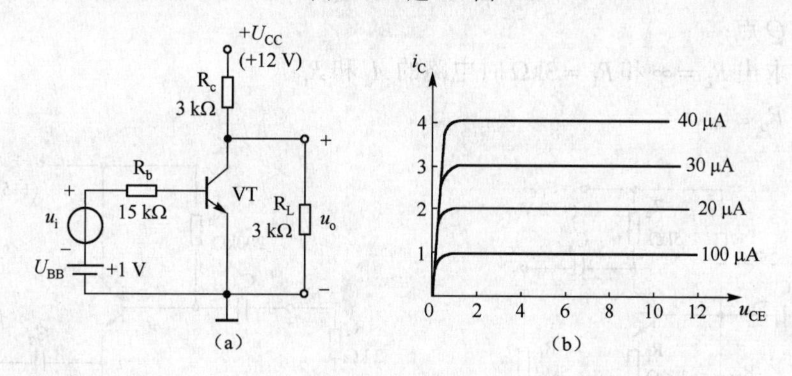

图 2-48　题 2.5 图

2.6　电路如图 2-49 所示，已知晶体管 $\beta=50$，在下列情况下，用直流电压表测晶体管的集电极电位，应分别为多少?设 $U_{CC}=12V$，晶体管饱和管压降 $U_{CES}=0.5V$。

试求：（1）在正常情况下；

（2）R_{b1} 短路；

（3）R_{b1} 开路；

（4）R_{b2} 开路；

（5）R_c 短路。

2.7　已知如图 2-50 所示电路中晶体管的 $\beta=100$，$r_{be}=1k\Omega$。

试求：（1）现已测得静态管压降 $U_{CEQ}=6V$，估算 R_b 约为多少千欧姆?

（2）若测得 u_i 和 u_o 的有效值分别为 1mV 和 100mV，则负载电阻 R_L 为多少千欧姆?

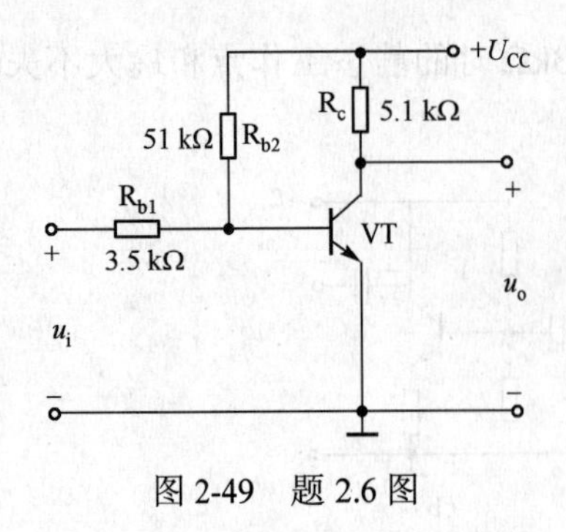

图 2-49 题 2.6 图

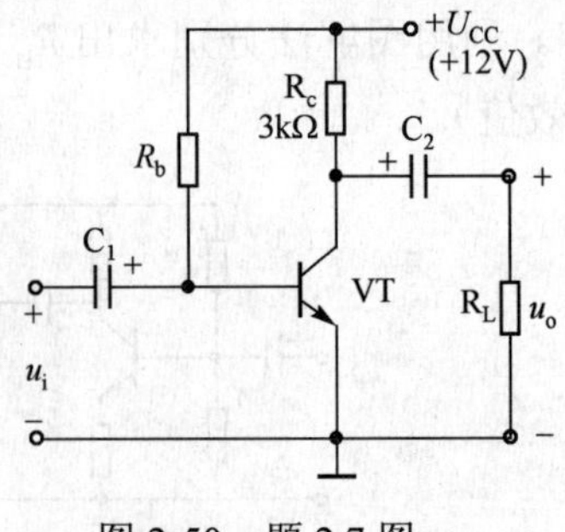

图 2-50 题 2.7 图

2.8 在图 2.50 所示的电路中，设某一参数变化时其余参数不变，在表中填入增大或减小或基本不变。

参数变化	I_{BQ}	U_{CEQ}	$\lvert A_u \rvert$	R_i	R_o
R_b 增大					
R_c 增大					
R_L 增大					

2.9 电路如图 2-51 所示，晶体管的 $\beta = 100$，$r_{bb'} = 100\Omega$。

试求：（1）求电路的 Q 点、A_u、R_i 和 R_o。

（2）若电容 C_e 开路，则将引起电路的哪些动态参数发生变化？如何变化？

2.10 电路如图 2-52 所示，晶体管的 $\beta = 80$，$r_{be} = 1k\Omega$。

（1）求出 Q 点；

（2）分别求出 $R_L = \infty$ 和 $R_L = 3k\Omega$ 时电路的 A_u 和 R_i；

（3）求出 R_o。

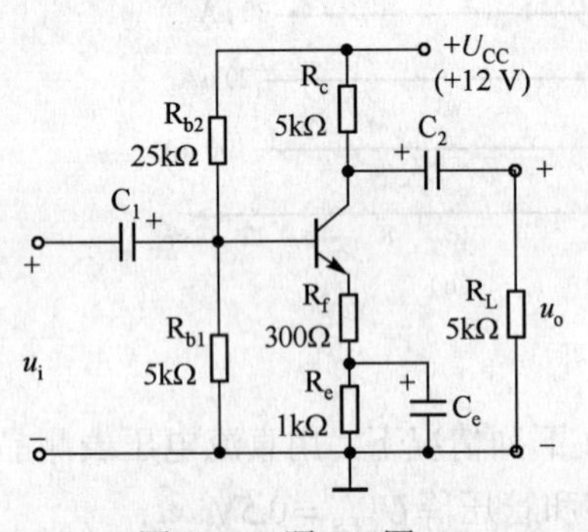

图 2-51 题 2.9 图

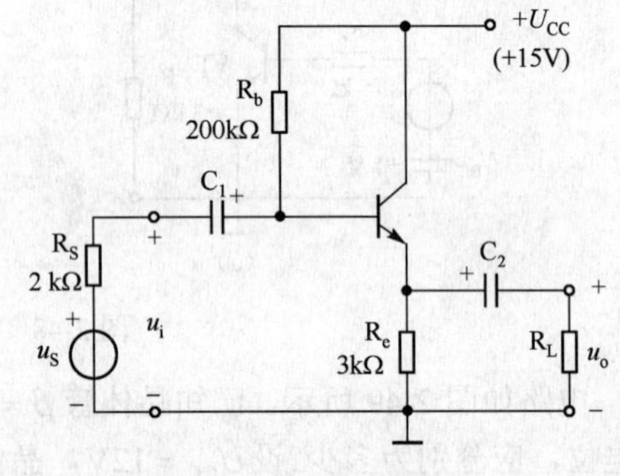

图 2-52 题 2.10 图

2.11 设图 2-53 所示的电路所加输入电压为正弦波，试问：

（1）$A_{u1} = \dfrac{u_{o1}}{u_i} \approx ?$　$A_{u2} = \dfrac{u_{o2}}{u_i} \approx ?$

（2）画出输入电压和输出电压 u_i、u_{o1}、u_{o2} 的波形。

2.12 电路如 2-54 所示，晶体管的 $\beta = 60$，$r_{bb'} = 100\Omega$。

（1）求解 Q 点、A_u、R_i 和 R_o；

（2）设 $u_s = 10mV$（有效值），问 $u_i = ?$ $u_o = ?$ 若 C_3 开路，则 $u_i = ?$ $u_o = ?$

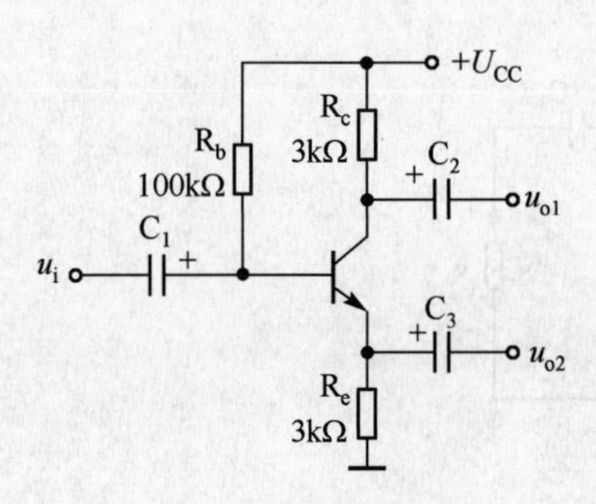

图 2-53　题 2.11 图

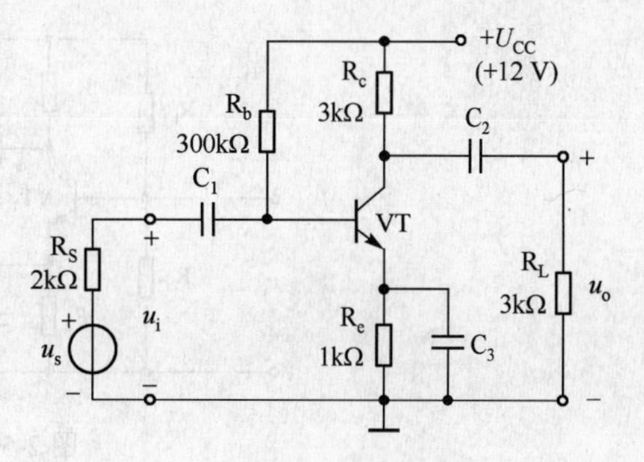

图 2-54　题 2.12 图

2.13　电路图 2-55 所示，已知场效应晶体管低频跨导为 g_m，试写出 A_u、R_i 和 R_o 的表达式。

2.14　功率放大电路与电压放大电路有何异同？功率放大电路有何特殊要求？

2.15　功率放大电路如图 2-56 所示。

（1）说明电路的工作原理；

（2）说明电路中 R_4 和 C_3 的作用；

（3）若考虑 $U_{CES}=0.5V$，在输出基本不失真的情况下，估算电路的最大输出功率。

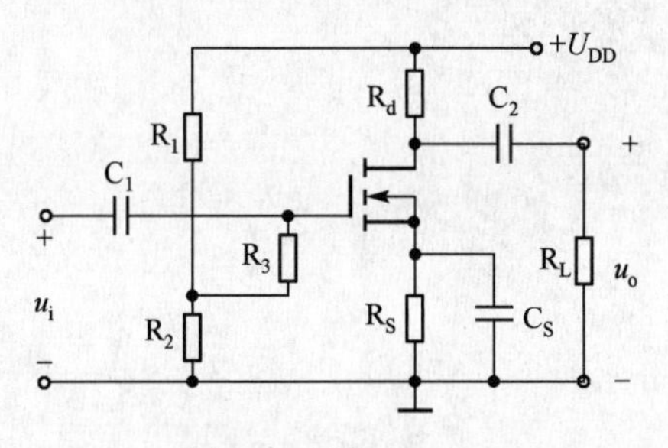

图 2-55　题 2.13 图

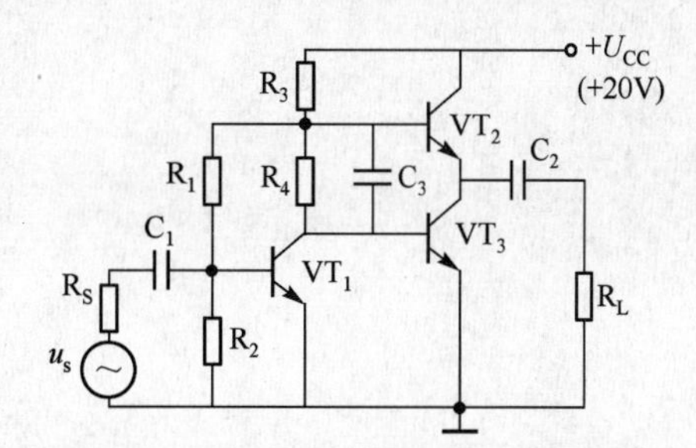

图 2-56　题 2.15 图

2.16　已知如图 2-57（a）所示电路中场效应管的转移特性和输出特性分别如图 2-57（b）和图 2-57（c）所示。

（1）利用图解法求解 Q 点；

（2）利用等效电路法求解 A_u、R_i 和 R_o。

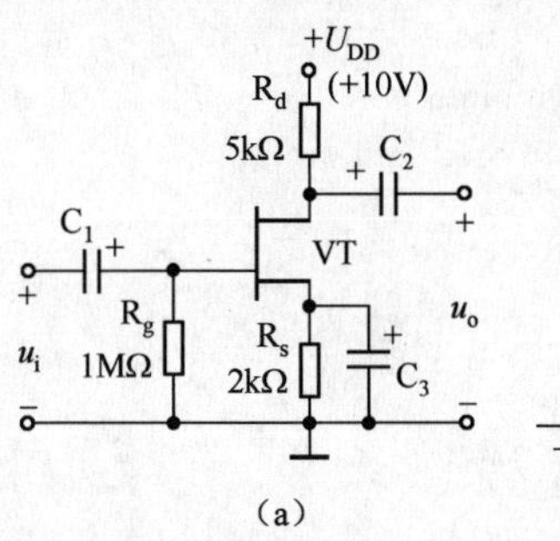

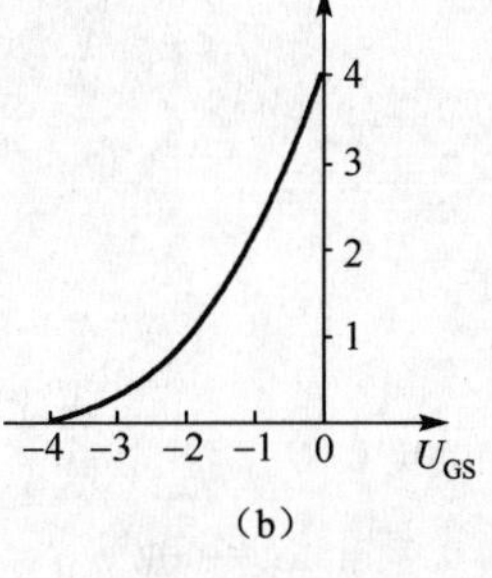

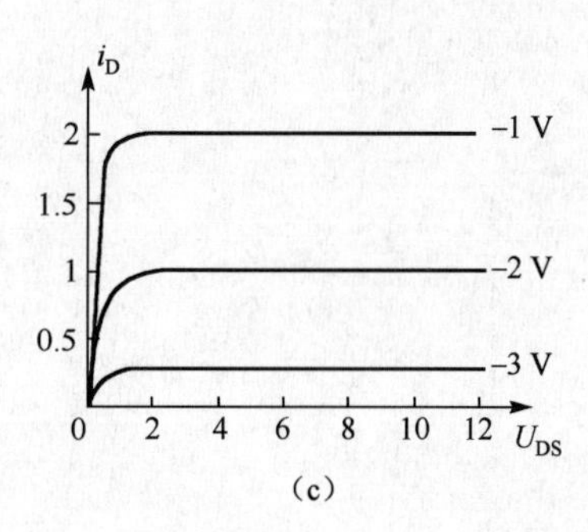

图 2-57　题 2.16 图

2.17　电路如图 2-58 所示，各电容对交流可视为短路，写出电压放大倍数 A_u、输入电阻 R_i 和输出电阻 R_o 的表达式。

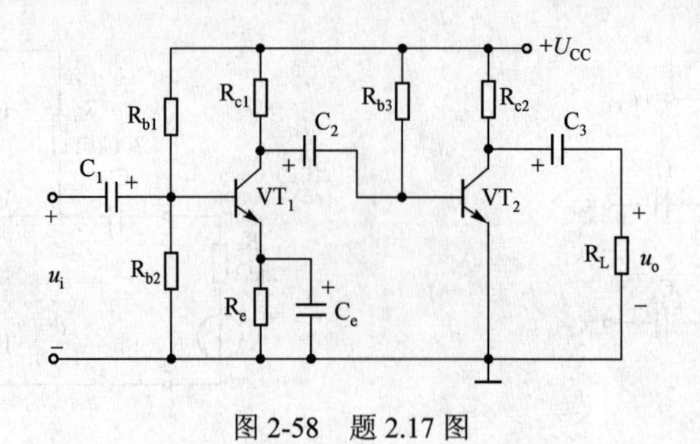

图 2-58　题 2.17 图

2.18　某三级放大电路，各级电压增益分别为 20dB、40dB、0。输入信号 $u_i = 3\text{mV}$，求输出电压。

第3章　集成运算放大器及其应用

前面两章所讨论的放大电路，都是由彼此独立的晶体管、二极管、电阻和电容等元器件用导线连接而成的，这种电路称为分立元件电路。

集成电路（Integrated Circuit，IC）是利用集成技术，在一小块半导体晶片上，经过多次氧化、光刻、腐蚀、扩散、离子注入和蒸发，以及切割封装等工艺过程，把晶体管、二极管、电阻、小容量的电容和连接导线等整个电路集成在一小块半导体芯片上，组成一个不可分割的固体块。集成电路突破了分立元件和分立电路的设计方法，实现了材料、元件和电路三者的统一。与分立元件组成的电路相比较，集成电路中的元件密度更高、参数对称性更好、连线更短、焊点更少，因此集成电路体积更小，重量更轻，功耗更低，性能更好，可靠性更高，而价格也更便宜。

集成电路自问世以来，其制造技术获得了巨大的进展，不仅推动了电子工业的迅猛发展，而且广泛应用于通信广播、航空航天、声像娱乐、医疗器械、家用电器及教学仪器等方面。本章主要介绍集成运算放大器的组成及其在运算电路、滤波电路及波形发生电路等方面的应用。

3.1　差分放大电路

前面讨论的是交流放大电路，其放大信号的频率范围在20Hz～20kHz之间（即音频范围）。但在自动控制系统和检测仪表中，经常需要放大频率低于20Hz的信号或者是变化非常缓慢的非周期性信号，甚至是极性不变而仅大小变化的信号。例如，用热电偶检测炉温，由于热惯性而使炉温变化缓慢，那么热电偶输出的电压信号或电流信号的变化也很缓慢，并且十分微弱，必须将它进行多级放大，才能推动显示机构或执行部件。

这种变化非常缓慢的非周期性信号不能采用具有隔直作用的阻容耦合或变压器耦合，只能采取直接耦合，直接耦合放大电路既能放大交流信号，也能放大直流信号。因此，直接耦合放大电路应用非常广泛，特别是在线性集成电路中应用得更多。

直接耦合放大电路存在的最大问题是零点漂移。

一个理想的直接耦合放大电路，当输入信号为零（即输入短路）时，其输出电压应保持恒定（即无输出信号）。但实际的直接耦合放大电路，在输入端短路后，输出电压会偏离原来的起始值，而随时间缓慢且无规则地变化，这种现象称为零点漂移（简称零漂或温漂）。

产生零漂的原因很多，如晶体管参数（I_{CEO}、U_{BE}、β）随温度变化，电路元件参数变化，电源电压波动等都会引起放大电路静态工作点的缓慢变化，使输出端的电压相应地波动。在上述因素中，温度的影响最为严重。

在阻容耦合放大电路中，虽然各级也存在着零漂，但因有级间耦合电容的隔直作用，使零漂只限于本级范围内。而在直接耦合放大电路中，前级的漂移将传送到后级并逐级放大，使放大电路输出端产生很大的电压漂移。特别是在输入信号比较微弱时，零漂所造成的虚假信号会淹没掉真实信号，使放大电路失去实际意义，显然，在输出的总漂移中，第一级的零漂影响最大。

为了解决零漂，人们采取了多种措施，但最有效的措施之一是采用差分放大电路。因此，多级直接耦合放大电路的第一级广泛采用差分放大电路。

3.1.1 差分放大电路的工作原理

基本差分放大电路如图 3-1 所示。图中 VT_1，VT_2 是特性相同的晶体管，温度特性完全一致，对应电阻元件的阻值相同，电路结构对称，参数也对称，如 $U_{BE1}=U_{BE2}$，$\beta_1=\beta_2=\beta$。输入电压 u_{i1} 和 u_{i2} 分别加到两个晶体管的基极，输出电压 u_o 则取自两个晶体管的集电极电位之差。

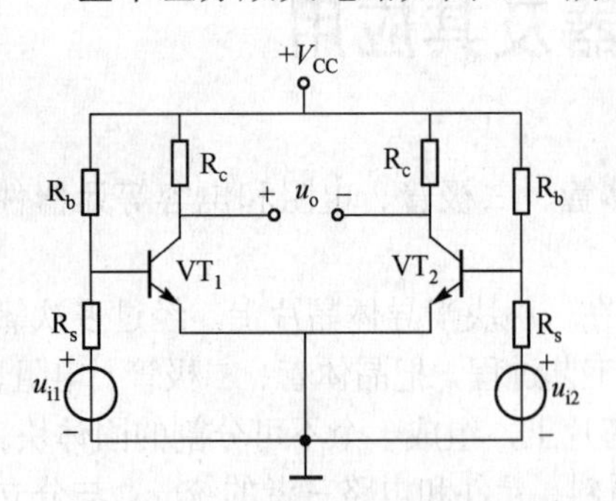

图 3-1 基本差分放大电路

1．抑制零点漂移的原理

（1）当 $u_{i1}=u_{i2}=0$ 时，即静态时，由于电路完全对称，有

$$I_{C1}=I_{C2}$$

$$U_{C1}=U_{C2}$$

故输出电压为

$$u_o=U_{C1}-U_{C2}=0$$

即输入信号为 0 时，输出电压也为 0。

（2）当环境温度发生变化时，由于电路参数对称，VT_1 和 VT_2 所产生的电流变化相等，即$\Delta I_{C1}=\Delta I_{C1}$，因此，集电极电位的变化也相等，即$\Delta U_{C1}=\Delta U_{C2}$。输出电压为

$$u_o=(U_{C1}+\Delta U_{C1})-(U_{C2}+\Delta U_{C2})=0$$

说明差分放大电路对零点漂移具有很强的抑制作用，在电路参数完全对称的情况下，电路以两个晶体管的集电极电位之差为输出，当外界因素发生变化时，两个晶体管的静态值同时发生漂移，其变化量的差值就等于零，起到了克服零点漂移的作用。

2．输入方式的分析

对称差分放大电路在有信号输入时，其输入方式有以下几种类型。

1）共模输入

差分放大电路的两个输入信号大小相等，极性相同，即 $u_{i1}=u_{i2}=u_{ic}$，这样的信号称为共模信号，而这种输入称为共模输入。对于完全对称的差分放大电路来说，共模输入时两个晶体管的集电极电位变化必然是相同的，即

$$\Delta U_{C1}=\Delta U_{C2}$$

因此有

$$u_o=\Delta U_{C1}-\Delta U_{C2}=0$$

所以，在理想情况下，差分放大电路对共模信号没有放大能力。实际上，差分放大电路对零点漂移有抑制作用，就是对共模信号的抑制作用。因为引起零点漂移的温度等因素的变化对差分放大电路来说相当于输入了一对共模信号，所以差分放大电路对零点漂移的抑制就是对共模信号抑制的一种特例。所以，差分放大电路抑制共模信号的能力大小，反映了它对零点漂移的抑制水平，这是差分放大电路的突出特点。

2）差模输入

差分放大电路的两个输入信号大小相等，极性相反，即 $u_{i1}=-u_{i2}$，这样的信号称为差模信号，而这种输入称为差模输入。

假设加在 VT_1 的 u_{i1} 为正值，则 u_{i1} 使 VT_1 的集电极电流增大了ΔI_{C1}，VT_1 的集电极电位因而降低了ΔU_{C1}；与 VT_1 相反，在 u_{i2} 的作用下，u_{i2} 使 VT_2 的集电极电流减小了ΔI_{C1}，VT_2

的集电极电位升高了ΔU_{C2}。所以，在差模输入时，两只晶体管的集电极电位一增一减，变化的方向相反，变化的大小相同。两个集电极电位的差值就是差分放大电路的输出电压 u_o，即

$$u_o = \Delta U_{C1} - \Delta U_{C2}$$

若$\Delta U_{C1} = -1.6V$，$\Delta U_{C2} = 1.6V$，则

$$u_o = -1.6V - 1.6V = -3.2V$$

可见，差分放大电路对差模输入信号具有放大能力。在差模信号的作用下，差分放大电路两只晶体管集电极之间的输出电压为两只晶体管各自输出电压变化量的两倍。

3）比较输入

如果两个输入信号 u_{i1}、u_{i2} 既非差模，又非共模，其大小和相对极性都是任意的，分别加在两个输入端和地之间，这样的输入方式称为比较输入。

为了便于分析，通常把这种任意输入信号分解为差模分量 u_{id} 和共模分量 u_{ic} 的组合

$$u_{ic} = \frac{1}{2}(u_{i1} + u_{i2})$$

$$u_{id} = \frac{1}{2}(u_{i1} - u_{i2})$$

设 $u_{i1} = 12mV \quad u_{i2} = 6mV$，那么

$$u_{ic} = \frac{1}{2}(12+6) = 9mV$$

$$u_{id} = \frac{1}{2}(12-6) = 3mV$$

则

$$u_{i1} = u_{ic} + u_{id} = (9+3)mV = 12mV$$

$$u_{i2} = u_{ic} - u_{id} = (9-3)mV = 6mV$$

可见，任意两个输入信号均可分解为一个差模分量和一个共模分量的组合。根据上面的分析，差分放大电路对共模信号没有放大作用，放大的只是差模分量。差分放大电路总的差模输入电压为 $u_{i1} - u_{i2} = 2u_{id}$，而被放大的只是这个差模输入电压，即

$$u_o = A_d(u_{i1} - u_{i2}) \tag{3-1}$$

放大电路只放大了两个输入信号之差值，因此，称为差分放大电路。

上面这种比较输入方式，常用在自动控制系统中，如 u_{i1} 可以是检测到的信号或反馈信号，它与预置信号 u_{i2} 比较，它们的差值经放大后的输出信号 u_o 可用做控制信号。

3.1.2 典型差分放大电路

如图 3-2 所示的基本差分放大电路之所以能抑制零点漂移，是由于电路的对称性。实际上，完全对称的理想情况并不存在，因此，仅靠电路的对称性抑制零点漂移是不够的。如果输出电压是从一个晶体管的集电极与“地”之间取出，即单端输出时，零点漂移是存在的，零漂并没有受到抑制，为此要对图 3-1 所示电路加以改进，图 3-2 所示电路就是改进的典型的差分放大电路。在这个电路中增加了电位器 RP、发射极电阻 R_e 和负电源 U_{EE}，也称长尾式差分放大电路。

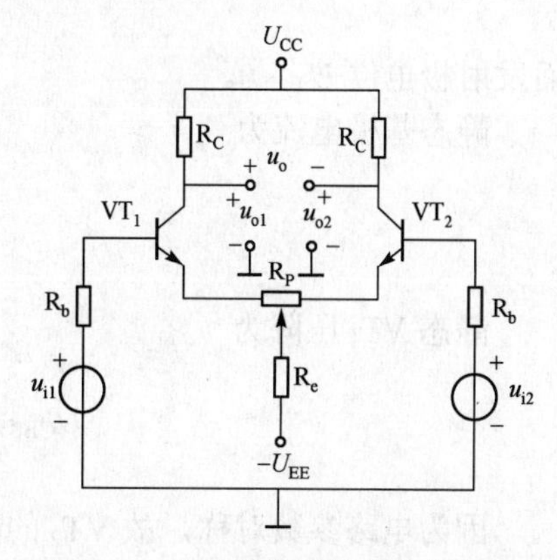

图 3-2　改进的典型差分放大电路

R_e的作用是能稳定电路的静态工作点，即利用很强的负反馈作用抑制零漂。当温度上升时，I_{C1}、I_{C2}增加，而电阻R_e上流过$2I_E$，则电阻两端的电压增加了很多，使两只晶体管的U_{BE}下降，那么I_{B1}、I_{B2}减小，I_{C1}、I_{C2}就会减小，从而维持I_{C1}、I_{C2}基本保持不变。

同理，R_e对其他可能引起的两只晶体管集电极电流增加的共模干扰，如电源电压波动等都有强烈的抑制作用，因此R_e也称做共模抑制电阻。

R_e对共模信号有抑制作用，那么它对要放大的差模信号有没有影响呢？加入差模信号以后，一个晶体管的集电极电流会增加，而另一个晶体管的集电极电流就会减小，如果电路对称性好，则两只晶体管的集电极电流一增一减，变化量相等，流经R_e中的电流就基本保持不变，R_e两端的电压也不会改变，而R_e对差模信号相当于短路，因此，R_e不会对差模信号产生影响。

所以，当该电路输入任意两个信号时，它都能够抑制共模分量，使工作点稳定而不进入非线性区，同时，电路能正常放大差模分量。

综上所述，R_e的阻值越大，抑制零漂的作用就越显著，但是，当U_{CC}一定时，过大的R_e会使集电极电流过小，并会影响静态工作点和电压放大倍数。为了解决这个问题，接入负电源U_{EE}来补偿R_e两端的直流压降，从而使电路得到合适的静态工作点。

电位器RP是调零电位器。当两输入端接地后，若输出电压不等于零，可调节RP使输出电压为零。RP接在两只晶体管的发射极之间，因此对差模信号也能起负反馈作用，阻值一般取几十欧姆到几百欧姆，不宜过大。

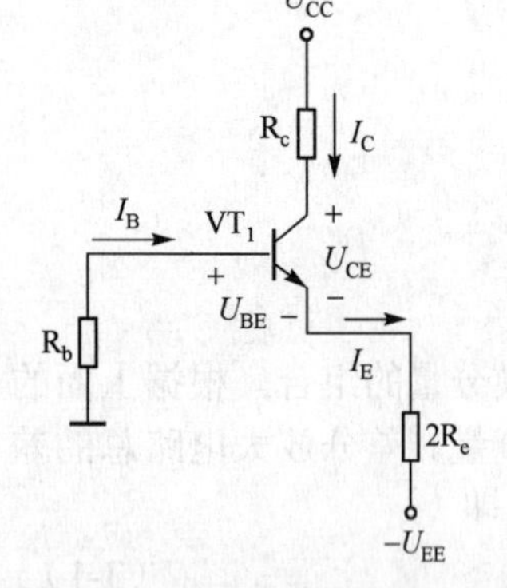

图 3-3　单管直流通路

1. 静态分析

当$u_{i1}=u_{i2}=0$时，由于电路的对称原理，计算一个晶体管的静态值即可。图3-3是图3-2所示的典型差分放大电路的单管直流通路。因为调零电位器RP的阻值很小，故在图中略去。以VT_1为例，其静态基极回路由$-U_{EE}$、U_{BE}和R_e构成，但需要注意的是，流过R_e的电流是VT_1、VT_2的发射极电流之和，则VT_1的输入回路方程为

$$I_B R_b + U_{BE} + 2I_E R_e = U_{EE}$$

上式中前两项太小，可忽略不计，所以，静态集电极电流为

$$I_C \approx I_E \approx \frac{U_{EE}}{2R_e} \tag{3-2}$$

而发射极电位$U_E \approx 0$。

静态基极电流为

$$I_B = \frac{I_C}{\beta} \approx \frac{U_{EE}}{2\beta R_e} \tag{3-3}$$

静态VT_1压降为

$$U_{CE} \approx U_{CC} - I_C R_C \approx U_{CC} - \frac{U_{EE} R_c}{2R_e} \tag{3-4}$$

因为电路参数对称，故VT_2的静态参数与VT_1相同。

2．动态分析

差分放大电路有两只晶体管，它们的基极和集电极分别是放大电路的两个输入端和两个输出端。差分放大电路的输入端、输出端可以有 4 种不同的接法，下面进行分析介绍。

（1）双端输入-双端输出。由于接入长尾电阻 R_e 后，当输入差模信号时，流过 R_e 的电流不变，因此，在差模信号通路中可将 R_e 视为短路，因此，单管差模信号通路如图 3-4 所示。

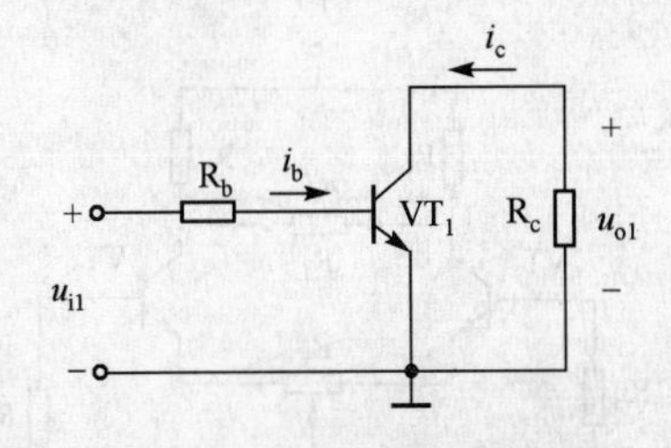

图 3-4　单管差模信号通路

由图 3-4 可得出单管差模电压放大倍数为

$$A_{d1}=\frac{u_{o1}}{u_{i1}}=-\frac{\beta R_c}{R_b+r_{be}} \tag{3-5}$$

同理可得

$$A_{d2}=\frac{u_{o2}}{u_{i2}}=-\frac{\beta R_c}{R_b+r_{be}}=A_{d1} \tag{3-6}$$

故双端输出电压为

$$u_o=u_{o1}-u_{o2}=A_{d1}u_{i1}-A_{d2}u_{i2}=A_{d1}(u_{i1}-u_{i2})$$

双端输入-双端输出差分电路的差模电压放大倍数为

$$A_d=\frac{u_o}{u_{i1}-u_{i2}}=A_{d1}=-\frac{\beta R_c}{R_b+r_{be}}=A_{d2} \tag{3-7}$$

当输出端接有负载电阻 R_L 时，即两只晶体管的集电极之间接负载电阻 R_L。双端输入-双端输出接有负载电阻 R_L 的电路图如图 3-5 所示。

因为在差模输入时，两个集电极的电位变化极性相反，变化幅度相同，所以，对于差模信号而言，负载电阻的中点电位等于零。这相当于每个晶体管只带 $R_L/2$ 的负载，那么，接有负载的差分放大电路的差模电压放大倍数为

$$A_d=-\frac{\beta R_L'}{R_b+r_{be}} \tag{3-8}$$

其中，$R_L'=R_c//\frac{1}{2}R_L$。

差分放大电路的输入电阻，即两输入端之间的差模输入电阻为

$$r_i=2(R_b+r_{be}) \tag{3-9}$$

差分放大电路的输出电阻，即两集电极之间的差模输出电阻为

$$r_o\approx 2R_c \tag{3-10}$$

（2）双端输入-单端输出。双端输入-单端输出接有负载电阻 R_L 的电路图如图 3-6 所示。

输出信号仅从 VT_1 的集电极对地输出称为单端输出，而另一个 VT_2 的集电极的电压变化没有输出，所以 Δu_o 约为双端输出时的一半，即

$$A_d=-\frac{1}{2}\frac{\beta(R_c//R_L)}{R_b+r_{be}} \tag{3-11}$$

如改从 VT_2 的集电极对地输出，则输出电压将与输入电压同相。

差模输入电阻为

$$r_i=2(R_b+r_{be}) \tag{3-12}$$

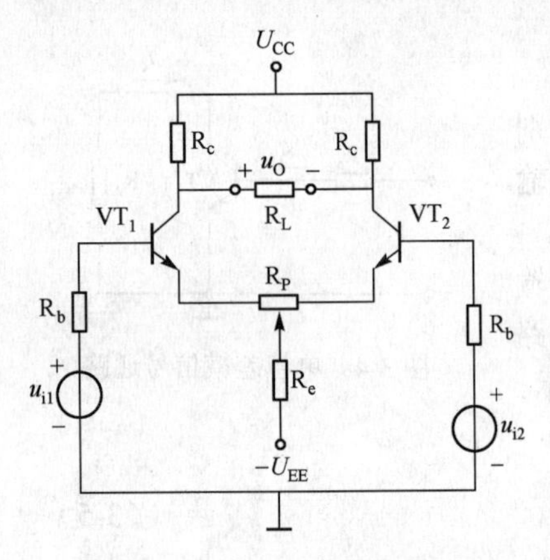

图 3-5　双端输入-双端输出

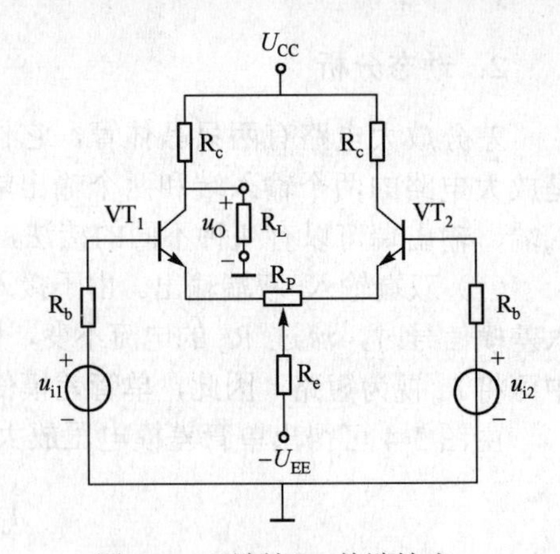

图 3-6　双端输入-单端输出

输出电阻是一个晶体管的输出电阻。故输出电阻为双端输出的一半为

$$r_o = R_c \tag{3-13}$$

这种接法常用于将差分信号转换为单端信号，以便与后面的放大级实现共地。

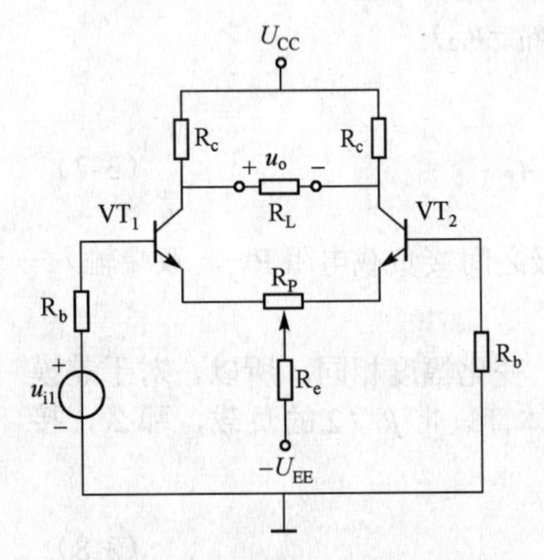

图 3-7　单端输入-双端输出

（3）单端输入-双端输出。当两个输入端中有一个端子直接接地时，称单端输入方式。单端输入—双端输出接有负载电阻 R_L 的电路图如图 3-7 所示。

在单端输入的情况下，输入电压只加在某一个晶体管的基极与地之间，另一个晶体管的基极接地。设某个瞬时输入电压极性为正，则 VT_1 的集电极电流 i_{C1} 将增大，流过长尾电阻 R_e 的电流也随之增大，于是发射极电位 u_E 升高，但 VT_2 的基极回路的电压 $u_{BE2} = u_{B2} - u_E$ 将降低，使 VT_2 的集电极电流 i_{C2} 减小，可见，在单端输入时，仍然是一个晶体管的电流增大，另一个晶体管电流减小。

因长尾电阻引入的共模负反馈将阻止 i_{C1} 和 i_{C2} 同时增大或减小，故当共模负反馈足够强时，可认为 i_{C1} 与 i_{C2} 之和基本上不变，即 $\Delta i_{C1} + \Delta i_{C2} \approx 0$，或 $\Delta i_{C1} \approx -\Delta i_{C2}$。说明在单端输入时，$i_{C1}$ 增大的量与 i_{C2} 减小的量基本上相等，所以，两个晶体管仍然基本上工作在差分状态，此时，单端输入时电路的工作状态与双端输入时近似一致。

所以，单端输入、双端输出时的差模电压放大倍数为

$$A_d = -\frac{\beta R_L'}{R_b + r_{be}} \tag{3-14}$$

其中，$R_L' = R_c // \frac{1}{2} R_L$。

差模输入电阻为

$$r_i = 2(R_b + r_{be}) \tag{3-15}$$

差模输出电阻为

$$r_o \approx 2R_c \tag{3-16}$$

这种接法主要用于将单端信号转换为双端输出，以便作为下一级的差分输入信号。

（4）单端输入–单端输出。单端输入–单端输出接有负载电阻 R_L 的电路图如图 3-8 所示。

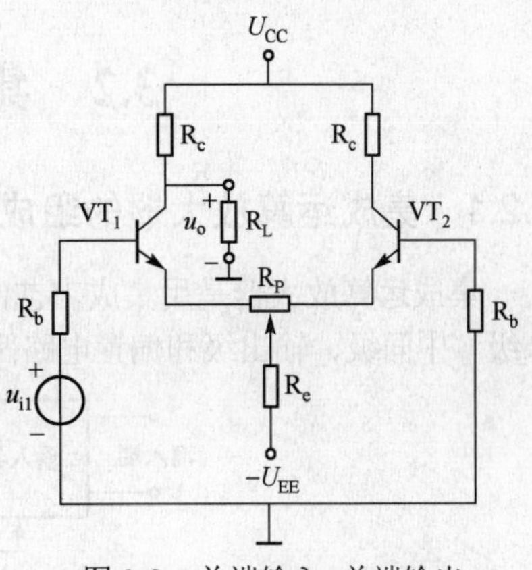

图 3-8　单端输入–单端输出

由于从单端输出，所以其差模电压放大倍数约为双端输出时的一半为

$$A_d = -\frac{1}{2}\frac{\beta(R_c // R_L)}{R_b + r_{be}} \qquad (3\text{-}17)$$

如果改从 VT_2 的集电极输出，则以上 A_d 的表达式中没有负号，即输出电压与输入电压同相。

差模输入电阻和输出电阻为

$$r_i = 2(R_b + r_{be}) \qquad (3\text{-}18)$$

$$r_o = R_c \qquad (3\text{-}19)$$

这种接法的特点是在单端输入和单端输出的情况下，比一般的单管放大电路具有较强的抑制零漂的能力。另外，通过从不同的晶体管集电极输出，可使输出电压与输入电压成为反相或同相关系。

3.1.3　差分放大电路的共模抑制比

在工业测量和控制系统中，放大电路往往会受到共模信号的干扰，如外界干扰信号或折合到输入端的漂移信号等。因此，一个优良的测量控制系统必须具有抗共模信号干扰的能力。对于差分放大电路来说，差模信号反映了有效的信号，而共模信号是需要抑制的，所以，通常希望差分放大电路的差模电压放大倍数越大越好，而共模电压放大倍数越小越好。

为了综合衡量差分放大电路对差模信号的放大作用和对共模信号的抑制能力，引入共模抑制比 K_{CMRR} 这一性能参数，其定义为差模电压放大倍数 A_d 与共模电压放大倍数 A_c 之比，一般用对数表示，单位为 dB，即

$$K_{CMRR} = 20\lg\left|\frac{A_d}{A_c}\right| \qquad (3\text{-}20)$$

可见，K_{CMRR} 越大，说明差分放大电路放大差模信号的能力就越强，而受共模干扰的影响就越小，抑制零点漂移的能力也就越强。

在理想情况下，差分放大电路两侧的参数完全对称，两个晶体管输出端的温漂完全抵消，则共模电压放大倍数 A_c=0，共模抑制比 $K_{CMRR}=\infty$。但实际上电路不可能完全对称，因此，共模抑制比也不可能趋于无穷大。因此，为了提高电路的共模抑制比，总是使差分放大电路的两边参数尽可能对称，当然也可以适当增大 R_e 来提高共模抑制比。

思考与练习题

3.1.1　什么叫零点漂移？产生零点漂移的主要原因是什么？

3.1.2　如何抑制零点漂移？在阻容耦合放大电路中是否存在零点漂移？

3.1.3　直接耦合放大电路能放大交流信号吗？

3.1.4　直接耦合放大电路和阻容耦合放大电路各有什么优缺点？

3.1.5　差动式放大电路单端输出和双端输出时，它们抑制零点漂移的原理是否一样？为什么？

3.1.6　共模抑制比是如何定义的？为什么说共模抑制比越大电路抗共模干扰能力就越强？

3.2 集成运算放大器的概述

3.2.1 集成运算放大器的组成

集成运算放大器是用集成工艺制成的，具有高增益的直接耦合多级放大电路。它一般由输入级、中间级、输出级和偏置电路四部分组成。集成运算放大器的组成方框图如图 3-9 所示。

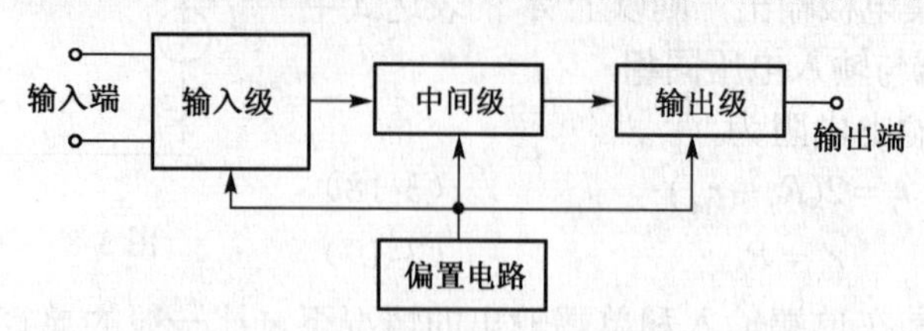

图 3-9 集成运算放大器的组成方框图

（1）输入级常用双端输入的差分放大电路组成，一般要求输入电阻高，差模放大倍数大，抑制共模信号的能力强，静态电流小。输入级是集成运算放大器的关键组成部分，它的好坏将直接影响运放的输入电阻、共模抑制比等参数。它的两个输入端构成整个电路的反相输入端和同相输入端。

（2）中间级是一个高放大倍数的放大器，常采用带恒流源的多级共发射极放大电路构成，该级的放大倍数可达数千倍乃至数万倍。

（3）输出级具有较大的电压输出幅度，能向负载提供一定的正、负向输出电流，以及应具有尽可能低的输出电阻，此外还有保护功能，一般由互补对称输出电路或射极输出器构成。

（4）偏置电路向各级提供静态工作点，一般采用电流源电路组成。

在使用集成运算放大器时，需要着重掌握集成运算放大器的主要性能和它的引脚功能。

图 3-10 是 F007 集成运算放大器的引脚和符号图，各引脚的功能如下：

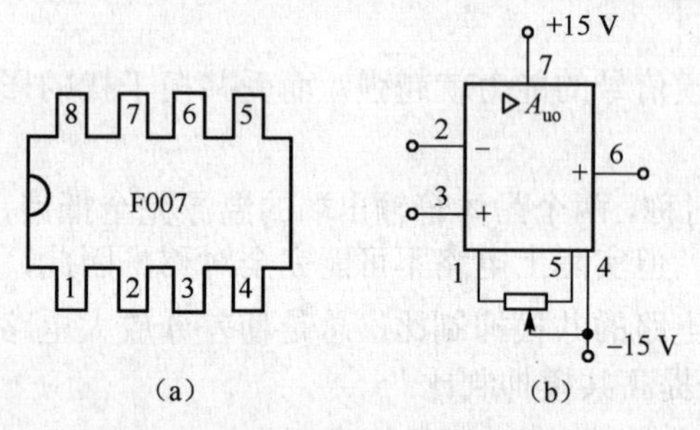

图 3-10 F007 集成运算放大器的引脚和符号图

① 2 脚为反相输入端，由此端与地之间接输入信号，则输出信号与输入信号是反相的。

② 3 脚为同相输入端，由此端与地之间接输入信号，则输出信号与输入信号是同相的。

③ 4 脚为负电源端，外接−15V 稳压电源。

④ 7 脚为正电源端，外接+15V 稳压电源。

⑤ 6 脚为输出端。

⑥ 1 脚和 5 脚为外接调零电位器的两个端子。

⑦ 8 脚为空脚。

集成运算放大器的图形符号如图 3-11 所示。图 3-11（a）是现阶段国内外十分流行的旧符号，图 3-11（b）是国家标准规定的运算放大器的图形符号。两种符号中的▷表示信号从左向右的传播方向，即两个输入端在左方，而输出端表示在右方。标有“+”号的输入端为同相输入端，标有“−”号的输入端为反相输入端，正、负电源引脚及调零端未显示。

在实际应用中，运算放大器大都外接适当的反馈电路，以稳定运算放大器的工作和实现各种数学运算。集成运算放大器的外形图如图 3-12 所示，通常有三种封装形式：双列直插式（图 3-12（a））、圆壳式（图 3-12（b））和扁平式（图 3-12（c））。

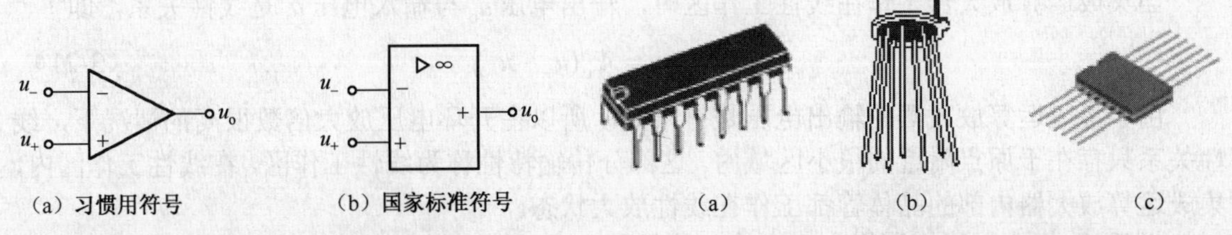

图 3-11　集成运算放大器的图形符号　　图 3-12　集成运算放大器的外形图

3.2.2　集成运算放大器的主要参数

集成运算放大器的性能通常通过它的参数来表示。为了合理地选用集成运算放大电路，必须了解各主要参数的意义。

1．最大输出电压（U_{OPP}）

能使输出电压与输入电压保持不失真关系的最大输出电压，称为运算放大器的最大输出电压。以 F007 为例，其最大输出电压约为±13V。

2．开环电压放大倍数（A_{uo}）

当放大电路不接反馈电路时，在规定的测试条件下测得的差模电压放大倍数，称为开环电压放大倍数，A_{uo} 越高，所构成的运算电路就越稳定，运算精度也就越高。集成运算放大器的 A_{uo} 在10^4～10^7 之间，A_{uo} 也可用对数形式表示，其表示单位为分贝(dB)，$A = 20\lg A_{uo}$，即开环增益为 80～140dB。

3．输入失调电压（U_{IO}）

理想运算放大器，当输入电压为零时，输出电压也为零，但是，实际的运算放大器，由于差分电路很难做得完全对称，所以当输入端电压为零时，输出电压不为零。如果要使输出电压为零，则必须在输入端加补偿电压，这个电压称为输入失调电压 U_{IO}。U_{IO} 值越大，说明电路的对称性越差。一般 U_{IO} 约为几毫伏，其值越小越好。

4．输入失调电流（I_{IO}）

输入失调电流是指输入信号为零时，反相输入端和同相输入端静态基极电流之差，输入失调电流是由于电路的不对称引起的，一般为微安数量级，其值越小越好。

5．输入偏置电流（I_{IB}）

输入偏置电流是输入信号为零时，两个输入端静态基极电流的平均值。输入偏置电流也是微安数量级，其值也是越小越好。

6．共模输入电压范围（U_{ICM}）

运算放大器所能承受的共模输入电压最大值，若超出此值，共模抑制性能会大为下降，甚至造成器件损坏。

其他有关参数这里不再赘述，具体运用时可查阅有关手册。

3.2.3　集成运算放大器的传输特性

集成运算放大器的输出电压与输入电压的关系曲线称为电压传输特性，集成运算放大器的典型传输特性如图 3-13 所示，它有三个运行区：一个线性工作区和两个饱和工作区（非线性工作区）。

当集成运算放大器工作在线性工作区时，输出电压u_o与输入电压u_i是线性关系，即

$$u_o = A_{uo}u_i = A_{uo}(u_+ - u_-) \tag{3-21}$$

由于集成运算放大器的输出电压是有限的，所以在开环电压放大倍数很高的情况下，线性关系只存在于原点附近的很小区域内。这部分传输特性称为线性工作区，在线性工作区内，集成运算放大器内部的晶体管都工作在线性放大状态。

由于A_{uo}很大，线性区很窄，当输入信号稍大时，输出级的晶体管就已工作在饱和状态。当集成运算放大器工作在饱和工作区时，输入端u_+稍高于u_-，输出端就达到正饱和值$+U_{o(sat)}$（接近正电源电压值）；反之，u_+稍低于u_-，u_o就达到负饱和值$-U_{o(sat)}$（接近负电源电压值）。这两部分称为饱和工作区。通常集成运算放大器的正、负电源电压相等，所以，电压传输特性基本上对称于原点。

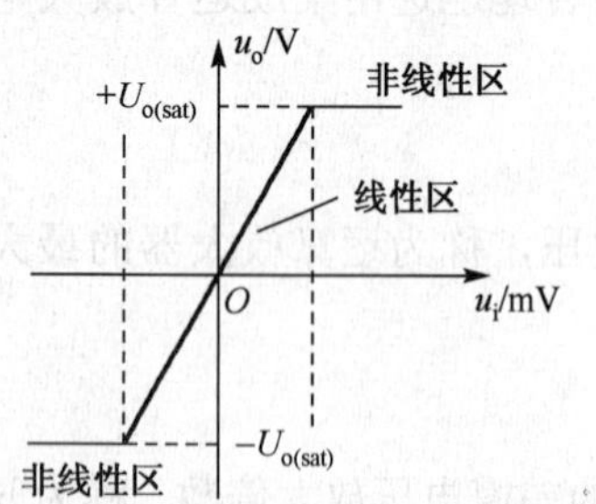

图 3-13 集成运算放大器的典型传输特性

3.2.4 理想运算放大器及其分析依据

1．理想运算放大器的技术指标

理想运算放大器是指集成运算放大器的性能指标为理想指标。在实际中为了简化分析过程，通常把实际集成运算放大器视为理想器件，将它的各项指标理想化，理想运算放大器的各项技术指标为：

① 开环电压放大倍数$A_{uo} \to \infty$；

② 差模输入电阻$r_{id} \to \infty$；

③ 开环输出电阻$r_o \to 0$；

④ 共模抑制比$K_{CMRR} \to \infty$。

当然完全理想是不存在的，但是，实际集成运算放大器与理想运算放大器的误差并不是很大，特别是新型运算放大器的性能指标越来越接近理想，借助于理想运算放大器进行分析所引起的误差也很小，工程上是允许的。因此，只有在进行误差分析时才考虑实际运算放大器的有限参数所带来的影响。

2．理想运算放大器的分析依据

根据上述理想化参数，理想运算放大器工作在线性区时，可以得到以下两个重要特性。

（1）由于差模输入电阻$r_{id} \to \infty$，所以两个输入端的输入电流很小，近似为零，即

$$i_+ = i_- \approx 0 \tag{3-22}$$

又称两个输入端“虚断”，但不是真正的断路。

（2）由于集成运算放大器的开环电压放大倍数$A_{uo} \to \infty$，而输出电压u_o是一个有限值，故有

$$u_i = u_+ - u_- = \frac{u_o}{A_{uo}} \approx 0$$

即

$$u_+ \approx u_- \tag{3-23}$$

又称两个输入端为“虚短”，但不是真正的短路。

当集成运算放大器反相端有输入，同相端接“地”时，即$u_+ = 0$，由式(3-23)可见，$u_- \approx 0$。

那么，反相输入端的电位就接近于“地”电位，但它是一个没有接“地”的“地”电位端，通常称为“虚地”，不是真正的接地。

“虚断”与“虚短”是集成运算放大器在线性应用时，进行电路分析和设计的两个主要依据，应牢固掌握并善于灵活应用。

需要注意的是，上述两个重要特性只适用于集成运算放大器工作在线性区时，当集成运算放大器工作在饱和区时，$i_+ = i_- \approx 0$ 仍然成立，而 u_+ 与 u_- 不一定相等，因为，输出电压 u_o 只有两种可能，或等于 $+U_{o(sat)}$ 或等于 $-U_{o(sat)}$，即

当 $u_+ > u_-$ 时，$u_o = +U_{o(sat)}$；

当 $u_+ < u_-$ 时，$u_o = -U_{o(sat)}$。

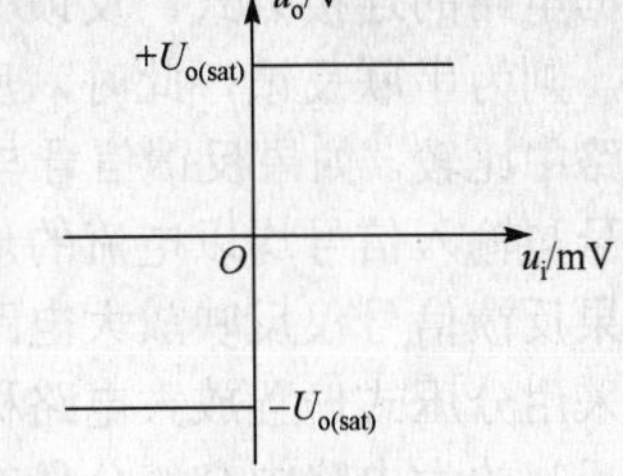

图 3-14　理想集成运算放大器的传输特性

理想集成运算放大器的电压传输特性如图 3-14 所示，由于理想集成运算放大器的开环电压放大倍数 $A_{uo} \to \infty$，所以，集成运算放大器传输特性中线性区的一段与纵轴重合。

思考与练习题

3.2.1　集成运算放大器的内部一般由哪几个主要部分组成？各部分的作用是什么？

3.2.2　理想运算放大器有什么特点？什么称做虚地？

3.2.3　集成运算放大器通常都是放大差模信号，为什么还定义共模抑制比 K_{CMRR}？

3.2.4　集成运算放大器的电压传输特性的斜线部分表示什么含义？如何保证运算放大器工作在这一部分，它的陡峭与平坦各有什么含义?

3.2.5　分析工作于线性区的理想集成运放电路的基本依据有哪些?

3.3　集成运算放大电路中的反馈

本节首先介绍反馈的概念，包括正反馈和负反馈。其中负反馈在很多方面能够改善放大电路的性能，因此负反馈不仅在电子技术中应用非常广泛，而且在其他科学领域中应用也很普遍，如自动控制系统就是通过负反馈实现自动调节的。本节主要介绍负反馈，因为研究负反馈有一定的普遍意义。

3.3.1　反馈的概念

反馈就是把放大电路输出端的某种电量（电压或电流）的一部分或者全部，通过一定的电路回送至放大电路的输入端而达到某种目的的一项措施。如果回送到输入端的反馈信号与输出电压成比例，这种反馈称做电压反馈；倘若它与输出电流成比例，就称做电流反馈。

显然，引入反馈以后，放大电路的输入回路除原有的输入信号以外，还有反馈信号。如果反馈信号削弱了原输入信号，使放大电路的净输入信号减小，则称为负反馈；如果反馈信号加强了原输入信号，使得放大电路的净输入信号增加，则称为正反馈。显然，负反馈将使放大倍数减小，正反馈将使放大倍数增加。

瞬时极性法是判别电路中正反馈和负反馈的基本方法。所谓瞬时极性是指某一时刻，电路中有关节点电压（对参考“地”）变化的斜率。当电压向增加的方向变化时为正斜率，即瞬时极性为“正”（用“+”号表示）；当电压向减小的方向变化时为负斜率，即瞬时极性为“负”

（用"－"号表示）。首先，假定输入信号在某一时刻的瞬时极性为"+"，然后在电路中，从输入端开始，沿着信号流向，依据放大电路输入/输出的相位关系，逐级标出该时刻有关节点电压的瞬时极性，集成运算放大器的同相输入端与输出端的瞬时极性相同，而反相输入端与输出端的瞬时极性相反。晶体管的基极与发射极的瞬时极性相同，而与集电极的瞬时极性相反。最后判别信号反馈到输入端是增强还是削弱了净输入信号，若引回的反馈信号削弱了净输入信号，为负反馈，反之则为正反馈。

根据电路的连接方式，反馈又有串联与并联之分。如果反馈信号与输入信号在输入回路中串联，则为串联反馈，此时，反馈信号与输入信号均以电压的形式出现，并在放大电路的输入回路中比较。如果反馈信号与输入信号在放大电路的输入端并联，则为并联反馈，此时，反馈信号与输入信号均以电流的形式出现，并在放大电路的输入端相加减。

如果反馈信号仅反映放大电路中直流分量的变化，则称为直流反馈。例如，在第 2 章中研究的采用分压式偏置放大电路稳定静态工作点的内容，就是利用了直流负反馈。如果反馈信号仅反映放大电路中交流分量的变化，则称为交流反馈。如果反馈信号中交流分量、直流分量同时存在，则称为交、直流反馈。交流负反馈可以改善放大电路的性能指标。通常反馈支路中串联有电容的，则称为交流反馈，并联有旁路电容的，则称为直流反馈。

在放大电路中应用的几乎都是负反馈，目的在于改善放大器的性能，而在振荡电路中则采用正反馈。至于所用的是电压反馈还是电流反馈，串联反馈还是并联反馈，视具体情况而定。

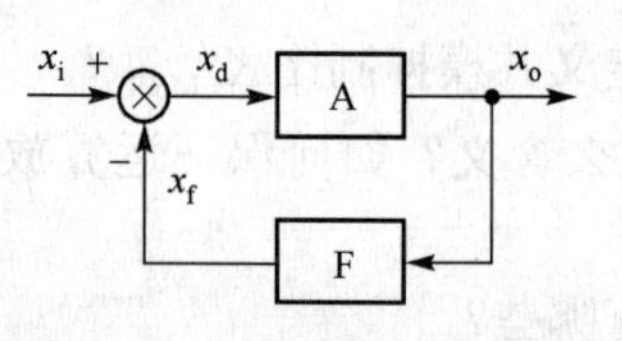

图 3-15　反馈放大电路组成框图

为了便于分析，将反馈放大电路用图 3-15 所示的方框图来表示，图中的箭头表示信号传递的方向，x_i、x_o 和 x_f 分别表示放大电路的输入信号、输出信号和反馈信号，x_d 表示放大电路的净输入信号，它们既可以表示电压，也可以表示电流。图中⊗是比较环节符号。

图中符号 A 表示基本放大电路的放大倍数，也称为开环放大倍数，它等于输出信号 x_o 与净输入信号 x_d 之比，即

$$A=\frac{x_o}{x_d} \tag{3-24}$$

图中符号 F 表示反馈系数，它等于反馈信号 x_f 与输出信号 x_o 之比，即

$$F=\frac{x_f}{x_o} \tag{3-25}$$

在反馈放大电路中，放大电路的净输入信号是输入信号 x_i 与反馈信号 x_f 之差，即

$$x_d=x_i-x_f \tag{3-26}$$

而输出信号 x_o 与输入信号 x_i 之比，用 A_f 表示，称为闭环放大倍数，即

$$A_f=\frac{x_o}{x_i} \tag{3-27}$$

3.3.2　负反馈的类型

前面曾经讲过，根据反馈信号与输出信号的关系，反馈可分为电压反馈和电流反馈两种；根据反馈信号与输入信号的关系，反馈又可分为并联反馈和串联反馈两种。因此负反馈放大电路可以有下列四种反馈方式：电压串联负反馈、电流串联负反馈、电压并联负反馈、电流并联负反馈。

1．电压串联负反馈

电压串联负反馈的典型电路如图 3-16 所示。R_F 和 R_1 构成反馈环节，输入信号 u_i 通过 R_2 加在集成运算放大器的同相输入端。输出信号电压 u_o 通过 R_F 与 R_1 分压，加在 R_1 上的电压即为反馈信号 u_f。

分析图 3-16 能够得到

$$u_f = u_o \cdot \frac{R_1}{R_1 + R_F} \tag{3-28}$$

可见，反馈信号取自输出电压 u_o，反馈信号与输出电压 u_o 成正比，故称为电压反馈。

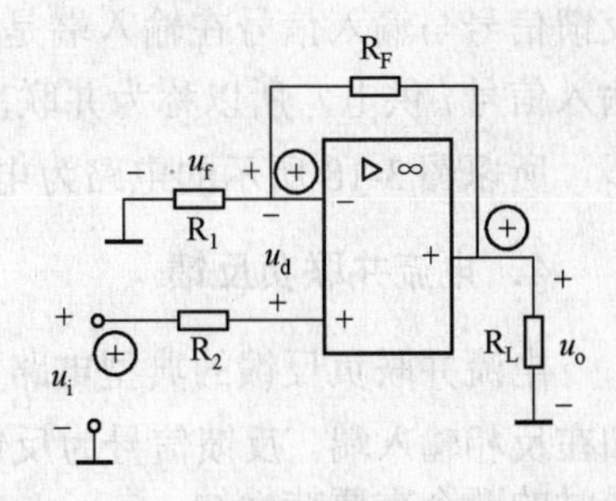

图 3-16　电压串联负反馈的典型电路

假设某一瞬时输入电压为正，记为“+”，同相输入端电位的瞬时极性为“+”，则输出信号的瞬时极性为“+”，那么，反馈信号 u_f 的瞬时极性也为“+”，结果使得净输入信号 $u_d = u_i - u_f$ 减小，说明反馈信号削弱了净输入信号，所以为负反馈。反馈信号与输入信号在输入端是以电压的形式相比较的，反馈信号 u_f 与输入信号 u_o 是串联的关系，所以称为串联反馈。

所以，图 3-16 所示电路为电压串联负反馈电路，电压负反馈可以稳定输出电压。假如因为负载的变化使得输出电压 u_o 增大，由式（3-5）分析，反馈电压 u_f 也会增大，因而净输入信号 $u_d = u_i - u_f$ 会减小，使输出电压 u_o 减小，从而维持输出电压 u_o 基本保持不变。

2．电流串联负反馈

电流串联负反馈的典型电路如图 3-17 所示。R_F 和负载电阻 R_L 构成反馈环节，输入信号 u_i 通过 R_2 加在集成运算放大器的同相输入端。负载中流过的电流为输出电流 i_o。R_F 上的电压即为反馈信号 u_f。由图 3-17 分析可得

$$u_f = i_o \cdot R_F \tag{3-29}$$

可见，反馈信号取自输出电流 i_o，反馈信号与输出电流 i_o 成正比，故称为电流反馈。

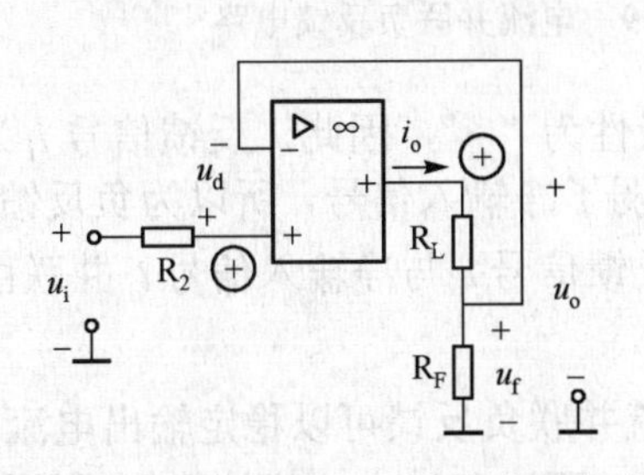

图 3-17　电流串联负反馈的典型电路

假设某一瞬时输入电压为“+”，同相输入端电位的瞬时极性为“+”，则输出信号的瞬时极性为“+”，那么，反馈信号 u_f 的瞬时极性也为“+”，结果使得净输入信号 $u_d = u_i - u_f$ 减小，说明反馈信号削弱了净输入信号，所以为负反馈。反馈信号与输入信号在输入端是以电压的形式相比较的，反馈信号 u_f 与输入信号 u_i 是串联的关系，所以称为串联反馈。

所以，图 3-17 所示的电路为电流串联负反馈电路，电流串联负反馈可以稳定输出电流。因为假如负载的变化使得输出电流 i_o 减小，由式（3-29）分析，反馈电压 u_f 也会减小，因而净输入信号 $u_d = u_i - u_f$ 会增大，输出电压 u_o 会增大，使得输出电流 i_o 增大，从而维持输出电流 i_o 基本保持不变。

3．电压并联负反馈

电压并联负反馈的典型电路如图 3-18 所示。反馈电阻 R_F 连接于集成运放的输出端与反

相输入端之间，输入电压 u_i 通过 R_1 加在反相输入端。反馈信号为反馈电阻 R_F 上流过的电流 i_f，根据理想运算放大器工作在线性区时的两个重要特性知 $u_- \approx u_+ = 0$，所以

$$i_f = -\frac{u_o}{R_F} \tag{3-30}$$

可见，反馈信号取自输出电压 u_o，反馈信号与输出电压 u_o 成正比，故称为电压反馈。

假设输入信号的瞬时极性为“+”，则输出信号的瞬时极性为“−”，因此，反馈信号 i_f 为正值，结果使得净输入信号 $i_d = i_i - i_f$ 减小，说明反馈信号削弱了净输入信号，所以为负反馈。反馈信号与输入信号在输入端是以电流的形式相比较的，反馈信号 i_f 与净输入信号 i_d 并联由输入信号 i_i 供电，所以称为并联反馈。

所以图 3-18 所示的电路为电压并联负反馈，电压并联负反馈可以稳定输出电压。

4．电流并联负反馈

电流并联负反馈的典型电路如图 3-19 所示。R_F 和 R 构成反馈环节，输入电压 u_i 通过 R_1 加在反相输入端。反馈信号为反馈电阻 R_F 上流过的电流 i_f，根据理想运算放大器工作在线性区时的两个重要特性知 $u_- \approx u_+ = 0$，所以

$$i_f = -i_o \cdot \frac{R}{R_F + R} \tag{3-31}$$

可见，反馈信号取自输出电流 i_o，反馈信号与输出电流 i_o 成正比，故为电流反馈。

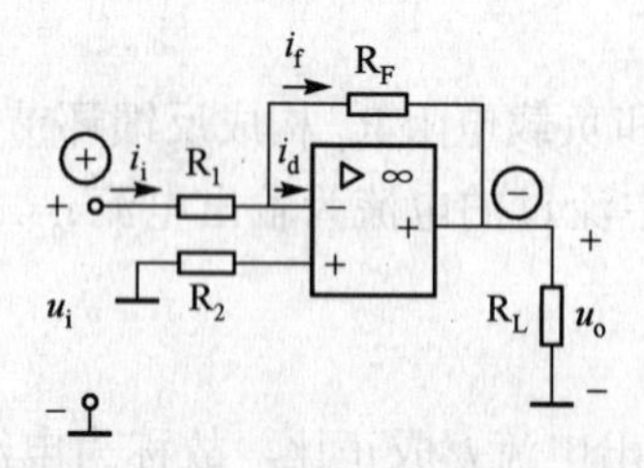

图 3-18　电压并联负反馈电路

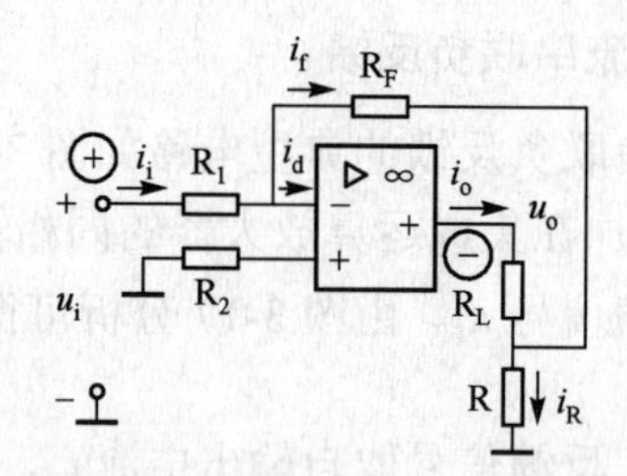

图 3-19　电流并联负反馈电路

假设输入信号的瞬时极性为“+”，则输出信号的瞬时极性为“−”，因此，反馈信号 i_f 为正值，结果使得净输入信号 $i_d = i_i - i_f$ 减小，说明反馈信号削弱了净输入信号，所以为负反馈。反馈信号与输入信号在输入端是以电流的形式相比较的，反馈信号 i_f 与净输入信号 i_d 并联由输入信号 i_i 供电，所以称为并联反馈。

所以，图 3-19 所示的电路为电流并联负反馈电路，电流并联负反馈可以稳定输出电流。

通过对以上运算放大电路的四种基本负反馈电路的分析，可以归纳出一般情况下反馈类型判别的简单方法：

（1）正反馈与负反馈的判别。采用瞬时极性法分析电路中各有关节点电位的瞬时极性，若引回的反馈信号削弱了输入信号，使得净输入信号减小，为负反馈，反之则为正反馈。

（2）串联反馈与并联反馈的判别。输入信号和反馈信号分别加在两个输入端（同相和反相）上的，是串联反馈；加在同一个输入端（同相或反相）上的，是并联反馈。

（3）电压反馈与电流反馈的判别。反馈电路直接从输出端引出的，是电压反馈；从负载电阻 R_L 的靠近“地”端引出的，是电流反馈。

例 3-1 试判别图 3-20 所示集成运算放大电路中 R_F 的反馈类型。

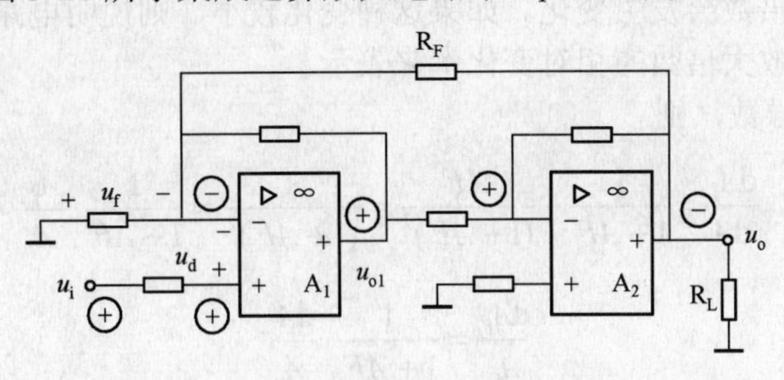

图 3-20 例 3-1 图

解：首先，依据瞬时极性法，假设输入信号的瞬时极性为“+”，则 A_1 输出信号的瞬时极性为“+”，A_2 的反相输入端的瞬时极性为“+”，A_2 的输出端的瞬时极性为“−”，反馈信号的瞬时极性也为“−”，结果使得净输入信号 $u_d = u_i - u_f$ 增加，说明反馈信号增强了净输入信号，所以为正反馈。输入信号和反馈信号分别加在 A_1 的两个输入端（同相和反相）上的，称为串联反馈。反馈电路直接从 A_2 的输出端引出，且反馈信号与输出电压成比例，称为电压反馈。所以，R_F 引入的反馈为电压串联正反馈。

3.3.3 负反馈对放大电路性能的影响

在放大电路中加入负反馈后，放大电路的工作性能得到了很大的改善。下面将分析负反馈对放大电路性能的影响。

1．降低放大倍数

由图 3-15 所示的反馈放大电路方框图可知，放大电路在引入负反馈后，其整个放大电路的放大倍数用 A_f 表示，称为闭环放大倍数，即

$$A_f = \frac{x_o}{x_i} = \frac{x_o}{x_d + x_f} = \frac{\dfrac{x_o}{x_d}}{\dfrac{x_d}{x_d} + \dfrac{x_f}{x_d}} = \frac{\dfrac{x_o}{x_d}}{\dfrac{x_d}{x_d} + \dfrac{x_o}{x_d} \cdot \dfrac{x_f}{x_o}} = \frac{A}{1 + AF} \tag{3-32}$$

由式（3-32）可知

$$AF = \frac{x_f}{x_d} \tag{3-33}$$

其中，x_f 和 x_d 分别表示放大电路的反馈信号和净输入信号，它们既可以表示电压，也可以表示电流，且为正值，故 AF 为正实数。

那么 $1 + AF > 1$，$|A_f| < |A|$，在引入负反馈后，整个放大电路的放大倍数降低了。

$(1 + AF)$ 称为反馈深度，其值越大，负反馈作用越强，$|A_f|$ 也就越小。

在引入负反馈后，虽然放大电路的放大倍数降低了，但在很多方面改善了放大电路的工作性能。

2．提高放大倍数的稳定性

放大电路的放大倍数受多种因素的影响，当环境温度、电源电压、元件参数或负载等因素发生变化时，放大倍数会发生变化。如果这种变化较小，则说明电路的稳定性较高。放大倍数的稳定性通常用放大倍数的相对变化率来表示。

对式（3-32）求导数，则

$$\frac{\mathrm{d}A_{\mathrm{f}}}{\mathrm{d}A}=\frac{1}{1+AF}-\frac{AF}{(1+AF)^2}=\frac{1}{(1+AF)^2}=\frac{1}{1+AF}\cdot\frac{A_{\mathrm{f}}}{A}$$

即

$$\frac{\mathrm{d}A_{\mathrm{f}}}{A_{\mathrm{f}}}=\frac{1}{1+AF}\cdot\frac{\mathrm{d}A}{A} \tag{3-34}$$

其中，$\frac{\mathrm{d}A}{A}$是开环放大倍数的相对变化率，而$\frac{\mathrm{d}A_{\mathrm{f}}}{A_{\mathrm{f}}}$是闭环放大倍数的相对变化率，所以，闭环放大倍数的相对变化率是开环放大倍数的相对变化率的$\frac{1}{1+AF}$倍。可见，在引入负反馈后，放大倍数的稳定性得到了提高。

例 3-2 已知一个负反馈放大电路，开环放大倍数 $A=10000$，$F=0.01$。试求放大电路的闭环放大倍数 A_{f}；如果由于外界条件变化，使 A 相对变化了 ±10%，求 A_{f} 的相对变化率。

解：由式（3-32），可得

$$A_{\mathrm{f}}=\frac{A}{1+AF}=\frac{10000}{1+10000\times0.01}\approx100$$

根据式（3-34），求得

$$\frac{\mathrm{d}A_{\mathrm{f}}}{A_{\mathrm{f}}}=\frac{1}{1+AF}\cdot\frac{\mathrm{d}A}{A}=\frac{1}{1+10000\times0.01}\times(\pm10\%)\approx\pm0.1\%$$

由此可见，在引入反馈系数为 0.01 的负反馈后，在 A 变化了 ±10% 的情况下，A_{f} 只变化了约 ±0.1%，即 A_{f} 只由 100 增到 100.1 或降到 99.9。显然，放大倍数的稳定性大为提高。

3．改善波形失真

放大电路由于晶体管特性的非线性而造成输出波形的失真，而利用负反馈能起改善波形失真的作用，图 3-21 定性说明了负反馈改善波形失真的情况。

图 3-21（a）是在没有负反馈时的情况。假定输入信号是正弦波，经过放大电路放大后，由于晶体管特性的非线性，输出波形产生了失真，一个半周的输出幅值大于另一个半周的输出幅值。

如果利用负反馈把这种已失真的输出信号反送到输入端，只要反馈电路是线性的，反馈信号也是一个半周大而另一个半周小。负反馈对输入信号起削弱作用，于是在一个半周削弱的作用强一些，另一个半周削弱的作用弱一些。这样一来，就使得放大电路的净输入信号变成一个半周小而另一个半周大，在经过放大后，就可以使输出信号在两个半周的波形差别比没有负反馈时减小，从而改善了波形失真的程度。从本质上说，负反馈是利用失真了的波形来改善波形的失真，所以只能减小失真，不能完全消除失真，如图 3-21（b）所示。

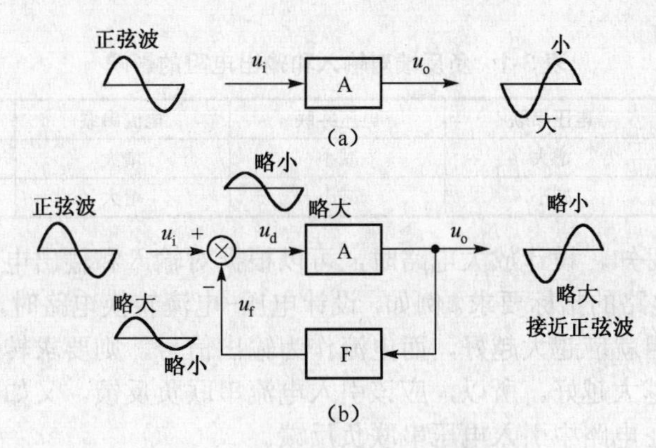

图 3-21　利用负反馈改善波形失真

4．展宽通频带

通频带是放大电路的主要技术指标之一，引入负反馈可以展宽通频带，如图 3-22 所示。在低频段时，由于集成运算放大器的级间采用直接耦合，无耦合电容，故其低频特性良好，展宽了通频带；在中频段时，开环电压放大倍数 A 较高，反馈信号较强，于是净输入信号减小，因而使闭环电压放大倍数 A_f 降低得较多；而在高频段时，开环电压放大倍数 A 较低，反馈信号也较低，于是净输入信号被削弱的较少，因而使 A_f 降低得较少，这样，就将放大电路的通频带展宽了。显然，这也是以降低放大倍数为代价的。

5．对放大电路输入电阻的影响

放大电路在引入负反馈后，输入电阻会发生变化。输入电阻的改变只取决于反馈电路与输入端的连接方式，即输入回路是串联负反馈还是并联负反馈，而与是电压反馈还是电流反馈无关。

对于串联负反馈，如图 3-16 和图 3-17 所示。由于反馈电压总是削弱净输入信号，使输入电流比无负反馈时要小，因此，可以使放大电路的输入电阻增大。反馈越深，输入电阻增大越多。

对于并联负反馈，如图 3-18 和图 3-19 所示。由于它的分流作用使电路的输入电流比无负反馈时要大，因此，并联负反馈使放大电路的输入电阻减小。反馈越深，输入电阻减小越多。

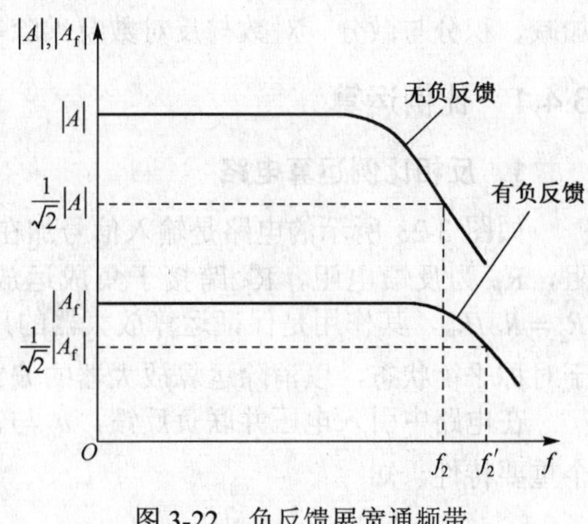

图 3-22　负反馈展宽通频带

6．对放大电路输出电阻的影响

放大电路在引入负反馈后，输出电阻会发生变化。输出电阻的变化只取决于反馈电路与输出端的连接方式，即是电压负反馈还是电流负反馈，而与输入回路是串联反馈或并联反馈无关。

对于电压负反馈，如图 3-16 和图 3-18 所示。由于其具有使输出电压稳定的作用，因此相当于恒压源输出，而恒压源内阻很低，所以，电压负反馈使放大电路的输出电阻减小。

对于电流负反馈，如图 3-17 和图 3-19 所示。由于其具有使输出电流稳定的作用，因此相当于恒流源输出，而恒流源内阻很高，故电流负反馈使放大电路的输出电阻增大。

上述四种负反馈对输入和输出电阻的影响参见表 3-1。

表 3-1　负反馈对输入和输出电阻的影响

反馈类型	电压串联	电压并联	电流串联	电流并联
输入电阻	增大	减小	增大	减小
输出电阻	减小	减小	增大	增大

通过上面的分析可知，设计放大电路时，可以根据对输入和输出电阻的具体要求引入相应的负反馈，以满足电路的指标要求。例如，设计电压-电流转换电路时，电压作为输入信号，则转换电路的输入电阻就应越大越好，而电流作为输出信号，则要求转换电路的输出电流近于恒定，即输出电阻越大越好。所以，应该引入电流串联负反馈。又如要求输入电阻增加而使输出电阻减小，可在电路中引入电压串联负反馈。

思考与练习题

3.3.1　运算放大器的反相输入方式属于电压并联负反馈吗？为什么？
3.3.2　并联负反馈对信号源有何要求，什么情况下负反馈效果才好？
3.3.3　希望运算放大器输入端向信号源索取的电流比较小，应引入何种反馈？
3.3.4　为什么说运算放大器的同相输入方式属于电压串联负反馈？
3.3.5　有一个放大电路，要求输入电阻大，输出电流稳定，应选何种反馈形式？

3.4　信号运算基本电路

集成运算放大器在深度负反馈的情况下，可组成各种信号运算基本电路，能完成比例、加减、积分与微分、对数与反对数及乘除等运算，本节主要介绍前面几种。

3.4.1　比例运算

1．反相比例运算电路

如图 3-23 所示的电路是输入信号加在反相输入端的比例运算电路。其中 R_1 为输入端电阻，R_F 为反馈电阻，R_F 跨接于集成运放的输出端与反相输入端之间，R_2 为平衡电阻，$R_2 = R_1 // R_F$，其作用是保证运算放大器的反相输入端与同相输入端的外接电阻相等，使其处于对称平衡状态，以消除运算放大器的偏置电流对输出电压的影响。

在电路中引入电压并联负反馈，u_o 与 u_i 反相，根据理想运算放大器工作在线性区时的两个重要特性，知

$$u_- \approx u_+ = 0$$

$$i_i \approx i_f$$

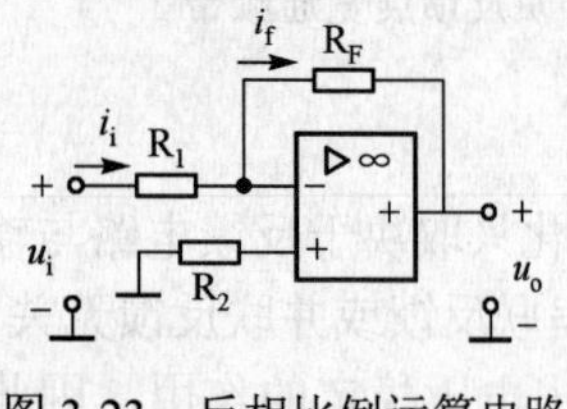

图 3-23　反相比例运算电路

而

$$i_i = \frac{u_i - u_-}{R_1} = \frac{u_i}{R_1}$$

$$i_f = \frac{u_- - u_o}{R_F} = -\frac{u_o}{R_F}$$

故

$$\frac{u_i}{R_1} = -\frac{u_o}{R_F}$$

所以，可得

$$u_o = -\frac{R_F}{R_1} u_i \tag{3-35}$$

闭环电压放大倍数则为

$$A_{uf} = \frac{u_o}{u_i} = -\frac{R_F}{R_1} \tag{3-36}$$

式（3-36）表明，该电路的输出电压与输入电压之比仅由电阻 R_F 与 R_1 的比值决定，而与集成运放本身的参数无关，式中的负号表示输出电压与输入电压反相，因而称为反相比例运算电路。

当 $R_F = R_1$ 时，$u_o = -u_i$，则

$$A_{uf} = \frac{u_o}{u_i} = -1 \tag{3-37}$$

反相比例运算电路就成了反相器或反号器。

例 3-3 在图 3-23 所示电路中，设 $R_1 = 10\text{k}\Omega$，$R_F = 100\text{k}\Omega$，求闭环电压放大倍数 A_{uf}。如果 $u_i = +0.16\text{V}$，求 u_o 及 R_2 的值。

解：由式（3-36）可得

$$A_{uf} = \frac{u_o}{u_i} = -\frac{R_F}{R_1} = -\frac{100}{10} = -10$$

$$u_o = A_{uf} \cdot u_i = (-10) \times (+0.16) = -1.6\text{V}$$

$$R_2 = R_1 // R_F = \frac{R_1 R_F}{R_1 + R_F} = \frac{10 \times 100}{10 + 100} = 9.1\text{k}\Omega$$

2．同相比例运算电路

如图 3-24 所示的电路是输入信号加在同相输入端的比例运算电路。其中 R_F 和 R_1 构成反馈环节，R_2 为平衡电阻，$R_2 = R_1 // R_F$。当同相输入时，如果输入电压 u_i 为正，输出电压 u_o 也为正。电路中引入了电压串联负反馈，根据理想运放工作在线性区时的两个重要特性，知

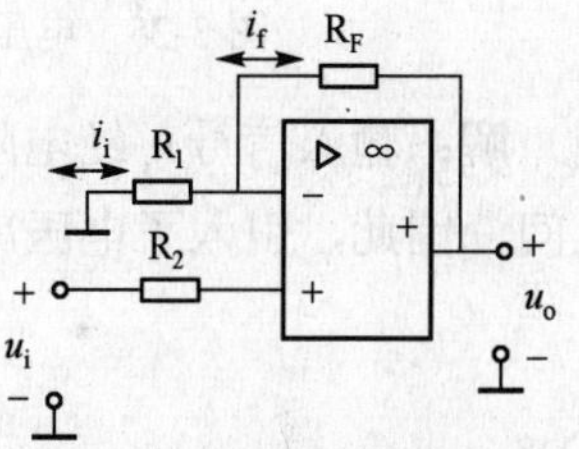

图 3-24　同相比例运算电路

$$u_- \approx u_+ = u_i$$

$$i_i \approx i_f$$

而

$$i_i = \frac{0 - u_-}{R_1} = -\frac{u_i}{R_1}$$

$$i_f = \frac{u_- - u_o}{R_F} = \frac{u_i - u_o}{R_F}$$

故

$$-\frac{u_i}{R_1} = \frac{u_i - u_o}{R_F}$$

所以，可得

$$u_o = \left(1 + \frac{R_F}{R_1}\right) u_i \tag{3-38}$$

闭环电压放大倍数则为

$$A_{uf}=\frac{u_o}{u_i}=\left(1+\frac{R_F}{R_1}\right) \tag{3-39}$$

式（3-39）表明，当集成运算放大器在理想条件下，同相比例运算电路与反相比例运算电路一样，其闭环电压放大倍数 A_{uf} 也仅与外部电阻 R_1 与 R_F 的比值有关，而与集成运放本身的参数无关。式中 A_{uf} 为正值，这表明输出电压与输入电压同相，并且 A_{uf} 总是大于或等于 1，这点与反相输入运算放大器不同，因而称为同相比例运算电路。

当 $R_1=\infty$ 或 $R_F=0$ 时，电路如图 3-25 所示，$u_o=u_i$，即

$$A_{uf}=\frac{u_o}{u_i}=1 \tag{3-40}$$

这时输出电压与输入电压大小相等，相位相同，输出电压跟随着输入电压而变化，同相比例运算电路就成了电压跟随器或同号器。此电路输入电阻大，输出电阻小，在电路中作用与分离元件的射极输出器相同，但是电压跟随性能好。

例 3-4 电路如图 3-26 所示，已知 $R_1=2\text{k}\Omega$，$R_F=10\text{k}\Omega$，$R_2=2\text{k}\Omega$，$R_3=18\text{k}\Omega$，试求闭环电压放大倍数 A_{uf}。若 $u_i=1.7\text{V}$，则 u_o 为多少？

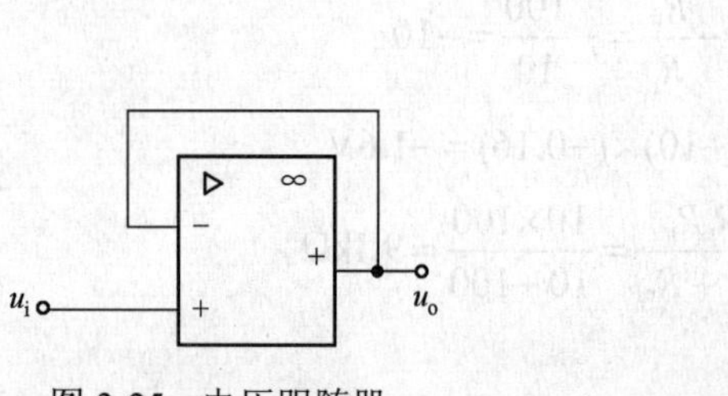

图 3-25 电压跟随器

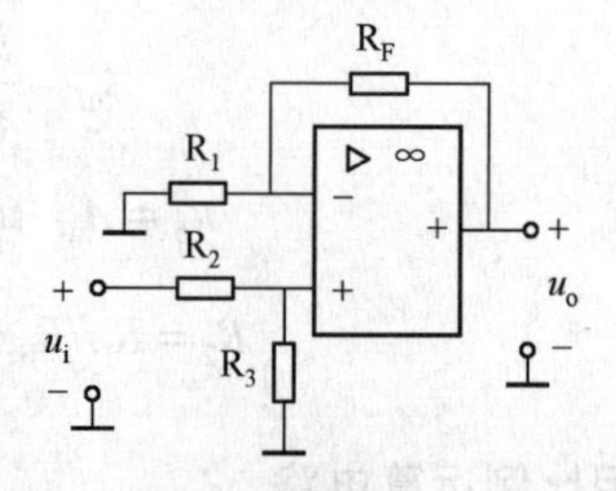

图 3-26 例 3-4 图

解：输入信号 u_i 经电阻 R_2、R_3 分压加到同相输入端。反馈电阻 R_F 接在输出端和反相端之间，因此，引入了电压串联负反馈，反馈电压为

$$u_f=u_-=\frac{R_1}{R_1+R_F}\cdot u_o$$

而同相输入端电位为

$$u_+=\frac{R_3}{R_2+R_3}\cdot u_i$$

根据理想运算放大器工作在线性区时的两个重要特性，知

$$u_-\approx u_+$$

故

$$\frac{R_1}{R_1+R_F}\cdot u_o=\frac{R_3}{R_2+R_3}\cdot u_i$$

闭环电压放大倍数则为

$$A_{uf}=\frac{u_o}{u_i}=\left(1+\frac{R_F}{R_1}\right)\cdot\frac{R_3}{R_2+R_3}=\left(1+\frac{10}{2}\right)\times\frac{18}{2+18}=5.4$$

若 $u_i=1.7\text{V}$，则 u_o 为

$$u_o=A_{uf}\cdot u_i=5.4\times1.7=9.18\text{V}$$

例 3-5　试求图 3-27 所示电路的 u_o 与 u_i 的运算关系式。

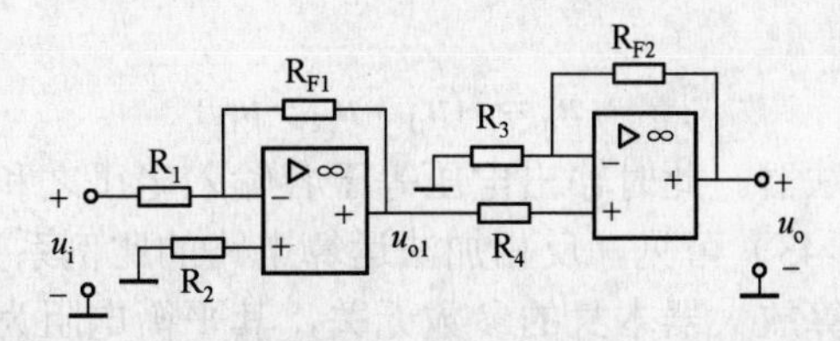

图 3-27　例 3-5 图

解：该电路由两级比例运算电路组成。第一级是反相比例运算电路，而第二级是同相比例运算电路。

根据式（3-35）得第一级的输出电压为

$$u_{o1}=-\frac{R_{F1}}{R_1}\cdot u_i$$

第二级的输入电压就是第一级的输出电压，根据式（3-38），得该电路的输出电压为

$$u_o=\left(1+\frac{R_{F2}}{R_3}\right)\cdot u_{o1}=-\frac{R_{F1}}{R_1}\cdot\left(1+\frac{R_{F2}}{R_3}\right)u_i$$

3.4.2　加法运算和减法运算

1．加法运算电路

如果在反相输入端增加若干个输入电路，则可构成反相比例加法运算电路。图 3-28 是一个有三个输入信号的反相加法运算电路。在实际应用时，通常都把电压信号转换成电流信号之后再进行求和运算。图中的输入电压 u_{i1}、u_{i2}、u_{i3} 都从反相输入端输入，而同相输入端通过平衡电阻 R_P 接地，R_F 为反馈电阻。

根据理想运放工作在线性区时的两个重要特性，知

$$i_{i1}=\frac{u_{i1}}{R_{11}}$$

$$i_{i2}=\frac{u_{i2}}{R_{12}}$$

$$i_{i3}=\frac{u_{i3}}{R_{13}}$$

$$i_f=i_{i1}+i_{i2}+i_{i3}$$

$$i_f=-\frac{u_o}{R_F}$$

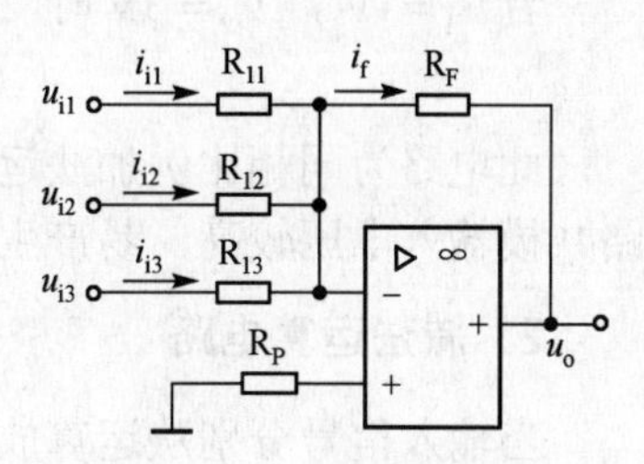

图 3-28　反相加法运算电路

由上列各式可得

$$u_o=-\left(\frac{R_F}{R_{11}}u_{i1}+\frac{R_F}{R_{12}}u_{i2}+\frac{R_F}{R_{13}}u_{i3}\right) \tag{3-41}$$

即输出电压等于各输入电压按各自一定比例相加。

当 $R_{11}=R_{12}=R_{13}=R_1$ 时，式（3-41）变为

$$u_o=-\frac{R_F}{R_1}(u_{i1}+u_{i2}+u_{i3}) \tag{3-42}$$

即输出电压与各输入电压之和成比例。

当 $R_1 = R_F$ 时，则得

$$u_o = -(u_{i1} + u_{i2} + u_{i3}) \tag{3-43}$$

这种电路称为反相加法器。此时输出电压等于各输入电压之和，但极性相反。

由式（3-41）～式（3-43）可见，反相加法运算电路的比例系数仅决定于反馈电阻 R_F 与输入电阻的大小，而与运算放大器本身的参数无关，其平衡电阻为

$$R_P = R_{11} // R_{12} // R_{13} // R_F$$

显然，只要电阻阻值有足够的精度，就可以保证加法运算的精度和稳定性。

例 3-6 在图 3-29 所示电路中，已知 $R_1 = 2\text{k}\Omega$，$R_2 = 3\text{k}\Omega$，$R = 1\text{k}\Omega$，$R_F = 9\text{k}\Omega$，试计算该加法电路的输出电压 u_o 的表达式。若 $u_{i1} = 1\text{V}$，$u_{i2} = 3\text{V}$，则 u_o 为多少？

解：由图 3-29 可得

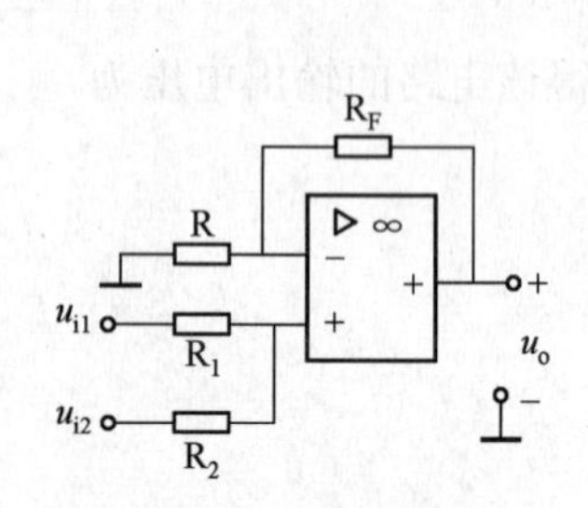

图 3-29 例 3-6 图

$$u_- = \frac{R}{R + R_F} u_o$$

$$u_+ = \frac{R_2}{R_1 + R_2} u_{i1} + \frac{R_1}{R_1 + R_2} u_{i2}$$

根据理想运算放大器工作在线性区时的两个重要特性，有

$$u_- = u_+$$

所以

$$\frac{R}{R + R_F} u_o = \frac{R_2}{R_1 + R_2} u_{i1} + \frac{R_1}{R_1 + R_2} u_{i2}$$

整理后，得

$$u_o = \left(1 + \frac{R_F}{R}\right)\left(\frac{R_2}{R_1 + R_2} u_{i1} + \frac{R_1}{R_1 + R_2} u_{i2}\right) = \left(1 + \frac{9}{1}\right)\left(\frac{3}{2+3} u_{i1} + \frac{2}{2+3} u_{i2}\right) = 6u_{i1} + 4u_{i2}$$

若 $u_{i1} = 1\text{V}$，$u_{i2} = 3\text{V}$ 时，则

$$u_o = 6u_{i1} + 4u_{i2} = 6 \times 1 + 4 \times 3 = 18\text{V}$$

此电路为同相比例加法运算电路，与反相比例加法运算电路比较，同相比例加法运算电路共模输入电压较高，易产生运算误差，且调节比较烦琐，因此一般较少运用。

2．减法运算电路

当输入信号分别从运算放大器的两个输入端引入时，就称为比较输入方式，其运算电路如图 3-30 所示。两输入端外接电阻应满足

$$R_1 // R_F = R_2 // R_3$$

同相端输入电压为

$$u_+ = \frac{R_3}{R_2 + R_3} u_{i2}$$

反相端输入电压为

$$u_- = u_{i1} - i_i R_1 = u_{i1} - \frac{R_1}{R_1 + R_F}(u_{i1} - u_o)$$

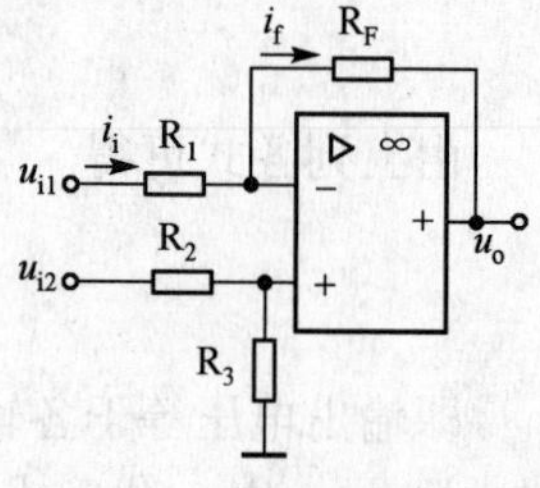

图 3-30 减法运算电路

根据 $u_- = u_+$，故从同相端输入电压和反相端输入电压两式中解得

$$u_o=\left(1+\frac{R_F}{R_1}\right)\frac{R_3}{R_2+R_3}u_{i2}-\frac{R_F}{R_1}u_{i1} \tag{3-44}$$

当$R_1=R_2$和$R_3=R_F$时，则式（3-44）为

$$u_o=\frac{R_F}{R_1}(u_{i2}-u_{i1}) \tag{3-45}$$

当$R_1=R_F$时，则式（3-45）为

$$u_o=u_{i2}-u_{i1} \tag{3-46}$$

由式（3-45）和式（3-46）可知，输出电压与两个输入电压之差成正比，所以可完成减法运算。

由（3-46）可得出电压放大倍数为

$$A_{uf}=\frac{u_o}{u_{i2}-u_{i1}}=\frac{R_F}{R_1} \tag{3-47}$$

在图 3-30 所示的减法运算电路中，如果电阻$R_3=\infty$，即将 R_3 断开时，则式（3-44）为

$$u_o=\left(1+\frac{R_F}{R_1}\right)u_{i2}-\frac{R_F}{R_1}u_{i1} \tag{3-48}$$

即为同相比例运算与反相比例运算输出电压之和。

由于电路存在共模电压，为保证运算精度，应当选用高共模抑制比的运算放大器或选用阻值合适的电阻。

例 3-7 在图 3-31 所示的电路中，已知$R_1=10\text{k}\Omega$，$R_2=20\text{k}\Omega$，试计算该电路的输出电压u_o的表达式。若$u_{i1}=-1\text{V}$，$u_{i2}=1\text{V}$，则u_o为多少？

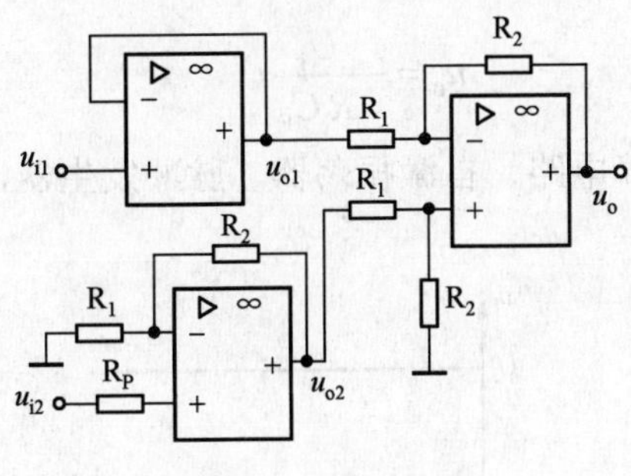

图 3-31 例 3-7 图

解：由图 3-31 可得

u_{o1}是电压跟随器的输出，由式（3-40）可得

$$u_{o1}=u_{i1}=-1\text{V}$$

u_{o2}是同相比例运算电路的输出，由式（3-38）可得

$$u_{o2}=\left(1+\frac{R_2}{R_1}\right)u_{i2}=\left(1+\frac{20}{10}\right)\times 1=3\text{V}$$

u_{o1}与u_{o2}分别作为减法运算电路的两个输入端的输入信号，由式（3-45）得

$$u_o=\frac{R_2}{R_1}(u_{o2}-u_{o1})=\frac{20}{10}\times[3-(-1)]=8\text{V}$$

3.4.3 积分运算和微分运算

1. 积分运算电路

如果将反相比例运算电路的反馈电阻 R_F 换成电容 C_F，就组成了积分运算电路，如图 3-32 所示。

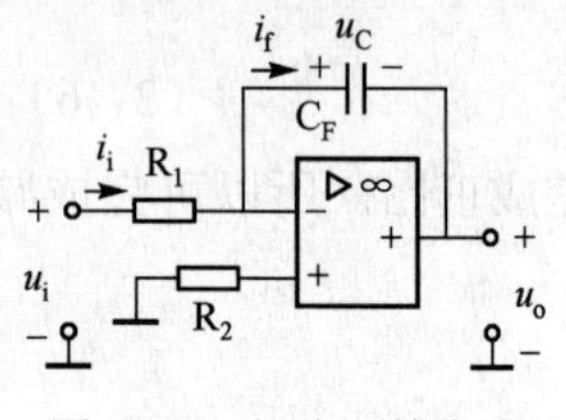

图 3-32 积分运算电路

信号从反相端输入，而同相端接地，故 $u_- \approx u_+ = 0$，得

$$i_i = i_f = \frac{u_i - u_-}{R_1} = \frac{u_i}{R_1}$$

而

$$i_f = C_F \frac{du_C}{dt}$$

所以

$$u_o = -u_C = -\frac{1}{C_F}\int i_f dt = -\frac{1}{R_1 C_F}\int u_i dt \tag{3-49}$$

式（3-49）说明，输出电压 u_o 与输入电压 u_i 对时间 t 的积分成比例，负号表明它们相位相反。R_1C_F 称为积分时间常数，它的数值越大，输出电压 u_o 达到某一数值所需的时间就越长。

当积分运算电路的输入信号 u_i 为图 3-33（a）所示的阶跃电压时，电容 C_F 将以近似恒流方式进行充电，输出将反向积分，输出电压 u_o 是时间 t 的一次函数，线性度较高，经过一定的时间后输出饱和，最后输出电压 u_o 达到负饱和值 $-U_{o(sat)}$，如图 3-33 中（b）所示。输出电压 u_o 的表达式为

$$u_o = -\frac{U_i}{R_1 C_F}t \tag{3-50}$$

积分运算电路在模拟计算电路、自激振荡器、脉冲发生器、有源滤波器及自动控制和测量系统中得到了广泛应用。

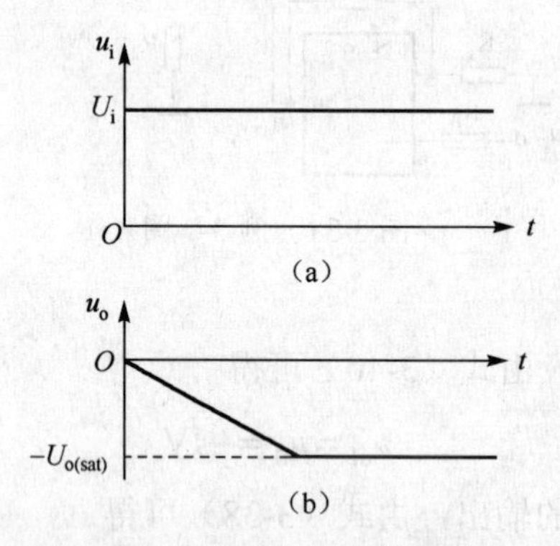

图 3-33 积分运算电路的阶跃响应

例 3-8 在如图 3-32 所示的电路中，已知 $R_1 = 10\text{k}\Omega$，$C_F = 1\mu\text{F}$，输入电压 u_i 是如图 3-33（a）所示的阶跃电压，$U_i = 3\text{V}$。设电容电压初始值为零，运算放大器的负饱和输出电压为 $-U_{o(sat)} = -15\text{V}$。试求 u_o 由起始值 0 达到负饱和值−15V 所需的时间是多少？并画出 u_o 与时间 t 的关系曲线。

解：u_o 与时间 t 的关系曲线如图 3-34 所示。在 $t=0\sim0.05\text{s}$ 内，输出电压 u_o 是时间 t 的一次函数，线性度较高，当 $t>0.05\text{s}$ 时，输出电压 u_o 达到负饱和值 -15V。

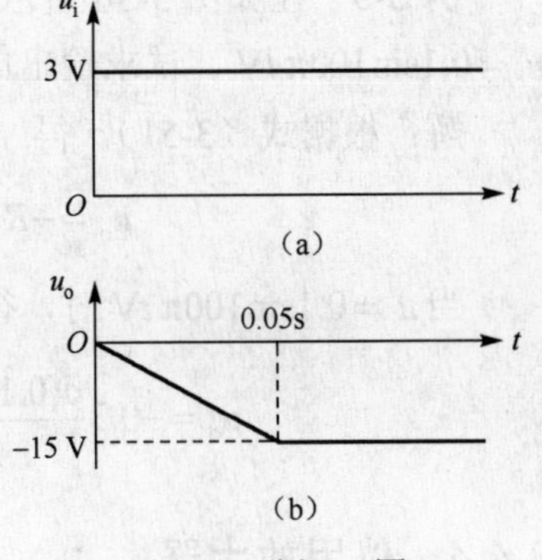

图 3-34 例 3-8 图

根据式（3-50），得

$$u_o=-\frac{U_i}{R_1C_F}t=-\frac{3}{10\times10^3\times1\times10^{-6}}t=-300t$$

当 $u_o=-U_{o(sat)}=-15\text{V}$ 时，$t=0.05\text{s}$。

2. 微分运算电路

微分运算是积分运算的逆运算，将积分运算电路中反相输入端的电阻和反馈电容调换位置，就成为微分运算电路，如图 3-35 所示。

由图 3-35 所示电路，可列出

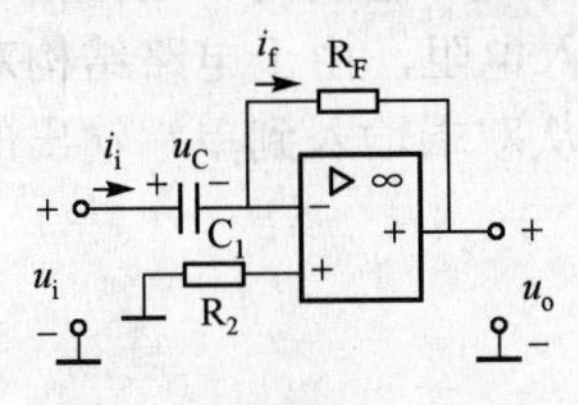

图 3-35 微分运算电路

$$u_-\approx u_+=0$$

$$i_i\approx i_f$$

$$i_i=C_1\frac{du_C}{dt}=C_1\frac{du_i}{dt}$$

$$i_f=\frac{0-u_o}{R_F}=-\frac{u_o}{R_F}$$

所以

$$u_o=-R_Fi_f=-R_Fi_i$$

故得出

$$u_o=-R_FC_1\frac{du_i}{dt} \tag{3-51}$$

式（3-51）说明，输出电压 u_o 与输入电压 u_i 对时间 t 的微分成比例，负号表明它们相位相反。R_1C_F 称为微分时间常数。输入电压信号的变化率越快，输出电压越大，所以微分电路是反映输入信号变化趋势的。

当输入电压为阶跃电压时，输出电压为尖脉冲，如图 3-36 所示。

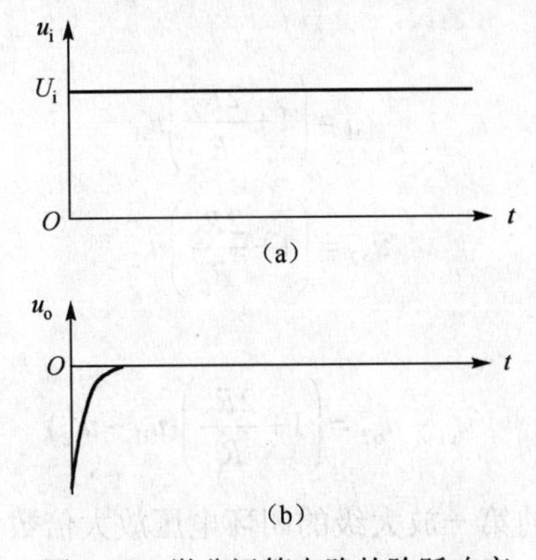

图 3-36 微分运算电路的阶跃响应

例 3-9 在如图 3-36 所示的微分运算电路中，已知 $R_F = 15\text{k}\Omega$，$C_1 = 20\mu\text{F}$，设输入电压 $u_i = 0.1\sin 100\pi t\text{V}$，试求输出电压 u_o 与时间 t 的关系式。

解：根据式（3-51），得

$$u_o = -R_F C_1 \frac{du_i}{dt} = -15\times10^3 \times 20\times10^{-6} \times \frac{du_i}{dt} = -0.3\frac{du_i}{dt}$$

当 $u_i = 0.1\sin 100\pi t\text{V}$ 时，得

$$u_o = -0.3\frac{d(0.1\sin 100\pi t)}{dt} = -3\pi\cos 100\pi t = -9.42\sin(100\pi t - 90)\text{V}$$

3.4.4 仪用放大器

在自动控制和非电量测量系统中常用传感器将各种非电量转换成电压信号。这种电压信号非常微弱，一般只有几毫伏到几十毫伏，通常采用图 3-37 所示的仪表用放大电路（或称测量放大器）进行放大。电路有两个放大级，第一级由 N_1、N_2 组成，它的两个输入信号都是从运算放大器的同相输入端输入，该放大电路具有极高的输入电阻，由于电路结构对称，能够抑制零点漂移。第二级由 N_3 组成差分放大电路，完成了从双端输入到单端输出的转换。

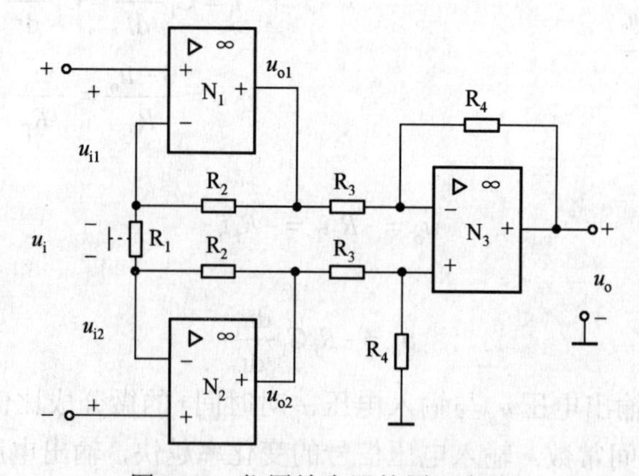

图 3-37 仪用放大器的原理电路

输入信号电压为 u_i，而 R_1 的中点是"地"电位。由图 3-37 得出 N_1 和 N_2 的输出电压分别为

$$u_{o1} = \left(1 + \frac{2R_2}{R_1}\right)u_{i1}$$

$$u_{o2} = \left(1 + \frac{2R_2}{R_1}\right)u_{i2}$$

所以

$$u_{o1} - u_{o2} = \left(1 + \frac{2R_2}{R_1}\right)(u_{i1} - u_{i2})$$

由此得出由 N_1、N_2 组成的第一放大级的闭环电压放大倍数为

$$A_{f1}=\frac{u_{o1}-u_{o2}}{u_{i1}-u_{i2}}=\frac{u_{o1}-u_{o2}}{u_i}=\left(1+\frac{2R_2}{R_1}\right)$$

由 N_3 组成的第二级差分放大电路的闭环电压放大倍数为

$$A_{f2}=\frac{u_o}{u_{o1}-u_{o2}}=-\frac{R_4}{R_3}$$

则总的电压放大倍数为

$$A_f=\frac{u_o}{u_i}=A_{f1}\cdot A_{f2}=-\frac{R_4}{R_3}\left(1+\frac{2R_2}{R_1}\right) \tag{3-52}$$

为了保证测量精度，仪用放大器具有很高的共模抑制比，电阻元件的精度很高。美国 AD 公司生产的集成仪用放大器 AD520 和 AD620 系列采用了如图 3-37 所示结构，共模抑制比可达到 120dB，输入电阻可达到 1GΩ。

思考与练习题

3.4.1　运算放大器有哪几种输入方式？试画出其基本电路并说明各自的特点。

3.4.2　集成运算放大器实现加法运算有哪些电路，它们各有哪些特点？

3.4.3　积分电路是工作在线性放大区还是工作在非线性区，为什么？

3.4.4　同相比例电路和反相比例电路有什么异同点？

3.4.5　集成运算放大器组成的减法运算电路有哪些？并说明有哪些特点？

3.5　信号处理电路

在电子信息系统中，系统首先采集信号，通常这些信号来源于测试各种物理量的传感器，而传感器所提供的信号往往幅值很小、噪声很大、易受干扰，因此电子信息系统首先要进行信号处理，即对信号进行滤波、采样保持及比较等处理，下面进行简单介绍。

3.5.1　有源滤波器

滤波器是一种选频电路，它能够使频率在某一范围内的信号顺利通过，而对频率在此范围之外的信号加以抑制，使其衰减很大。根据通过信号的频率范围的不同，滤波器分为低通、高通、带通及带阻等不同类型。在《电工技术》中介绍的 RC 电路组成的滤波器，称为无源滤波器。因为运算放大器是有源元件，所以 RC 电路与集成运算放大器相结合构成的滤波器，称为有源滤波器。由于有源滤波器具有输入阻抗高、输出阻抗低、选择性好、体积小、质量轻等优点，因此得到了广泛的应用。

1. 有源低通滤波器

如图 3-38（a）所示的电路是有源低通滤波器。设输入电压 u_i 为某一频率的正弦电压，则可用相量表示。根据理想运放工作在线性区时的两个重要特性，知

$$\dot{U}_-=\frac{R_1}{R_1+R_F}\cdot\dot{U}_o$$

分析 RC 电路可得出

$$\dot{U}_{+}=\frac{\frac{1}{\mathrm{j}\omega C}}{R+\frac{1}{\mathrm{j}\omega C}}\cdot\dot{U}_{\mathrm{i}}=\frac{\dot{U}_{\mathrm{i}}}{1+\mathrm{j}\omega RC}$$

由于 $\dot{U}_{+}=\dot{U}_{-}$，所以

$$\frac{\dot{U}_{\mathrm{o}}}{\dot{U}_{\mathrm{i}}}=\left(1+\frac{R_{\mathrm{F}}}{R_{1}}\right)\frac{1}{1+\mathrm{j}\omega RC}=\frac{1+\frac{R_{\mathrm{F}}}{R_{1}}}{1+\mathrm{j}\frac{\omega}{\omega_{0}}}$$

其中，$\omega_{0}=\frac{1}{RC}$ 称为截止角频率。

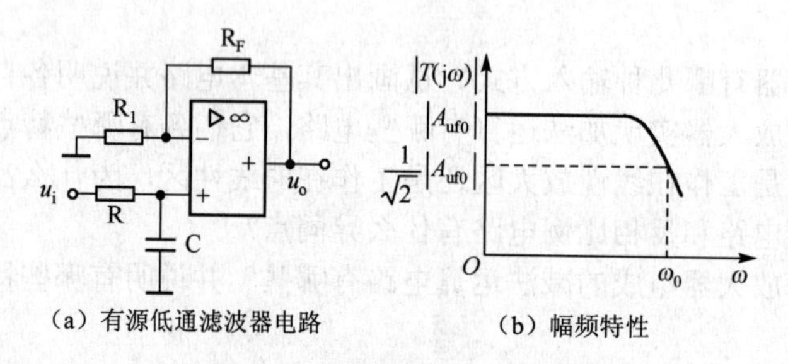

（a）有源低通滤波器电路　　（b）幅频特性

图 3-38　有源低通滤波器

如果频率 ω 为变量，则该电路的传递函数为

$$T(\mathrm{j}\omega)=\frac{U_{\mathrm{o}}(\mathrm{j}\omega)}{U_{\mathrm{i}}(\mathrm{j}\omega)}=\frac{1+\frac{R_{\mathrm{F}}}{R_{1}}}{1+\mathrm{j}\frac{\omega}{\omega_{0}}}=\frac{A_{\mathrm{uf}0}}{1+\mathrm{j}\frac{\omega}{\omega_{0}}}\tag{3-53}$$

式（3-53）体现了电路对不同频率信号的放大能力的变化，由于式（3-53）中频率 ω 是一次的，所以图 3-38（a）所示的电路也称为一阶有源低通滤波器，其幅频特性为

$$|T(\mathrm{j}\omega)|=\frac{|A_{\mathrm{uf0}}|}{\sqrt{1+\left(\frac{\omega}{\omega_{0}}\right)^{2}}}$$

其相频特性为

$$\varphi(\omega)=-\arctan\frac{\omega}{\omega_{0}}$$

当 $\omega=0$ 时，$|T(\mathrm{j}\omega)|=|A_{\mathrm{uf0}}|$；

当 $\omega=\omega_{0}$ 时，$|T(\mathrm{j}\omega)|=\frac{|A_{\mathrm{uf0}}|}{\sqrt{2}}$；

当 $\omega=\infty$ 时，$|T(\mathrm{j}\omega)|=0$。

有源低通滤波器的幅频特性如图 3-38（b）所示。通过以上分析，当输入信号的频率小于截止角频率 $\omega_0=\dfrac{1}{RC}$ 时，输出电压衰减较少，信号基本顺利通过。

为了加大一阶电路过渡带的衰减斜率，加强滤波效果，可增加 RC 环节以构成二阶低通滤波电路，其电路如图 3-39（a）所示，其幅频特性如图 3-39（b）所示。

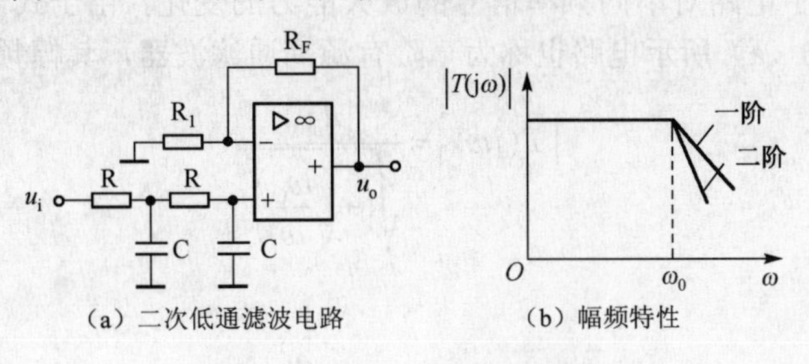

（a）二次低通滤波电路　　（b）幅频特性

图 3-39　二阶有源低通滤波器

2．有源高通滤波器

将图 3-38（a）所示的有源低通滤波器中的电阻和电容的位置交换，就变成了有源高通滤波器，其电路如图 3-40（a）所示。设输入电压 u_i 为某一频率的正弦电压，则可用相量表示。根据理想运算放大器工作在线性区时的两个重要特性，得

$$\dot{U}_-=\frac{R_1}{R_1+R_F}\cdot\dot{U}_o$$

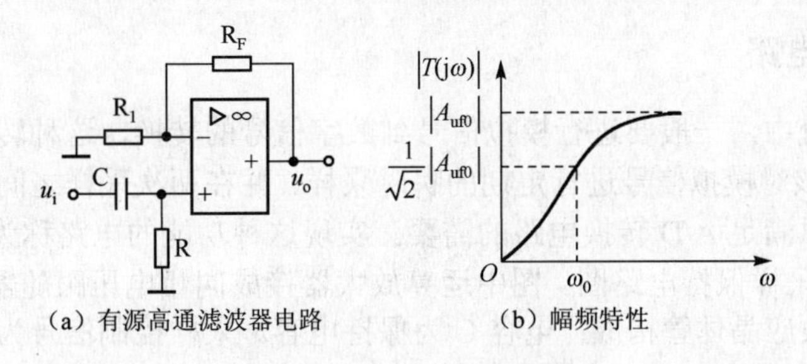

（a）有源高通滤波器电路　　（b）幅频特性

图 3-40　有源高通滤波器

分析 RC 电路可得

$$U_+=\frac{R}{R+\dfrac{1}{j\omega C}}\cdot\dot{U}_i=\frac{\dot{U}_i}{1+\dfrac{1}{j\omega RC}}$$

由于 $\dot{U}_+=\dot{U}_-$，所以

$$\frac{\dot{U}_o}{\dot{U}_i}=\frac{1+\dfrac{R_F}{R_1}}{1+\dfrac{1}{j\omega RC}}=\frac{1+\dfrac{R_F}{R_1}}{1-j\dfrac{\omega_0}{\omega}}$$

其中，$\omega_0=\dfrac{1}{RC}$ 称为截止角频率。

如果频率 ω 为变量，则该电路的传递函数为

$$T(\mathrm{j}\omega)=\frac{U_{\mathrm{o}}(\mathrm{j}\omega)}{U_{\mathrm{i}}(\mathrm{j}\omega)}=\frac{1+\dfrac{R_{\mathrm{F}}}{R_1}}{1-\mathrm{j}\dfrac{\omega_0}{\omega}}=\frac{A_{\mathrm{uf0}}}{1-\mathrm{j}\dfrac{\omega_0}{\omega}} \tag{3-54}$$

式（3-54）体现了电路对不同频率信号的放大能力的变化，由于式（3-54）中频率ω是一次的，所以图 3-40（a）所示电路也称为一阶有源高通滤波器，其幅频特性为

$$|T(\mathrm{j}\omega)|=\frac{|A_{\mathrm{uf0}}|}{\sqrt{1+\left(\dfrac{\omega_0}{\omega}\right)^2}}$$

其相频特性为

$$\varphi(\omega)=\arctan\frac{\omega_0}{\omega}$$

当$\omega=0$时，$|T(\mathrm{j}\omega)|=0$；

当$\omega=\omega_0$时，$|T(\mathrm{j}\omega)|=\dfrac{|A_{\mathrm{uf0}}|}{\sqrt{2}}$；

当$\omega=\infty$时，$|T(\mathrm{j}\omega)|=|A_{\mathrm{uf0}}|$。

有源高通滤波器的幅频特性如图3-40（b）所示。通过以上分析，当输入信号的频率大于截止角频率$\omega_0=\dfrac{1}{RC}$时，输出电压衰减较少，信号基本顺利通过。

3.5.2 采样保持电路

在数据采集系统中，一般要进行模拟信号到数字信号的转换，这种转换称为 A/D 转换。在 A/D 转换前，应该对模拟信号进行定期的瞬时采样，并在两次采样之间的时间间隔中保持前一次的采样值，以满足 A/D 转换电路的需要。实现这种功能的电路称为采样保持电路。

图 3-41（a）为采样保持电路图。图中运算放大器接成同相电压跟随器形式；S 为模拟电子开关，一般由场效应晶体管构成；电容 C 为保持电容。采样控制信号为矩形脉冲，u_{i} 为输入的模拟信号，其波形如图 3-41（b）所示。

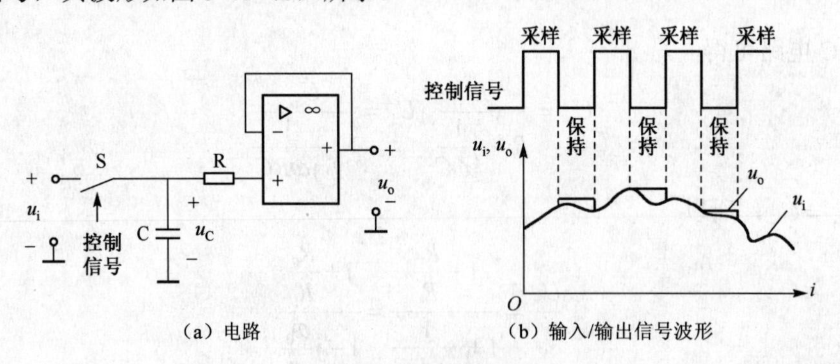

（a）电路　　（b）输入/输出信号波形

图 3-41　采样保持电路

采样保持电路的工作过程如下：当采样控制信号为高电平时，即处于采样周期，开关闭合（即场效应晶体管导通）。u_{i} 对存储电容进行迅速充电，运算放大器为同相跟随器，期间

输出$u_o = u_C = u_i$。当采样控制信号为低电平即处于保持周期时，开关断开（即场效应管截止），电容 C 无放电通路，故保持采样结束时的电压值，直至下一采样周期的到来。在此期间，$u_o = u_C$。输出信号波形如图 3-41（b）所示。

3.5.3 电压比较器

电压比较器的是对输入信号进行鉴别和比较的电路，视输入信号是大于还是小于参考电压来决定输出状态。电压比较器在测量、控制及各种非正弦波发生器等电路中得到了广泛的应用。

1．基本电压比较器

如图 3-42 所示为基本电压比较器开环工作电路及其理想电压传输特性曲线。

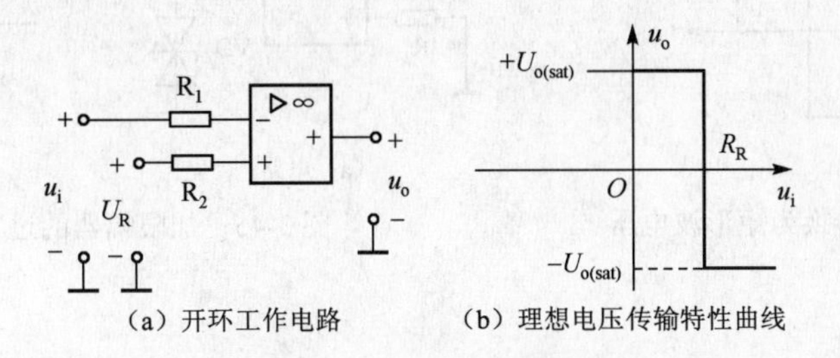

图 3-42 基本电压比较器

参考电压U_R加在运算放大器的同相输入端，输入电压u_i则加在反相输入端。由于运算放大器工作在开环状态，开环电压放大倍数很高，如果输入端有一个非常微小的差值信号，就会使输出电压趋于饱和。因此，集成运算放大器用做比较器时工作在饱和区，即非线性区。当输入电压u_i略大于参考电压U_R时，输出电压u_o就为负饱和值$-U_{o(sat)}$。当u_i略小于参考电压U_R时，输出电压u_o立即变成正饱和值$+U_{o(sat)}$。图 3-42（b）是电压比较器的传输特性。可见，比较器的输入端以U_R为基准进行模拟信号大小的比较，在输出端则以高电平或低电平来反映比较结果。由集成运算放大器组成的比较器正饱和值$+U_{o(sat)}$接近于正电源电压，负饱和值$-U_{o(sat)}$接近于负电源电压。

2．过零比较器

如果参考电压$U_R = 0$，即输入电压和零电平比较，当输入电压u_i过零时，输出电压u_o将产生跃变，这种比较器称为过零比较器。其电路和传输特性曲线如图 3-43 所示。

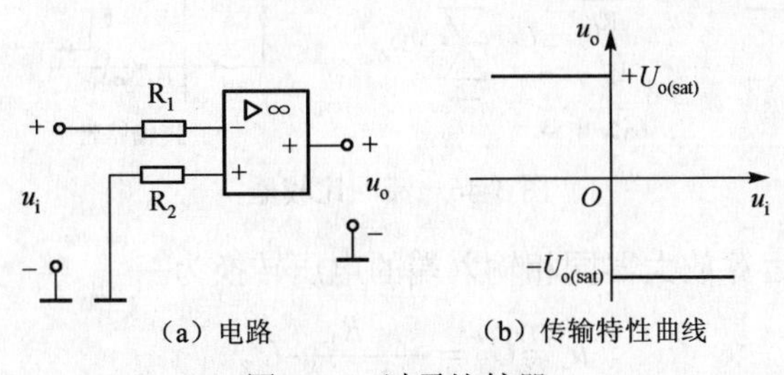

图 3-43 过零比较器

当输入电压u_i为正弦波电压时，则输出电压u_o为矩形波电压，如图 3-44 所示。

在电路中，为了将输出电压限制在某一定值，以便和接在输出端的数字电路的电平配合，可在比较器的输出端与地之间跨接一个双向稳压管 VD_Z 做双向限幅器。双向稳压管的稳定电压为$\pm U_Z$，R_3是限流电阻。电路和传输特性如图 3-45 所示。输入电平与零电平比较，输出电压u_o被限制在$+U_Z$或$-U_Z$，这种输出由双向稳压管限幅的电路称为双向限幅电路。

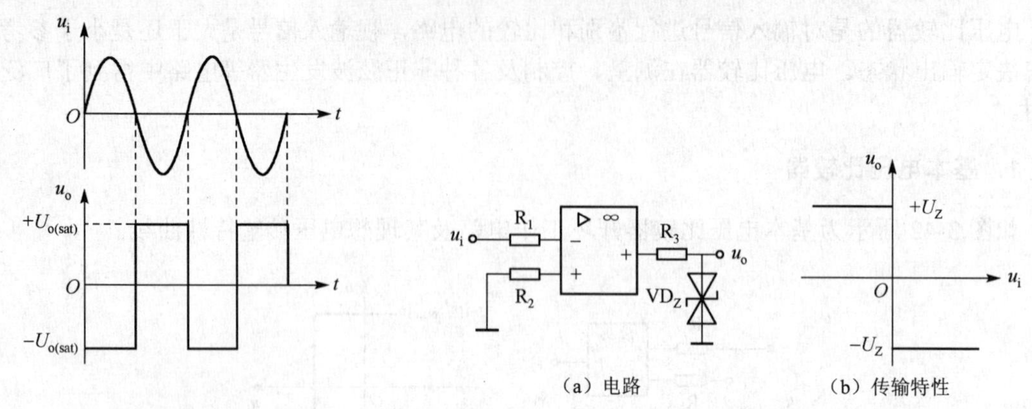

（a）电路　（b）传输特性

图 3-44　正弦波电压转换为矩形波电压　　图 3-45　加限幅器的过零比较器

3．滞回比较器

过零比较器的输入信号u_i如果在过零值附近小范围上下波动时，输出电压u_o将不断地在高低电平之间跃变，造成电路输出不稳定。为了提高电路的抗干扰能力，一般采用具有正反馈电路的滞回比较器，如图 3-46（a）所示。正反馈电路能够加速比较器的转换过程，改善输出波形在跃变时的陡度。

假设某一瞬间，集成运放输出电压为高电平，$u_o=+U_Z$。此时运算放大器同相输入端电压为

$$u_+=U'_+=\frac{R_2}{R_2+R_F}U_Z \tag{3-55}$$

这时的U'_+称为“上门限电平”。

当u_i增大到$u_i \geqslant U'_+$时，运算放大器输出电压u_o从$+U_Z$转换到低电平$-U_Z$。

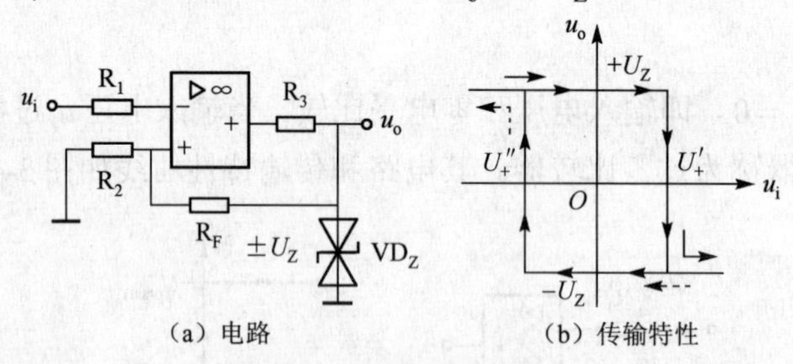

（a）电路　（b）传输特性

图 3-46　滞回比较器

而当$u_o=-U_Z$时，运算放大器同相输入端的电压转换为

$$u_+=U''_+=-\frac{R_2}{R_2+R_F}U_Z \tag{3-56}$$

这时的U''_+称为“下门限电平”。

当u_i减小到$u_i \leqslant U''_+$时，运算放大器输出电压u_o从$-U_Z$转换到高电平$+U_Z$，运算放大器同相端电压又变为U'_+。如此周而复始，随着u_i的不断变化，输出电压u_o不断发生正负跃变。滞回比较器的理想电压传输特性曲线如图 3-46（b）所示。

上门限电平U'_+与下门限电平U''_+的差值称为“回差”或“门限宽度”，即

$$\Delta U_+ = U'_+ - U''_+ = \frac{2R_2}{R_2 + R_F} U_Z \tag{3-57}$$

从式（3-55）～式（3-57）中可以看出，改变正反馈系数$\dfrac{R_2}{R_2 + R_F}$，可同时调节回差及上、下门限电平。由于回差提高了电路的抗干扰能力，所以输出电压一旦转变为$+U_Z$或$-U_Z$后，u_+就会自动变化，那么u_i必须有较大的反向变化才能使输出电压发生跃变。

为了保证比较器的精度，参考电压及电阻阻值都必须稳定，同时要求集成运算放大器的失调电压和温漂都要很低。

3.5.4 信号转换电路

1. 电流-电压转换电路

电流-电压转换电路可将输入电流信号转换为输出电压信号。例如，将光电二极管产生的光电流转换为电压的电路，如图 3-47 所示。光电二极管利用光敏特性，将接收到的光照度的变化转换为电流的变化。图中，$-U_E$是保证光电二极管在反向电压作用下工作的，当光照增强时，反向电流I_i增大，由集成运算放大器特性可知，输出电压为

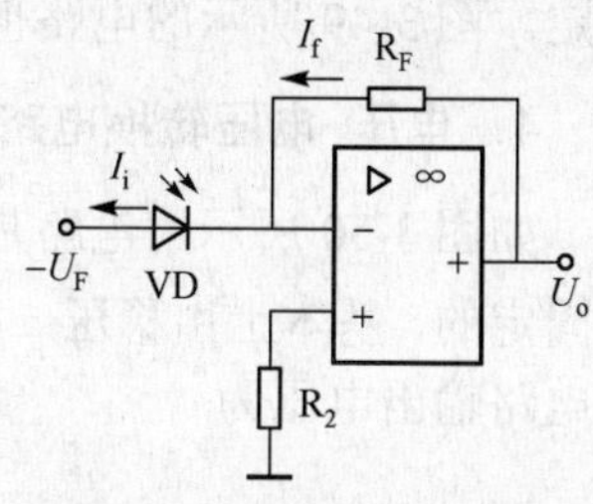

图 3-47　电流-电压转换电路

$$U_o = I_i \cdot R_F \tag{3-58}$$

式（3-58）表明，光电流I_i与输出电压U_o成正比。所以，光照度越强，光电流越大，输出电压也就越大。

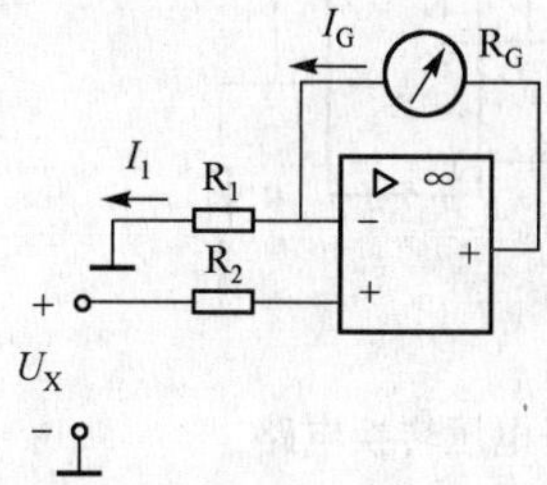

2. 电压-电流转换电路

图 3-48　电压-电流转换电路

如图 3-48 所示的电路是电压-电流转换电路。电压-电流转换电路可将输入电压信号转换为输出电流信号。由集成运算放大器特性可知，流过电流表头的电流为

$$I_G = I_1 = \frac{U_-}{R_1} = \frac{U_X}{R_1} \tag{3-59}$$

式（3-59）表明，电流I_G的大小与表头内阻R_G无关，仅由U_X与R_1的比值决定。所以，I_G的大小反映了被测电压U_X的大小。该电路输入电阻高，对被测电路影响小，能测量较小的电压，实现了高精度电压测量。如将表头内阻R_G换为负载电阻R_L，那么图 3-48 所示的电路也可称为同相输入恒流源电路。

3. 电流-电流转换电路

如图 3-49 所示的电路是电流-电流转换电路。

由集成运放特性可知，流过反馈电阻R_F的电流为

$$I_f = -\frac{U_R}{R_F}$$

而

$$I_o = I_R - I_f = \frac{U_R}{R} - I_f = -\frac{I_f R_F}{R} - I_f = -\left(\frac{R_F}{R} + 1\right) I_f$$

又因为

$$I_f = I_S$$

所以

$$I_o = -\left(1 + \frac{R_F}{R}\right) I_S \tag{3-60}$$

可见输出电流 I_o 与输入电流 I_S 成比例，而与负载电阻 R_L 无关，比例系数由 R_F 与 R 的值决定。图 3-49 所示的电路也称为反相输入恒流源电路。

4．电压-电压转换电路

如图 3-50 所示的电路是电压-电压转换电路。电路中稳压二极管稳压电路的输出电压 U_Z 是固定的，基本上由稳压二极管的稳定电压决定，由集成运算放大器特性可知，电压-电压转换电路输出电压为

$$U_o = \left(1 + \frac{R_F}{R_1}\right) U_Z \tag{3-61}$$

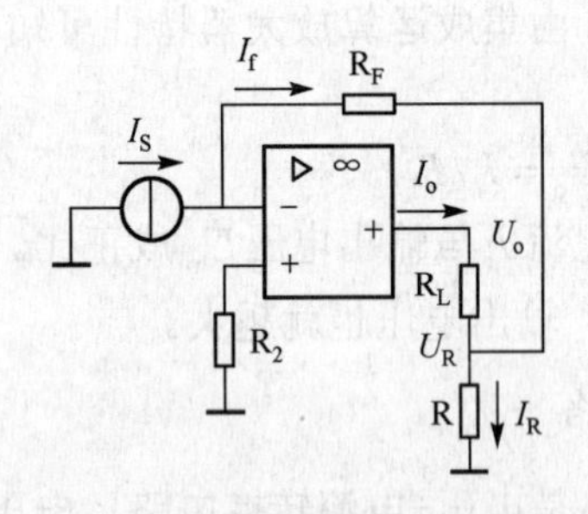

图 3-49　电流-电流转换电路

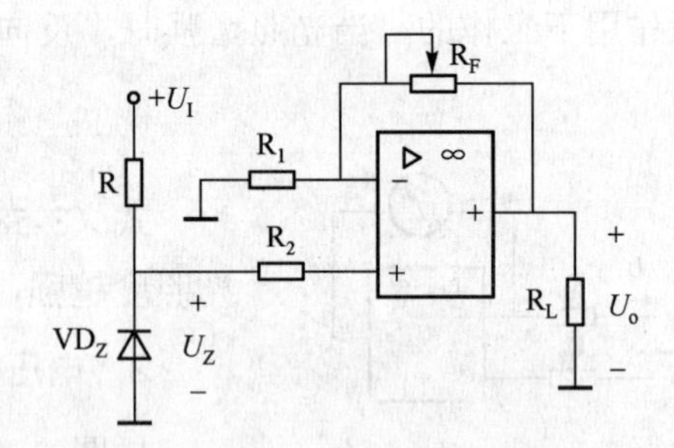

图 3-50　电压-电压转换电路

可见，输出电压 U_o 与输入电压 U_Z 成比例，而与负载电阻 R_L 无关，比例系数由 R_F 与 R_1 的值决定。电压-电压转换电路的输出电压是可调的，电路引入电压负反馈使输出电压更加稳定，此电路也称为同相输入恒压源。

思考与练习题

3.5.1　在运算放大器中为什么通常都是把输出电压反馈到反相输入端?在什么情况下则需要把输出电压反馈到同相输入端?

3.5.2　开环比较器和引入适当正反馈的比较器特性有什么不同？为什么要引入正反馈?

3.5.3　有人认为，在过零比较器中，如果在输出端和反相输入端之间接两个反串的稳压二极管，这时集成电路工作于线性区，而不是非线性区，因为这时形成闭环状态，这种看法对吗?为什么?

3.5.4　滞回比较电路为什么会有回差，回差有什么作用?

3.5.5　集成运算放大器构成电压比较器的外部条件及其特点是什么？

3.6　信号产生电路

集成运算放大器可以用来组成各种信号产生电路，如方波、三角波、锯齿波等。

3.6.1　方波发生器

方波信号常用做脉冲数字电路的信号源。如图 3-51 所示是方波发生器的基本电路及其波形，它是以集成运算放大器与 R_1、R_2、R_3，以及双向稳压管 VD_Z 构成双向限幅的滞回比较器为基础，将输入端电压 u_c 与 U_R 进行比较，输出电压的幅度被限制在 $+U_Z$ 或 $-U_Z$。R_1 和 R_2 构成正反馈电路。R_3 是限流电阻。

为了分析它的工作过程，假设图 3-51（a）的电路能产生振荡并已经工作一段时间，其输出电压在电源接通后可很快达到 U_Z 值，但输出电压究竟为 $+U_Z$ 还是 $-U_Z$，则由随机因素而定。假如输出电压 $u_o = +U_Z$，此时 R_2 上的反馈电压 U_R 是输出电压的一部分，即

$$U_R = \frac{R_2}{R_1 + R_2} U_Z$$

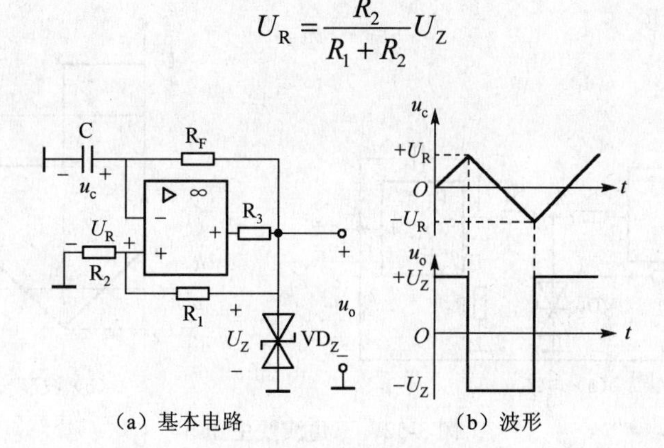

图 3-51　方波发生器

将 U_R 加在同相输入端，作为参考电压，而反相输入端的电压 u_C 由于电容器 C 上的电压不能突变，它由输出电压 u_o 通过反馈电阻 R_F 按指数规律向电容器 C 充电来建立。随着电容 C 被充电，反相输入端电压 u_C 按指数规律逐渐上升，而上升速度的快慢由时间常数 $R_F C$ 来决定。当 u_C 略大于 U_R 时，输出电压 u_o 即由 $+U_Z$ 变为 $-U_Z$，这时 U_R 为负值，即

$$U_R = -\frac{R_2}{R_1 + R_2} U_Z$$

此时电容 C 通过反馈电阻 R_F 放电，然后反向充电，当充电使 u_c 比负值 U_R 低时，u_o 又由 $-U_Z$ 跳变为 $+U_Z$。如此循环往复地变化，便形成了一系列的方波电压，而在电容两端的电压波形是三角波，如图 3-51（b）所示。容易推出，输出方波的周期为

$$T = 2R_F C \ln\left(1 + \frac{2R_2}{R_1}\right) \tag{3-62}$$

输出方波的频率为

$$f=\frac{1}{T}=\frac{1}{2R_{\mathrm{F}}C\ln\left(1+\frac{2R_2}{R_1}\right)} \tag{3-63}$$

显然，由式（3-63）可知，只要适当改变集成运算放大器的外接电阻和电容器的参数，就可以得到不同频率和幅度的方波。从图 3-51 可见，电路中虽无外加输入信号，而在输出端却有一定频率和幅度的信号输出，这种现象就是电路的自激振荡。因为方波中含有丰富的谐波成分，所以方波发生器也称为多谐振荡器。

3.6.2 三角波发生器

在上述的方波发生器中，如果将电容两端的三角波电压作为输出信号，则图 3-51 所示的电路就成为三角波发生器。

另外，如果将方波发生器的输出作为积分运算电路的输入，则积分运算电路的输出就是三角波，也构成三角波发生器，其电路如图 3-52（a）所示。运算放大器 A_1 所组成的电路是滞回比较器，A_2 是反相积分电路，其输入为 A_1 的输出 u_{o1}。

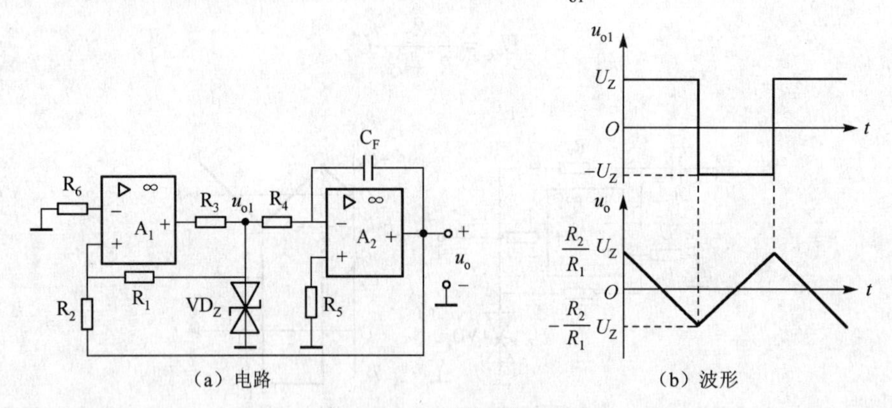

（a）电路　（b）波形

图 3-52　三角波发生器

由图 3-52（a）可知，运用叠加原理可以得到滞回比较器同相输入端的电压

$$u_{+1}=\frac{R_2}{R_1+R_2}u_{o1}+\frac{R_1}{R_1+R_2}u_o$$

滞回比较器反相输入端的电压 $u_{-1}=0$。假设图 3-52（a）电路产生振荡并已稳定工作，如 $u_{+1}>u_{-1}=0$，输出电压 $u_{o1}=+U_Z$，则 u_o 线性下降（随时间负向线性增大）。这时，比较器同相输入端的电压

$$u_{+1}=\frac{R_2}{R_1+R_2}U_Z+\frac{R_1}{R_1+R_2}u_o$$

当 u_o 下降到 $u_o=-\frac{R_2}{R_1}U_Z$，即 $u_{+1}=u_{-1}=0$ 时，u_{o1} 从 $+U_Z$ 转换到 $-U_Z$，那么 u_o 线性上升（随时间正向线性增大）。这时，比较器同相输入端的电压

$$u_{+1}=\frac{R_2}{R_1+R_2}(-U_Z)+\frac{R_1}{R_1+R_2}u_o$$

当 u_o 上升到 $u_o=\frac{R_2}{R_1}U_Z$，即 $u_{+1}=u_{-1}=0$ 时，u_{o1} 从 $-U_Z$ 转换到 $+U_Z$，然后 u_o 线性下降。

如此周而复始地变化，A_1 输出的是方波电压 u_{o1}，A_2 输出的是三角波电压 u_o。所以图 3-52（a）也称为方波-三角波发生器电路。输出波形如图 3-52（b）所示。可以推出三角波的振荡周期为

$$T=\frac{4R_2R_4C_F}{R_1} \tag{3-64}$$

振荡频率为

$$f=\frac{1}{T}=\frac{R_1}{4R_2R_4C_F} \tag{3-65}$$

调节电路中 R_1、R_2 和 R_4 的阻值和 C 的容量，可以改变振荡周期和频率，而调节 R_1 和 R_2 的阻值，可以改变三角波的幅值。

3.6.3 锯齿波发生器

在上述三角波发生器的电路中，将积分电路反相输入端的电阻 R_4 分为两路，如图 3-53 所示。由于二极管具有的单向导电性，使得电容正向充电和反向充电的路径不一样，正、负向积分的时间常数大小不同，两者积分速率明显不等，则所产生的输出波形由三角波转换为锯齿波。锯齿波发生器电路和波形如图 3-53 所示。

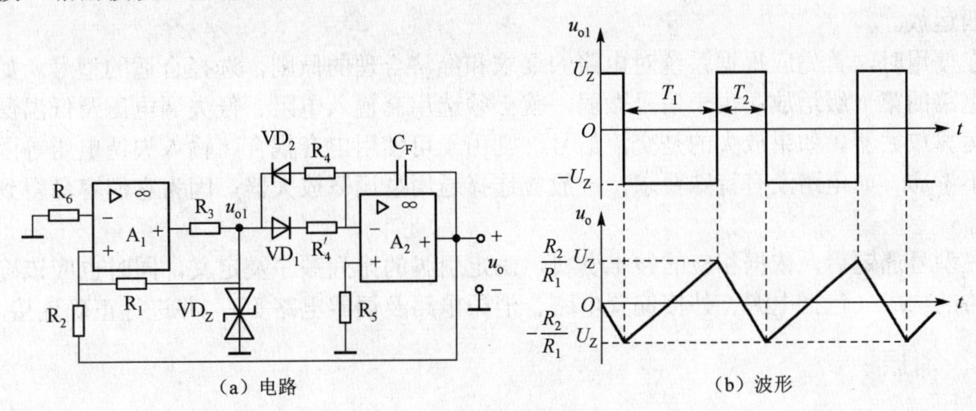

图 3-53　锯齿波发生器

当 u_{o1} 等于 $-U_Z$ 时，二极管 VD_2 导通，VD_1 截止，积分常数为 R_4C_F，当 u_{o1} 等于 $+U_Z$ 时，二极管 VD_1 导通，VD_2 截止，积分常数为 $R_4'C_F$。

设 $R_4 \gg R_4'$，忽略二极管导通后的等效电阻，则

$$T_1=\frac{2R_2R_4C_F}{R_1}$$

$$T_2=\frac{2R_2R_4'C_F}{R_1}$$

则 $T_1 \gg T_2$，可见，正、负向积分的速率不一样，所以输出电压 u_o 为锯齿波电压。

锯齿波的周期为

$$T = T_1 + T_2 = \frac{2R_2}{R_1}(R_4 + R_4')C_F \tag{3-66}$$

锯齿波发生器作为时基电路，广泛应用于示波器、数字仪表等电子设备中。

思考与练习题

3.6.1 在非正弦信号发生电路中，电压比较器的作用是什么？

3.6.2 方波、三角波及锯齿波发生器中的集成运算放大器是否都工作在线性区？

3.6.3 在非正弦信号发生电路中，如何调整输出信号的频率和幅值？

3.7 使用集成运算放大器注意事项

集成运算放大器的应用非常广泛，用它可以组成许多实用电路。只有正确使用它，才能达到预期的目的，否则会出现某些问题甚至损坏器件。在使用时应注意解决好以下几个问题。

3.7.1 选用元件原则

集成运算放大器的种类和型号很多，根据应用情况和其技术指标可分为通用型、高阻型、高速型、低功耗型、大功率型及高精度型等。按其内部导电机理可分为双极型（由晶体管组成）、单极型（由场效应晶体管组成）。按每一片所含运算放大器的数目可分为单运放，双运放和四运放。

在使用时，首先应根据系统对电路的要求和经济合理的原则，选择合适的型号。如测量放大电路的第一级运放，由于信号微弱，就必须选用高输入电阻、低失调电压及低温漂的高精度运算放大器。如果放大的是交流信号，则由于可使用电容耦合，输入失调电压等因素就可以不考虑。如电路没有特殊要求，一般应选择通用型运算放大器，因为它们容易得到，价格低廉。

在型号选定后，依据相应的技术资料，确定引脚的排列顺序及定义，同时也应该确定外部电路的构成（包括电源、外接偏置电路、消振电路及调零电路等），并进行正确连接。

3.7.2 消振

集成运算放大器的开环放大倍数很大，在集成运算放大器内部晶体管的极间电容和其他寄生参数的影响下，很容易在某一较高的频率上产生自激振荡，这使运算放大器不能正常稳定工作。为此，在使用时要注意消振。消除自激振荡的方法是在补偿端接入合适的补偿电容或 RC 电路，以此破坏产生自激振荡的条件达到消振的目的。判断是否已消振，可将输入端接“地”，用示波器观察输出端有无高频振荡波形。由于集成工艺水平的提高，运算放大器内部电路已设置消振的补偿网络，不需要外接消振电路。

3.7.3 调零

集成运算放大器在理想的情况下，当输入电压为零时，其输出电压应该等于零。但是由于集成运算放大器内部的参数不可能完全对称，所以，实际运算放大器的输出端往往存在一个不大的电压值。显然，这对于运算放大器的线性应用会产生误差。因此，为保证零输入/零输出，需要对运算放大器进行调零。

若集成运算放大器不存在自激或已消振，才可进行凋零。调零分为静态调零或动态调零，都是通过调零电路且在闭环状态下实现的。集成运算放大器通常都设有调零端，通过调节调零电位器使电路输入为零时其输出也为零。两输入端接地，通过调节调零电位器的阻值使输出电压为零，即为静态调零。而在有输入信号时的调零，首先按已知输入信号值计算出输出电压值，然后将实际的输出电压值调到理论的计算值，即为动态调零，此调零方法精度较高。

无论哪种调零，要保证正、负电源对称且按运算放大器要求的电源值供电。还应使调零时的温度应在运算放大器实际工作范围之内，否则在温度变化范围较大时将重新出现失调，还需重新进行调节。

3.7.4 保护措施

为了不损坏集成运算放大器，应在电路中采取保护措施，这些措施主要有电源保护、输入端保护和输出端保护。

1．电源保护

电源的常见故障是电源极性接反。防止电源接反的方法是利用二极管的单向导电性，在电源电路中串联二极管，如图 3-54 所示。如果电源极性接错，二极管将不导通，隔断了接错极性的电源，从而保护了集成运算放大器。

2．输入端保护

为了防止输入端所加的差模或共模信号幅度过大而损坏集成运算放大器，可在输入端接入反向并联的二极管，如图 3-55 所示。将输入信号幅度限制在二极管的正向压降以下。

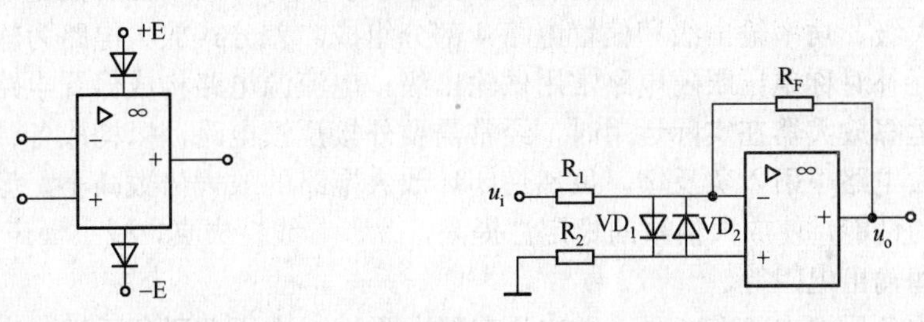

图 3-54　电源保护　　　　图 3-55　输入端保护

3．输出端保护

为了防止输出电压过高或输出电流过大，造成集成运算放大器损坏，可将两只稳压管反向对接于输出端与地之间，如图 3-56 所示。当输出电压超过 $\pm(U_Z+U_D)$ 时，稳压管支路导通，将输出电压限制在 $\pm(U_Z+U_D)$ 的范围内。U_Z 是稳压二极管的稳定电压；U_D 是它的正向压降。限流电阻 R_3 起限制输出电流的作用。

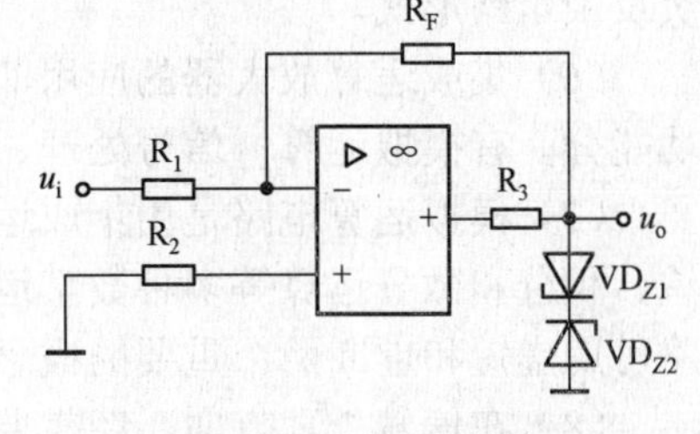

图 3-56　输出端保护

3.7.5 增大输出电流

集成运算放大器的输出电流是有限值，当需要增大输出电流时，可在运放输出端外接互补对称电路，如图 3-57 所示。

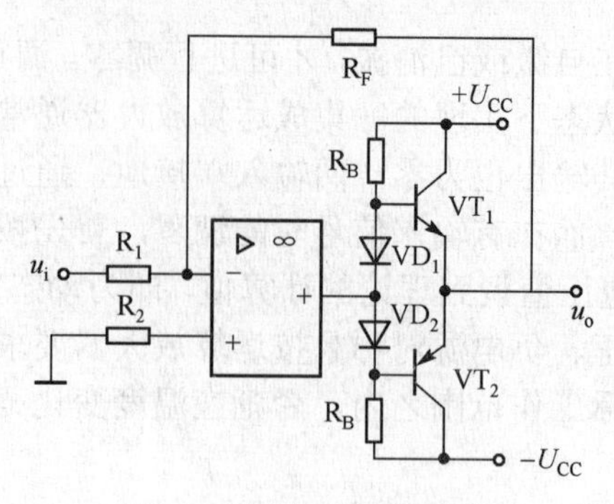

图 3-57　增大输出电流

本 章 小 结

（1）直接耦合放大电路是组成集成运算放大器的基础，它不仅可以放大变化缓慢的直流信号，也可以放大交流信号。直接耦合放大电路必须正确解决前后级静态工作点的配合及零点漂移问题。产生零点漂移的主要原因是由温度引起晶体管参数的变化。抑制零点漂移的有效方法是采用差分式放大电路。

（2）差分式放大电路是利用参数的对称性进行补偿来抑制零点漂移的，电路的对称性越好，抑制零点漂移的效果也就越好。差分式放大电路可根据信号的输入和输出方式的不同来选择 4 种连接形式。

（3）集成运算放大器是用集成工艺制成的多级直接耦合的高增益放大电路。它一般由输入级、中间放大级、功率输出级和偏置电路 4 部分组成。差分式放大电路为输入级；中间为电压增益级；互补对称电压跟随电路常用做输出级；电流源电路构成偏置电路。

（4）集成运算放大器在实际运用时，经常需要外接反馈电路，以构成各种不同功能的应用电路。在放大电路中引入负反馈，虽然使闭环放大电路的放大倍数减小，但却能改善放大电路很多方面的性能，使放大倍数的稳定性提高，改善非线性失真，减小噪声，展宽通频带、改变输入电阻和输出电阻等。

（5）典型的负反馈电路有 4 种，即电压串联负反馈、电压并联负反馈、电流串联负反馈和电流并联负反馈。要掌握判别方法，明确各自的特点和用途，可根据不同情况选择合适的负反馈电路形式。

（6）集成运算放大器的应用非常广泛，按其工作区分，有线性应用和非线性应用；按其功能分，有模拟运算、信号处理、信号产生及信号测量等方面的应用。

（7）模拟运算电路是由集成运算放大器接成负反馈的电路形式，可实现比例、加法、减法、积分和微分运算等多种数学运算，此时运算放大器工作在线性工作区域内。分析这类电路可用虚短和虚断两个重要的概念，以求出输出与输入之间的函数关系。

（8）在信号处理方面，经常要对信号进行滤波、采样、保持及比较等。有源滤波电路通常是由运算放大器和 RC 反馈网络组成，按其工作的频率范围，通常可分为低通、高通、带通、带阻类型。采样保持电路常用在模/数转换前，对模拟信号进行定期的瞬时采样，并在两次采样之间的时间间隔中保持前一次的采样值。电压比较器是运算放大器非线性应用的基础，它将输入信号与参考电压作比较，使输出电压为正饱和电压或负饱和电压。具有正反馈的滞回比较器应用更加广泛。

（9）在比较器的基础上引入正反馈，利用 RC 电路的充 / 放电，可以构成方波发生器。在方波发生器的输出端接积分电路，即可构成三角波发生电路。改变三角波发生电路中电容的充 / 放电时间常数，使之不同，则可产生锯齿波信号。

（10）集成运算放大器具有高放大倍数，高输入电阻和低输出电阻等优点，可有效地改善仪表的性能，提高测量精度和可靠性，从而广泛用于电压、电流及电阻等的测量中。

关 键 术 语

运算放大器	Operational Amplifier
差分放大器	Differential Amplifier
差模信号	Differential- Mode Signal
共模信号	Common-Mode Signal
共模抑制比	Common-Mode Rejection Ratio
信号转换	Signal Transfer
共模电压放大倍数	Common-Mode Gain
传输特性	Transfer Characteristic
负反馈	Negative Feedback
反馈类型	Feedback Configuration
电压串联	Voltage-Series
电流串联	Current-Series
电压并联	Voltage-Parallel
电流并联	Current-Parallel
运算基本电路	Basic Operational Circuits
积分器	Integrator
微分器	Differentiator
仪用放大器	Instrumentation Amplifier
线性应用	Linear Application
非线性应用	Nonlinear Application
电压比较器	Voltage Comparators
过零比较器	Zero-Crossing Comparator
滞回比较器	Regenerative Comparator
波形产生	Waveform Generator
方波发生器	Square Wave Generator
三角波发生器	Triangular Wave Generator
锯齿波发生器	Saw Tooth Wave Generator

习 题

3.1 已知差分放大电路 $u_{i1}=10.02\text{V}$，$u_{i2}=9.98\text{V}$，试求共模分量 u_{ic} 和差模分量 u_{id}。

3.2 如图 3-58 所示为双端输入/双端输出差分放大电路，$U_{CC}=12\text{V}$，$U_{EE}=12\text{V}$，$R_C=12\text{k}\Omega$，$R_E=12\text{k}\Omega$，$\beta=50$，$U_{BE}=0\text{V}$，输入电压 $u_{i1}=9\text{mV}$，$u_{i2}=3\text{mV}$。

试求：（1）计算放大电路的静态值 I_B、I_C 及 U_{CE}。

（2）把输入电压 u_{i1}、u_{i2} 分解为共模分量 u_{ic} 和差模分量 u_{id}，计算 u_{ic} 和 u_{id} 的大小。

（3）求差模电压放大倍数 A_d 和双端输出电压 u_o。

3.3　如图 3-59 所示为单端输入/单端输出差分放大电路，$U_{CC}=15V$，$U_{EE}=15V$，$R_C=10k\Omega$，$R_E=14.3k\Omega$，$\beta=50$，$U_{BE}=0.7V$，试计算静态值 I_C、U_{CE} 和差模电压放大倍数 $A_d=\dfrac{u_o}{u_i}$。

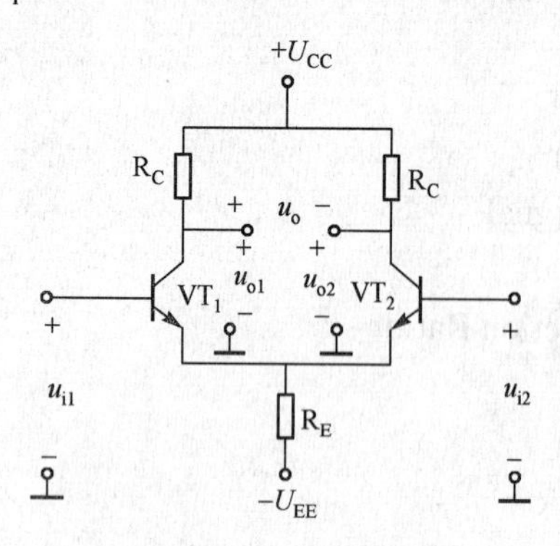

图 3-58　题 3.2 图

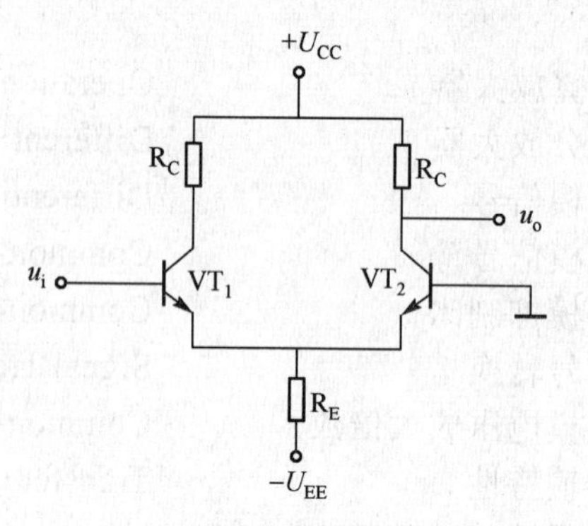

图 3-59　题 3.3 图

3.4　一负反馈放大电路的开环放大倍数 $A=10^4$，反馈系数 $F=0.0099$，若 A 减小了 10%，求闭环放大倍数 A_f 及其相对变化率。

3.5　一负反馈放大电路的闭环放大倍数 A_f=100，开环放大倍数 A 的相对误差为±25%时，闭环放大倍数 A_f 的相对误差为±1%，试计算开环放大倍数 A 及反馈系数 F。

3.6　在图 3-60 所示的各电路中，判别其反馈极性是正反馈还是负反馈？反馈量是交流、直流还是交直流？

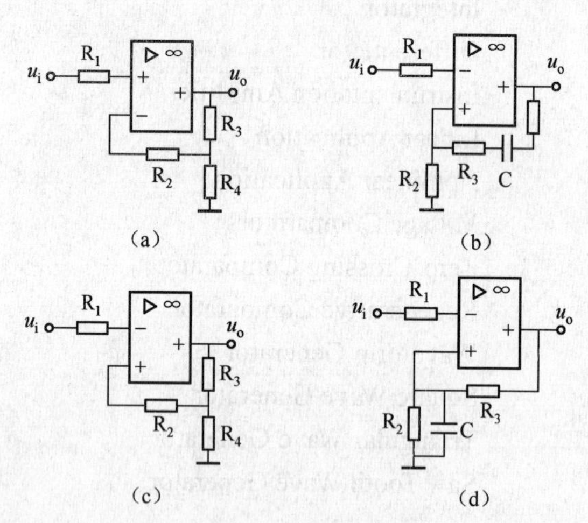

图 3-60　题 3.6 图

3.7　指出图 3-61 中各放大器中的反馈环节，并判别其反馈类型和反馈方式。

3.8　试判断图 3-62 中标有 R_F 的反馈电阻所形成的反馈类型。

3.9　试判别图 3-63 中运算放大电路中 R_F 的反馈类型。

3.10　分别选择“反相”或“同相”填入下列各空内。

（1）____比例运算电路中集成运放反相输入端为虚地，而____比例运算电路中集成运放两个输入端的电位等于输入电压。

（2）____比例运算电路的输入电流等于零，而____比例运算电路的输入电流等于流过反馈电阻中的电流。

（3）____比例运算电路的比例系数大于 1，而___ 比例运算电路的比例系数小于零。

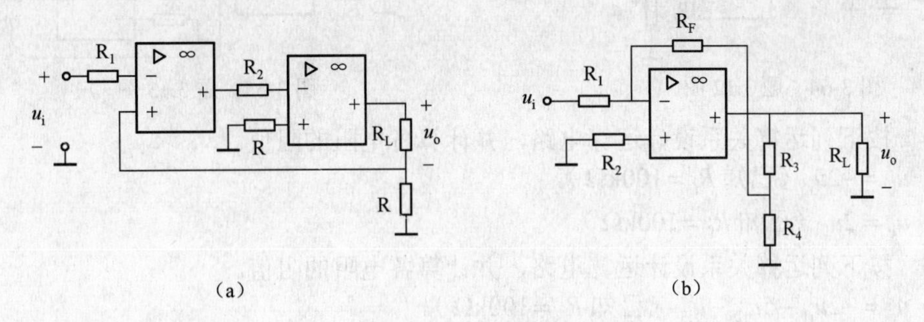

图 3-61　题 3.7 图

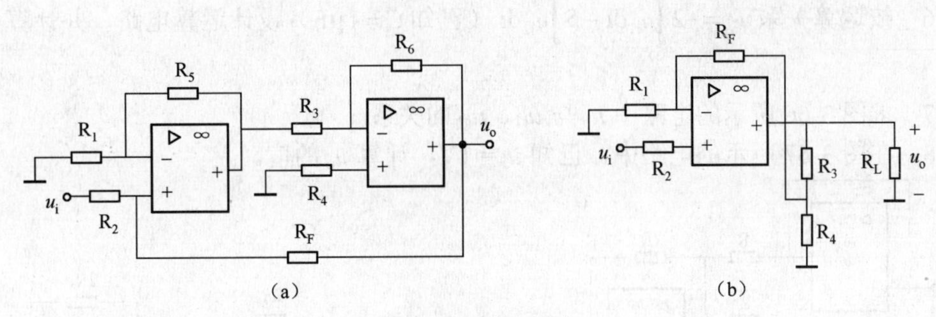

图 3-62　题 3.8 图

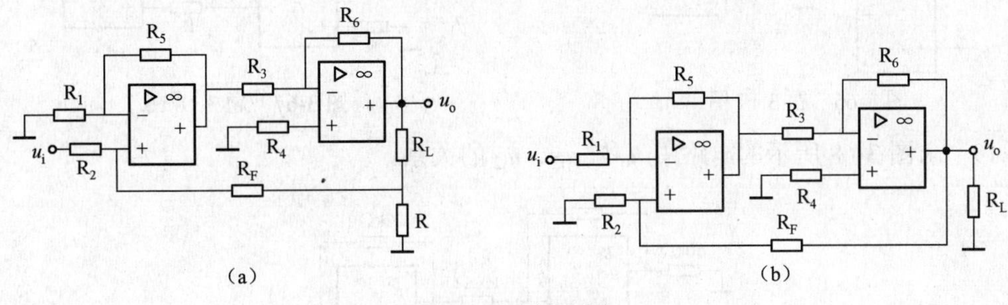

图 3-63　题 3.9 图

3.11　填空。

（1）______ 运算电路可实现 $A_u>1$ 的放大器。

（2）____ 运算电路可实现 $A_u<0$ 的放大器。

（3）____ 运算电路可将三角波电压转换成方波电压。

（4）____ 运算电路可实现函数 $Y=aX_1+bX_2+cX_3$，a、b 和 c 均大于零。

（5）____ 运算电路可实现函数 $Y=aX_1+bX_2+cX_3$，a、b 和 c 均小于零。

3.12　在图 3-64 中，稳压管的稳定电压 $U_Z=6\text{V}$，电阻 $R_1=10\text{k}\Omega$，电位器 $R_f=10\text{k}\Omega$，试求调节 R_f 时输出电压 u_o 的变化范围，并说明改变电阻 R_L 对 u_o 有无影响。

3.13　求图 3-65 中的 u_o 与 u_i 的关系。

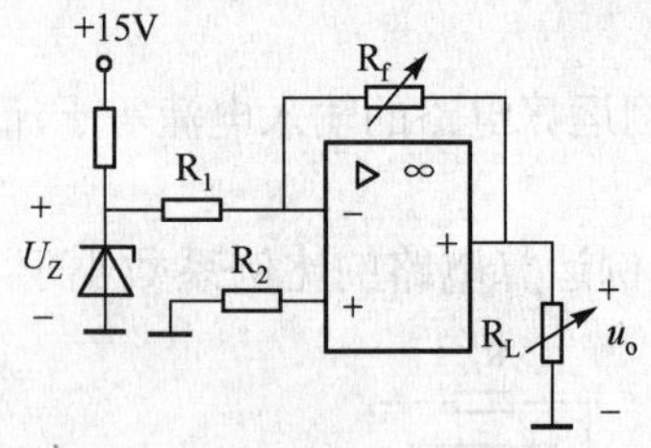

图 3-64　题 3.12 图

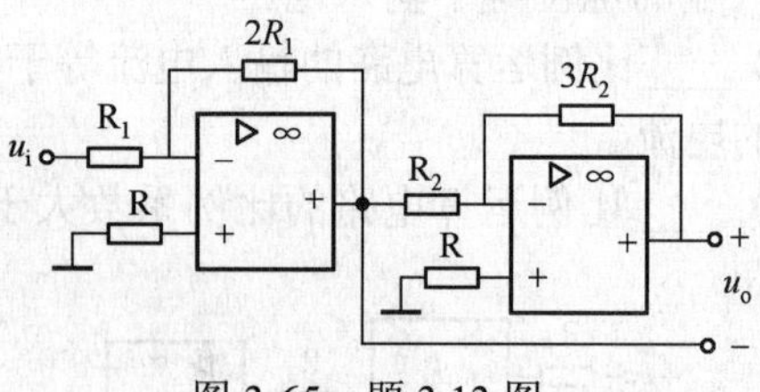

图 3-65　题 3.13 图

3.14　按下列运算关系设计运算电路，并计算各电阻的阻值。

（1）$u_o = -2u_i$（已知 $R_f = 100\text{k}\Omega$）。

（2）$u_o = 2u_i$（已知 $R_f = 100\text{k}\Omega$）。

3.15　按下列运算关系设计运算电路，并计算各电阻的阻值。

（1）$u_o = -2u_{i1} - 5u_{i2} - u_{i3}$（已知 $R_f = 100\text{k}\Omega$）。

（2）$u_o = 2u_{i2} - 5u_{i1}$（已知 $R_f = 100\text{k}\Omega$）。

3.16　按运算关系 $u_o = -2\int u_{i1}\text{d}t - 5\int u_{i2}\text{d}t$（已知 $C = 1\mu\text{F}$）设计运算电路，并计算各电阻的阻值。

3.17　求图 3-66 所示的电路中 u_o 与 u_{i1}、u_{i2} 的关系。

3.18　在图 3-67 所示的电路中，已知 $u_i = 1\text{V}$，计算 u_o 的值。

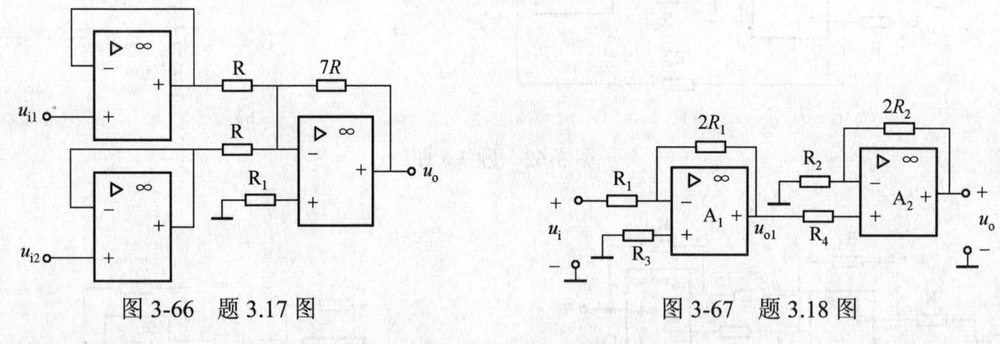

图 3-66　题 3.17 图　　图 3-67　题 3.18 图

3.19　求图 3-68 所示的电路中 u_o 与 u_{i1}、u_{i2} 的关系。

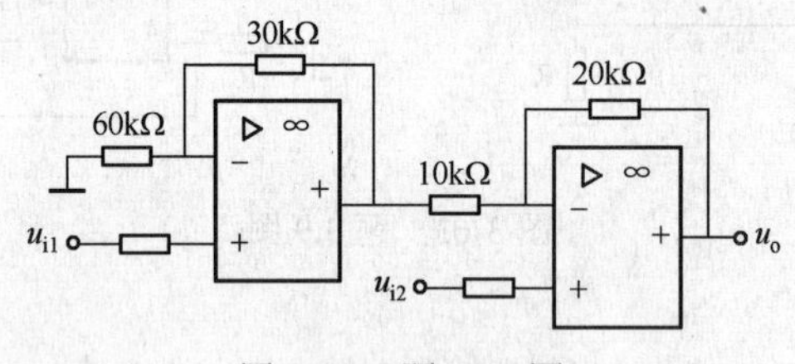

图 3-68　题 3.19 图

3.20　电路如图 3-69 所示，运算放大器最大输出电压 $U_{OM} = \pm 12\text{V}$，$u_i = 3\text{V}$，分别求 $t = 1\text{s}$、2s、3s 时电路的输出电压 u_o。

3.21　试确定图 3-70 中输出 u_o 与输入 u_i 的关系

3.22　电路如图 3-71 所示，已知：电源电压为±15V，$R_1 = R_2 = 10\,\text{k}\Omega$，$R_3 = R_4 = R_F = 20\,\text{k}\Omega$，$C_F = 1\mu\text{F}$，$u_{i1} = 1.1\text{V}$，$u_{i2} = 1\text{V}$，试求接入输入电压后，输出电压 u_o 由 0V 上升到 10V 所需要的时间。

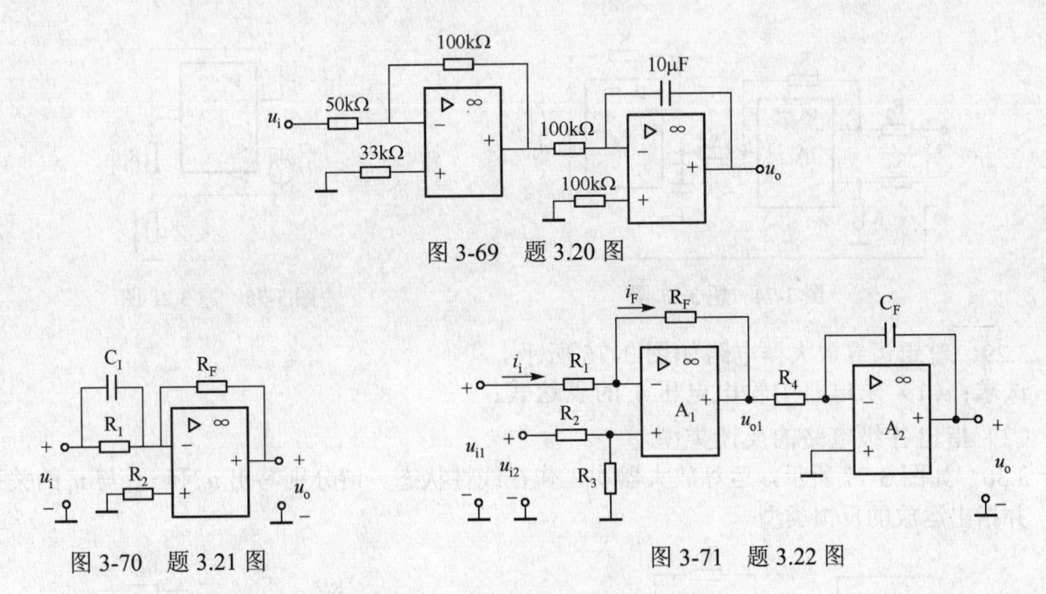

图 3-69　题 3.20 图

图 3-70　题 3.21 图　　　图 3-71　题 3.22 图

3.23　电路如图 3-72 所示，已知 $u_i = 2V$，试求输出电压 u_o。

3.24　电路如图 3-72 所示，集成运放输出电压的最大幅值为±12V，u_i 为 2V 的直流信号。试分别求出下列各种情况下的输出电压：

（1）R_2 短路；

（2）R_3 短路；

（3）R_4 短路；

（4）R_4 断路。

3.25　如图 3-73 所示的电路中，运算放大器 A 是理想运算放大器，试写出输出电压 u_o 的表达式。

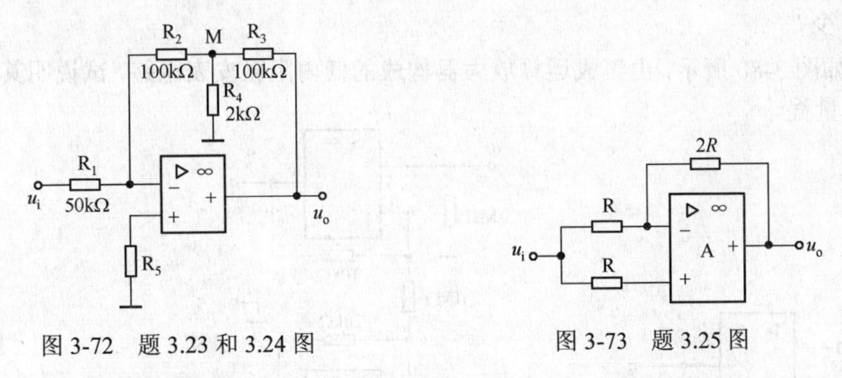

图 3-72　题 3.23 和 3.24 图　　　图 3-73　题 3.25 图

3.26　已知数学运算关系式为 $u_o = u_{i1} + u_{i2}$，试设计用一个运算放大器来实现此种运算的电路，且反馈电阻 $R_F = 20k\Omega$，要求在静态时保持两输入端的电阻平衡，计算出其余各电阻的阻值。

3.27　在如图 3-74 所示的电路中，已知 $R_1 = R = R' = 100\ k\Omega$，$R_2 = R_f = 100\ k\Omega$，$C = 1\mu F$。试求：（1）试求出 u_o 与 u_i 的运算关系。

（2）设 $t = 0$ 时 $u_o = 0$，且 u_i 由零跃变为−1V，试求输出电压由零上升到+6V 时所需要的时间。

3.28　如图 3-75 所示为一恒流电路，试求输出电流 i_o 与输入电压 U 的关系。

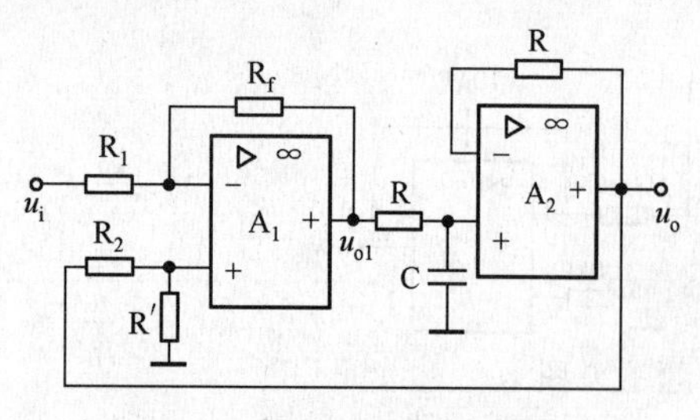

图 3-74　题 3.27 图

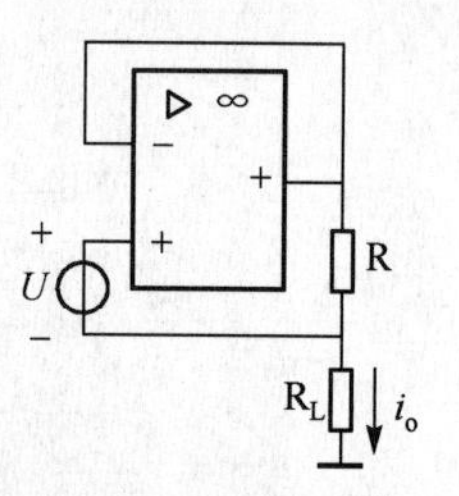

图 3-75　题 3.28 图

3.29　理想运算放大器电路如图 3-76 所示。

试求：（1）求电路中输出电压 u_o 的表达式；

（2）指出各级电路的反馈类型。

3.30　如图 3-77 所示，运算放大器均工作在线性状态。请分别写出 u_o 和 u_{o1} 与 u_i 的关系式，并指出运放的反馈类型。

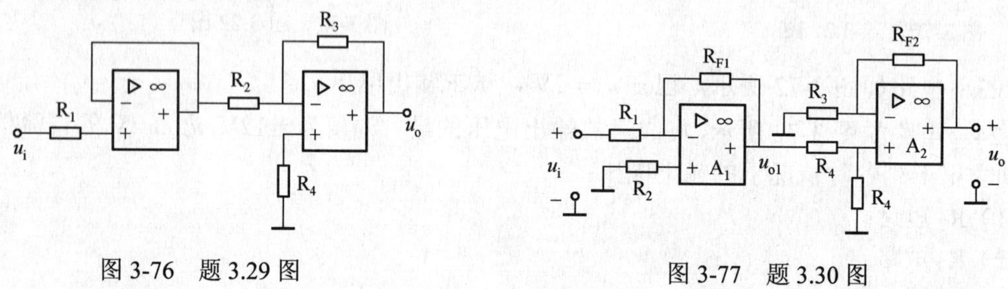

图 3-76　题 3.29 图　　图 3-77　题 3.30 图

3.31　如图 3-78 所示为恒流源电路，已知稳压管工作在稳压状态，试求负载电阻中的电流。

3.32　各电阻的阻值如图 3-79 中所示，输入电压 $u_i = 2\sin\omega t$，试求：输出电压 u_{o1}、u_{o2}、u_o 值各为多少？

3.33　如图 3-80 所示，由集成运算放大器构成的低内阻微安表电路，试说明其工作原理，并确定它的量程。

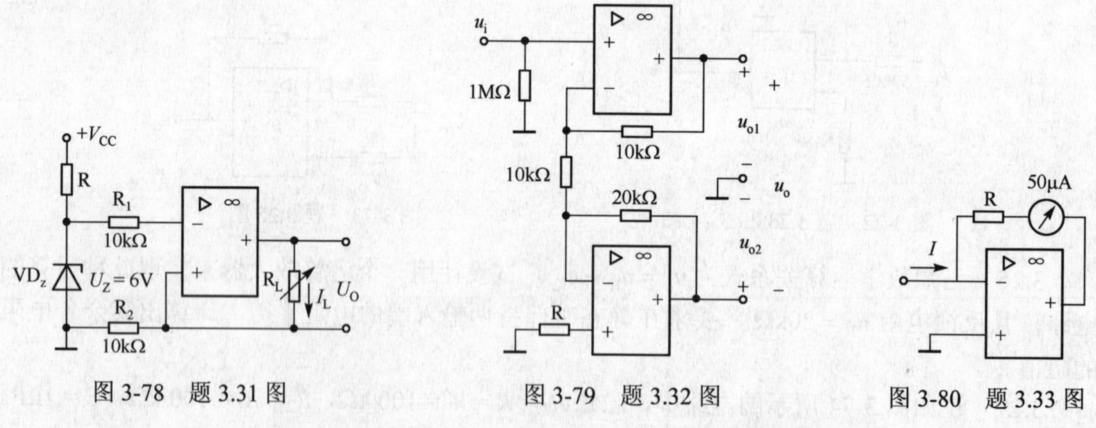

图 3-78　题 3.31 图　　图 3-79　题 3.32 图　　图 3-80　题 3.33 图

3.34　在图 3-81（a）所示的电路中，当输入信号 u_i 的波形如图 3-81（b）所示的三角波时，试画出输出电压 u_o 的波形和电压传输特性。

3.35　在图 3-82（a）所示的电路中，已知输入电压 u_i 的波形如图 3-82（b）所示，当 $t=0$ 时 $u_o=0$。试画出输出电压 u_o 的波形。

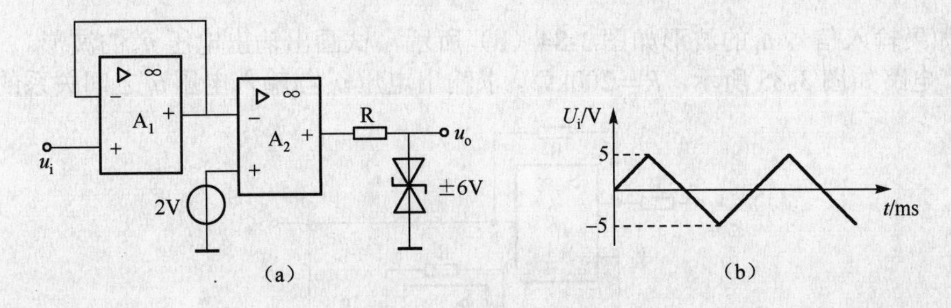

图 3-81　题 3.34 图

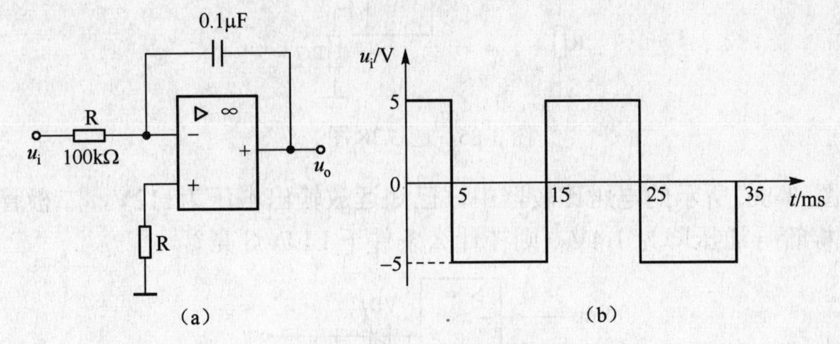

图 3-82　题 3.35 图

3.36　电路如图 3-83 所示，要求：

（1）指出图中的反馈电路，判断反馈极性（正、负反馈）和类型。

（2）若已知 $u_o = -3u_i$，$u_i / i_i = 7.5\text{k}\Omega$，$R_1 = R_6$，求电阻 R_6 为多少？

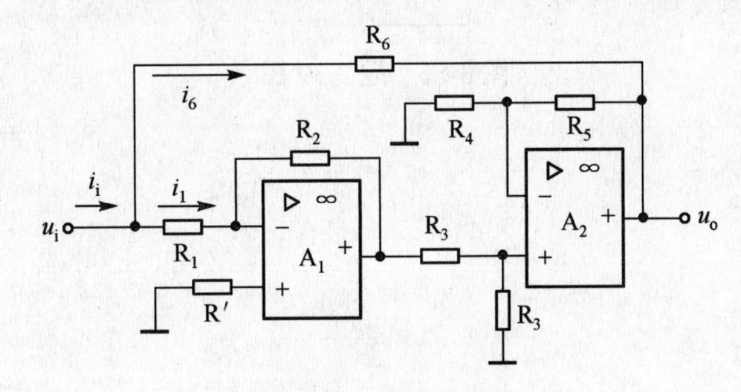

图 3-83　题 3.36 图

3.37　电路如图 3-84（a）所示。

（1）设稳压管 VD_Z 的双向稳压值 $U_Z=\pm 6\text{V}$，试画出该电路的传输特性。

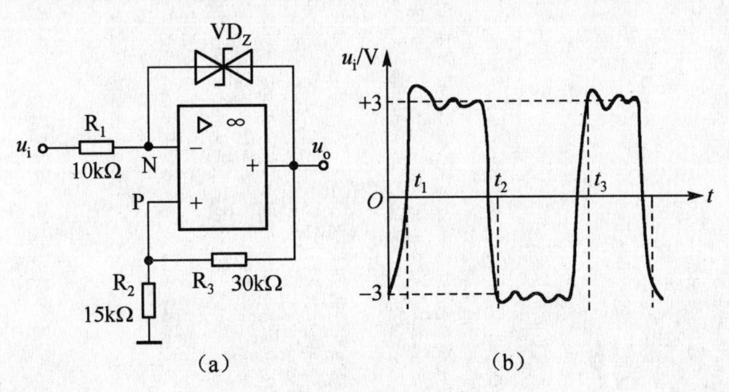

图 3-84　题 3.37 图

（2）如果输入信号 u_i 的波形如图 3-84（b）所示，试画出输出电压 u_o 的波形。

3.38　电路如图 3-85 所示，$R = 200\text{k}\Omega$，求输出电压 u_o 与输入电压 u_i 之间关系的表达式。

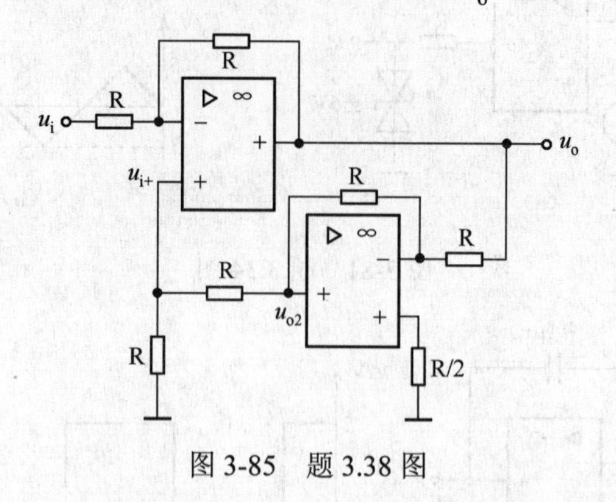

图 3-85　题 3.38 图

3.39　在图 3-86 所示的电压比较器中，已知运放输出电压为±12V，二极管导通压降为 0.7V，发光二极管导通压降为 1.4V，则在什么条件下 LED 灯亮？

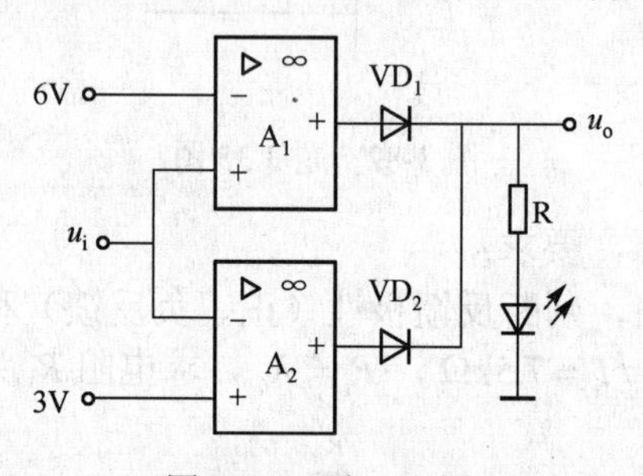

图 3-86　题 3.39 图

第 4 章　正弦波振荡电路

信号产生的电路通常也称为振荡电路，用于产生一定频率和幅值的信号。按输出信号波形的不同可分为正弦波振荡电路和非正弦波振荡电路两大类。在无线电通信系统、广播电视等系统中，都需要射频（高频）发射，这里的射频波就是载波，将音频、视频信号运载出去，这就需要能产生高频信号的振荡电路。在工业、农业、医学等领域，正弦波振荡电路的应用也十分广泛。例如，高频感应加热、熔炼、淬火、超声诊断、超声波发生器等都需要不同功率、不同频率的振荡电路。本章主要介绍正弦波振荡电路的基本原理，并在此基础上介绍几种常用的正弦波振荡电路。

4.1　正弦波振荡电路的基本原理

正弦波振荡电路是用来产生一定频率和幅值的正弦交流信号的电路。它的频率范围很广，可以从一赫兹以下到几百兆赫兹以上，电路的输出功率可以从几毫瓦到几十千瓦，输出的交流电能是从电源的直流电能转换而来的。正弦波振荡电路是如何产生振荡的呢？下面将介绍正弦波振荡电路的基本原理。

4.1.1　自激振荡产生的条件

正弦波振荡电路的关键在于自激振荡的产生。什么是自激振荡？如果在放大器的输入端不加输入信号，输出端仍有一定的幅值和频率的输出信号，这种现象称做自激振荡。

在图 4-1 中，若在放大电路的输入端输入一正弦波信号 $\dot{U}_{\mathrm{i}}$，经过放大电路放大后，再经反馈网络将信号反馈给输入端，则放大器的净输入信号 $\dot{U}_{\mathrm{a}}=\dot{U}_{\mathrm{i}}+\dot{U}_{\mathrm{f}}$。当反馈信号 $\dot{U}_{\mathrm{f}}$ 和输入信号 $\dot{U}_{\mathrm{i}}$ 在大小和相位上都相同时，如果除去输入信号（令 $\dot{U}_{\mathrm{i}}=0$），然后将输入端和反馈端直接连接在一起形成闭环系统，这时输出端仍可以得到相应的信号输出，由此电路产生自激振荡。

分析图 4-1 中的电路，放大电路的电压放大倍数为 A_{u}，反馈电路的反馈系数为 F，当产生自激振荡时（$\dot{U}_{\mathrm{i}}=0,\dot{U}_{\mathrm{a}}=\dot{U}_{\mathrm{f}}$），则有

$$\dot{U}_{\mathrm{o}}=A_{\mathrm{u}}\dot{U}_{\mathrm{a}}=A_{\mathrm{u}}\dot{U}_{\mathrm{f}}$$

$$\dot{U}_{\mathrm{f}}=F\dot{U}_{\mathrm{o}}$$

$$\dot{U}_{\mathrm{o}}=A_{\mathrm{u}}F\dot{U}_{\mathrm{o}}$$

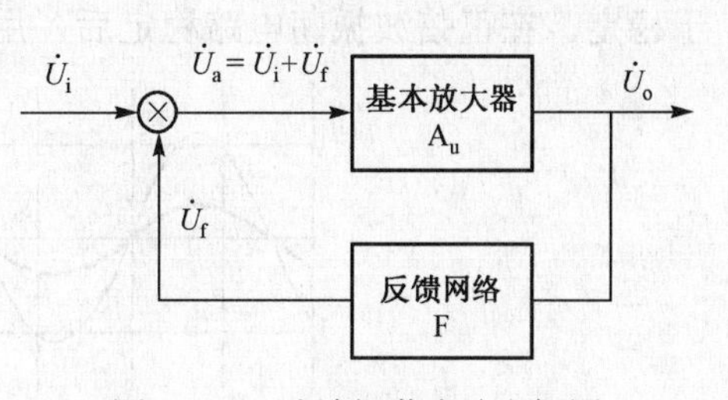

图 4-1　正弦波振荡电路方框图

得到自激振荡的条件为

$$A_{\mathrm{u}}F=1$$

即

$$|A_{\mathrm{u}}|\underline{/\varphi_{\mathrm{A}}}\cdot|F|\underline{/\varphi_{\mathrm{F}}}=1$$

根据上述分析，自激振荡的产生要满足一定的相位平衡条件和幅值平衡条件。

（1）相位平衡条件（简称相位条件）。

$$\varphi_A + \varphi_F = \pm 2n\pi, \quad n = 0, 1, 2, \cdots \tag{4-1}$$

由式（4-1）可知，电路要产生自激振荡，反馈电压$\dot{U}_f$与输入电压$\dot{U}_i$要同相，即反馈回路必须是正反馈。

（2）幅值平衡条件（简称幅值条件）。

$$|A_u F| = 1 \tag{4-2}$$

由式（4-2）可知，电路要产生自激振荡必须有足够的反馈量，使得$|A_u F| = 1$。

4.1.2 自激振荡的建立与稳定

自激振荡的建立过程是：放大器在接通电源的瞬间，随着电源电压由零开始突然增大，在放大器的输入端就会产生一个微弱的电压扰动信号，经放大器放大并反馈，再放大，再反馈的多次循环后，输出信号幅度不断增加。这个电压扰动信号包括从低频到高频的各种频率的正弦波。电路用特定的选频网络，选择特定频率信号输出，同时抑制其他频率的信号。示波器观察的正弦波振荡电路起振过程的输入和输出波形如图 4-2 所示。

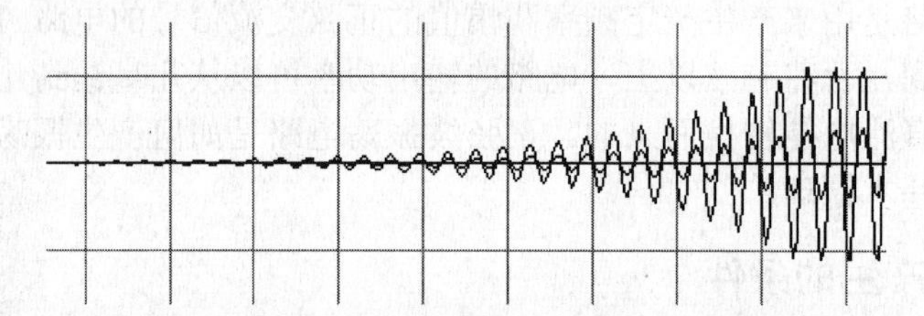

图 4-2　正弦波振荡电路起振过程的输入和输出波形

自激振荡的稳定过程是：在振荡建立的初期，应使反馈信号大于原输入信号才能使振荡幅度逐渐增大，而当振荡建立起来后，采取稳幅措施使反馈信号逐渐等于原输入信号，让建立的振荡得以稳定维持。在常用的振荡电路的稳幅过程中，一般利用基本放大器中的晶体管等器件本身的非线性或反馈支路本身与输入关系的非线性，使得放大倍数或反馈系数在振幅增大到一定程度时会降低，使得反馈信号逐渐减小，最后等于原输入信号，从而使得振荡趋于稳定。在正弦波振荡电路稳定后，用示波器观察的输入和输出波形如图 4-3 所示。

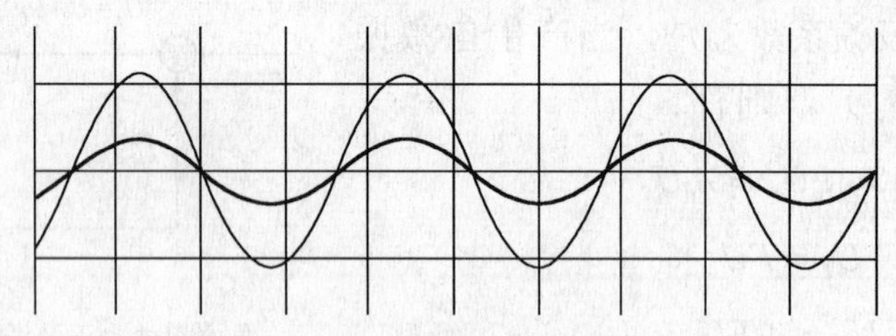

图 4-3　正弦波振荡电路稳定后的输入和输出波形

4.1.3 正弦波振荡电路的组成

从结构上来看，正弦波振荡电路就是一个没有输入信号的带选频网络的正反馈放大器。由自激振荡的建立与稳定过程的分析可知，一个完整的正弦波振荡电路应由以下几部分构成。

1）放大电路

提供足够的电压放大倍数来放大信号，以满足振荡的幅值条件。

2）正反馈网络

正反馈网络将输出信号以正反馈形式回馈到输入端，以满足振荡的相位条件。

3）选频网络

振荡电路的振荡频率是由相位平衡条件决定的。这就要求振荡电路中存在一个具有选频特性的网络，它能按照需要，从不同频率中选出一个特定频率信号，以确保输出为单一频率的正弦波，即选频网络使得振荡电路只在某一特定频率下满足自激振荡条件。选频网络可以设置在放大电路中，也可以设置在反馈网络中。它可用电阻 R 和电容 C 构成，也可用电感 L 和电容 C 构成，它们分别称为 RC 振荡电路和 LC 振荡电路。

4）稳幅环节

电路产生自激振荡，必须有 $|A_u F|>1$，但最终要使得输出趋于稳定，此时就要求电路有稳幅环节，稳幅环节使电路能从 $|A_u F|>1$ 过渡到 $|A_u F|=1$，从而达到稳定振荡。常用的稳幅环节是利用放大电路中晶体管或运放本身的非线性，将输出波形稳定在某一幅值上。

思考与练习题

4.1.1　正弦波振荡电路是没有输入信号而有输出信号的放大器，这样的说法对吗？

4.1.2　自激振荡产生的条件有哪些？

4.1.3　正弦波振荡电路通常由哪几部分组成？

4.2　正弦波振荡电路

4.2.1　RC 正弦波振荡电路

RC 正弦波振荡电路有两种常见的类型，即 RC 桥式正弦波振荡电路和 RC 移相式正弦波振荡电路。RC 桥式正弦波振荡电路是产生几十千赫兹以下频率的低频振荡电路，目前常用的低频信号源大部分都属于这种正弦波振荡电路。由于 RC 桥式正弦波振荡电路的振荡频率调节方便，信号波形失真小，所以是应用最广泛的 RC 振荡电路。下面介绍这种振荡电路的基本原理。

1. RC 桥式正弦波振荡电路的基本原理

RC 桥式正弦波振荡电路如图 4-4（a）所示。由图可知，Z_1，Z_2 和 R_1，R_F 正好形成一个四臂电桥，电桥的对角线顶点接到放大器的两个输入端，因此称该电路为桥式振荡电路。放大电路是同相比例运算电路，由阻抗 Z_1，Z_2 构成的 RC 串并联电路既是正反馈电路，又是选频网络。输出电压经过 RC 串并联电路分压后在 RC 并联电路上得到反馈电压，反馈电压作为输入加在运算放大器的同相输入端。

根据图 4-4（b）分析电路的选频特性如下。

RC 串联电路的阻抗 Z_1 和 RC 并联电路的阻抗 Z_2 分别为

$$Z_1 = R + \frac{1}{j\omega C}$$

$$Z_2 = R \parallel \frac{1}{j\omega C}$$

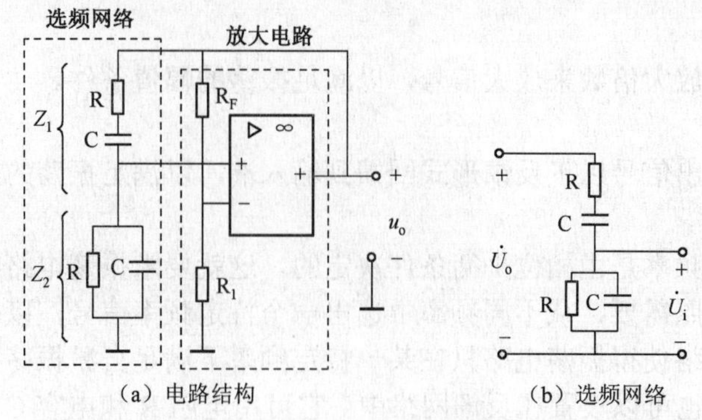

图 4-4 RC 桥式正弦波振荡电路

反馈电路的反馈系数为

$$F=\frac{\dot{U}_i}{\dot{U}_o}=\frac{Z_2}{Z_1+Z_2}=\frac{R\,//\,\dfrac{1}{j\omega C}}{R+\dfrac{1}{j\omega C}+R\,//\,\dfrac{1}{j\omega C}}=\frac{1}{3+j\left(\dfrac{\omega}{\omega_0}-\dfrac{\omega_0}{\omega}\right)} \tag{4-3}$$

其中，$\omega_0=1/RC$。

分析式（4-3）可知，仅当$\omega=\omega_0$时，即

$$f_0=\frac{1}{2\pi RC} \tag{4-4}$$

F 分母的虚部为零，U_o 与 U_i 同相，满足自激振荡产生的相位条件，此特定频率 f_0 为电路振荡频率。并且，此时幅值$|F|=1/3$，由此可知 RC 串并联电路具有选频特性，改变电阻 R 或电容 C 的大小，可以改变振荡频率。

同相比例运算电路的电压放大倍数为

$$|A_u|=\frac{U_o}{U_i}=1+R_F/R_1 \tag{4-5}$$

当 $R_F=2R_1$ 时，$|A_u|=3$，$|A_uF|=1$，满足振荡产生的幅值条件。

开始时，应使$|A_uF|>1$，即要使$A_u=1+R_F/R_1>3$，以满足起振条件；随着振荡幅度的增大，$|A_u|$能自动减小，直到满足$|A_u|=3$，振荡幅度达到稳定。

由式（4-3）进一步得到 RC 串并联选频网络的幅频响应与相频响应为

$$|F|=\frac{1}{\sqrt{3^2+\left(\dfrac{\omega}{\omega_0}-\dfrac{\omega_0}{\omega}\right)^2}} \tag{4-6}$$

$$\varphi_f=-\arctan\frac{\dfrac{\omega}{\omega_0}-\dfrac{\omega_0}{\omega}}{3} \tag{4-7}$$

当频率为 f_0 时，即$\omega=\omega_0$时，输出电压幅值最大，并且输出电压为输入电压的 1/3，同时输入电压与输出电压同相位。根据式（4-6）和式（4-7）画出 RC 串并联选频网络的幅频响应和相频响应，如图 4-5 所示。

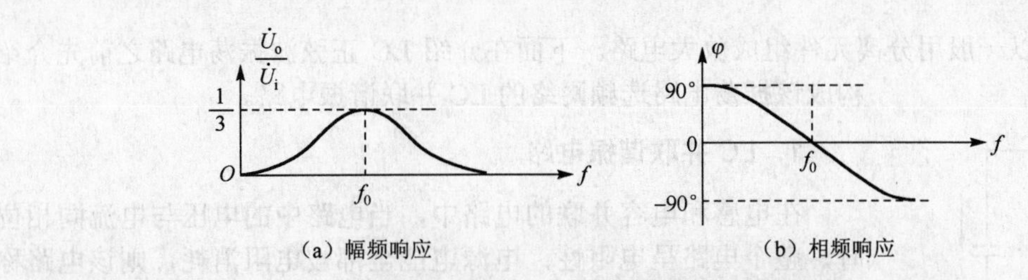

图 4-5 RC 串、并联选频网络的频率响应

2. 具有稳幅环节的 RC 正弦波振荡电路

为了进一步改善电压输出幅度的稳定性，可采取相应的稳幅措施，在放大器的负反馈电路中采用非线性元件。如在图 4-4 所示的电路中，若用一个热敏电阻取代 R_F，且这个热敏电阻有负的温度系数。当输出电压增加时，通过反馈回路的电流也增加，此时热敏电阻的阻值会随之减小，使得负反馈增大，放大器的增益随之下降，进一步使得输出电压减小。相反的情况可以分析得到，如果输出电压减小，通过反馈回路的电流减小，热敏电阻的阻值随之增大，最终会使输出电压增大，故电路能维持输出电压的基本稳定。

还可采用其他常用的稳幅措施，如利用晶体管的非线性来实现稳幅作用。图 4-6 的振荡电路就是利用二极管的正向伏安特性的非线性来实现自动稳幅的。VD_1 和 VD_2 分别在输出电压的正半周和负半周导通。在起振之初，由于 U_o 幅度很小，二极管暂不导通，二极管近似于开路，因而此时 $R_F = R_{F1} + R_{F2} > 2R_1$，即 $A_u = 1 + R_F/R_1 > 3$，故 $|A_u F| > 1$，满足起振条件。随着振荡幅度增大，处于正偏的二极管开始导通，正向电阻逐渐减小，直到 $R_F = R_{F1} + R_{F2} = 2R_1$，即 $|A_u F| = 1$ 时，振荡趋于稳定。

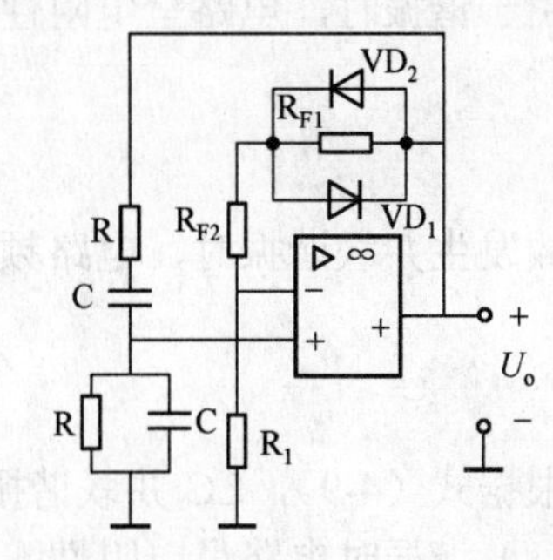

图 4-6 具有稳幅环节的 RC 振荡电路

例 4-1 由理想运算放大电路组成的正弦波振荡电路如图 4-6 所示，已知 $R_1 = 2\text{k}\Omega, R_{F1} = 4\text{k}\Omega$，$R_{F2}$ 为可调电阻，调节范围为 0～5kΩ，设振荡电路振幅稳定后二极管的动态电阻 $r_d = 500\Omega$，求可调电阻的阻值。

解：由于放大电路是同相比例运算电路，则可求得放大倍数 A_u 为

$$|A_u| = 1 + \frac{R_{F2} + r_d // R_{F1}}{R_1}$$

又由振荡电路产生振荡的幅值条件 $|A_u F| = 1$，振荡时 $|F| = 1/3$，故 $|A_u| = 3$，即

$$1 + \frac{R_{F2} + r_d // R_{F1}}{R_1} = 3$$

代入已知条件，可以得到振荡稳定后可调电阻的阻值为

$$R_{F2} = 3.55\,\text{k}\Omega$$

4.2.2 LC 正弦波振荡电路

RC 正弦波振荡电路的选频网络由电容 C 和电阻 R 组成，LC 正弦波振荡电路的选频网络由电感 L 和电容 C 构成。LC 振荡电路可以产生高频振荡（几百千赫兹以上）。由于高频运放

价格较高，所以一般用分离元件组成放大电路。下面在介绍 LC 正弦波振荡电路之前先介绍构成该振荡电路选频网络的 LC 并联谐振电路。

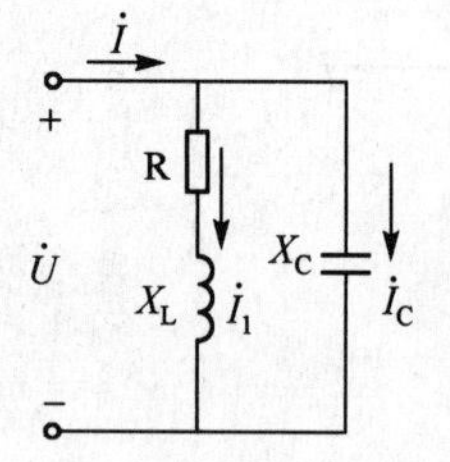

图 4-7　LC 并联谐振电路

1．LC 并联谐振电路

在电感和电容并联的电路中，当电路中的电压与电流同相位时，整个电路呈电阻性，电源电能全部被电阻消耗，则该电路称为并联谐振电路。LC 并联谐振电路常用来实现振荡电路中的选频功能，谐振电路如图 4-7 所示，其中 R 是回路的等效损耗电阻。该电路的等效总阻抗 Z 为

$$Z=\frac{\frac{1}{\mathrm{j}\omega C}(R+\mathrm{j}\omega L)}{\frac{1}{\mathrm{j}\omega C}+R+\mathrm{j}\omega L}=\frac{R+\mathrm{j}\omega L}{1+\mathrm{j}\omega RC-\omega^2 LC} \tag{4-8}$$

一般情况下，有 $\omega_0 L \gg R$，因此总阻抗可化为

$$Z\approx\frac{\mathrm{j}\omega L}{1-\omega^2 LC+\mathrm{j}\,\omega RC}=\frac{1}{RC/L+\mathrm{j}(\omega C-1/\omega L)} \tag{4-9}$$

由于谐振时，电路呈电阻性，总阻抗 Z 的虚部为零，则可得并联谐振的条件为

$$\omega_0 C-\frac{1}{\omega_0 L}\approx 0 \tag{4-10}$$

故发生并联谐振时，电路频率为

$$\omega_0\approx\frac{1}{\sqrt{LC}}\quad\text{或}\ f=f_0\approx\frac{1}{2\pi\sqrt{LC}} \tag{4-11}$$

根据式（4-9），LC 并联谐振电路具有以下特点。

（1）谐振时电路呈电阻性。

（2）谐振时阻抗的模达到最大并用 $|Z_0|$ 表示，其表达式为

$$|Z_0|=\frac{L}{RC} \tag{4-12}$$

（3）当电路由恒压源供电时，电路的电流达到最小

$$I=I_0=\frac{U}{L/RC}=\frac{U}{|Z_0|} \tag{4-13}$$

（4）当电路由恒流源供电时，电路的端电压最大

$$U=I_S|Z_0| \tag{4-14}$$

（5）支路电流为总电流的 Q 倍。

当 $\omega_0 L \gg R$ 时，电感支路的电流 I_L 为

$$I_L=\frac{U}{\sqrt{R^2+(2\pi f_0 L)^2}}\approx\frac{U}{2\pi f_0 L} \tag{4-15}$$

电容支路的电流为 I_C 为

$$I_C = \frac{U}{\dfrac{1}{2\pi f_0 C}} = U \cdot 2\pi f_0 C \tag{4-16}$$

支路中的电流与总电流之比为

$$\frac{I_C}{I_0} = \frac{U(2\pi f_0 C)}{U/|Z_0|} = \frac{U(2\pi f_0 C)}{U\bigg/\dfrac{L}{RC}} = \frac{2\pi f_0 L}{R} = \frac{\omega_0 L}{R} = Q \tag{4-17}$$

定义支路电流与总电流的比值为 Q，Q 称为品质因数。在并联谐振电路中，支路电流大于总电流，并且有

$$I_L \approx I_C = QI_0 \tag{4-18}$$

（6）并联谐振电路中的频率响应特点。

如果所讨论的并联等效阻抗仅限于 ω_0 附近，则可以近似认为 $\omega \approx \omega_0$，令 $\omega - \omega_0 = \Delta\omega$。于是由式（4-9）可进一步得到

$$Z = \frac{Z_0}{\sqrt{1+\left(Q\dfrac{2\Delta\omega}{\omega_0}\right)^2}} \tag{4-19}$$

$$\varphi = -\arctan Q2\frac{\Delta\omega}{\omega_0} \tag{4-20}$$

由式（4-19）和式（4-20）可分别绘出并联谐振电路的幅频特性和相频特性，如图 4-5 所示。

从图 4-8（a）中可以看出，当外加信号频率 $\omega = \omega_0$ 时，电路产生并联谐振，回路等效阻抗达到最大值。Q 值越大，谐振曲线越尖锐，电路的频率选择性越好，抗干扰能力越强。

从图 4-8（b）中可以看出，当 $\omega > \omega_0$ 时，等效阻抗呈电容性；当 $\omega < \omega_0$ 时，等效阻抗呈电感性。

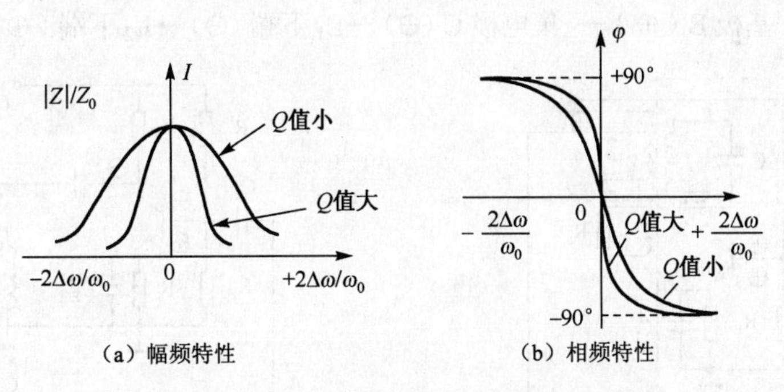

图 4-8　LC 并联谐振电路的幅频特性和相频特性

2. LC 振荡电路

1）变压器反馈式 LC 振荡电路

变压器反馈式 LC 振荡电路如图 4-9 所示，图中由晶体管构成放大电路，L 和 C 并联的电路构成选频网络，变压器构成反馈电路。

变压器反馈式 LC 振荡电路的振荡建立和稳定的过程分析：首先分析电路中存在的反馈的性质，看是否能满足振荡产生的相位条件。可用电路中各点交流电位的瞬时极性来判别（瞬

时极性法）。在图 4-9 中，假设在某一瞬间，基极的电位为正，则依次分析各关键点的瞬时电位（图 4-9 中的标志：⊕为正，⊖为负）：基极 B（⊕）→集电极 C（⊖）→变压器次级的非同名端（⊕）→基极 B（⊕）。

可以看到经过反馈，最终基极电位得到提升，即反馈的性质为正反馈，满足振荡产生的相位条件。

然后分析幅值条件。如果幅值条件满足$|A_uF|>1$，则电路可以产生自激振荡。随着输出U_o不断地增大，当增大到一定程度时，晶体管进入非线性区，它的放大倍数β会逐渐减小，此时，放大倍数$|A_u|$也会随之降低，直到$|A_uF|=1$，振荡电路趋于稳定。

变压器反馈式 LC 振荡电路的选频网络为接在集电极电路中的 LC 并联电路。当发生 LC 并联谐振时，谐振频率为

$$f_0=\frac{1}{2\pi\sqrt{LC}} \tag{4-21}$$

当振荡电路接通电源时，扰动信号中只有频率为f_0的正弦分量才会发生并联谐振。并且，在并联谐振时，LC 并联电路呈电阻性，且阻抗达到最大。因此对f_0这个频率，电压的放大倍数最高，如果此时电路同时满足自激振荡条件时就产生自激振荡。而对于其他频率分量，不能发生谐振，受到抑制，因此达到了选频的目的。改变参数L或C，就可以改变振荡频率。

2）三点式 LC 振荡电路

LC 振荡电路常用的电路除了上述变压器反馈式 LC 振荡电路之外，还有电感三点式和电容三点式振荡电路。

图 4-10 为电感三点式振荡电路，基本放大器是三极管及偏置电阻构成的共发射极放大电路，使用 LC 并联谐振电路作为集电极负载，LC 回路中的电感线圈 L 采用中间抽头，反馈信号取自L_2上的电压。对交流信号而言，电感的三个端点（首端、中间抽头和尾端）分别和三极管的三个极相连，因此，这种电路被称为电感三点式振荡电路。

用瞬时极性法分析电路的反馈性质：设某一瞬间基极电位为正，分析各关键点的电位，如图 4-10 中所标志：基极 B（⊕）→ 集电极 C（⊖）→L_1下端（⊖）→L_2下端（⊕）→基极 B（⊕）。

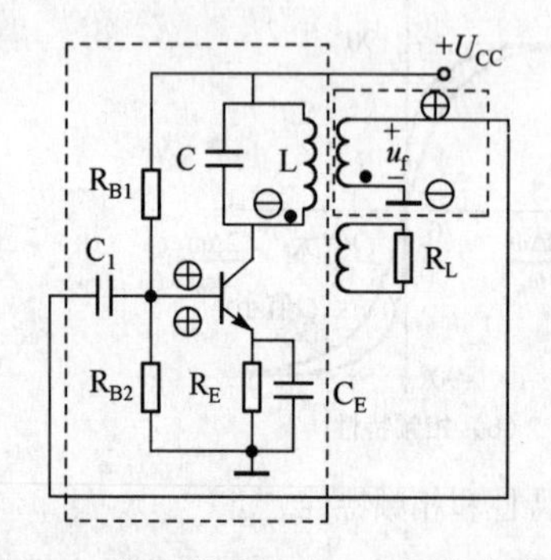

图 4-9　变压器反馈式 LC 振荡电路

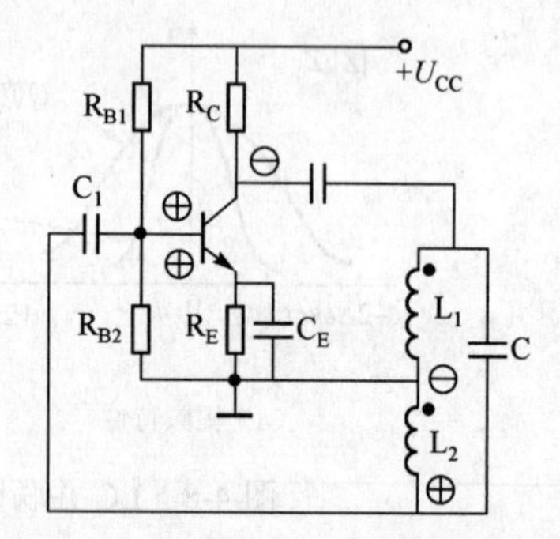

图 4-10　电感三点式振荡电路

由瞬时极性法分析可知，经反馈回路后，基极电位有所抬高，故该反馈为正反馈，且电路满足振荡产生的相位条件。在幅值满足$|A_uF|>1$的情况下电路可产生自激振荡，同样由于晶体管的非线性，在放大倍数达到一定程度时，β会减小，随着β的减小，$|A_u|$也会逐渐减小，最终达到$|A_uF|=1$，振荡达到稳定。

若用电容 C_1，C_2 代替图 4-10 中的 L_1，L_2，用 L 代替 C，构成图 4-11 所示的电容三点式振荡电路，由瞬时极性法分析，设某一瞬间基极电位为正，则基极 B（⊕）→集电极 C（⊖）→C_1 上端（⊖）→C_2 下端（⊕）→基极 B（⊕）。

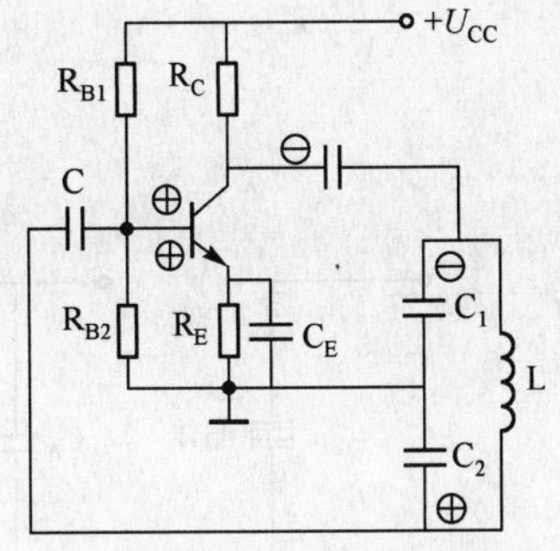

图 4-11　电容三点式振荡电路

由此可知，反馈回路引入的是正反馈，满足自激振荡产生的相位条件，如果再满足幅值条件，电路便可产生振荡。振荡的稳定过程也是利用晶体管的非线性，使振荡最终趋于稳定。

4.2.3　石英晶体正弦波振荡电路

在工程应用中，有时要求振荡频率有一定的稳定度。对于振荡频率的稳定性要求高的电路，一般选用石英晶体振荡电路。用石英晶体替代 LC 振荡电路中的电感、电容所构成的正弦波振荡电路。石英晶体具有极高的品质因数，即具有很高的 Q 值。可以证明，Q 值越大，频率稳定度越高，因此由石英晶体构成的振荡电路具有极高的频率稳定度。

1．石英晶体的特点与等效电路

石英晶体是一种结晶体，化学成分为二氧化硅（SiO_2）。结晶体按一定的方向角切割成很薄的晶片，在晶片的两个对应的表面涂敷银层并装上一对金属板，再加以封装（一般用金属外壳密封），就构成石英晶体产品。其结构示意图如图 4-12 所示。

在石英晶体两个极板间加一电场时，晶体会产生机械变形；反之，如果在极板间施加机械力，又会在相应的方向上产生电场，上述物理现象称为压电效应。如果在极板间加交变电压，就会产生机械变形振动，同时机械变形振动又会产生交变电场。一般情况下，无论是机械振动的振幅，还是交变电场的振幅都非常小。但是，当交变电场的频率为某一特定值时，振幅骤然增大，产生共振，称之为压电谐振。这一特定频率就是石英晶体固有的频率。石英晶体又称为石英晶体谐振器。

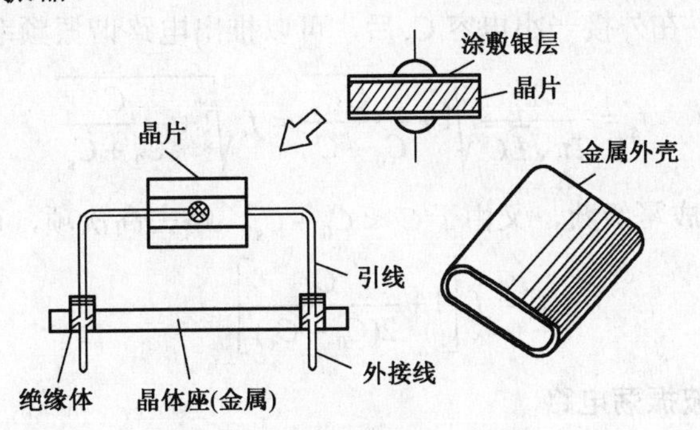

图 4-12　石英晶体的一种结构

石英晶体的压电谐振现象可以用图 4-13 所示的等效电路来模拟。电阻 R 表示晶片振动时，因摩擦而产生的损耗；C_0 为切片与金属板构成的静电电容；L 和 C 分别模拟晶体的质量（代表惯性）和弹性。石英晶体的重要特点在于它具有很高的质量与弹性的比值（L/C），也就是具有很高的品质因数 Q（10000～500000）。

石英晶体的阻抗-频率特性曲线如图 4-14 所示。

由图 4-14 可知：当 $f<f_s$ 时，晶体呈容性；当 $f_s<f<f_p$ 时，晶体呈感性；当 $f>f_p$ 时，晶体又呈容性。

分析图 4-13 和图 4-14 得出，石英晶体有两种谐振频率。

第一种是串联谐振频率，也就是当 R、L、C 串联的支路发生谐振时的频率：

$$f_s = \frac{1}{2\pi\sqrt{LC}} \tag{4-22}$$

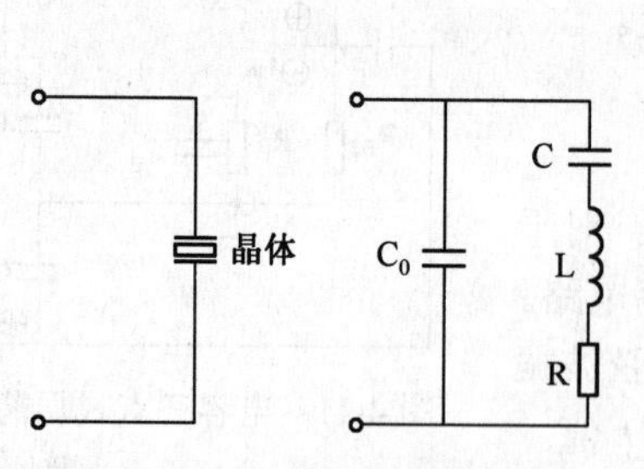

图 4-13　石英晶体的等效电路

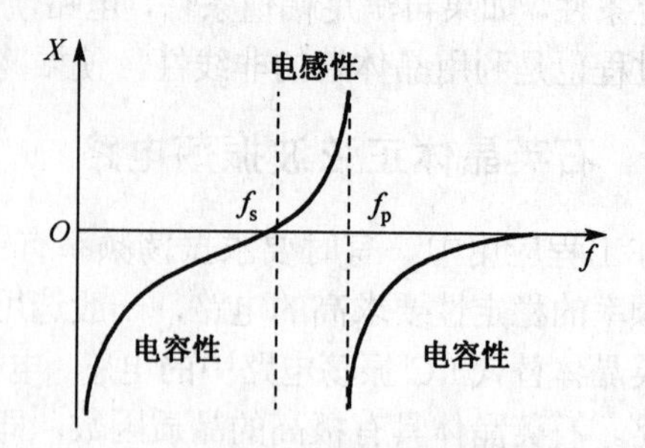

图 4-14　石英晶体的阻抗-频率特性曲线

因为电容 C_0 很小，它的容抗很大，比 R 大得多。故 RLC 串联支路发生谐振时,整个电路等效阻抗近似等于 R，电路呈电阻性，且阻值很小。

第二种是并联谐振频率，当频率高于 f_s 时，RLC 串联支路呈电感性，当该支路与 C_0 发生并联谐振时，其频率为

$$f_p = \frac{1}{2\pi\sqrt{LC}}\sqrt{1+\frac{C}{C_0}} = f_s\sqrt{1+\frac{C}{C_0}} \tag{4-23}$$

需要注意的是，石英晶体产品通常给出的标称频率不是 f_s 或 f_p，而是在前述晶体等效电路基础上再外接一个小电容 C_s 后的振荡频率，如图 4-15 所示。电容 C_s 的主要作用是使石英晶体的谐振频率可在一个小范围内进行调整。

根据图 4-15 所示，在外接一小电容 C_s 后，可以推出电路谐振频率为

$$f_s' = \frac{1}{2\pi\sqrt{LC}}\sqrt{1+\frac{C}{C_0+C_s}} = f_s\sqrt{1+\frac{C}{C_0+C_s}} \tag{4-24}$$

将式（4-24）展开成幂级数，又由于 $C \ll C_0 + C_s$，略去高次项，可得近似值为

$$f_s' = f_s\left[1+\frac{C}{2(C_0+C_s)}\right] \tag{4-25}$$

2．石英晶体正弦波振荡电路

石英晶体正弦波振荡电路是 LC 正弦波振荡电路的一种特殊形式，由于晶体等效谐振回路的 Q 值很高，因而振荡频率有很高的稳定性。石英晶体振荡电路的形式是多种多样的，但其基本电路有并联型和串联型两种。并联型振荡电路中的石英晶体采用并联谐振的形式，而串联型振荡电路中的石英晶体采用串联谐振的形式。

如果用石英晶体取代电容三点式 LC 振荡电路中的电感，就得到并联型石英晶体正弦波振荡电路，如图 4-16 所示。电路的振荡频率主要取决于石英晶体与 C_s 的谐振频率。石英晶体作为一个等效电感 L 很大，而 C_s 又很小，使得等效 Q 值很高，电路其他元件和杂散参数对振荡频率影响又很小，所以这种振荡电路有极高的频率稳定性。

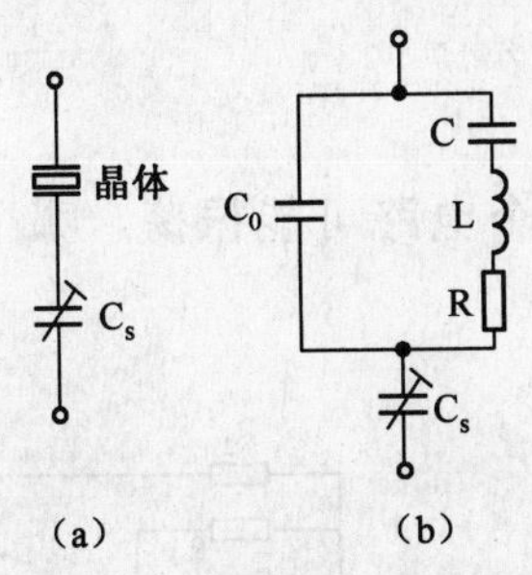

图 4-15　石英晶体谐振频率的调整

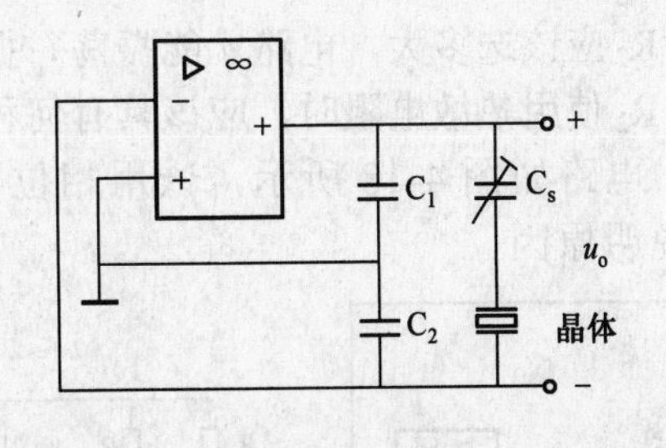

图 4-16　并联型石英晶体正弦波振荡电路

思考与练习题

4.2.1　RC 正弦波振荡电路和 LC 正弦波振荡电路各有什么特点？

4.2.2　如何分析电路是否能产生振荡？

4.2.3　什么是压电谐振？石英晶体振荡电路的主要特点是什么？

本 章 小 结

（1）电路产生自激振荡要满足一定的幅值和相位条件：反馈电压与输入端电压要同相，即反馈为正反馈；如果放大电路的电压放大倍数为 A_u，反馈电路的反馈系数为 F，幅值需满足条件 $|A_uF|=1$，即反馈电压要等于所需的输入电压。

（2）振荡电路由放大电路、反馈网络、选频网络和稳幅环节组成。其中，放大电路或反馈网络兼有选频特性。

（3）按结构分，正弦波振荡电路主要有 RC 正弦波振荡电路和 LC 正弦波振荡电路两大类。RC 正弦波振荡电路的选频网络由电容 C 和电阻 R 组成，LC 正弦波振荡电路的选频网络由电感 L 和电容 C 构成。RC 振荡电路是产生几十千赫兹以下频率的低频振荡电路，LC 振荡电路可以产生高频（几百千赫兹以上）振荡。

（4）对于振荡频率的稳定性要求高的电路，一般选用石英晶体振荡电路。石英晶体正弦波振荡电路是 LC 振荡电路的一种特殊形式，由于晶体的等效谐振回路的 Q 值很高，因而振荡频率具有很高的稳定性。

关 键 术 语

正弦波	Sinusoidal
振荡电路	Oscillating Circuit
幅度	Amplitude
相位	Phase
频率响应	Frequency Response

习　　题

4.1　如图 4-17 所示电路为正弦波振荡电路，试问：

（1）节点 K、J、L、M 应该如何连接，可使电路正常工作？

（2）R_2应该选多大，电路才能振荡？振荡的频率是多少？

（3）R_2使用热敏电阻时，应该具有何种温度系数？

4.2　电路如图 4-18 所示，试用相位平衡条件判断哪个电路可能振荡，哪个不能振荡。请说明原因。

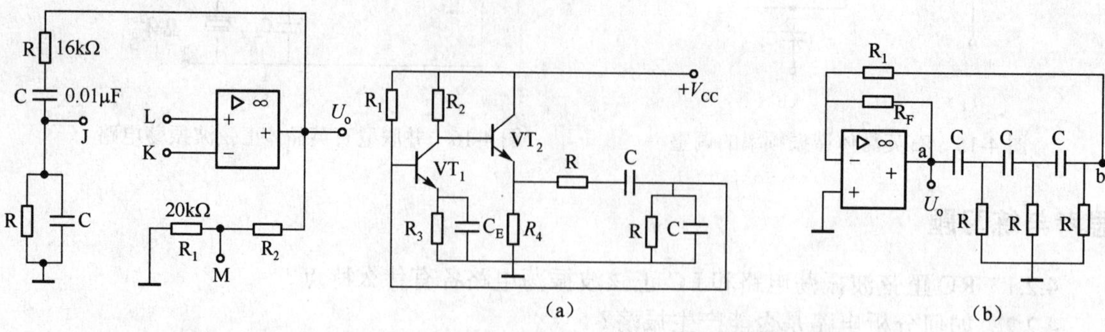

图 4-17　题 4.1 图

图 4-18　题 4.2 图

4.3　由运算放大器组成的振荡电路如图 4-19 所示，已知 $R = 10\text{k}\Omega$，$C = 0.1\mu\text{F}$。

（1）分析电路工作原理；

（2）估计振荡频率。

（3）为了保证起振，R_2/R_1 有什么要求？

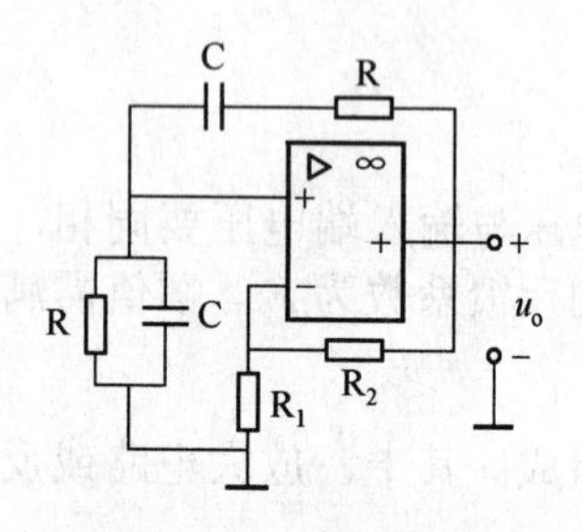

图 4-19　题 4.3 图

4.4　RC 振荡电路、LC 振荡电路及石英晶体振荡电路的应用领域各有什么不同？

4.5　试分析电容三点式振荡电路（参见 4.2.2 中的图 4-11）的反馈性质。

4.6　分析图 4-20 中各电路能否产生自激振荡？

4.7　用瞬时极性法判断图 4-21 中的电路能否满足产生自激振荡的相位条件？

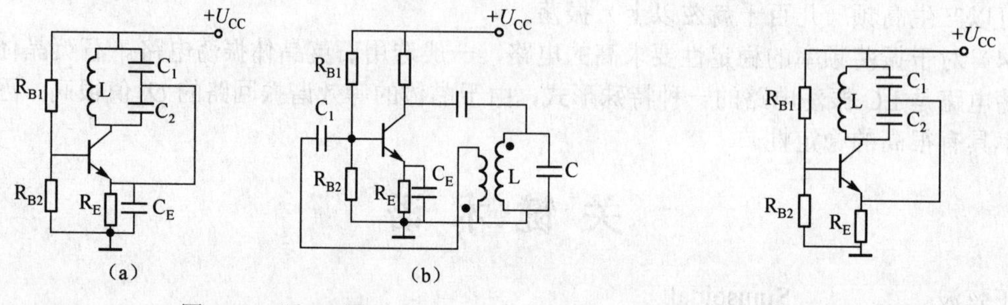

图 4-20　题 4.6 图

图 4-21　题 4.7 图

4.8　常用的 LC 振荡电路包括哪些类型？分析其工作原理。

4.9　三点式振荡器的交流通路如图 4-22 所示。试用相位平衡条件来判断哪些电路能振荡，哪些不能振荡。并指出能振荡的电路属于什么类型的振荡电路。

4.10　一个 LC 正弦波振荡电路，如图 4-23 所示。在调试电路时，发现以下现象，试解释其原因。

（1）对调反馈线圈的两个接头后就能起振；

（2）调整 R_{B1}、R_{B2}、R_E 的阻值后方能起振；

（3）改用β值较大的晶体管后方能起振；

（4）适当增加反馈线圈的圈数方能起振；

（5）适当增加 L 值或减小 C 值方能起振；

（6）波形变坏，严重失真；

（7）调整 R_{B1}、R_{B2} 或 R_E 的阻值可使波形变好；

（8）负载太重，有时甚至不能起振。

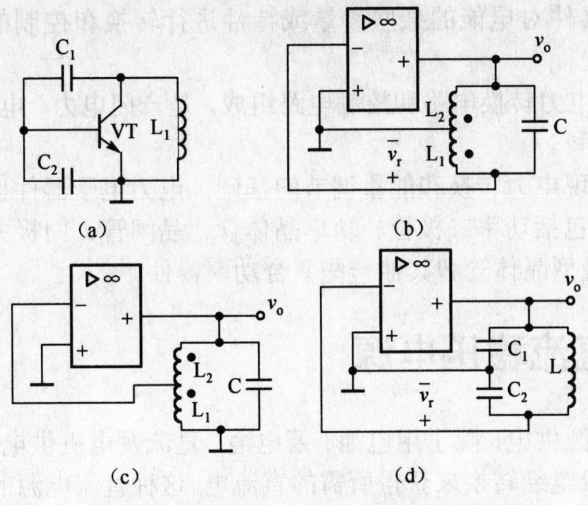

图 4-22　题 4.9 图

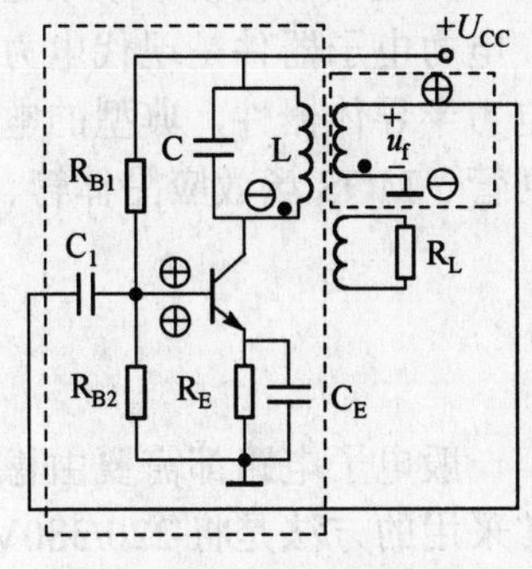

图 4-23　题 4.10 图

第 5 章　电力电子技术

电力电子技术是一种利用电力电子器件对电能的某些参量或特性进行转换和控制的技术，也就是电力处理技术。

电力电子技术一般由电力电子器件、电力转换电路和控制电路组成，是一门电力、电子、控制三大电气工程技术领域之间的交叉学科。

电力电子器件是现代电力电子技术实现电力转换和能量调节的基础。电力电子器件也就是电力半导体器件，典型的电力电子器件包括功率二极管、功率晶体管、晶闸管、门极关断晶闸管、MOS 场效应晶体管、绝缘栅双极型晶体管和其他一些复合功率器件。

5.1　直流稳压电源

一般电子电路都需要由稳定的直流电源供电，除了用电池、蓄电池、直流发电机供电外。通常采用的方法是将 220/380V 的正弦交流电经转换来获得所需的直流电。这种直流电源的组成及各处的电压的波形，如图 5-1 所示。

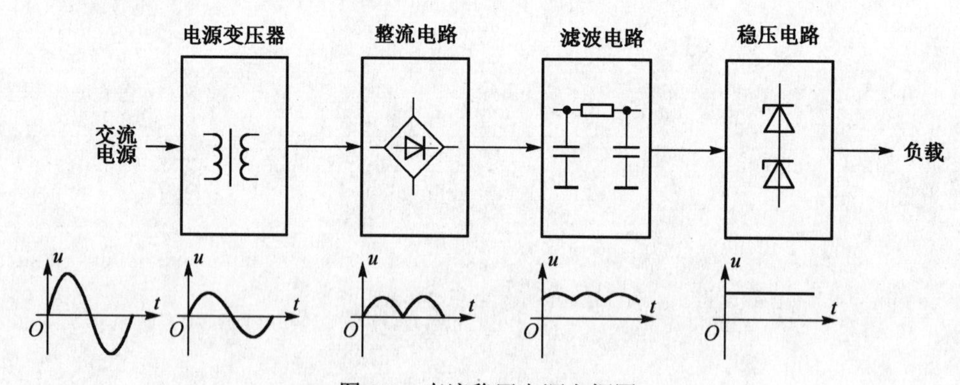

图 5-1　直流稳压电源方框图

图 5-1 中的各部分功能如下：

（1）电源变压器。将电网交流电压 220/380V 转换成符合要求的交流电压。

（2）整流电路。将交流电转换为脉动直流电。

（3）滤波电路。将脉动直流电转换为比较平滑的直流电。

（4）稳压电路。使整流滤波后的直流电压或电流稳定。

5.1.1　整流电路

将交流电转换成单向脉动直流电的电路称为整流电路。整流电路按整流器件的特性可分为可控整流和不可控整流；按输入电源相数可分为单相整流和三相整流；按输出波形可分为半波整流和全波整流。

1．单相半波整流电路

1）电路组成

单相半波整流电路如图 5-2 所示。图中 T_r 为整流电源变压器，VD 是整流二极管，R_L 是需要直流的负载。

2）工作原理

设变压器副边电压为

$$u_2 = \sqrt{2}U_2 \sin\omega t$$

二极管 VD 具有单向导电性，只有当它的阳极电位高于阴极电位时才会导通。当 u_2 处于正半周时（a 端为正，b 端为负），二极管 VD 因承受正向电压而导通，电流 i_o 流过负载电阻 R_L，流过二极管的电流 i_D 等于 i_o，二极管看做理想元件，所以 R_L 上的电压 u_o 与 u 的正半周电压基本相同。

当 u_2 处于负半周时，二极管 VD 因反向偏置而截止，回路中没有电流，负载两端电压为零，u_2 全部加在二极管 VD 上。

图 5-3 是单相半波整流电路的电压与电流波形图。在这种整流电路中，交流电在一个周期内，只有半周才有电流流过负载电阻 R_L，故称为半波整流电路。

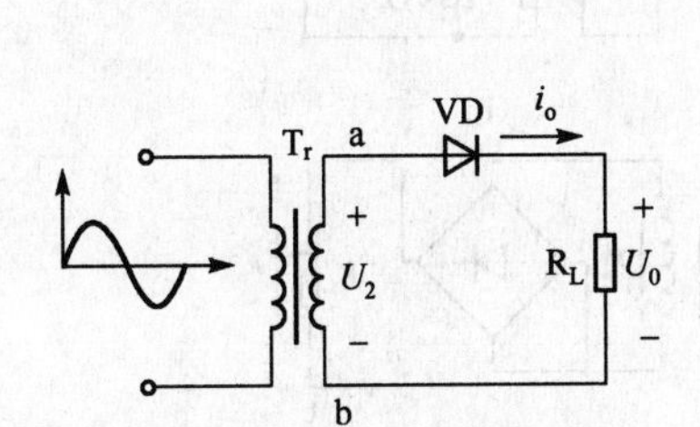

图 5-2　单相半波整流电路

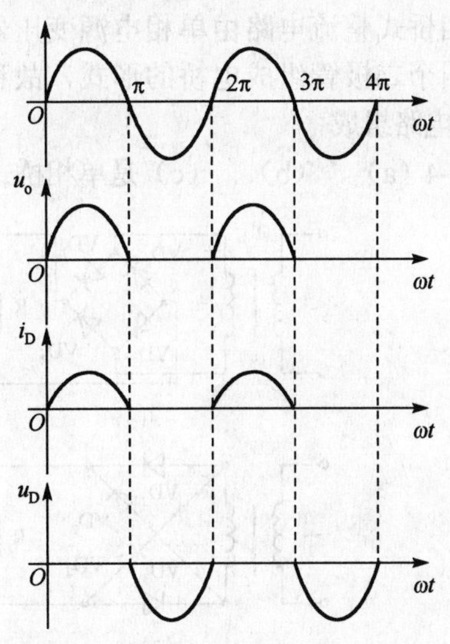

图 5-3　单相半波整流电路的电压与电流波形图

3）参数计算

（1）整流输出电压平均值。负载电阻 R_L 上得到的是单向脉动电压。输出直流电压的平均值 U_0 与变压器副边电压有效值 U_2 的关系为

$$U_0 = \int_0^{\pi} \sqrt{2}U_2 \sin\omega t \mathrm{d}(\omega t) = \frac{\sqrt{2}}{\pi}U_2 = 0.45U_2$$

（2）输出直流电流平均值。

$$I_0 = \frac{U_0}{R_L} = 0.45\frac{U_2}{R_L}$$

（3）二极管平均电流。

$$I_D = I_0 = 0.45\frac{U_2}{R_L}$$

（4）二极管反向峰值电压。

二极管截止时所承受的最高反向电压就是电源电压的最大值，即

$$U_{DRM} = \sqrt{2}U_2$$

平均电流与反向峰值电压是选择整流二极管的主要依据（选择时应取二极管的额定电流$\geqslant 2I_D$；二极管的最高反向电压$\geqslant 2U_{DRM}$）。

例 5-1 有一单相半波整流电路如图 5-2 所示，已知$U_2 = 10V$，$R_L = 500\Omega$，试求U_0、I_0及U_{DRM}。

解：

$$U_0 = 0.45U_2 = 0.45\times 10 = 4.5V$$

$$I_0 = \frac{U_0}{R_L} = \frac{4.5V}{500\Omega} = 9mA$$

$$U_{DRM} = \sqrt{2}U_2 = \sqrt{2}\times 10 = 14.1V$$

2．单相桥式整流电路

单相桥式整流电路由单相电源变压器 T、整流二极管 VD_1～VD_4 和负载电阻 R_L 组成，由于是由四个二极管组成电桥的形式，故称为桥式整流电路。

1）电路组成

图 5-4（a）、（b）、（c）是单相桥式整流电路的三种不同画法，图 5-4（d）是简化的画法。

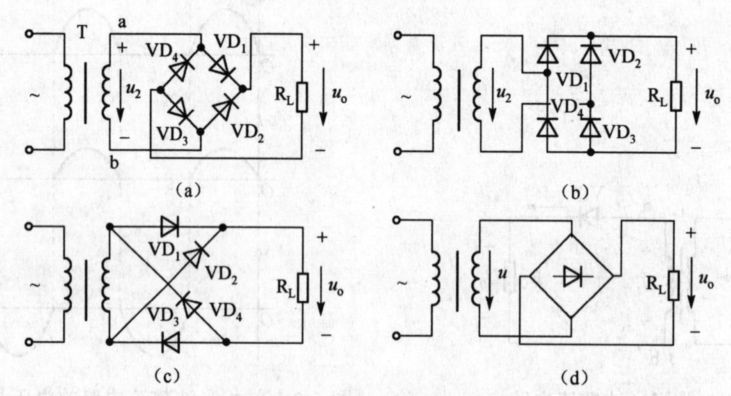

图 5-4　单相桥式整流电路

2）工作原理

在u_2的正半周，a 点极性为正，b 点极性为负，VD_1 和 VD_3 承受正向电压而导通，VD_2 和 VD_4 承受反向电压而截止，电流 i 的通路是

$$a\rightarrow VD_1\rightarrow R_L\rightarrow VD_3\rightarrow b\rightarrow a$$

此时，负载电阻 R_L 上得到一个近似等于u_2的正半波电压，如图 5-5 所示。

在u_2的负半周，b 点极性为，正 a 点极性为负，VD_1 和 VD_3 承受反向电压而截止，VD_2 和 VD_4 承受正向电压而导通，电流 i 的通路是

$$b\rightarrow VD_2\rightarrow R_L\rightarrow VD_4\rightarrow a\rightarrow b$$

此时，负载电阻 R_L 上得到一个近似等于 u_2 的正半波电压，如图 5-5 所示。

可见，无论电压 u_2 是在正半周还是在负半周，流过负载电阻 R_L 的电流方向始终不变，而 R_L 上得到的电压 u_0 是大小变化而方向不变的脉动电压。

3）参数计算

（1）整流输出电压平均值

$$U_0=\frac{1}{\pi}\int_0^{\pi}u_0\mathrm{d}(\omega t)=\frac{1}{\pi}\int_0^{\pi}\sqrt{2}U_2\sin\omega t\mathrm{d}(\omega t)=\frac{\sqrt{2}U_2}{\pi}\times 2=0.9U_2$$

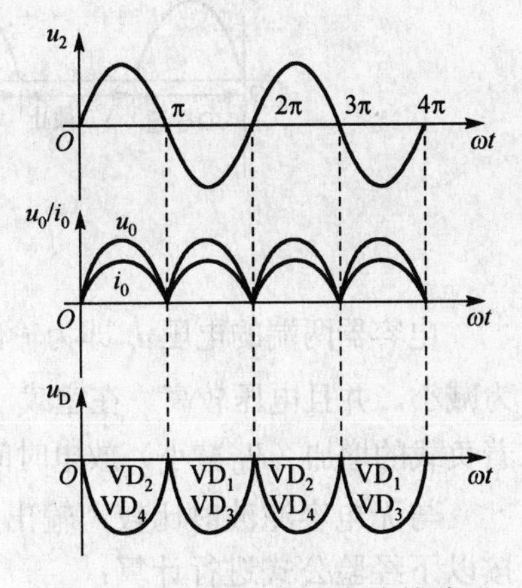

图 5-5　单相桥式整流电路的波形

（2）输出直流电流平均值

$$I_0=\frac{U_0}{R_L}=0.9\frac{U_2}{R_L}$$

（3）二极管平均电流

$$I_D=\frac{1}{2}I_0$$

（4）二极管反向峰值电压

$$U_{DRM}=\sqrt{2}U_2$$

从图 5-5 可以看出，通过变压器二次绕组电流 I_2 仍是正弦电流，其有效值为

$$I_2=\frac{U_2}{R_L}=\frac{U_0}{0.9R_L}=1.11I_0$$

5.1.2　滤波电路

整流电路输出的电压是单向的脉动直流电压，即是交流分量。因此，必须再经过滤波电路去掉交流分量，使其变成比较平滑的直流电压。通常利用电容或电感元件的电抗特性，来滤除脉动直流电压中的交流分量，从而获得平滑的直流电。

1. 电容滤波电路

单相半波整流电路带电容滤波的电路，如图 5-6 所示。电容滤波器是根据电容器的端电压，在电路状态改变时不能跃变的原理制成的。

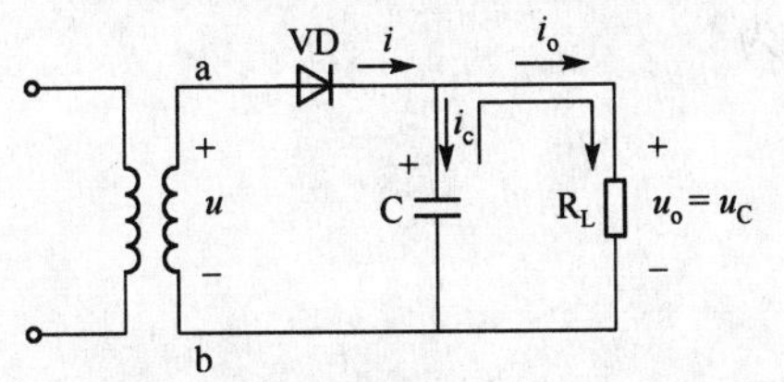

图 5-6　接有电容滤波器的单相半波整流电路

如果在单相半波整流电路中不接电容滤波器，输出电压如图 5-7（a）所示。

加接电容滤波器之后，输出电压的波形就变成图 5-7（b）所示的形状。滤波过程是：假定变压器二次电压 $u_2=\sqrt{2}U_2\sin\omega t$ 从零开始上升，二极管导通，电源经二极管向负载 R_L 供电，同时还要对电容 C 进行充电，在忽略二极管正向压降电容充电时间常数很小的情况下，可近似认为，充电电压 u_C 与上升的正弦电压 u_2 一致，如图 5.7（b）所示的的 0～m 段的段波形，此时电源电压 u_2 在 m 点达到最大值，u_C 也达到最大值。而后 u_2 和 u_C 都开始按正弦规律下降，当到 m～n 段时，u_C 与 u_2 近似相同，在过了 n 点后，u_2 按正弦规律下降速率大于 u_C 通过 R_L 按指数规律衰减的速率，此时 $u_2 < u_C$，二极管承受反向电压而截止，电容 C 对负载电阻 R_L 放电，负载

中仍有电流，而u_C按指数规律衰减较慢，u_C按放电曲线ng下降。在u_2的下一个正半周内，当$u_2 > u_C$时，二极管再次导通，电容器再被充电，重复上述过程。

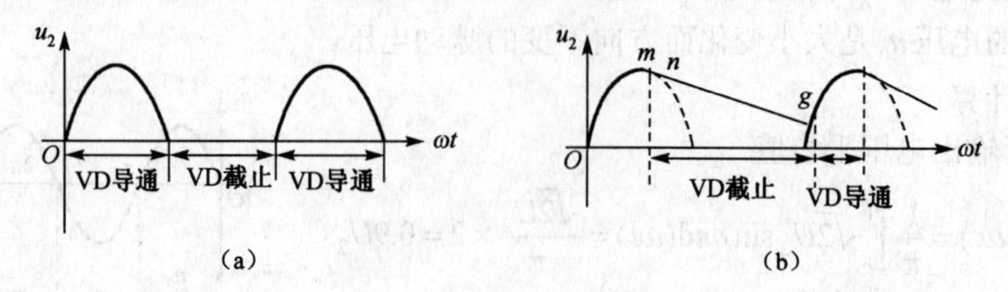

图 5-7　电容滤波器电路

电容器两端的电压u_C即为输出电压u_o，其波形如图 5.7（b）所示，可见输出电压的脉动大为减小，并且电压较高。在空载（R_L=∞）和忽略二极管正向压降的情况下，$U_0 = \sqrt{2}U_2$，但随着负载的增加（R_L减小）放电时间常数R_LC的减小，使得放电速度加快，而U_0也就随之下降。

与无电容滤波时比较，输出电压随负载电阻的变化有较大的变化，即外特性较差。一般按以下经验公式进行计算：

当单相半波时

$$U_0 = U_2$$

当单相全波时

$$U_0 = 1.2U_2$$

为了得到比较平直的电压，一般要求R_LC要大一些，并应满足条件

$$R_LC \geqslant (3\sim5)\frac{T}{2}$$

式中　T——电源交流电压的周期。

有电容滤波后，二极管的导通时间缩短（导通角小于180°），在一个周期内电容的充电电荷等于放电电荷，即通过电容器的电流平均值为零，可见在二极管导通期间其电流i_D的平均值近似等于负载电流的平均值I_0，因此i_D的峰值必然较大，产生的电流冲击容易使二极管损坏，因而在选择二极管时要考虑到这点，即

$$i_D = (2\sim3)\frac{I_0}{2}$$

有电容滤波时，二极管承受的最高反向电压U_{DRM}为

当单相半波时

$$2\sqrt{2}U_2$$

当单相全波时

$$\sqrt{2}U_2$$

虽然电容滤波电路简单，输出电压U_0较高，脉动也较小，但是外特性较差，且有电流冲击。因此，电容滤波器一般适用于要求输出电压较高，负载电流较小且变化也较小的场合。

一般来说，滤波电容C的数值都较大，为几十微法到几千微法，视负载电流大小而定；电容的耐压应大于输出电压的最大值；通常都采用极性电容器。

例 5-2　单相桥式整流带电容滤波电路如图 5-8 所示。图中交流电源频率为 50Hz，负载电阻$R_L = 500\Omega$，要求输出直流电压$U_0 = 24\text{V}$，试选择二极管的型号及滤波电容的大小。

解：（1）选择整流二极管。

流过二极管的平均电流为

$$I_D = \frac{3}{2}I_0 = \frac{3}{2}\times\frac{U_0}{R_L} = \frac{3}{2}\times\frac{24}{500}\text{A} = 72\text{mA}$$

$$U_2 = \frac{U_0}{1.2} = \frac{24}{1.2}\text{V} = 20\text{V}$$

$$U_{DRM} = \sqrt{2}U_2 = 28.3\text{V}$$

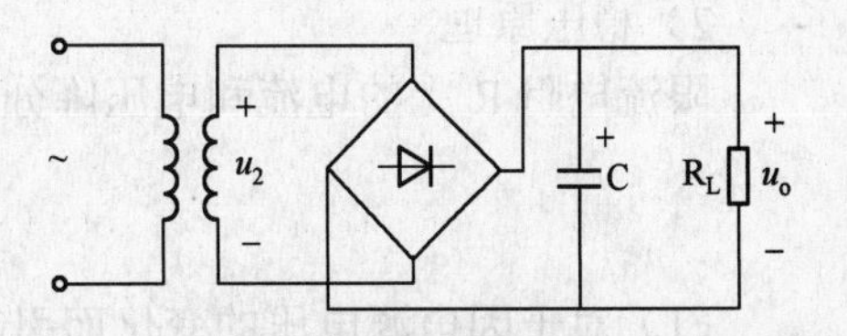

图 5-8　单相桥式整流带电容滤波电路

查看二极管参数表可选二极管 2CP11，其最大整流电流为 100mA，最高反向工作电压为 50V。

（2）选择滤波电容。

$$R_L C = 5\times\frac{T}{2} = 5\times\frac{0.02}{2}\text{s} = 0.05\text{s}$$

则

$$C = \frac{0.05}{500}\text{F} = 100\mu\text{F}$$

可选用容量为100μF，耐压为 50V 的电解电容。

2．电感滤波电路

电感滤波电路如图 5-9 所示，经整流后输出的单向脉动直流电压可分解为直流分量和交流分量。电感元件对直流分量其感抗为零，直流分量可全部加在 R_L 上，而交流分量会在电感线圈上产生自感电动势来阻止电流的变化，因而使负载电流和负载电压的脉动大为减小，频率越高，自感电动势越大，滤波效果就越好。

电感滤波电路具有较好的外特性，其缺点是为了增大电感量，往往要带铁心，使得整个电路笨重，体积增大，并容易引起电磁干扰。所以，一般只适用于低电压大电流场合。除此以外，通常还采用如图 5-10 所示的电路。

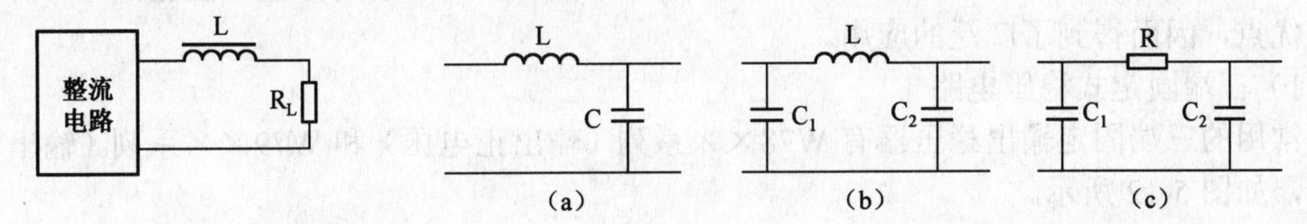

图 5-9　电感滤波电路

图 5-10　其他形式的滤波电路

5.1.3　稳压电路

经过变压、整流和滤波后输出的电压，虽然脉动的交流成分很小，但并不稳定，会随着交流电网电压的波动和负载的变化而变化。如果在整流滤波电路后接一个稳压电路，就可获得比较稳定的直流电压输出。

1．稳压二极管稳压电路

1）电路组成

稳压二极管稳压电路是由限流电阻 R 和稳压二极管 VD_Z 组成，如图 5-11 所示。U_I 是经过桥式整流和电容滤波得到的直流电压，负载 R_L 和稳压二极管 VD_Z 并联，负载上得到稳定的直流电压 U_O。显然 $U_O = U_Z$。

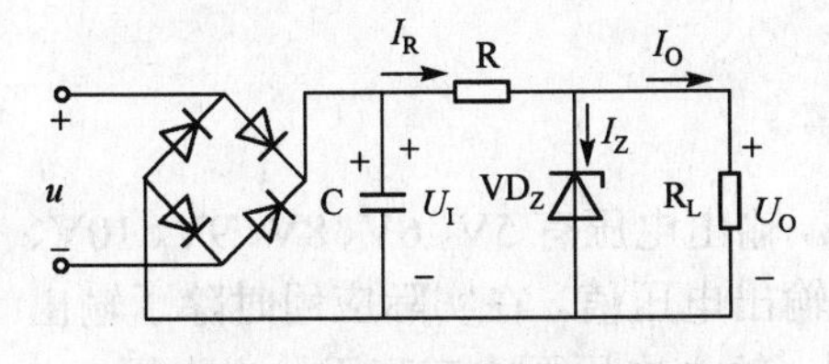

图 5-11　稳压二极管稳压电路

2）稳压原理

限流电阻 R 上的电流和电压降分别为

$$I_R = I_Z + I_D$$

$$U_R = U_I - U_O$$

（1）对于因电源电压的变化而引起的输出电压的变化，该电路能起到稳压作用。例如，当电网电压增加而使整流滤波后的输出电压 U_I 增加时，负载电压 U_O 随之升高，U_I 稍有升高，流过稳压管的电流 I_Z 就会急剧增大，限流电阻上的电流和电压降也显著增加，从而使输出电压 U_O 保持近似不变。相反，如果电网电压减小时，输出电压 U_O 也能保持近似不变。

（2）对于因负载电流的变化而引起的输出电压的变化，该电路也能起到稳压作用。例如，当 R_L 减小时，I_L 增加，由于 $I_R = I_Z + I_L$，所以，I_R 和 U_R 就有增大的趋势，因为 $U_R = U_I - U_O$，U_O 也有减小的趋势，$U_O = U_Z$，所以 I_Z 显著减小，由式 $I_R = I_Z + I_L$，R 上的电流和电压降也显著减小，从而使输出电压 U_O 保持近似不变。

限流电阻 R 除了起到电压的调整作用外，还起到限流作用，如果没有限流电阻 R，不仅没有稳压作用，还会使稳压管流过很大电流而烧坏。

在选择稳压管稳压电路的元件参数时，一般取

$$U_O = U_Z$$

$$I_{Zmin} < I_Z < I_{Zmax}$$

$$U_I = (2～3)U_O$$

2．集成稳压电路

集成稳压电路是将串联稳压电路的基准电压、比较放大器、调整管、采样电路及外加的限流、过流保护电路等集成在一块芯片上，就构成了集成稳压电路。常用的三端集成稳压电路只有输入、输出及公共端 3 个引脚，由于具有外接元件少、使用方便、性能稳定、价格低廉等优点，因而得到了广泛的应用。

1）三端固定式稳压电路

常用的三端固定输出稳压器有 W78××系列（输出正电压）和 W79××系列（输出负电压），如图 5-12 所示。

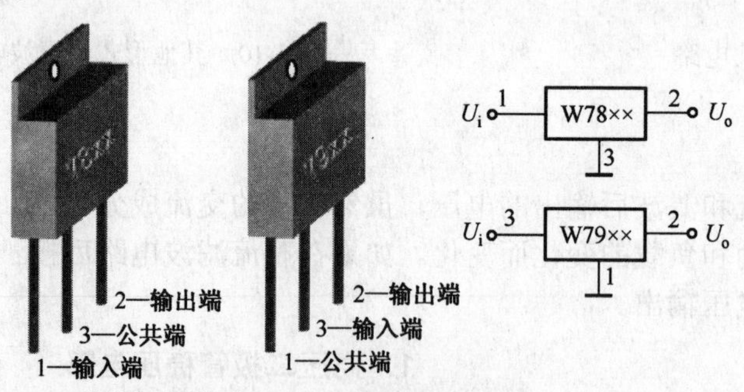

图 5-12　三端集成稳压器

W78××和 W79××系列的最大输出电流可达 1.5A，输出电压有 5V、6V、8V、9V、10V、12V、15V、18V 和 24V。器件型号中的后两位数字代表输出电压值。在实际应用时除了输出电压和输出电流应该知道外，还必须注意输入电压的大小，输入电压至少应高于输出电压 2～

3V，但也不能超过最大输入电压（一般 W78××系列为 30～40V；W79××系列为−35～40V）。

如图 5-13 所示为输出固定正电压和负电压的应用电路。

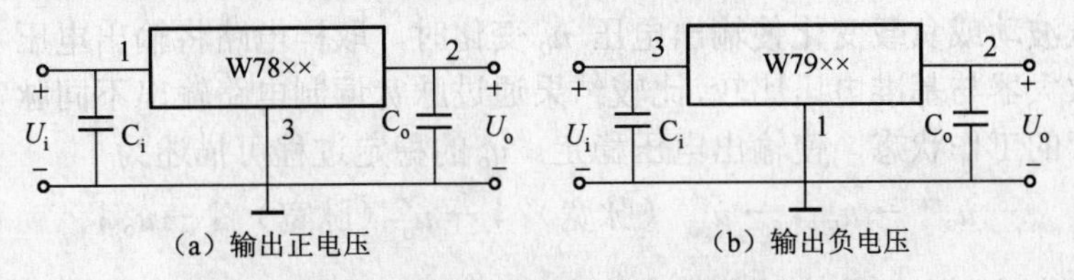

图 5-13　输出固定正电压和负电压的应用电路

如图 5-14 所示为电路输出电压 U_O 高于 W78××的固定输出电压 U_{XX}，显然 $U_O = U_{XX} + U_Z$。如图 5-15 所示为提高输出电流的电路，$I_O = I_2 + I_C$。

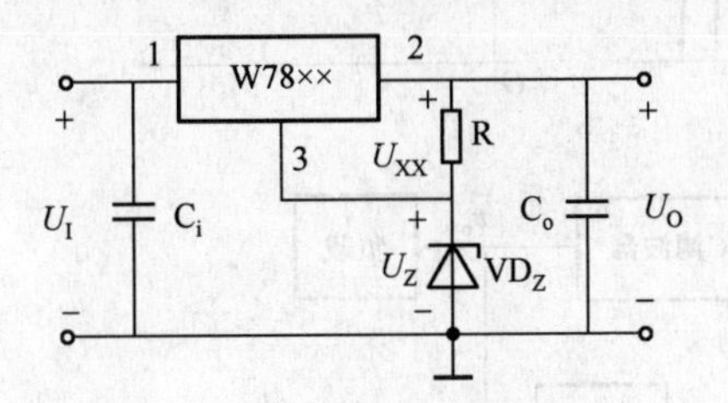

图 5-14　提高输出电压的电路

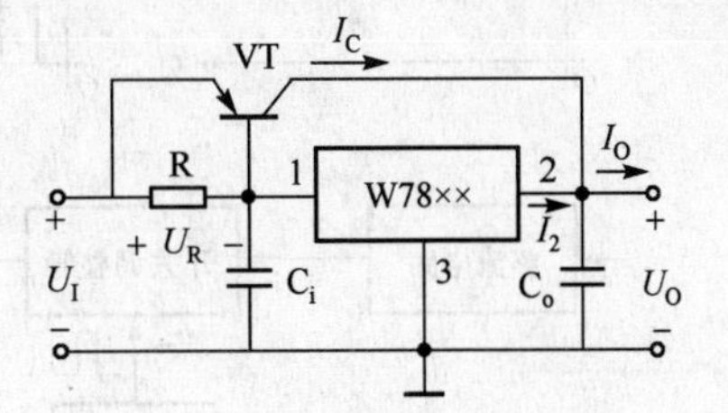

图 5-15　提高输出电流的电路

如图 5-16 所示的电路为输出正、负两组电压电路。

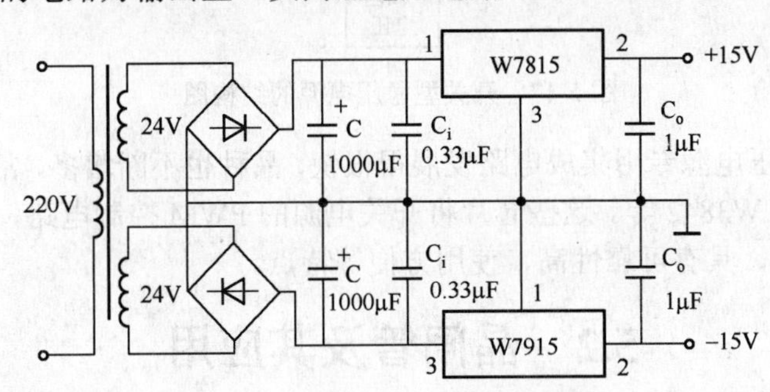

图 5-16　输出正、负电压的电路

2）开关稳压电路

上面讨论的集成稳压器大都是串联型稳压电源，调整管工作在放大区，管耗相当大，整个稳压器的效率一般只有 50%左右。

开关型稳压电源是将直流电压通过半导体开关器件（调整管）转换为高频脉动电压，经滤波得到纹波很小的直流输出电压。由于调整管工作在开关状态，因而大大提高了稳压电源的效率，一般可达 80%～90%。

开关稳压电源的另一个重要优点是通用性强，通过改变电路结构可实现降压、升压、反极性的稳压功能。这种电源不要变压器，采用直接整流、高频变换和脉冲调整等技术，还具有体积小、质量轻、效率高、抗干扰能力强和易于实现自动保护的优点。

开关稳压电源主要由整流电路、开关调整管、LC 滤波器、取样电路、基准电压、比较放大、脉宽调制器等部分组成，如图 5-17 所示。

由图 5-17 可知，整流输出的连续电压经开关调整管后成为断续的矩形波电压，再通过滤波变成连续、平滑的直流电压，并通过取样电路、比较放大电路、基准电压及脉宽调制等环节实现输出电压的稳定。改变调整管输出矩形波电压的宽度，即可调节直流电压的大小。

当电网电压波动或负载变化使输出电压 u_o 变化时，取样电路将输出电压 u_o 变化量的一部分送到比较放大器与基准电压比较，比较结果通过脉宽调制电路输出不同脉宽的脉冲信号，控制开关调整管的工作状态，使输出电压稳定。u_o 的稳定过程可描述为

$$u_o\uparrow\rightarrow u_E\downarrow\rightarrow u_{po}\text{（脉宽）}\downarrow\rightarrow u_o'\text{（脉宽）}\downarrow\rightarrow u_o\downarrow$$

这种定频调宽控制方法称为脉冲宽度调制（PWM）法。

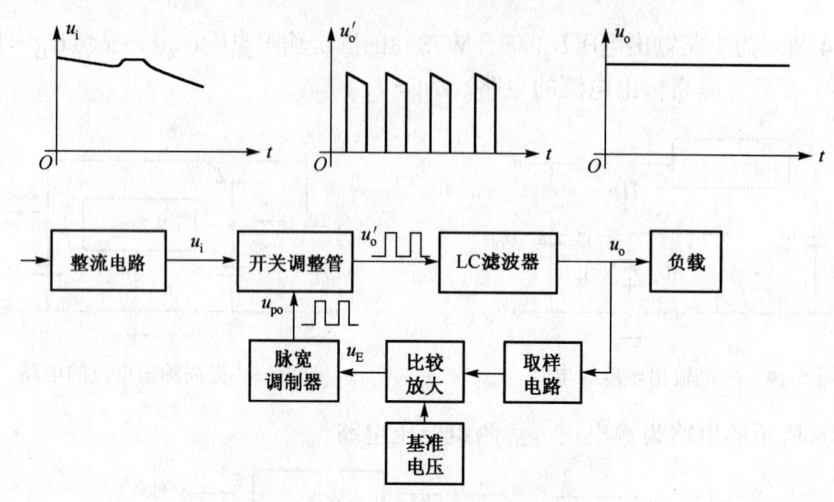

图 5-17　开关型稳压电源的结构图

近年来，开关稳压电源专用集成电路发展得很快，品种也不断增多，常见的有 MC34063、LM2575、TL494 和 CW3842 等。这些芯片将开关电源的 PWM 控制电路、开关管驱动电路和保护电路集成在一起，具有可靠性高、使用方便等特点。

5.2　晶闸管及其应用

5.2.1　晶闸管

晶闸管是目前制造技术成熟、应用广泛的一种大功率半导体器件，它是研究现代电力电子技术的基础器件。晶闸管有普通型、双向型、可关断型和快速型等。这里主要介绍普通晶闸管及其整流电路。

1. 晶闸管的结构与工作原理

晶闸管又称为可控硅（简称 SCR），由图 5-18 可见，晶闸管由四层半导体 P_1、N_1、P_2、N_2 组成，具有三个 PN 结（即 J_1、J_2、J_3），由 P_1 区引出阳极 A，N_2 区引出阴极 K，中间的 P_2 区引出控制极（又称为门极）G，其符号如图 5-18（d）所示。

为了说明晶闸管的工作原理，将晶闸管等效为一个 PNP 型晶体管 VT_1 与一个 NPN 型晶体管 VT_2 的组合，如图 5-18（b）和（c）所示。

可见，晶体管 VT_1 的发射极相当于晶闸管的阳极 A，晶体管 VT_2 的发射极相当于晶闸管的阴极 K，VT_2 的基极则相当于晶闸管的控制极 G。当阳极加正向电压，控制极也加正向电压时（如

图 5-19 所示），晶体管 VT_1、VT_2 处于放大状态，E_G 产生的控制极电流 I_G 就是 VT_2 的基极电流 I_{B2}，经 VT_2 放大后，其集电极电流 $I_{C2}=\beta_2 I_G$，I_{C2} 又是 VT_1 的基极电流，VT_1 的集电极电流 $I_{C1}=\beta_1\beta_2 I_G$。此电流再送入 VT_1 和 VT_2 进行放大，如此循环往复，便形成强烈的正反馈，使两个晶体管很快地进入饱和导通状态，即晶闸管全导通。在晶闸管导通后，阳极和阴极间的正向压降很小，外加电源电压几乎全部降在负载上，晶闸管中流过负载电流，而电流的大小由外电路决定。

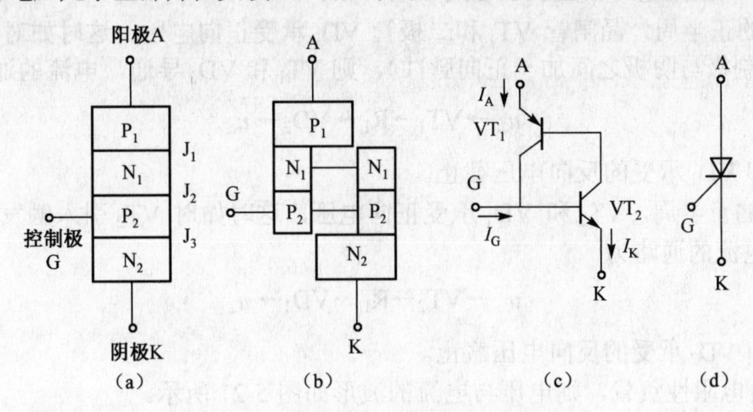

图 5-18　晶闸管结构示意图和电路符号

晶闸管在导通后，即使控制电流 I_G 消失，依然能依靠内部正反馈维持导通。所以，控制极在晶闸管导通后就失去了控制作用，因此，通常控制极是用脉冲信号触发的。要想关断晶闸管，必须将阳极电流减小到不能维持正反馈过程，可通过增大负载电阻、降低阳极电压到近似于零值或施加反向电压来实现。

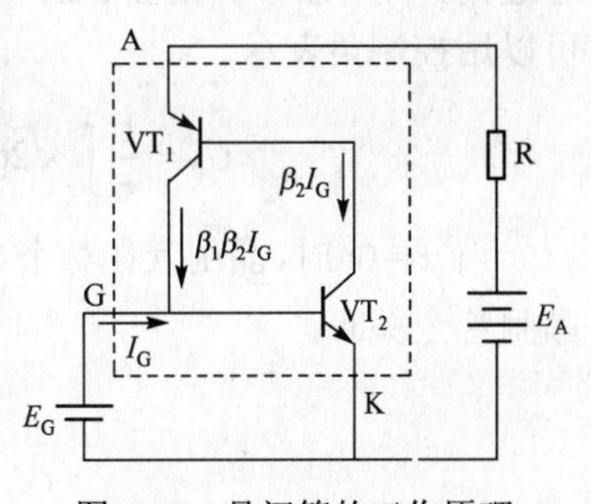

图 5-19　晶闸管的工作原理

2. 晶闸管的伏安特性

晶闸管阳极电流 I_A 和阴极与阳极电压 U_{AK} 的关系，即

$$I_A = f(U_{AK})$$

1）正向特性

当 $U_{AK}>0$ 时，控制极不加电压，晶闸管内部 PN 结 J_2 处于反向偏置，只有极小的漏电流通过，此时晶闸管处于正向阻断状态；当 $U_{AK}>U_{BO}$ 时（U_{BO} 称为正向转折电压），晶闸管漏电流突然增大，由正向阻断变为导通状态。晶闸管正向导通后的正向特性与二极管相似，导通管压降为 1V 左右。其正向电流随正向电压的下降迅速减小，当电流小于某一数值 I_H 时（I_H 称为晶闸管的维持电流），晶闸管恢复正向阻断状态。

2）反向特性

当 $U_{AK}<0$ 时，在控制极电流 $I_G=0$ 的情况下，晶闸管的伏安特性与二极管反向特性相似。当 $U_{AK}<U_{BR}$ 时（U_{BR} 称为反向击穿电压），晶闸管处于反向阻断状态，只有很小的反向漏电流通过。当 $U_{AK}\geqslant U_{BR}$ 时，反向电流突然增大，晶闸管被反向击穿，并因此而损坏。

3. 晶闸管的主要参数

（1）额定正向平均电流 I_F。I_F 是指在环境温度小于 40℃、标准散热和全导通条件下，晶闸管阳极与阴极间能连续通过的工频正弦半波电流平均值，简称正向电流。

（2）正向阻断峰值电压U_{DRM}。U_{DRM}是指在控制极开路、正向阻断条件下，晶闸管能够重复承受的正向最高电压。

5.2.2 可控整流电路

单相半控桥式整流电路如图 5-20 所示。

在电压 U 的正半周，晶闸管 VT_1 和二极管 VD_2 承受正向电压。这时如对 VT_1 引入触发脉冲U_G（在控制极与阴极之间加一正向脉冲），则 VT_1 和 VD_2 导通，电流的通路为

$$u_+ \rightarrow VT_1 \rightarrow R_L \rightarrow VD_2 \rightarrow u_-$$

这时 VT_2 和 VD_1 承受的反向电压截止。

在电压 U 的负半周，VT_2 和 VD_1 承受正向电压，这时如对 VT_2 引入触发脉冲，则 VT_2 和 VD_1 导通，电流的通路为

$$u_- \rightarrow VT_2 \rightarrow R_L \rightarrow VD_1 \rightarrow u_+$$

这时 VT_1 和 VD_2 承受的反向电压截止。

如果负载是电阻性负载，则电压与电流的波形如图 5-21 所示。

晶闸管在正向电压下不导通的范围称为控制角（或移相角），用α表示，导通范围称为导通角，用θ表示。由图 5-21 可知，导通角θ越大，输出电压越高。整流输出电压的平均值可以用控制角表示

$$U_0 = \frac{1}{\pi}\int_{\alpha}^{\pi}\sqrt{2}U\sin\omega t\mathrm{d}(\omega t) = \frac{\sqrt{2}}{\pi}U(1+\cos\alpha) = 0.9U\frac{1+\cos\alpha}{2}$$

当$\alpha = 0°$时，晶闸管在整个半周全导通，$U_0 = 0.9U$，输出电压最高。当$\alpha = 180°$时，$U_0 = 0$，晶闸管全关断。

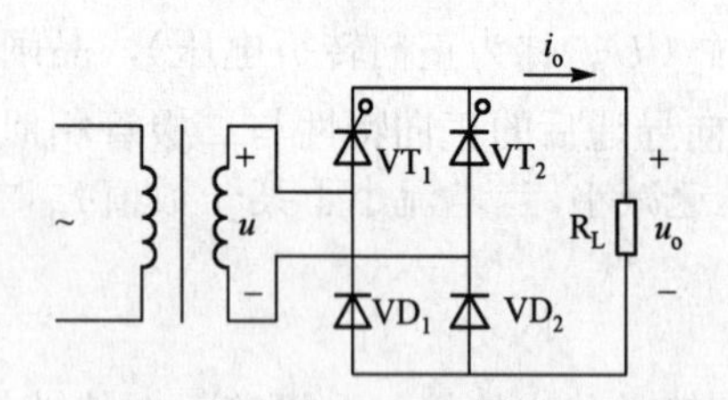

图 5-20　单相半控桥式整流电路

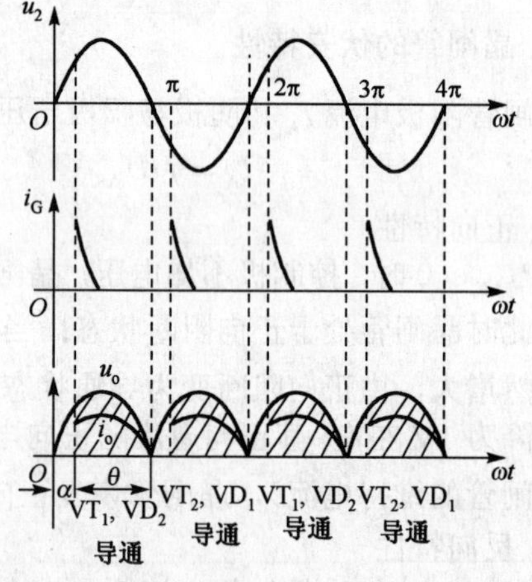

图 5-21　接电阻性负载时电压与电流的波形

本 章 小 结

单相桥式整流电路是运用十分广泛的一种整流电路，它的结构如图 5-4 所示。它输出的平均电压$U_0 = 0.9U$（U为变压器副边电压有效值）。

所输出的平均电流 $I_0 = \dfrac{U_0}{R_L} = 0.9\dfrac{U_0}{R_L}$，即变压器副边电流有效值 $I = 1.11I_0$，电压有效值 $U = 1.1U_0$。

在桥式整流电路中，每个二极管所通过的正向平均电流 $I_D = \dfrac{1}{2}I_0 = 0.45\dfrac{U}{R_L}$。每个二极管所通过的最高反向电压为电源电压的最大值 $U_{DRM} = \sqrt{2}U$。

要从一个交流电源得到稳定的直流输出，必须在整流电路后加上滤波、稳压电路。对本章介绍的电容、电感滤波电路及稳压电路的工作原理，可作为一般了解。集成稳压电源具有体积小、质量轻、安装调试方便、可靠性高等优点，是今后发展的一个重要方向。W78××系列输出正电压，W79××系列输出负电压。

本章重点：单相桥式整流电路的工作原理，以及单相桥式整流电路带电容滤波电路的工作原理及各参数（U_0、I_0、I_D、U_{DRM}）的计算。

关键术语

三相整流器	Three-Phase Rectifier
开关型直流电源	Switching Mode Direct Power Supply
电感滤波器	Inductance Filter
电容滤波器	Capacitor Filter
功率晶体管	Giant Transistor(GTR)
半波可控整流	Half-Wave Controlled Rectifier
半波整流器	Half-Wave Rectifier
全波整流器	Biphase(Fullf-Wave) Rectifier
全波可控整流	Biphase Controlled Rectifier
串联型稳压电源	Series Voltage Regulator
桥式整流器	Bridge Rectifier
晶闸管	Thyristor
滤波器	Filter
整流电路	Rectifier Circuit

习　题

5.1　图 5-22 是什么整流电路？试说明其工作原理，并画出整流电路的波形。已知 R_L=80Ω，直流电流压表 V 的读数为 110V，试求直流电流表 A 的读数，交流电压表 V_1 的读数和整流电流的最大值。

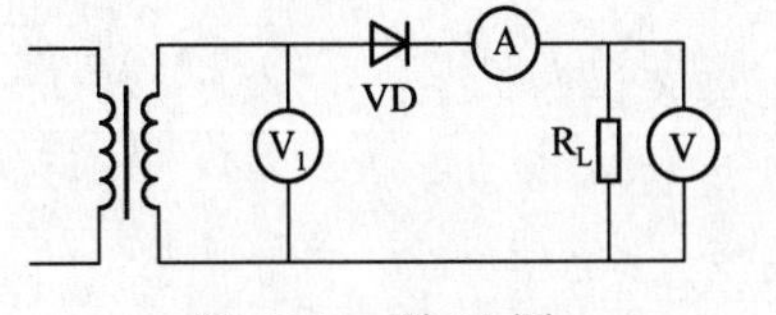

图 5-22　题 5.1 图

5.2　有一电压为 110V，电阻为 55Ω的直流负载，采用单相桥式整流电路（不带滤波器）供电，试求变压器二次绕组电压和电流的有效值。

5.3　在图 5-23 所示的电路中，$U_i = 30V$，稳压管的稳定电压为 12V，最大稳定电流为 30mA，若电压表 V 中的电阻忽略不计。

（1）开关 S 闭合，电压表 V 和电流表 A_1、A_2 的读数各为多少？流过稳压管的电流又是多少？

（2）开关 S 闭合，U_i 升高到 33V，问各表读数如何变化？

（3）$U_i = 30V$ 时，将开关 S 断开，流过稳压管的电流是多少？

（4）$U_i = 33V$ 时，将开关 S 断开，稳压管工作状态是否正常？

5.4　在图 5-24 中，试求输出电压 U_o 的可调范围是多少？

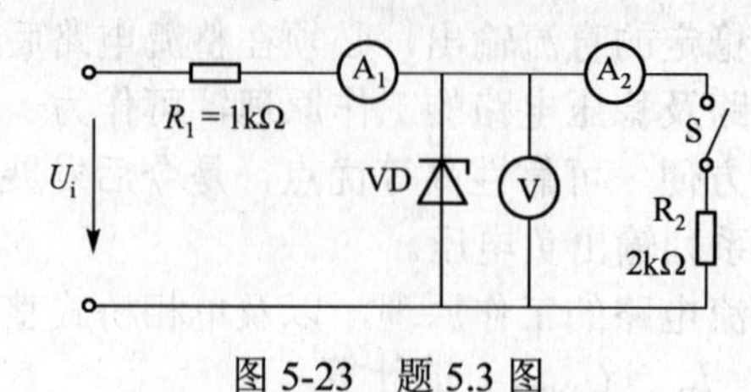

图 5-23　题 5.3 图

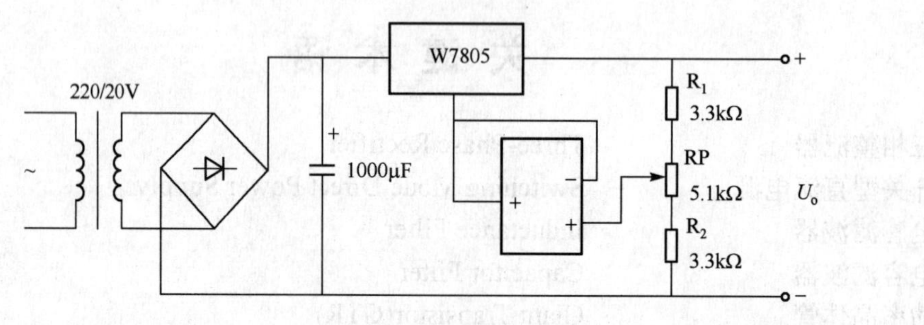

图 5-24　题 5.4 图

第 6 章　门电路和组合逻辑电路

电子技术中的信号可分为两大类：一类是模拟信号，它在时间与数值上是连续变化的，如交流放大电路的电信号及模拟温度、压力变化的信号；另一类是数字信号（又称脉冲信号），它是不随时间连续变化的信号，如生活中常用的计算器就是利用手指按键时产生的电脉冲作为计数信号的。

电子技术中电子电路分为两大类，一类是传输和处理模拟信号的电路，称为模拟电路；另一类是传输和处理数字信号的电路，称为数字电路。

6.1　数字电路概述

6.1.1　脉冲信号和数字信号

数字信号是脉冲信号，其持续时间短暂。在数字电路中，最常见的数字信号是矩形波和尖顶波，如图 6-1 所示。

实际的数字波形不是那么理想。其中实际的矩形波如图 6-2 所示。

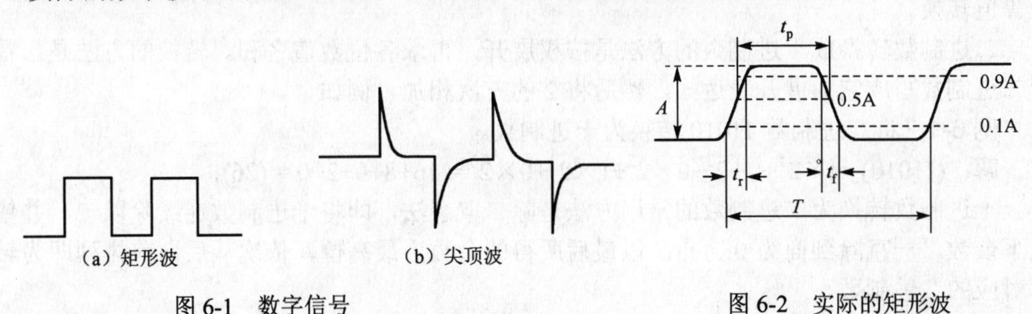

（a）矩形波　　（b）尖顶波

图 6-1　数字信号　　　　图 6-2　实际的矩形波

以矩形波为例，数字信号即脉冲信号的基本参数如下：

（1）脉冲幅度 A：脉冲信号变化的最大值。

（2）脉冲上升时间 t_r：从脉冲 10%的幅度上升到 90%所需的时间，它的单位可以是 ms、μs 和 ns。

（3）脉冲下降时间 t_f：从脉冲 90%的幅度下降到 10%所需的时间。

（4）脉冲宽度 t_p：从上升沿 50%幅度到下降沿 50%幅度所需的时间。

（5）脉冲频率 f：单位时间内的脉冲数。

（6）脉冲周期 T：周期性脉冲信号前后两次出现的时间间隔，$T = 1/f$。

脉冲信号有正负之分，当脉冲跃变后的位比初始值高时，称为正脉冲；反之则称为负脉冲，正脉冲与负脉冲如图 6-3 所示。

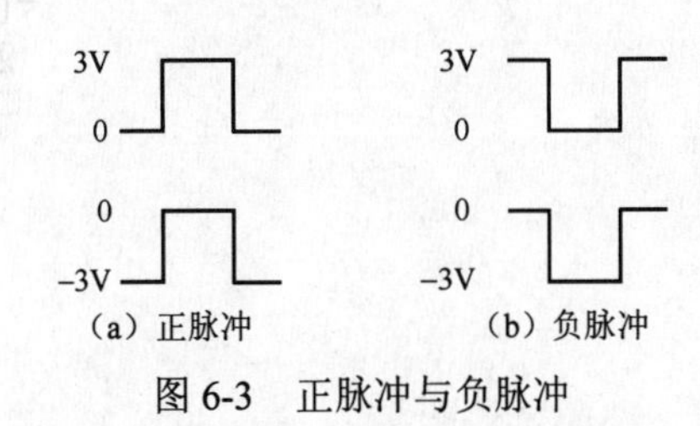

（a）正脉冲　　（b）负脉冲

图 6-3　正脉冲与负脉冲

由于数字电路通常是根据脉冲信号的有无、个数、频率、宽度来进行工作的，而与脉冲幅度无关，所以抗干扰能力强、准确度高。

以矩形波表示的数字信号只有高电平和低电平两种状态，可以利用晶体管的开关特性来实现。因此数字电路的基本元件比较简单，且适用于集成化和批量生产。

目前，数字电路的应用已极为广泛，几乎渗透到了国民经济和人们生活的一切领域之中，如数字通信、电子数字计算机、自动控制、数字仪表、遥控遥测、导航、人造卫星等。可以相信，随着集成电路技术的进一步发展和完善，数字电路的应用必将得到更快的发展和普及。

6.1.2 二进制数

数值可以表示长度、质量、时间、温度等物理量的大小程度。

表示数值大小的各种计数方法称为计数体制，简称数制。按进位的原则进行计数称为进位计数制。常用的数制有十进制数、二进制数、十六进制数等。每一种进制有一组特定的数码，如十进制数有 0、1、2、…、9 共 10 个数码。数码总数称为基数，如十进制数基数是 10。每位数的“1”代表的值称为权，如十进制数各位的权分别是 10^1、10^2、10^3、10^{-1}、10^{-2}、…。二进制数的数码有“0”、“1”两个，基数是 2，每位的权是 2 的幂。

在数字电路中，存在高电平和低电平两种工作状态，可以方便地表示二进制数（对于正脉冲，高电平为“1”，低电平为“0”）。因此数字电路中普遍使用二进制数。

在日常生活中，人们习惯使用的是十进制数。十进制数可以和二进制数按数值的大小相互等值转换。

二进制数转换成十进制数的方法是按权展开，再求各位数值之和。转换的方法是：首先把二进制数写成它的展开表达式，然后将 2 的方次相加，例如

例 6-1 将二进制数 11010 转换为十进制数。

解：$(11010)_2=1\times 2^4+1\times 2^3+0\times 2^2+1\times 2^1+0\times 2^0 = 16+8+0+2+0 = (26)_{10}$

十进制数转换为二进制数的常用方法是除二取余法，即将十进制数连续除以 2，并依次记下余数，一直除到商为 0 为止。以最后所得的余数为最高位，依次从后向前排列即为转换后对应的二进制数。

例 6-2 将十进制数 69 转换为二进制数。

解：用竖式除法表示除二取余法的过程，转化结果为

$$(69)_{10}=(1000101)_2$$

转化过程为

```
2 | 69
   2 | 34   … 余数1
     2 | 17   … 余数0
        2 | 8   … 余数1
          2 | 4   … 余数0
            2 | 2   … 余数0
              2 | 1   … 余数0
                  0   … 余数1
```

二进制数与十进制数的对照参见表 6-1。

表 6-1　二进制数与十进制数的对照表

十进制数	二进制数	十进制数	二进制数
0	0	8	1000
1	1	9	1001
2	10	10	1010
3	11	11	1011
4	100	12	1100
5	101	13	1101
6	110	14	1110
7	111	15	1000

思考与练习题

6.1.1　将下列的二进制数转换成十进制数

（1）1011　　（2）10101　　（3）11111　　（4）100001

6.1.2　将下列的十进制数转换成二进制数

（1）8　　（2）27　　（3）31　　（4）100

6.1.3　填空题

（1）描述脉冲波形的主要参数有____、____、____、____、____、____、____。

（2）数字信号的特点是在____上和____上都是断续变化的，其高电平和低电平常用____和____来表示。

（3）分析数字电路的主要工具是____，数字电路又称为____。

（4）在数字电路中，常用的计数制除十进制外，还有____、____、____。

6.1.4　判断题（正确打√，错误的打×）

（1）方波的占空比为 0. 5。（　）

（2）数字电路中用“1”和“0”分别表示两种状态，二者无大小之分。（　）

（3）在时间和幅度上都断续变化的信号是数字信号，语音信号不是数字信号。（　）

（4）占空比的公式为：$q = t_w / T$，则周期 T 越大占空比 q 越小。（　）

6.2　基本逻辑运算及逻辑门

在数字电路中，把电路的输入信号作为某种“原因”或“条件”，电路输出信号则是这种条件下的必然“结果”，即输出信号（输出变量）与输入信号（输入变量）之间存在一定的逻辑关系。数字电路就是实现这种逻辑关系的，因此，数字电路又称逻辑电路。

在数字电路中，只有两种相反的工作状态：高电平和低电平，分别用“1”和“0”表示。当用“1”表示高电平、“0”表示低电平时，称为正逻辑关系，反之称为负逻辑关系。在本书中，若无特殊规定，均采用正逻辑关系。对应正逻辑关系，开关接通为“1”，断开为“0”；灯亮为“1”，灯灭为“0”；晶体管截止为“1”，饱和为“0”等。

逻辑电路是完成逻辑运算的电路。这种电路，一般有若干个输入端和一个或几个输出端，当输入信号之间满足某一特定逻辑关系时，电路就开通，有输出；否则，电路就关闭，无输出。所以，这种由开关元件组成的可以实现一定逻辑关系的电路又称为逻辑门电路，简称门电路。数字电路中的基本逻辑关系有三种，即“与”、“或”、“非”。相应地，基本门电路有“与门”、“或门”、“非门”。

6.2.1 与逻辑运算及与门

“与”门电路就是完成逻辑乘法运算的电路。所谓逻辑乘就是“与逻辑”的意思，这在日常生活中也会经常遇到。例如，在图 6-4（a）中，开关 A 与 B 串联后控制指示灯 F，只有 A、B 全部接通（全为“1”时），灯 F 才会亮（为“1”）；若 A，B 中有一个断开（为“0”），则 F 不亮（为“0”）。F 与 A、B 的这种关系称为与逻辑。此例表明了这样一种因果关系：当决定一件事情（灯亮）的几个条件全部具备（开关 A 和 B 均合上）时，这件事（灯亮）才会发生。这种关系称为“与”逻辑关系。这里的“与”关系特别强调的是几个条件必须“全部”、“同时”具备，否则事件就不会发生。与逻辑表达式为

$$F = A \cdot B \tag{6-1}$$

式中小圆点“·”表示 A 与 B 的与运算，也称逻辑乘运算，在不引起误会的情况下圆点可省略。

在数字逻辑电路中，门电路不是用有触点的开关，而是利用二极管、晶体管等的开关特性，由分立元件或集成电路组成。图 6-4（b）为由二极管组成的与门电路。更为一般性地，在数字电路中，为了分析问题的方便，往往不绘出具体的门电路组成，而是以逻辑符号代替。图 6-4（c）是与门的逻辑符号。

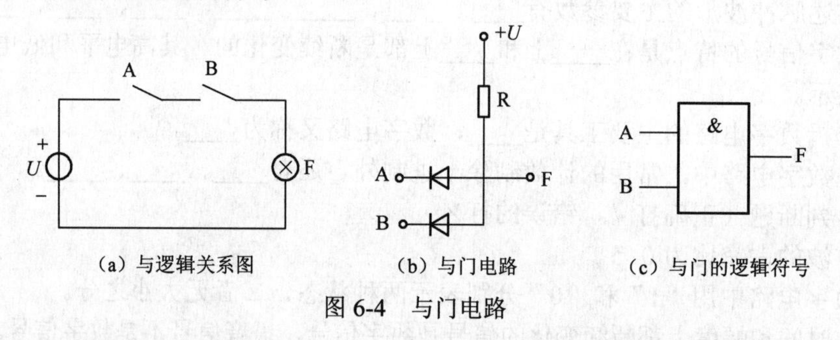

（a）与逻辑关系图　　（b）与门电路　　（c）与门的逻辑符号

图 6-4　与门电路

如果把输入变量的所有可能取值的组合都列出，并对应地给出它们输出变量的逻辑值，所得图表称为逻辑状态表（真值表）。F = A·B 的逻辑状态参见表 6-2。

由表可以得出：0·0=0　0·1=0　1·0=0　1·1=1

总结为：“有 0 则 0，全1才1”。

与门电路，往往用来控制信号的传送。图 6-5 为与门电路的工作波形图，图中只有当 A=l 时，B 信号才能通过，在 F 端得到输出信号，此时相当于与门被打开；当 A=0 时，与门被封锁，信号 B 不能通过。

表 6-2　与门逻辑状态表

输入		输出
A	B	F
0	0	0
0	1	0
1	0	0
1	1	1

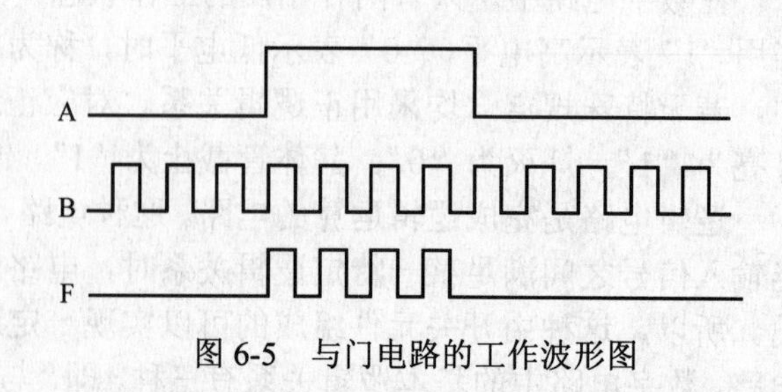

图 6-5　与门电路的工作波形图

与门电路的输入变量可以是两个，也可以推广到三个或多个，如 F=A·B·C，F=A·B·C·D …

6.2.2　或逻辑运算及或门

“或”门就是完成逻辑加运算的电路，所谓逻辑加就是“或”逻辑的意思。这在日常生活中也是会经常遇到的。例如在图 6-6 的电路中，开关 A、B 中只要有一个合上，则灯泡就会亮。此例表明了另一种因果关系：在决定一件事情（灯亮）的几个条件（开关 A、B 闭合）中，只要有一个条件得到满足，这件事就会发生，这种关系称为“或”逻辑关系。这里的“或”关系特别强调“只要”有一个条件满足时，这件事就会发生。F 与 A、B 的这种逻辑表达式为

$$F = A + B \tag{6-2}$$

或逻辑运算又称逻辑加。

图 6-6（b）为由二极管组成的或门电路。图 6-6（c）为或门的逻辑符号。即 0+0=0，0+1=1，1+0=1，1+1=1 或门的逻辑状态参见表 6-3。

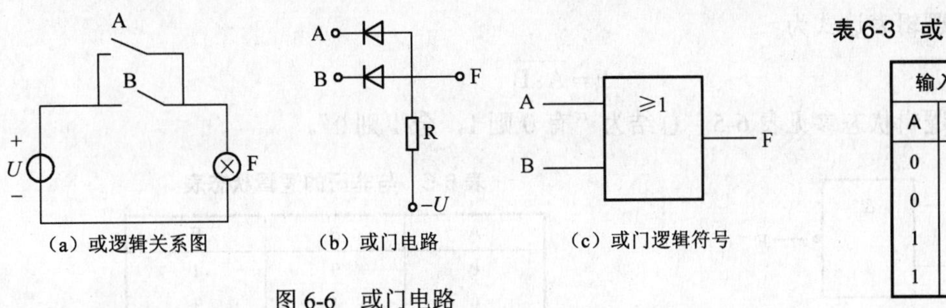

（a）或逻辑关系图　（b）或门电路　（c）或门逻辑符号

图 6-6　或门电路

表 6-3　或门的逻辑状态表

输入		输出
A	B	F
0	0	0
0	1	1
1	0	1
1	1	1

总结为：“有 1 则 1，全 0 才 0”。

同样，或门输入变量可以是多个，如 F=A+B+C。

6.2.3　非逻辑运算及非门

“非”门电路就是完成“非”运算的电路。例如，在图 6-7（a）中为非逻辑关系图，开关 A 与电灯 F 并联。当开关 A 接通（为“1”）时，灯 F 不亮（为“0”）；当 A 断开（为“0”）时，灯 F 亮（为“1”），F 与 A 的状态相反。这表示条件和结果相反的一种逻辑关系，这种关系称为“非”逻辑关系，与其相应的电路称为“非”门电路。这种逻辑表达式为

$$F = A \tag{6-3}$$

图 6-7（b）为由晶体管组成的非门电路。此时，不同于放大电路，晶体管不是工作在放大状态，而是工作在饱和状态或截止状态。当 A 为低电平即 0 时，晶体管截止，相当于开路，输出端 F 为接近+U 的高电平即为 1；当 A 为 1 即高电平（一般为 3V）时，晶体管处于饱和状态，饱和电压 U_{CES}=0.3V，C、E 间相当于短路，输出端 F 为 0。

图 6-7（c）为非门逻辑符号。非门逻辑状态参见表 6-4，即 $\bar{0}=1$，$\bar{1}=0$。

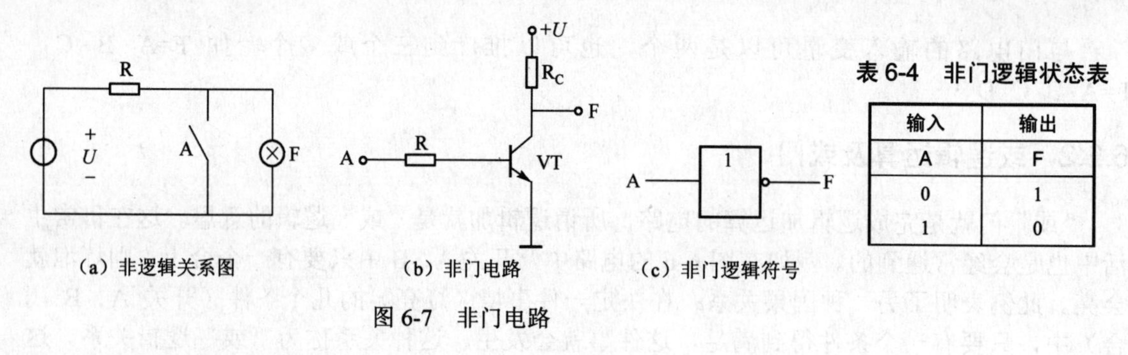

（a）非逻辑关系图　　（b）非门电路　　（c）非门逻辑符号

图 6-7　非门电路

表 6-4　非门逻辑状态表

输入	输出
A	F
0	1
1	0

6.2.4　复合逻辑运算及复合门

由与门、或门、非门经过简单的组合，可构成复合逻辑门，如“与非门”、“或非门”、“异或门”等。

1. 与非门

“与”和“非”的复合运算（先求“与”，再求“非”）称为“与非”运算。实现与非复合运算的电路称为与非门。与非门逻辑符号如图 6-8 所示。

与非门的逻辑表达式为

$$F=\overline{A\cdot B}$$

与非门的逻辑状态参见表 6-5。总结为“有 0 则 1，全 1 则 0”。

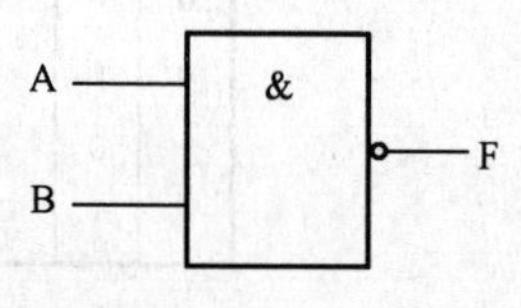

图 6-8　与非门逻辑符号

表 6-5　与非门的逻辑状态表

A	B	F
0	0	1
0	1	1
1	0	1
1	1	0

2. 或非门

实现“或非”复合运算的电路称为或非门。或非门逻辑符号如图 6-9 所示。

或非门的逻辑表达式为

$$F=\overline{A+B}$$

或非门的逻辑状态参见表 6-6，总结为“有 1 则 0，全 0 则 1”。

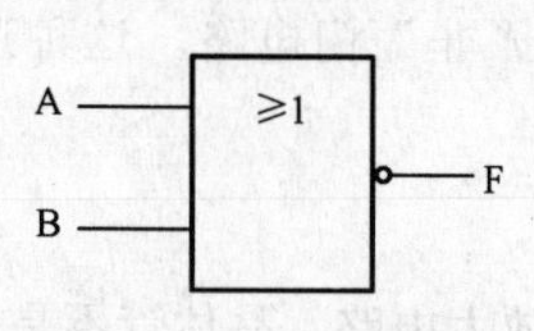

图 6-9　或非门逻辑符号

表 6-6　或非门的逻辑状态表

A	B	F
0	0	1
0	1	0
1	0	0
1	1	0

3. 异或门

式 $F=A\overline{B}+A\overline{B}$ 的逻辑运算称为异或运算。记做 $F=A\overline{B}+A\overline{B}=A\oplus B$ 逻辑符号，如图 6-10 所示。

由表达式可得出逻辑状态，参见表 6-7。总结为“同则为 0，不同为 1”，即异或门的逻辑功能为：当两个输入相同时，输出为 0；当两个输入不同时，输出为 1。

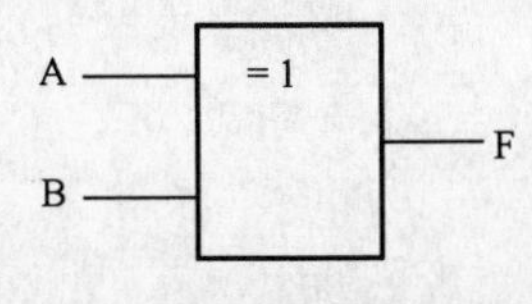

图 6-10　异或门逻辑符号

表 6-7　异或门逻辑状态表

A	B	F
0	0	0
0	1	1
1	0	1
1	1	0

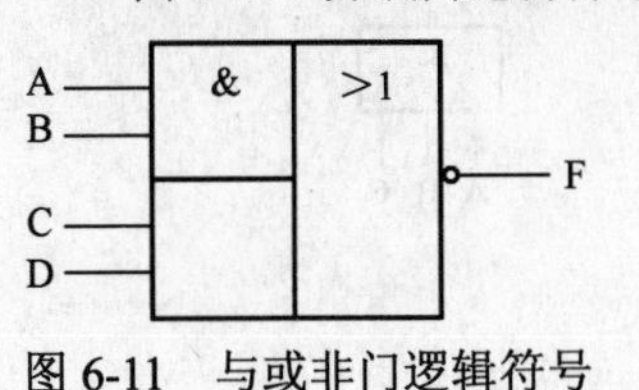

图 6-11　与或非门逻辑符号

4．与或非门

与或非门表达的与或非逻辑运算为 $F=\overline{AB+CD}$，只有 A、B 同时为 1 或 C、D 同时为 1 时，F 才会为 0，其逻辑符号如图 6-11 所示。

思考与练习题

6.2.1　什么是正逻辑和负逻辑？

6.2.2　逻辑代数中的 1 和 0 是否表示两个数字？逻辑加法运算和算术加法运算有何不同？

6.2.3　逻辑代数的三种基本运算是什么？

6.2.4　逻辑函数的三种表示方法如何相互转换？

6.3　数字集成门电路

前面所述的门电路由二极管、晶体管等分立元件组成，称为分立元件门电路。分立元件门电路体积大、焊点多、可靠性差。本节讲述的集成门电路是通过特殊的半导体工艺将二极管、晶体管、电阻等电子元器件和连线制作在一个很小的硅片上，并封装在壳体中，管壳外面只提供电源、地线、输入线、输出线等。集成逻辑门电路具有体积小、功耗小、成本低、可靠性高等一系列优点，在数字电路中应用非常广泛。

TTL 集成门电路主要有两大类：一类是由双极型晶体管为主体构成，如 TTL 集成电路，一类是由单极型 MOS 管为主体构成的集成电路。

TTL 集成门电路是由若干个晶体管和电阻组成的，其输入级和输出级都是晶体管，因此，这种门电路称为 TTL（Transistor-Transistor-Logic）门电路，简称 TTL 电路。在 TTL 门电路中，应用最广泛的是 TTL 与非门电路。

6.3.1　TTL 门电路

1．TTL 门电路结构

如图 6-12 为典型的 TTL 与非门电路。电路由输入级、中间级和输出级三部分组成。该 TTL 电路实现逻辑功能为 $F=\overline{ABC}$。

1）输入级

输入级晶体管 VT_1 为多发射极晶体管，可把它的集电极看做一个二极管，而把发射结看成与前者背对背的几个二极管，如图 6-13 所示。可以看出 VT_1 的作用和二极管与门电路的作用完全相同。

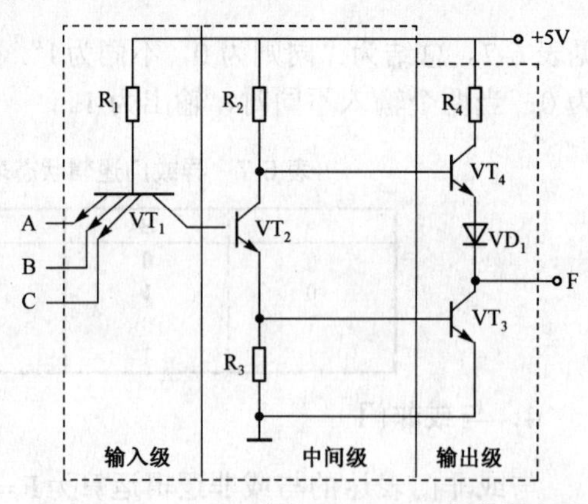

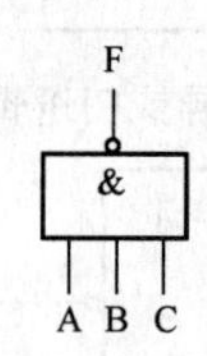

图 6-12　TTL 与非门电路

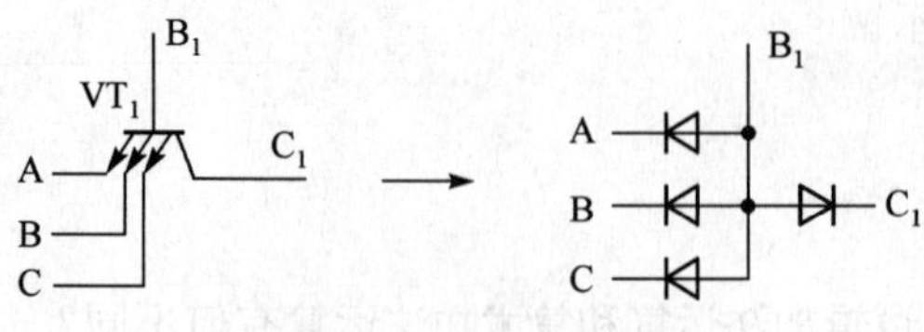

图 6-13　多发射极晶体管

2）中间级

中间级由晶体管 VT_2 和电阻 R_2、R_3 组成（见图 6-12），从发射极和集电极互补输出（即电压升降方向相反），故中间级又称为倒相级。

3）输出级

输出级由晶体管 VT_3、VT_4 和二极管 VD_1 及电阻 R_4 组成推拉式输出电路（见图 6-12），使得两个晶体管轮流导通，其作用是降低静态功耗和提高电路带负载能力，即 VT_3 导通时，VT_4 和 VD_1 截止；而 VT_3 截止时，VT_4 和 VD_1 导通。

2．TTL 门电路的工作原理

1）当任何一个输入端有低电平输入时

例如，$U_A = 0.3V$，$U_B = U_C = 3.6V$，即 A = 0，B = C = 1，则 VT_1 与 A 输入端相连的发射结正向偏置而导通，其基极电位 $U_{b1} = 0.3 + 0.7 = 1V$，该电位作用于 VT_1 的集电结和 VT_2、VT_3 的发射结上，不足以让这 3 个 PN 结导通，因此，VT_2、VT_3 都处于截止状态。由于 VT_2 截止，则 VT_2 的集电极电位 U_{c2} 接近 5V，VT_4 和 VD 导通，F 点的输出电压为 $U_O = U_{C2} - U_{b1} - U_{VD} = 5 - 0.7 - 0.7 = 3.6$（V）输出电压为高电平，有 F = 1，即有 A、B、C 中有一个为 0，就有 F = 1。

2）当所有输入端均为高电平信号输入时

例如，$U_A = U_B = U_C = 3.6V$，即 A = B = C = 1，则 VT_1 的基极电位 U_{b1} 抬高。但当 VT_1 的基极电位 U_{b1} 抬高至 2.1V 时，VT_1 的集电结和 VT_2、VT_3 的发射结均因正向偏置而导通，它们每个结均承担 0.7V 的压降，所以，VT_1 的基极电位 U_{b1} 便被钳制在 2.1V。对于 VT_1 来讲，由于 $U_{E1} > U_{B1} > U_{C1}$，所以 VT_1 此时工作在倒置工作状态。此时，电源 U_{CC} 通过 R_{B1} 和 VT_1 的集电结向 VT_2 和 VT_3 提供基极电流，从而使 VT_2 和 VT_3 处于饱和导通状态。而 VT_2 的集电极电位 $U_{C2} = U_{CES2} + U_{B3} = 0.3 + 0.7 = 1.0$（V），这个电位不足以让 VT_4 和二极管 VD 导通，所以 VT_4 和二极管 VD 均为截止状态。输出电压 $U_O = U_{CES3} = 0.3V$，为低电平。

可见，当输入全为高电平时，输出才为低电平，即有 A、B、C 全为 1，F = 0。

显然，该电路具有与非的逻辑功能。

3．TTL 与非门的特性与参数

1）电压传输特性

TTL 与非门电路的输出电压随输入电压变化的特性，称为电压传输特性。通过实验可得 TTL 与非门电压传输特性曲线，如图 6-14 所示。分析如下：

AB 段：当 U_I<0.7V 时，VT_5 截止，输出电压 $U_O = 3.6V$，称为截止区。

BC 段：当 U_I>0.7V 以后，U_O 随 U_I 的增大而线性减小，称为线性区。

CD 段：当 U_I 增至 1.4V 时，VT_5 开始导通，U_O 急剧下降变为低电平，称为转折区。此时对应的输入电压称为阈值电压或门槛电压 U_T。

DE 段：当 U_I 继续升高，VT_5 处于饱和状态，输出电压 $U_O = 0.3V$，称为饱和区。

截止区与饱和区分别对应信号输入为“1”，而输出为“1”和“0”的电路工作状态。

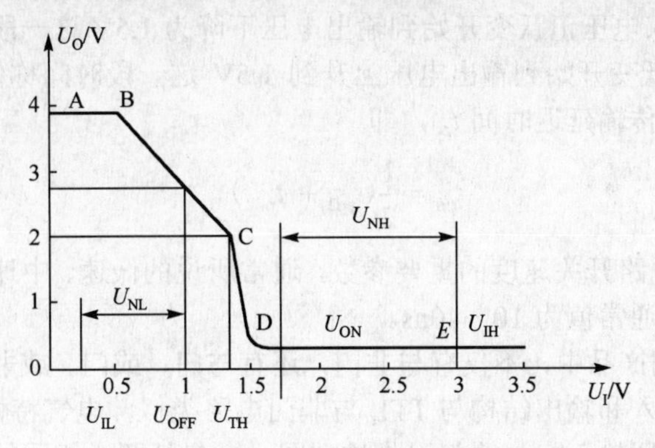

图 6-14　TTL 与非门电压传输特性曲线

2）主要参数

（1）输出高电平 U_{OH} 和输出低电平 U_{OL}。输出高电平是指在额定负载下输出信号为“1”时的输出电平，对应图 6-14 中的 AB 段；输出低电平则是输出信号为“0”时的输出电平，对应 DE 段。对通用 TTL 与非门产品，U_{OH}>2.4V，U_{OL}<0.4V 即为合格。

（2）噪声容限电压。噪声容限电压又称抗干扰电压，是指正常工作时容许的最大干扰信号（又称噪声信号）幅度，它反映了门电路的抗干扰能力。

在保证输出高电平电压不低于额定值 90%的条件下，所允许叠加在输入低电平电压上的最大噪声电压，称为低电平噪声容限电压 U_{NL}（见图 6-14）

$$U_{NL} = U_{OFF} - U_{IL} \tag{6-4}$$

其中 U_{NL} 值越大，表明电路抗正向干扰的能力越强。

式中　U_{OFF}——所允许的最大输入低电平电压；

U_{IL}——正常工作时的输入低电平电压。

在保证输出低电平电压的条件下，所允许叠加在输入高电平电压上的最大噪声电压，称为高电平噪声容限电压 U_{NH}（见图 6-14）

$$U_{NH} = U_{IH} - U_{ON} \tag{6-5}$$

式中　U_{ON}——所容许的最小输入高电平电压；

U_{IH}——正常工作时输入高电平电压。

其中 U_{NH} 值越大，表明电路抗负向干扰的能力越强。

（3）输入低电平电流 I_{IL} 和输入高电平电流 I_{IH}。输入低电平电流 I_{IL} 是指输入端接输入低电平时，从该输入端流出的电流。输入高电压电流 I_{IH} 是指输入端接输入高电平时流入输入端的电流。

I_{IL}、I_{IH} 是接入电路正常工作时该门电路相对前级的负载电流。

（4）输出低电平电流 I_{OL} 和输出高电平电流 I_{OH}。输出低电平电流 I_{OL} 是指输出低电平时流入输出端的灌电流。I_{OH} 是指输出高电平时，流出输出端的拉电流。

I_{OL}、I_{OH} 决定了门电路带负载能力。

（5）扇出系数 N_0。扇出系数 N_0 是指允许驱动同类门电路的最大个数，表示带同类门电路负载能力。TTL 与非门的 $N_0>8$。

（6）平均传输延迟时间 t_{pd}。当与非门工作时，二极管、晶体管的状态转换及电路的信号传输需要一定的时间，所以输出信号相对于输入信号有一定的时间延迟，称为传输延迟，如图 6-15 所示。

通常规定，把从输入电压正跃变开始到输出电压下降为 1.5V 这一段时间称为导通传输时间 t_{pd1}；从输入电压负跃变开始到输出电压上升到 1.5V 这一段时间称做截止传输时间 t_{pd2}。两者的平均值称为平均传输延迟时间 t_{pd}，即

$$t_{pd}=\frac{1}{2}(t_{pd1}+t_{pd2}) \tag{6-6}$$

其中 t_{pd} 是表示门电路开关速度的重要参数，通常所说的低速、中速和高速门电路都是根据它的大小来区分的，通常值为 10～40ns。

在 TTL 门电路系列产品中，不仅有与非门，还有与门、或门、或非门、异或门等逻辑门电路。这些门电路的输入和输出结构与 TTL 与非门电路类似，电气特性也相似。

图 6-16 为 74LS20 四输入门与非门引脚排列图。它包括两个相同的各自独立的与非门电路，可单独使用，但共用一根电源线和一根地线。

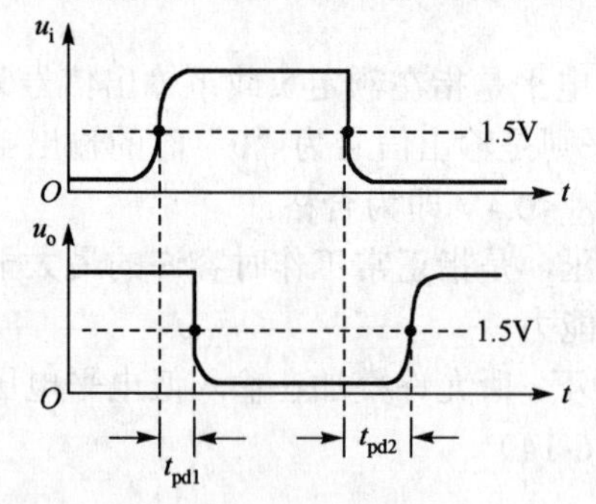

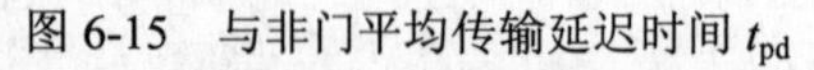
图 6-15　与非门平均传输延迟时间 t_{pd}

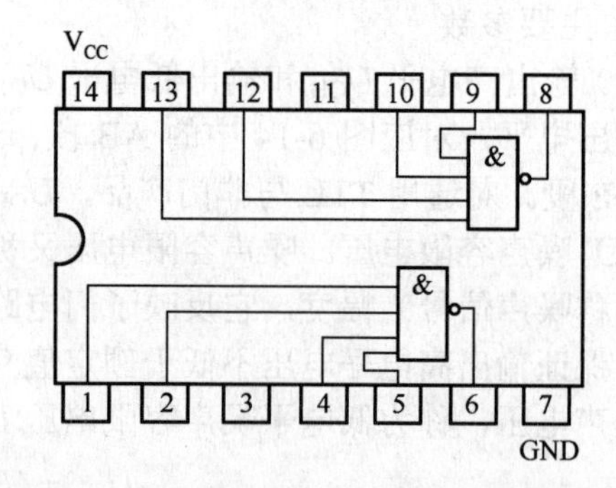

图 6-16　74LS20 四输入门与非门引脚排列图

在使用门电路时，输入信号数可能会小于门的输入端数，这就会有多余的输入端。多余输入端的处理原则是：与门（与非门）多余输入端接高电平，或门（或非门）多余端接低电平。

对于 TTL 门电路，接地或串联小电阻接地相当于接低电平；接电源、悬空或串联大电阻接地相当于接高电平。

TTL 与门（与非门）多余输入端的处理方法如图 6-17 所示，其中悬空（见图 6-17（b））抗干扰能力差，两输入端并联（见图 6-17（c））影响速度。

TTL 或门（或非门）多余输入端的处理方法如图 6-18 所示。

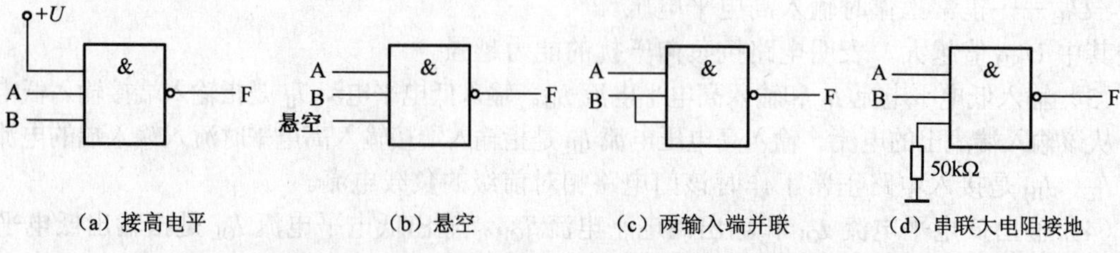

（a）接高电平　　（b）悬空　　（c）两输入端并联　　（d）串联大电阻接地

图 6-17　与门（与非门）多余输入端的处理方法

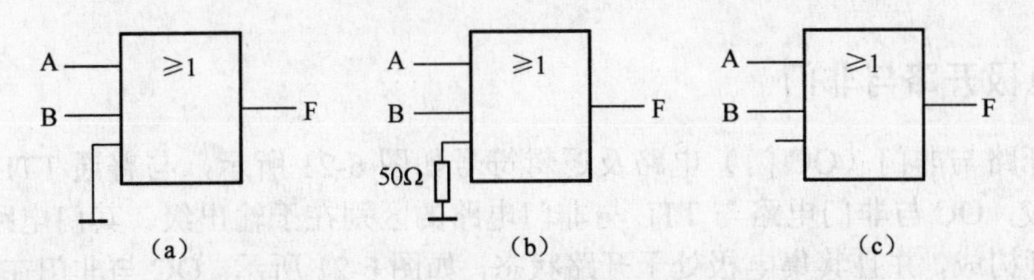

图 6-18　或门（或非门）多余输入端的处理方法

6.3.2　TTL 三态输出与非门

所谓三态输出与非门，是指与非门的输出有三种状态：输出高电平、输出低电平和输出高阻抗。其电路图及逻辑符号如图 6-19 所示。与图 6-14 相比，图 6-19（a）多了由 EN 端引出的控制线，EN 端称为控制端或使能端。当 EN 输入端为高电平时，二极管 VD 截止，电路和正常的与非门电路工作情况相同，电路处于正常工作状态，即 $F=\overline{AB}$；当 EN 输入端为低电平时，VT_1 约为 1V，故 VT_2、VT_3 均截止。同时，EN 为低电平使得二极管 VD 导通，VT_2 也只有 1V，使得 VT_4 和 VD_1 也处于截止状态。所以，此时输出端表现出高阻抗状态，即

$$F=\begin{cases}\overline{AB} & EN=1\\ Z & EN=0\end{cases}\qquad \text{（Z 表示高阻态）}$$

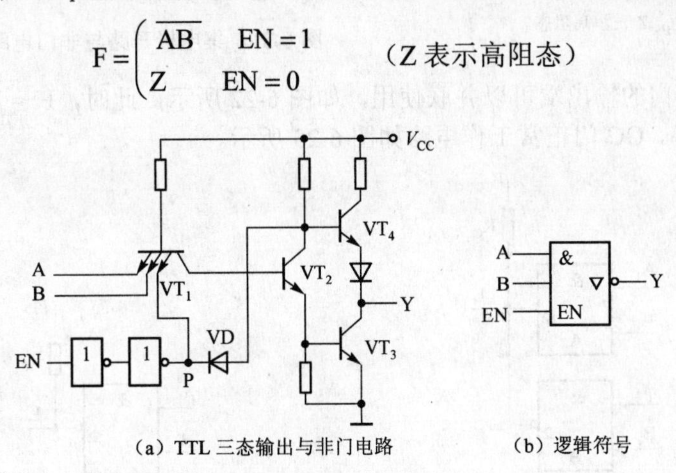

（a）TTL 三态输出与非门电路　　（b）逻辑符号

图 6-19　TTL 三态输出与非门电路及逻辑符号

三态输出与非门逻辑状态参见表 6-8。

由于电路结构不同，有的三态门控制端 EN 是低电平有效，即当 EN 端为低电平时电路处于工作状态，而在高电平时则为高阻态。在逻辑符号中，EN 端有一个小圆圈，字母 EN 上端有短横线，表示低电平有效，这是逻辑图中一贯使用的方法。

TTL 三态输出与非门最重要的一个用途，是可以实现一根导线有序地轮流传送几个不同的数据或控制信号，这根导线称为母线或总线。如图 6-20 所示，只要让各门的控制端轮流地处于高电平，即任何时间只能有一个三态门处于工作状态，各门的输出信号就可轮流地传送到总线上。这种总线技术广泛应用于计算机系统中。

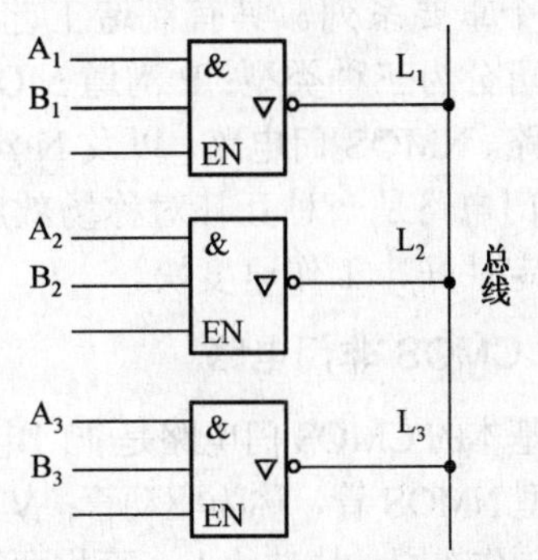

图 6-20　TTL 三态门输出与非门用于总线控制

6.3.3 集电极开路与非门

集电极开路与非门（OC 门）电路及逻辑符号如图 6-21 所示，与普通 TTL 与非门（见图 6-14）比较，OC 与非门电路与 TTL 与非门电路的区别在于输出级。其门电路的输出级仅由一个晶体管构成，并且其集电极处于开路状态，如图 6-21 所示。OC 与非门在正常工作时，需串联一个适当阻值的上拉电阻 R_L 后，才能接到电源 U_{CC} 上。

表 6-8 三态输出与非门逻辑状态表

E	A	B	F
1	0	0	1
1	0	1	1
1	1	0	1
1	1	1	0
0	X	X	Z

注：X 表示任意值，Z 表示高阻态。

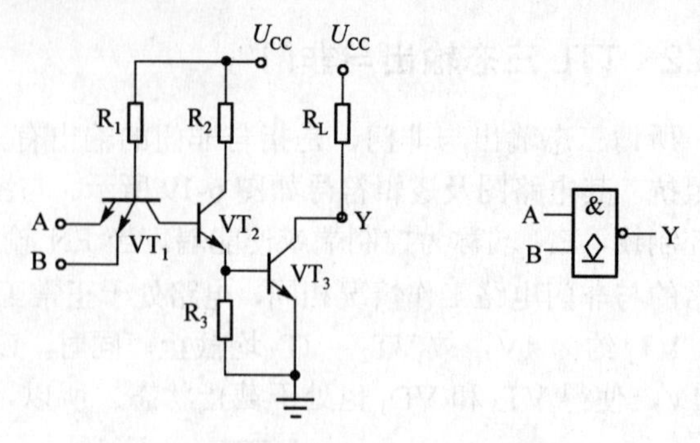

图 6-21 集电极开路与非门电路及逻辑符号

几个 OC 与非门的输出端可以并联使用，如图 6-22 所示，此时，F = F1·F2，这种接法称为“线与”电路。OC 门正常工作电路如图 6-23 所示。

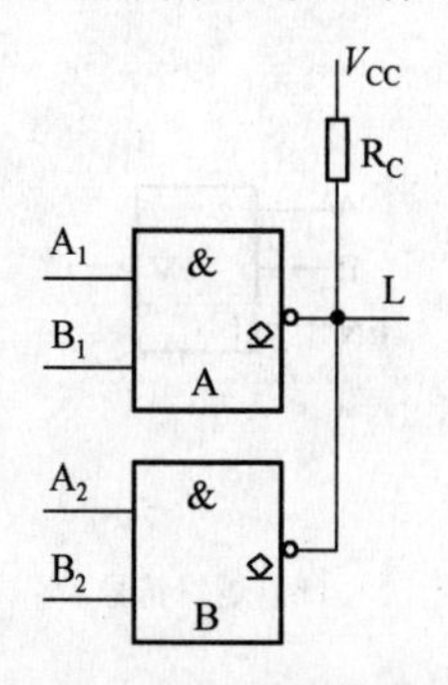

图 6-22 OC 与非门线与电路

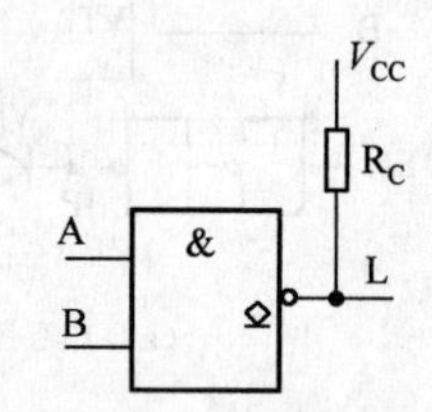

图 6-23 OC 门正常工作电路

6.3.4 CMOS 门电路

由单极型场效应管构成的集成逻辑门电路即 MOS 门电路。MOS 集成电路是数字集成电路的一个重要系列，具有制造工艺简单、集成度高、功耗低、抗干扰能力强等优点。MOS 门电路可分为三种类型：P 沟道 MOS 管构成的 PMOS 门电路、N 沟道 MOS 管构成的 NMOS 集成电路、NMOS 门电路，以及 N 沟道 MOS 管和 P 沟道 MOS 管共同组成的 CMOS 门电路。CMOS 门电路是一种互补对称场效应管集成电路，它的优点是静态功耗低、抗干扰能力强、工作稳定性好、工作速度快。

1. CMOS 非门电路

最基本的 CMOS 门电路是非门电路，称为 CMOS 反相器，其电路如图 6-24 所示，其中 VT_N 是增强型 NMOS 管，称为驱动管；VT_P 是增强型 PMOS 管，称为负载管。驱动管和负载管的参数对称，制作在同一块硅片上，而将两管的栅极连在一起可作为输入端 A，漏极连在一起可作为输出端 F。

当输入端 A 为高电平即 U_{DD}（约为 1）时，驱动管 VT_N 的栅源电压大于开启电压，处于导通状态，而负载管 VT_P 则处于截止状态，输出电平约为 0，即逻辑 0；当输入端 A 为低电平即 0 时，情况相反，VT_N 截止，VT_P 导通，输出为 U_{DD}（约为 1）。

CMOS 也可以构成与非门、或非门和三态门等逻辑门，其中使用较广泛的是或非门。

CMOS 门电路的输入端电平与外接串联电阻大小无关，在图 6-25 中两图的接地端输入均为 0，与 R 值无关。

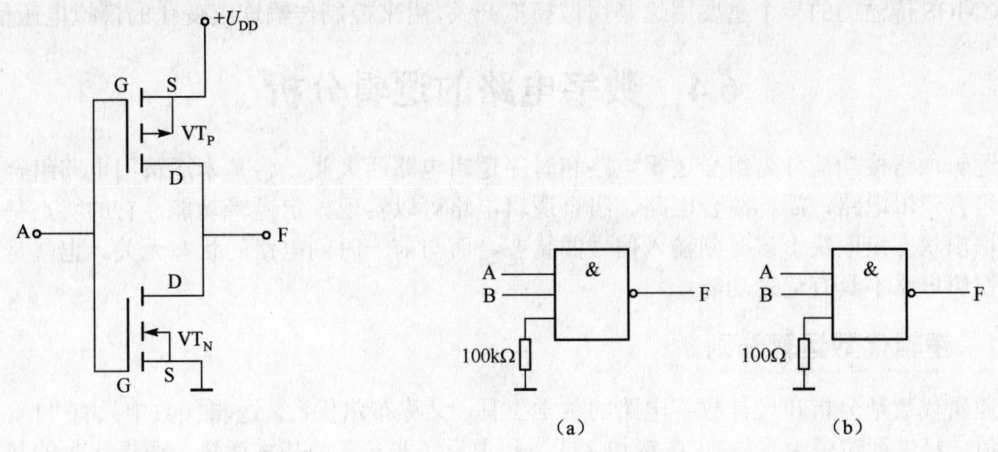

图 6-24　CMOS 非门电路　　　图 6-25　CMOS 门电路的输入端电平与外接串联电阻大小无关

注意：CMOS 门电路中不允许有输入端悬空，否则会使栅极击穿，损坏电路。

2．CMOS 传输门电路

CMOS 传输门电路是一种能控制信号通过与否的开关，其有对所要传送的信号允许或禁止通过的功能。

CMOS 传输门电路及逻辑符号如图 6-26 所示。

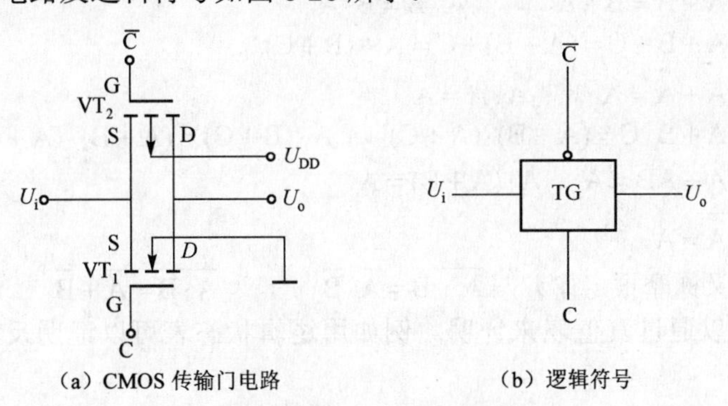

（a）CMOS 传输门电路　　　（b）逻辑符号

图 6-26　CMOS 传输门电路

当控制信号 C=0，$\overline{C}=1$，即 $\overline{C}$ 端加 U_{DD} 电压时，输入信号 U_I 的变化在 0～U_{DD} 范围内，VT_1 和 VT_2 同时截止，输入与输出之间呈高阻状态，相当于开关被断开。反之，当 C = 1 即在控制端 C 加 U_{DD} 电压，$\overline{C}$ 为 0 时，设两管开启电压为 U_T，若 $0<U_I<(U_{DD}\sim U_T)$，VT_1 导通，若 $U_T<U_I<U_{DD}$，VT_2 导通，只要输入信号 U_I 的变化在 0～U_{DD} 范围内，则至少有一个晶体管导通，电路呈低阻，相当于开关接通。

即当 C = 1，$\overline{C}=0$ 时，传输门导通，$U_o = U_I$；当 C = 0，$\overline{C}=1$ 时，传输门截止，输出端

呈高阻，即

$$\begin{cases} U_o = U_I(C=1, & \overline{C}=0) \\ Z & (C=0, \ \overline{C}=1) \end{cases}$$

由于CMOS管的结构是对称的，源极和栅极可以互换，因此传输门的输入端和输出端也可以互换使用，是双向开关。

CMOS传输门的一个重要用途是用做模拟开关，用来控制传输连续变化的模拟电压信号。

6.4 数字电路的逻辑分析

逻辑电路按功能分为组合逻辑电路和时序逻辑电路两大类。将基本逻辑门电路组合起就构成组合逻辑电路，简称组合电路。组合逻辑电路可以实现一定逻辑功能，它的特点是任意时刻输出状态仅取决于该时刻输入信号的状态，而与前一时刻电路的状态无关。也就是说，组合逻辑电路不具有记忆功能。

6.4.1 逻辑代数运算法则

逻辑代数是分析和设计数字电路的数学工具，又称布尔代数。逻辑代数中只有“1”、“0”两个值，只进行逻辑乘（与）、逻辑加（或）和求反（非）三种基本运算。逻辑代数的基本公式如下。

1．变量和常量的关系定律

（1）0、1律　$A+0=0$　$A+1=1$　$A\cdot 0=0$　$A\cdot 1=A$。

（2）互补律　$\overline{A}+A=1$　$\overline{A}\cdot A=0$。

2．逻辑代数基本定律

（1）交换律　$A+B=B+A$　$A\cdot B=B\cdot A$

（2）结合律　$A+B+C=(A+B)+C=A+(B+C)$

（3）重叠律　$A+A=A$　$A\cdot A=A$

（4）分配律　$A+B\cdot C=(A+B)\cdot(A+C)$　$A\cdot(B+C)=(A+B)\cdot(A+C)$

（5）吸收律　$A+AB=A$　$A\cdot(A+B)=A$

（6）非非律　$\overline{\overline{A}}=A$

（7）反演律（又称摩根定律）　$\overline{A+B}=\overline{A}\cdot\overline{B}$　$\overline{A\cdot B}=\overline{A}+\overline{B}$

上述公式都可以通过真值表来证明。例如用逻辑状态表可以证明反演律二式成立，参见表6-9。

表6-9　证明反演律的逻辑状态表

A	B	$\overline{A+B}$	$\overline{A}\cdot\overline{B}$	$\overline{A\cdot B}$	$\overline{A}+\overline{B}$
0	0	$\overline{0+0}=1$	$\overline{0}\cdot\overline{0}=1$	$\overline{0\cdot 0}=1$	$\overline{0}+\overline{0}=1$
0	1	$\overline{0+1}=0$	$\overline{0}\cdot\overline{1}=0$	$\overline{0\cdot 1}=1$	$\overline{0}+\overline{1}=1$
1	0	$\overline{1+0}=0$	$\overline{1}\cdot\overline{0}=0$	$\overline{1\cdot 0}=1$	$\overline{1}+\overline{0}=1$
1	1	$\overline{1+1}=0$	$\overline{1}\cdot\overline{1}=0$	$\overline{1\cdot 1}=0$	$\overline{1}+\overline{1}=0$

反演律又称摩根定律，可以推广到多个变量

$$\overline{A \cdot B \cdot C \cdots} = \overline{A} + \overline{B} + \overline{C} + \cdots$$

$$\overline{A + B + C + \cdots} = \overline{A} \cdot \overline{B} \cdot \overline{C} \cdots$$

3．逻辑函数的常用公式

在逻辑函数的公式化简中，由于以下 4 条等式经常出现，所以被称为常用公式。

（1） $AB + A\overline{B} = A$

证明：$AB + A\overline{B} = A(B + \overline{B}) = A$

（2） $A + \overline{A}B = A + B$

证明：由分配律可得：$A + \overline{A}B = (A + \overline{A})(A + B) = A + B$

（3） $AB + \overline{A}C + BC = AB + \overline{A}C$

证明：$AB + \overline{A}C + BC = AB + \overline{A}C + (A + \overline{A})BC = AB + ABC + \overline{A}C + \overline{A}BC$

$= AB(1 + C) + \overline{A}C(1 + B) = AB + \overline{A}C$

（4） $\overline{A \oplus B} = A \odot B$

证明：$\overline{A \oplus B} = \overline{A\overline{B} + \overline{A}B} = \overline{A\overline{B}} \cdot \overline{\overline{A}B} = (\overline{A} + B)(A + \overline{B}) = AB + \overline{A}\overline{B} = A \odot B$

6.4.2 逻辑函数的表示方法

在前面所讲的各种逻辑门电路中，均有信号输入端和输出端。输出端 F 和输入端 A、B 的关系分别表示了相应的“与”、“或”、“非”、“与非”和“或非”等逻辑关系。输出端 F 可以看做输入端 A、B 的逻辑函数。逻辑函数一般有 4 种表示方式：真值表、逻辑表达式、逻辑图和卡诺图。除了卡诺图外，其余 3 种在前面已经使用过。卡诺图将在 6.4.3 节中介绍，这里将重点讨论逻辑函数前 3 种表示方式的互相转换。

例 6-3 3 人选举时，选票过半即可当选。设 A、B、C 分别表示投票人，同意者用“1”表示，不同意者用“0”表示，用 F 表示投票结果。投票结果同意过半为“1”，表示当选；否则 F 为“0”，表示未当选。现分别用多种方法表示逻辑函数 F。

解：（1）真值表。

真值表是用输入和输出变量的逻辑状态（1 或 0）以表格的形式来表示逻辑函数的，比较直观。输出状态的取值是输入变量的组合数，用 2^n 表示，n 是输入变量的个数，其真值表参见表 6-10。

表 6-10 三人选举的真值表

A	B	C	F	A	B	C	F
0	0	0	0	1	0	0	0
0	0	1	0	1	0	1	1
0	1	0	0	1	1	0	1
0	1	1	1	1	1	1	1

这里有 3 个输入变量 A、B、C，所以输出变量 F 有 2^n=8 种状态。

（2）逻辑式。

逻辑式是用基本的“与、或、非”等逻辑关系来表示逻辑函数的表示式。由真值表找出逻辑函数 F 为“1”的项，写出与之相对应的各输入变量的“与”关系式（此式称为最小项），其中输入变量为“1”的，“与”式中以原变量出现；输入变量为“0”时，“与”式中以反变量出现。由表可写出 F 的表达式为

$$F=\overline{A}BC+A\overline{B}C+AB\overline{C}+ABC$$

最后把所有 F=“1”的项写出后再进行逻辑或运算，即为上式。

用这种方法写出的 F 逻辑式称做 F 的“与或”表示式。

经化简后 F 为

$$F=AB+AC+BC$$

化简是利用逻辑代数的运算规则进行的。由此可知，同一函数的逻辑式可以有不同的表示方式，但用最小项组成的“与或”逻辑式是唯一的，所以真值表也是唯一的。

最小项的意义是：此项中的输入变量只能出现一次且必须包含所有的输入变量，输入变量出现的形式可以是原变量也可以是反变量。常用 m_i 表示，i 为序号，如最小项 $A\overline{B}C$ 记做 m_5。

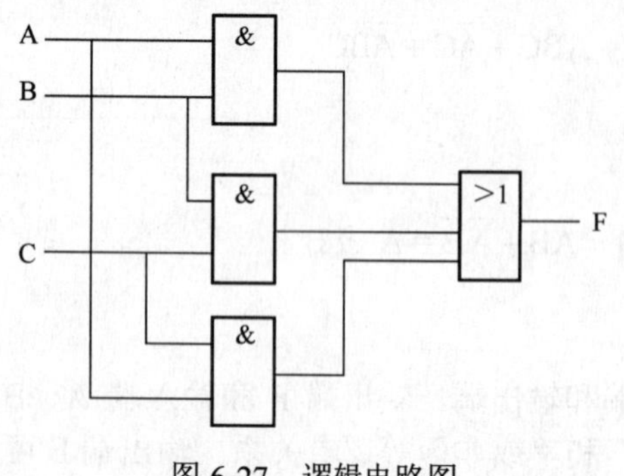

图 6-27　逻辑电路图

（3）逻辑电路图。

逻辑电路图简称为逻辑图，是由各种门电路或其他电路元件组成的逻辑电路，通常可由逻辑式画出，因为逻辑式不是唯一的，所以逻辑图也不是唯一的。而且逻辑图已知时，也可推出逻辑式。

由 F 的表达式可画出逻辑图，如图 6-27 所示。逻辑乘用“与”门，逻辑加用“或”门，求反用“非”门。

除了表达式、真值表、逻辑图之外，还可以用波形图来表示逻辑关系。

综上所述，可以得出以下结论：

（1）任意逻辑函数均可用真值表、逻辑表达式和逻辑图表示；

（2）逻辑函数的真值表是唯一的，而逻辑表达式和逻辑图对应，不是唯一的，可以有多种不同的形式，因此化简逻辑表达式就显得很有必要。因为简单的逻辑表达式对应着简单的逻辑图，用来实现逻辑电路时，不仅能够节省元器件，而且可以提高电路工作的可靠性。

6.4.3　逻辑函数的化简

由函数表达式画出逻辑图时，函数表达式越简单，实现的逻辑电路图所用的门个数就越少，电路就越简单，因此函数的化简具有重要的实际意义。对函数的化简通常有公式法和卡诺图法。

1. 公式法

1）合并法

利用 $AB+A\overline{B}=A$，将两个乘积项合并成一项，消除一个变量，如

$$A(BC+\overline{BC})+A(B\overline{C}+\overline{B}C)=A\overline{B\oplus C}+A(B\oplus C)=A$$

2）吸收法

利用 $A+AB=A$，消除多余的乘积项，如

$$A\overline{B}+A\overline{B}CD=A\overline{B}\qquad \overline{C}+A\overline{BC}=\overline{C}$$

3）消去法

利用 $A+\overline{A}B=A+B$ 消除多个因子，如

$$AB+\overline{A}C+\overline{B}C=AB+C(\overline{A}+\overline{B})=AB+\overline{AB}C=AB+C$$

用公式法对函数进行化简除了上面介绍的几种常用方法外，还可以利用其他公式化简函数，这里就不一一说明了。

2．卡诺图法

1）卡诺图

卡诺图是把真值表中所有最小项按照循环编码方式画成方格图，每个小方格均被相应的最小项所填充。因此卡诺图实际上是真值表的特定图示形式。

2）卡诺图的画法

（1）二变量卡诺图。因为变量有 $2^2=4$ 个最小项，所以有四个小方格，如图 6-28 所示。

（2）三变量卡诺图。因为三变量有 $2^3=8$ 个最小项，所以有八个小方格，如图 6-29 所示。

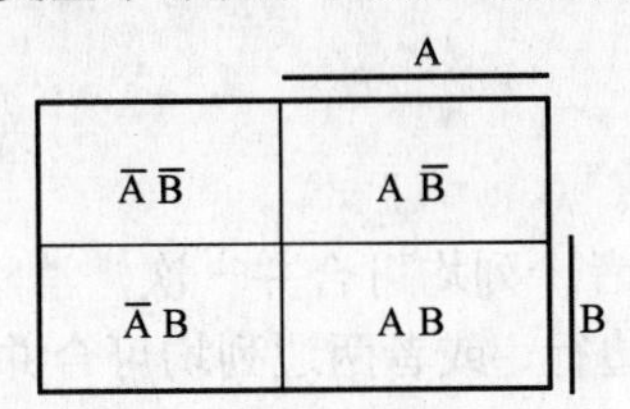

图 6-28　二变量卡诺图

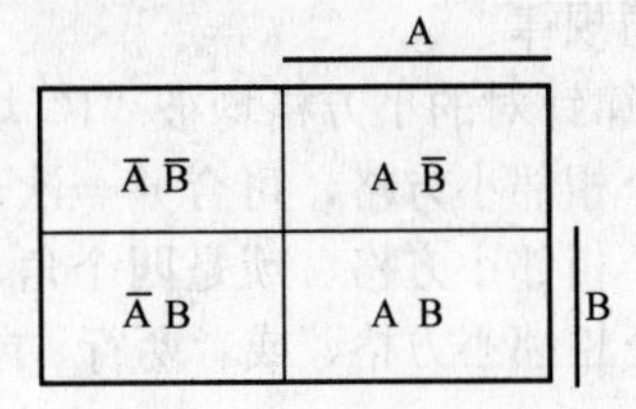

图 6-29　三变量卡诺图

（3）四变量卡诺图。因为四变量有 $2^4=16$ 个最小项，故卡诺图有十六个小方格，如图 6-30 所示。

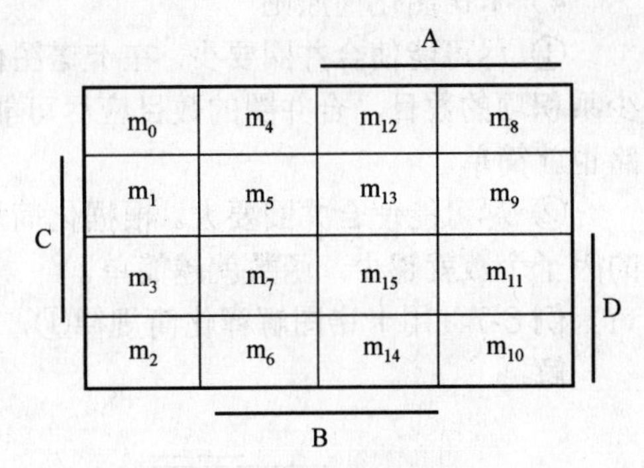

图 6-30　四变量卡诺图

3）卡诺图函数

由逻辑函数表达式填充卡诺图函数式是真值表的一种书写形式，因此函数式填图采用排区域法和最小项法两种。

注意：由于函数式填图是唯一性，在填图时可以在同一个小方格重复填写，因为“1”+“1”=“1”。

下面将举例说明用排区域法和最小项法填图，被填上方格用“1”标记。

例 6-4　将函数 $F=\sum m(2, 4, 6, 7, 8, 12)$填入卡诺图。

解：因为 $F=\sum m(2, 4, 6, 7, 8, 12)=m_2+m_4+m_6+m_7+m_8+m_{12}$，这是一个四变量函数，四变量函数卡诺图如图 6-31 所示。

例 6-5　将函数 $F=A\overline{B}C+BC$ 填入卡诺图。

解：这是一个三变量卡诺图，用排区域法填图，第一个乘积 $A\overline{B}C$，在 A 区域，不在 B 区域，在 C 区域；第二项 BC，既在 B 区域又在 C 区域，故填图结果如图 6-32 所示。

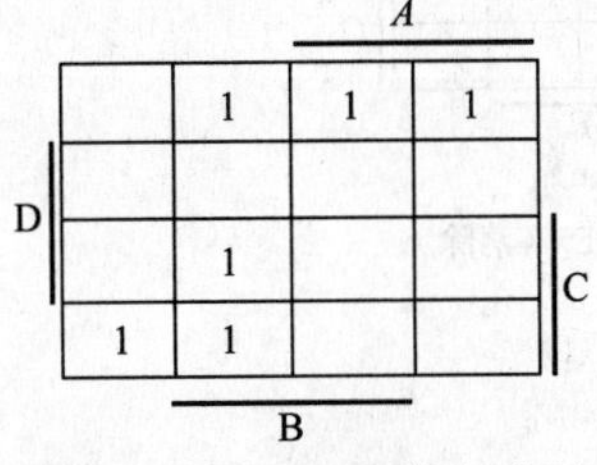

图 6-31　四变量函数卡诺图

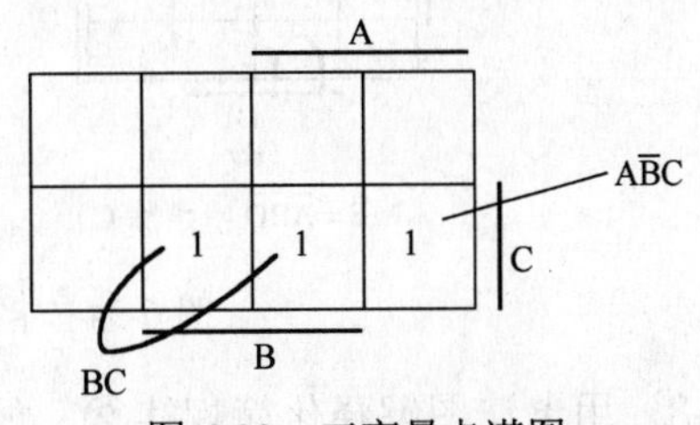

图 6-32　三变量卡诺图

例 6-6 将函数 $F=A\overline{B}CD+AD+\overline{BCD}+CD$ 填入卡诺图。

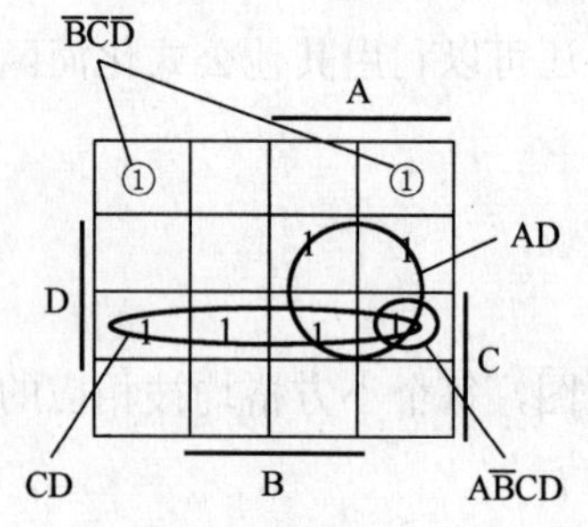

图 6-33 四变量卡诺图

解：这是一个四变量卡诺图，填图结果如图 6-33 所示。

3．用卡诺图化简函数

1）化简原理

用卡诺图化简函数是用 $AB+A\overline{B}=A$ 这个原理进行，把 AB 和 $A\overline{B}$ 两个最小项分开，消除了变化的变量 B，保留了不变的量 A。

2）相邻项

相邻项是指卡诺图中几何位置上相邻的小方格，例如在三变量卡诺图中，m_3 的相邻项是 m_1、m_2 和 m_7；m_4 的相邻项是 m_5、m_6 和 m_0。

3）化简规律

以下规律针对的小方格均被“1”填充。

① 两个相邻小方格，可合并一次，消除一个变量。

② 四个相邻小方格、或是四个角、或者一行、或者一列均可合并一次，消除两个变量。

③ 八个相邻小方格、或者两行、或者两列或者两边行、或者两边列均可合并一次，消除三个变量。

4）卡诺图化简原则

① 尽可能使合并圈要少。在卡诺图化简函数时，每一个合并圈都是一个乘积项，为了减少乘积项的数目，合并圈的数目应尽可能地少。这样在实现电路时，所用的门电路就少，电路也就简单。

② 尽可能使合并圈要大。根据化简规律，合并圈越大，消除的变量数目就越多，乘和项的因子个数就越少，函数就越简单。

例 6-7 用卡诺图解释化简规律①，如图 6-34 所示。

解：

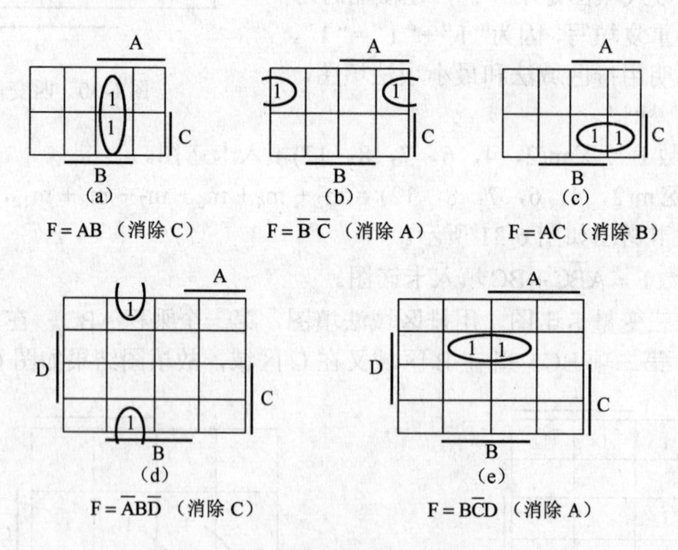

图 6-34 卡诺图解释化简规律①

例 6-8 用卡诺图解释化简规律②，如图 6-35 所示。

解：

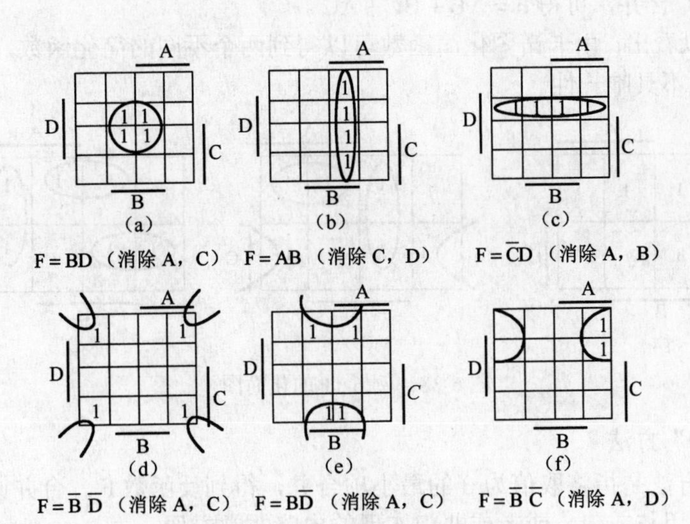

图 6-35　卡诺图解释化简规律②

例 6-9　用卡诺图解释化简规律③，如图 6-36 所示。

解：

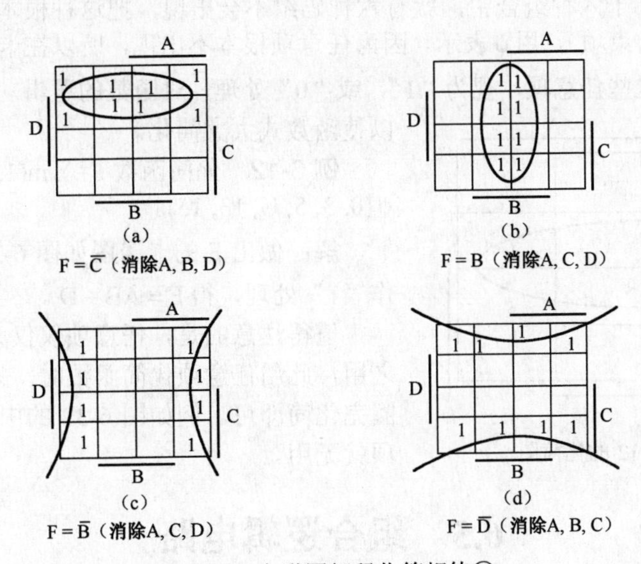

图 6-36　卡诺图解释化简规律③

例 6-10　化简如图 6-37 所示的函数。

解： 按实线合并图可得 $F = AB\overline{C} + ACD + \overline{A}BC + \overline{A}\,\overline{C}D$

图 6-37 中虚线合并圈虽然包括了多个最小项，但却是多余的。

因此，通过上面例题可知，为了避免出现多余的乘积项，要求每一个合并圈至少要有个独立的（未被其他合并圈用过的）小方格。

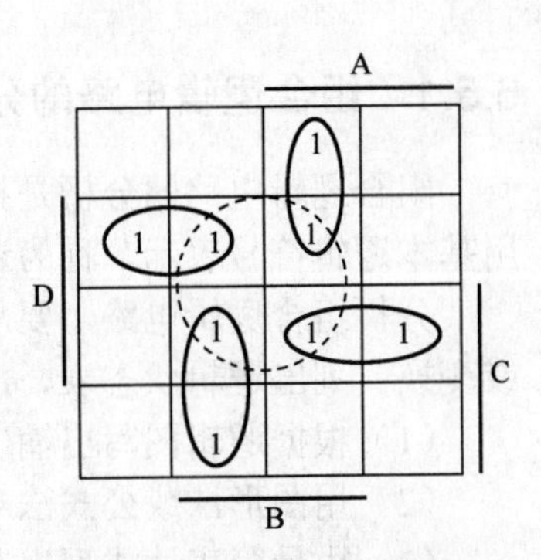

图 6-37　例 6-10 的化简图

例 6-11　化简图 6-38（a）所示函数。

解： 按图 6-38（b）合并，可得 $F = A\overline{C} + \overline{A}B + \overline{B}C$；

按图 6-38（c）合并，可得$F = A\overline{B} + B\overline{C} + \overline{A}C$。

从例 6-11 可以看出，由卡诺图化简函数可以得到两个不同的简化函数，这就说明卡诺图化简图写出函数式不具唯一性。

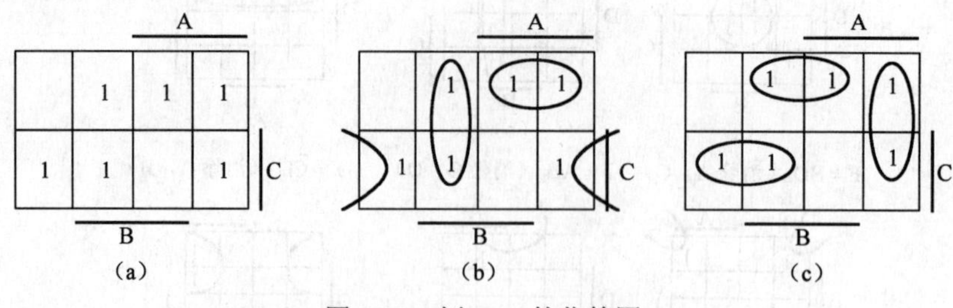

图 6-38 例 6-11 的化简图

5）合并圈“0”方法

合并圈“0“方法是指将取值为 0 的最小项合并，得到反函数$\overline{F}$。合并原则合并圈“1”，相同。这种方法对用与或门，或者或非门实现的电路非常方便。

6）利用卡诺图简化具有任意项的函数

在实际中常常会遇到这样的逻辑函数，即它的某些最小项根本不会出现。例如，BCD 编码，在四位码的全部十六种组合中，就有六种码组不会出现，把这种根本不出现的最小项称为任意项（也称为约束项），用ϕ表示。因为任意项根本不出现，所以在卡诺图化简具有任意项函数时，可以把这些任意项，视为“1”，或“0”处理，对函数的逻辑功能不会影响，但可以使函数式大大简化。

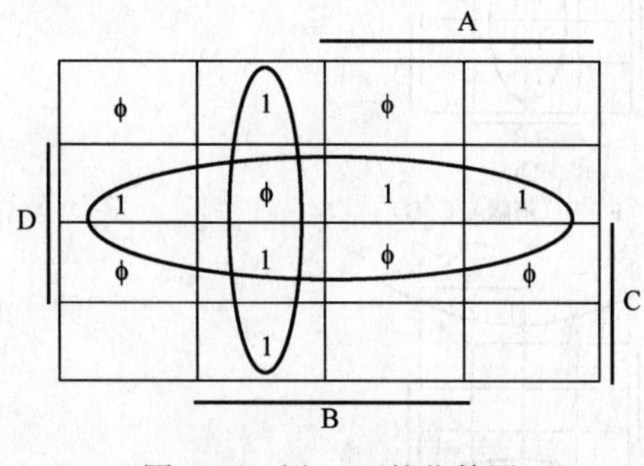

图 6-39 例 6-12 的化简图

例 6-12 化简函数 $F=\sum m(1, 4, 6, 7, 9, 13)+\sum \phi(0, 3, 5, U, 13, 15)$。

解：做出 F 的卡诺图如图 6-39 所示，把任意项作“1”处理，得$F = \overline{A}B + D$。

值得注意的是，任意项仅仅为圈“1”或圈“0”之用，此用任意项化简函数时，只要把“1”或“0”圈完化简即可。例如图 6-39 的中 m_0、m_{12} 两个任意项就无用。

6.5 组合逻辑电路

6.5.1 组合逻辑电路的分析

组合逻辑电路的分析是指分析实际构成的逻辑电路的作用，判断其逻辑功能。电路往往用基本逻辑符号表示，称为逻辑电路图。

分析组合逻辑电路，要从输入端开始，逐步写出各级输出端的逻辑表达式，并进行化简或变换，列出逻辑状态表，由状态表或表达式来判断电路的逻辑功能，即一般步骤为：

（1）根据逻辑图写出输出端逻辑函数的表达式；

（2）用图形法或公式法对逻辑函数式进行化简；

（3）由最简表达式列出逻辑真值表；

（4）说明功能。

例 6-13 试分析图 6-40 所示组合逻辑电路的逻辑功能。

解：根据图 6-40 的逻辑图，可逐级写出逻辑函数表达式为

$$Y=\overline{\overline{A\cdot B}\cdot\overline{\overline{A}\cdot\overline{B}}}$$

利用逻辑代数的基本运算规则，上式可化简为

$$Y=\overline{\overline{A\cdot B}}+\overline{\overline{\overline{A}\cdot\overline{B}}}=AB+\overline{A}\,\overline{B}$$

根据上式可列出逻辑状态表，参见表 6-11。

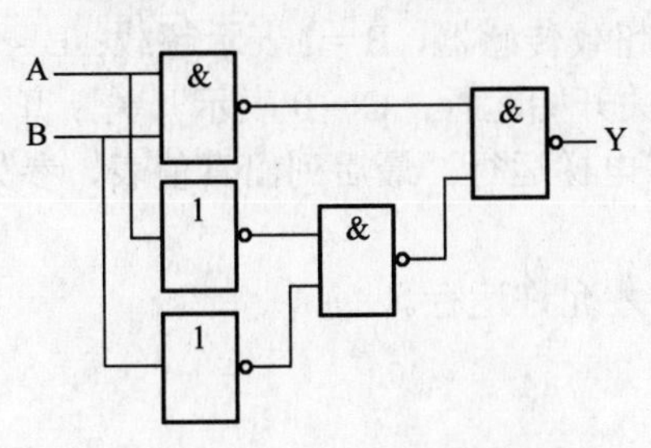

图 6-40　例 6-13 的逻辑图

表 6-11　逻辑状态表

A	B	Y
0	0	1
0	1	0
1	0	0
1	1	1

从逻辑状态表可知，当 A、B 同为 0 或1时，电路输出 1；当 A、B 不同时，电路输出为 0，实现了同或功能，因此这是一个用与非门和非门构成的同或门电路。

例 6-14 试分析图 6-41 所示组合逻辑电路的逻辑功能。

解：此电路有三个输出，由逻辑图可直接写出输出与输入的逻辑关系式为

$$Y_1=\overline{\overline{A}+B}=A\overline{B}$$

$$Y_2=\overline{\overline{\overline{A}+B}+\overline{A+\overline{B}}}=(\overline{A}+B)(A+\overline{B})=\overline{A}\,\overline{B}+AB$$

$$Y_3=\overline{A+\overline{B}}=\overline{A}B$$

由逻辑表达式列出真值表，参见表 6-12，可归纳出其逻辑功能：

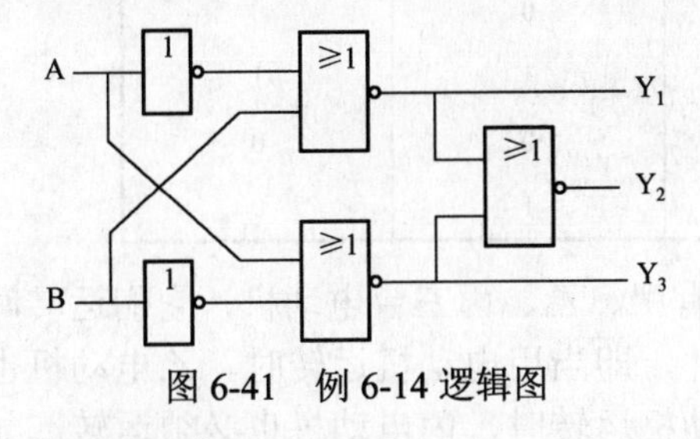

图 6-41　例 6-14 逻辑图

表 6-12　逻辑状态表

A	B	Y_1	Y_2	Y_3
0	0	0	1	0
0	1	0	0	1
1	0	1	0	0
1	1	0	1	0

当 $A>B$ 时，$Y_1=1$；

$A=B$ 时，$Y_2=1$；

$A<B$ 时，$Y_3=1$。

逻辑电路是一位数值比较器，可对两个 1 位二进制数进行比较。

6.5.2　组合逻辑电路的综合

组合逻辑电路的综合是分析的逆过程，它是根据实际的逻辑问题，设计出一个最简的逻辑电路。

组合逻辑电路的一般设计步骤是：

（1）首先根据实际的逻辑问题，分析其因果关系，确定输入和输出变量。然后用逻辑状态表把这种逻辑关系中的所有情况描述出来；

（2）根据逻辑状态表，写出逻辑函数表达式；

（3）简化或变换逻辑函数表达式；

（4）根据简化或变换后的逻辑函数表达式画出逻辑图。

例 6-15 设计电梯的保护电路，防止发生事故。它的逻辑功能为电梯门已关闭，同时不超载时，按下启动开关电梯才会运行。

解：第一步，列真值表。先确定输入、输出变量，并赋值。输入变量 A 确定电梯门的开闭，A = 1 表示门关闭；A = 0 表示门打开。输入变量 B 为超载传感器，B = 1 表示超载；B = 0 表示没超载。输入变量 C 为启动开关，C = 1 表示接通开关开始运行；C = 0 表示开关断开。输出变量 Z = 1 时表示允许电梯运行，Z = 0 时表示不允许电梯运行。最后列出真值表，参见表 6-13。

从真值表可以看出，只有 A = 1，B = 0，C = 1 时电梯才允许运行。

第二步，列逻辑表达式，即

$$Z = A\overline{B}C$$

第三步，化简逻辑表达式。该电路表达式只有一个乘积项无须化简。

第四步，画出逻辑图。按照表达式画出逻辑图，如图 6-42 所示。

表 6-13 例 6-15 真值表

	A	B	C	D
1	0	0	0	0
2	0	0	1	0
3	0	1	0	0
4	0	1	1	0
5	1	0	0	0
6	1	0	1	1
7	1	1	0	0
8	1	1	1	0

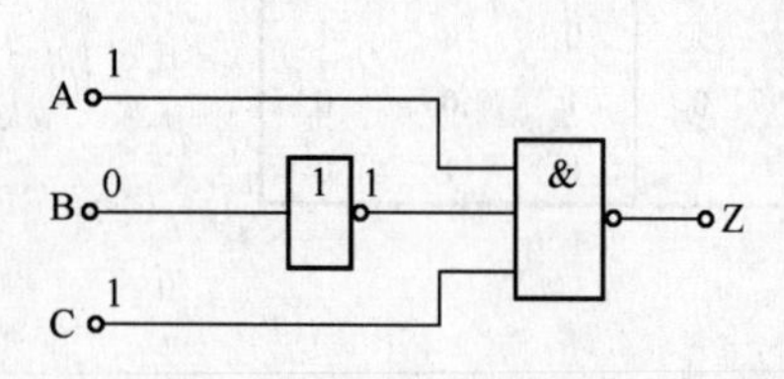

图 6-42 例 6-15 逻辑图

例 6-16 设有甲、乙、丙三台电动机，它们运转时必须满足这样的条件，即当甲电动机运转时，乙电动机也必须运转；当乙电动机运转时，丙电动机也必须运转。如不满足上述条件，则必须报警。

试用与非门设计报警控制电路。

解：（1）分析及进行逻辑假设。报警信号是由三台电动机的运转和停止的状态来决定的，故报警信号是电路的输出，三台电动机的运转与停止状态则是电路的输入。设三台电电动机分别用 A，B，C 表示，电动机运转，输入逻辑变量取“1”，电动机停止时，输入逻辑变量取“0”。报警信号用变量 F 表示，F = 1 表示报警，F = 0 表示不报警。

（2）列出真值表。按照题意列出真值表，参见表 6-14。

表 6-14　例 6-16 真值表

A	B	C	F
0	0	0	0
0	0	1	0
0	1	0	1
0	1	1	0
1	0	0	1
1	0	1	1
1	1	0	1
1	1	1	0

（3）写出函数表达式，即

$$F=\bar{A}B\bar{C}+A\bar{B}\,\bar{C}+A\bar{B}C+AB\bar{C}$$

（4）化简函数。在 F 化简后，还要按要求转换成所需要的形式，即

$$F=\bar{A}B\bar{C}+A\bar{B}\,\bar{C}+A\bar{B}C+AB\bar{C}$$
$$=A\bar{B}+B\bar{C}=\overline{\overline{A\bar{B}+B\bar{C}}}$$
$$=\overline{\overline{A\bar{B}}\cdot\overline{B\bar{C}}}$$

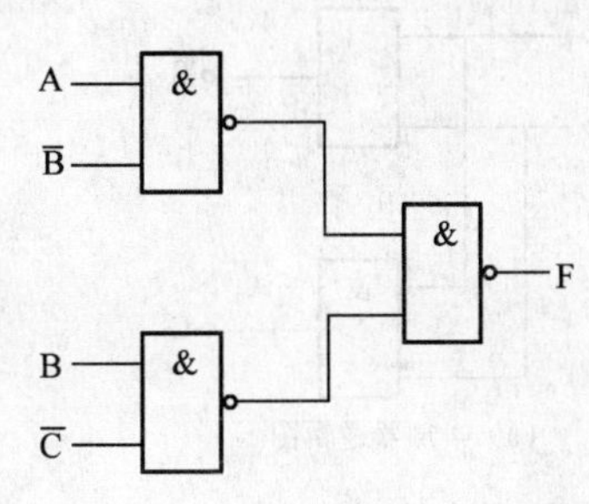

图 6-43　用与非门实现功能的逻辑图

（5）实现电路。按照 F 的与非表达式画出电路图如图 6-43 所示。

思考与练习题

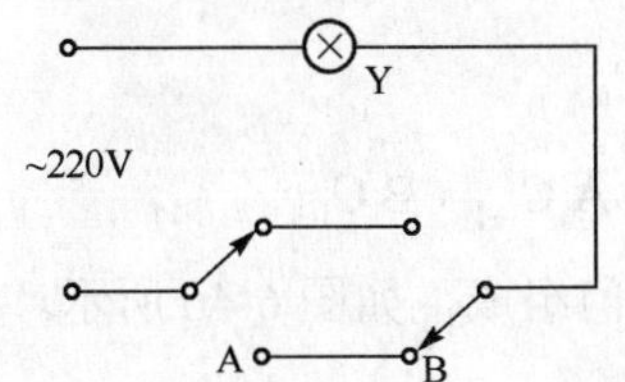

图 6-44　思考与练习 6.5.3 的图

6.5.1　试总结组合逻辑电路的分析和设计的特点。

6.5.2　试证明：$A\bar{B}C+A\bar{B}\cdot\bar{C}=A\bar{B}$，

$BC+\bar{B}\cdot\bar{A}+\bar{A}C=BC+\bar{A}\cdot\bar{B}$。

6.5.3　图 6-44 是两处控制照明灯的电路，单刀双投开关 A 装在一处，B 装在另一处，两处都可以开闭电灯。设 Y = 1 表示灯亮，Y = 0 表示灯灭；A = 0 表示开关向上扳，A = 1 表示开关向下扳，B 也是如此。试写出灯亮的逻辑函数表达式。

6.6　常用组合逻辑集成器件

在数字系统特别是计算机中，加法器、编码器、译码器、数据分配器、数值比较器等组合逻辑电路，是不可缺少的基本部件。

6.6.1　加法器

加法器是用于实现二进制数加法运算的组合电路。

1. 半加器

所谓半加，就是不考虑低位运算的进位数，只求本位的和。设 A、B 两数相加，和数为 S，进位数为 C，逻辑状态参见表 6-15。

表 6-15 半加器逻辑状态表

A	B	S	C
0	0	0	0
0	1	1	0
1	0	1	0
1	1	0	1

由逻辑状态表可写出逻辑表达式为

$$S = A\overline{B} + \overline{A}B = A \oplus B$$

$$C = AB$$

则其由逻辑表达式可画出逻辑，如图 6-45（a）所示。图 6-45（b）为半加器逻辑符号。

2. 全加器

全加器当多位数相加时，半加器可以用于最低位数求和，高位相加需用全加器。“全加”是指被加数、加数的本位数 A_i、B_i 和低位加法运算的进位数 C_{i-1} 个数的相加运算。全加器的逻辑状态参见表 6-16，其中 S_i、C_i 分别为本位全加的和数、向高位的进位数。

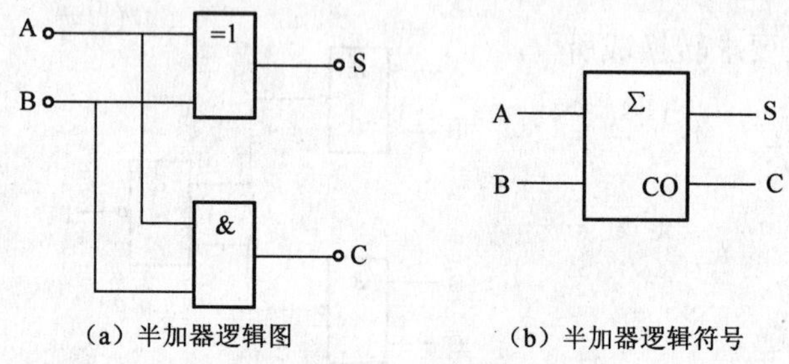

（a）半加器逻辑图　（b）半加器逻辑符号

图 6-45 半加器逻辑图及逻辑符号

表 6-16 全加器的逻辑状态表

A_i	B_i	C_{i-1}	S_i	C_i
0	0	0	0	0
0	0	1	1	0
0	1	0	1	0
0	1	1	0	1
1	0	0	1	0
1	0	1	0	1
1	1	0	0	1
1	1	1	1	1

由逻辑状态表得逻辑表达式为

$$S_i = \overline{A}_i B_i \overline{C}_{i-1} + \overline{A}_i \overline{B}_i C_{i-1} + A_i \overline{B}_i \overline{C}_{i-1} + A_i B_i C_{i-1}$$

$$C_i = A_i B_i \overline{C}_{i-1} + A_i \overline{B}_i C_{i-1} + \overline{A}_i B_i C_{i-1} + A_i B_i C_{i-1} = A_i B_i + A_i C_{i-1} + B_i C_{i-1}$$

由逻辑式可画出逻辑图。全加器往往由两个半加器和一个或门组成，如图 6-46 所示。

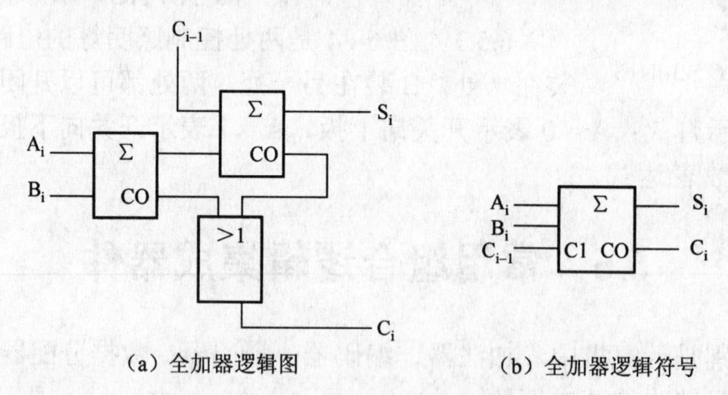

（a）全加器逻辑图　（b）全加器逻辑符号

图 6-46 全加器逻辑图及逻辑符号

把多个一位全加器适当加以连接，就可以构成多位全加器。图 6-47 是由三个一位全加器构成的三位全加器，其 A_2、A_1、A_0 为加数，B_2、B_1、B_0 为被加数，S_2、S_1、S_0 为和数，C 为进位数。由于运算时是先进行低位加法，然后依次进行高位加法，故速度较慢。

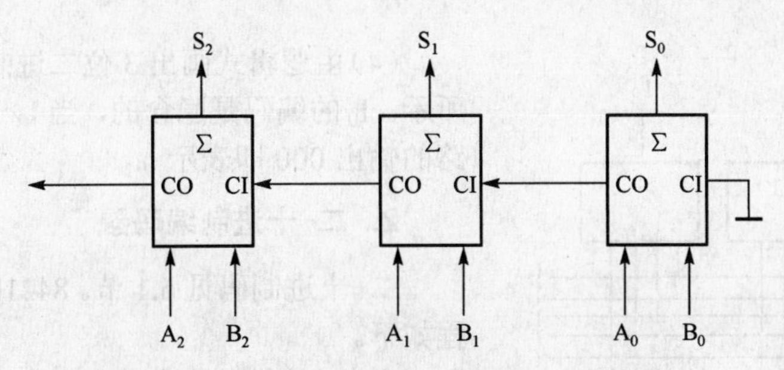

图 6-47　由三个一位全加器构成的三位全加器

6.6.2　编码器

用文字、符号或数码表示特定对象的过程称为编码，如邮政编码、身份证号码、汽车牌号等。在数字电路中用二进制代码表示有关信号的，称为二进制代码。实现编码操作的电路称为编码器。

1．二进制编码器

二进制编码器是将某种信号编成二进制代码的电路。n 位二进制数可对 $N = 2^n$ 个信号进行编码。图 6-48 是 3 位二进制编码器功能示意图，图中 I_0～I_7 中任意输入信号与一个 3 位二进制数 F_2、F_1、F_0 唯一对应，对应数即为输入信号的编码。因输入为 8 个信号，输出为 3 位二进制数，所以称为 8 线-3 线（8/3）编码器。编码过程如下：

（1）确定二进制代码位数。因为输入有 8 个信号，所以必须有 3 位二进制数输出与之对应。

（2）列编码表。把有待编码的信号与对应的代码列成表格的称为编码表。这种对应关系是在确定编码电路之前由已知条件可知的。

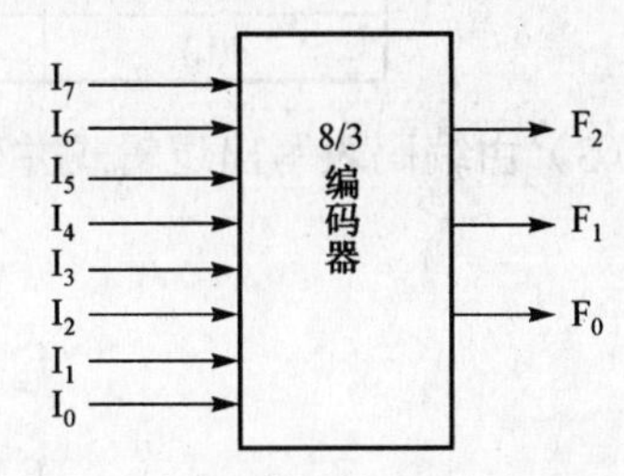

图 6-48　3 位二进制编码器功能示意图

3 位二进制编码器输入与输出对应关系参见表 6-17。

表 6-17　3 位二进制编码器编码表

输入	输出		
	F_2	F_1	F_0
I_0	0	0	0
I_1	0	0	1
I_2	0	1	0
I_3	0	1	1
I_4	1	0	0
I_5	1	0	1
I_6	1	1	0
I_7	1	1	1

（3）由编码表写出的逻辑式为

$$F_2 = I_4 + I_5 + I_6 + I_7$$

$$F_1 = I_2 + I_3 + I_6 + I_7$$

$$F_0 = I_1 + I_3 + I_5 + I_7$$

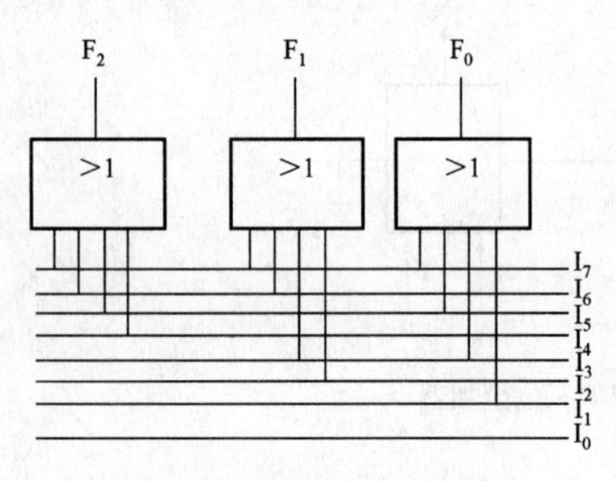

图 6-49　3 位二进制逻辑图

（4）由逻辑式画出 3 位二进制逻辑图，如图 6-49 所示。I_0 的编码是隐含的，当 I_0～I_7 均为 0 时，由电路的输出 000 即表示 I_0。

2．二-十进制编码器

二-十进制码见 6.1 节。8421BCD 编码器设计过程如下。

（1）确定二进制代码的位数。由 6.1 节可知，二-十进制码为 4 位。

（2）列编码表。8421BCD-二进制码编码参见表 6-18。

表 6-18　8421BCD-二进制码编码器编码表

十进制数	F_3 F_2 F_1 F_0	十进制数	F_3 F_2 F_1 F_0
0(I_0)	0 0 0 0	5(I_5)	0 1 0 1
1(I_1)	0 0 0 1	6(I_6)	0 1 1 0
2(I_2)	0 0 1 0	7(I_7)	0 1 1 1
3(I_3)	0 0 1 1	8(I_8)	1 0 0 0
4(I_4)	0 1 0 0	9(I_9)	1 0 0 1

（3）由编码表写出逻辑式并变换为与非形式

$$F_3 = I_8 + I_9 = \overline{\overline{I_8} \cdot \overline{I_9}}$$

$$F_2 = I_4 + I_5 + I_6 + I_7 = \overline{\overline{I_4} \cdot \overline{I_5} \cdot \overline{I_6} \cdot \overline{I_7}}$$

$$F_1 = I_2 + I_3 + I_6 + I_7 = \overline{\overline{I_2} \cdot \overline{I_3} \cdot \overline{I_6} \cdot \overline{I_7}}$$

$$F_0 = I_1 + I_3 + I_5 + I_7 + I_9 = \overline{\overline{I_1} \cdot \overline{I_3} \cdot \overline{I_5} \cdot \overline{I_7} \cdot \overline{I_9}}$$

因数字电路往往由与非门组成，故逻辑关系式变换为与非的形式。

（4）由逻辑式画出逻辑图，如图 6-50 所示。

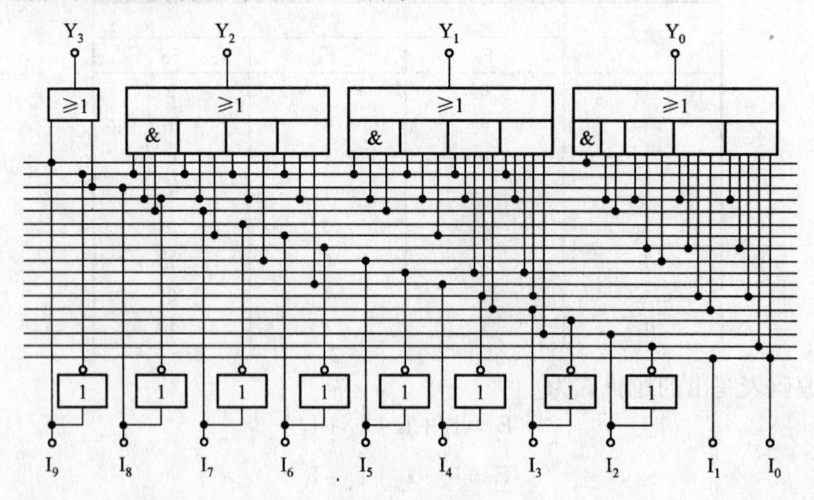

图 6-50　逻辑图

编码器广泛应用于键盘电路，如 IBM PC 标准键盘为 101/102 个键，编码为 8 位二进制数（$2^8=128>102$），类似图 6-50 所示，按下某个按键即为输入相应的编码。

3．优先编码器

以上所述编码器每次只允许一个输入信号，否则会引起混乱。在实际应用中，常常出现两个或多个输入端上同时有信号的情况，如计算机的中断系统。此时要求编码器允许多个信号同时有效，并按优先级别，按次序编码。能够实现此种功能的编码器称优先编码器。

如图 6-51 所示为 74LSl48 二进制优先编码器逻辑符号。输入（$\overline{I_0}\sim\overline{I_7}$）、输出（$\overline{F_0}$、$\overline{F_1}$、$\overline{F_2}$）都是低电平有效，$\overline{EI}$ 为控制端 $\overline{EO}$ 与 $\overline{CS}$ 主要用于级联和扩展。表 6-19 为其 74LSl48 优先编码器编码表。由表可知信号编码的优先次序是 $\overline{I}_7$，$\overline{I}_6$，…，$\overline{I}_0$。

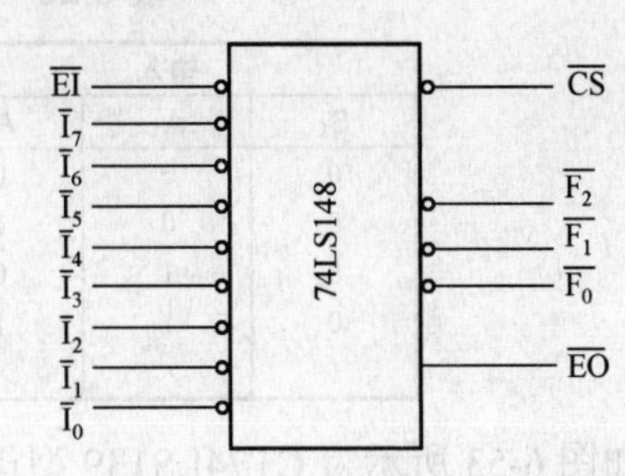

图 6-51　74LSl48 二进制优先编码器逻辑符号

表 6-19　74LS148 优先编码器编码表

$\overline{EI}$	$\overline{I}_7$	$\overline{I}_6$	$\overline{I}_5$	$\overline{I}_4$	$\overline{I}_3$	$\overline{I}_2$	$\overline{I}_1$	$\overline{I}_0$	$\overline{F}_2$	$\overline{F}_1$	$\overline{F}_0$	$\overline{CS}$	$\overline{EO}$
1	×	×	×	×	×	×	×	×	1	1	1	1	1
0	1	1	1	1	1	1	1	1	1	1	1	1	0
0	0	×	×	×	×	×	×	×	0	0	0	0	1
0	1	0	×	×	×	×	×	×	0	0	1	0	1
0	1	1	0	×	×	×	×	×	0	1	0	0	1
0	1	1	1	0	×	×	×	×	0	1	1	0	1
0	1	1	1	1	0	×	×	×	1	0	0	0	1
0	1	1	1	1	1	0	×	×	1	0	1	0	1
0	1	1	1	1	1	1	0	×	1	1	0	0	1
0	1	1	1	1	1	1	0	×	1	1	0	0	1
0	1	1	1	1	1	1	1	0	1	1	1	0	1

6.6.3　译码器和数码显示

译码是编码的逆过程，实现译码功能的电路称译码器。

1．二进制译码器

二进制译码即将二进制代码按编码时的原意转换为相应的信息状态。

将二进制代码译成对应输出信号的数字电路。

例如，2 位二进制译码器是将输入的 2 位二进制代码译成 $2^2=4$ 个输出信号，又称 2 线-4 线（2/4）译码器。其译码电路的设计过程如下。

① 列出译码器的状态表。输入、输出与编码器相反，2 位二进制译码器逻辑状态，参见表 6-20。

② 由状态表写出逻辑表达式为

$$F_0=\overline{A}_1\ \overline{A}_1$$

$$F_1=\overline{A}_1A_0$$

$$F_2 = A_1\bar{A}_0$$

$$F_2 = A_1A_0$$

由逻辑式画出的逻辑图，如图 6-52 所示。

表 6-20　2 位二进制译码器逻辑状态表

输入			输出			
S_1	A_1	A_0	Y_3	Y_2	Y_1	Y_0
0	0	0	0	0	0	1
0	0	1	0	0	1	0
0	1	0	0	1	0	0
0	1	1	1	0	0	0
1	×	×	0	0	0	0

如图 6-53 所示为 CT74LS139 型译码器引脚排列图。该芯片上含有两个 2/4 译码器，S 为控制端。与图 6-51 不同的是该译码器输出低电平有效。

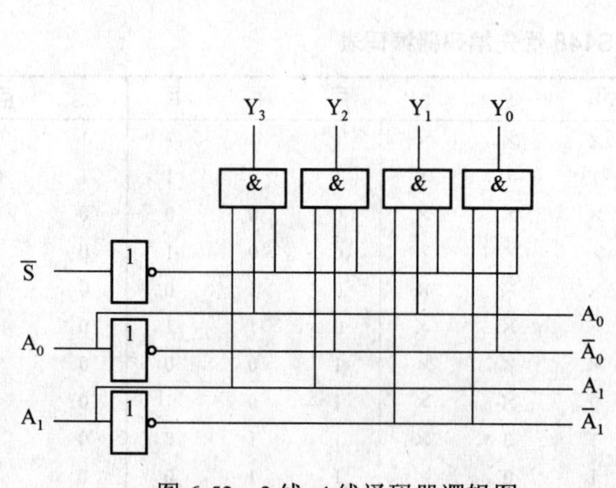

图 6-52　2 线-4 线译码器逻辑图

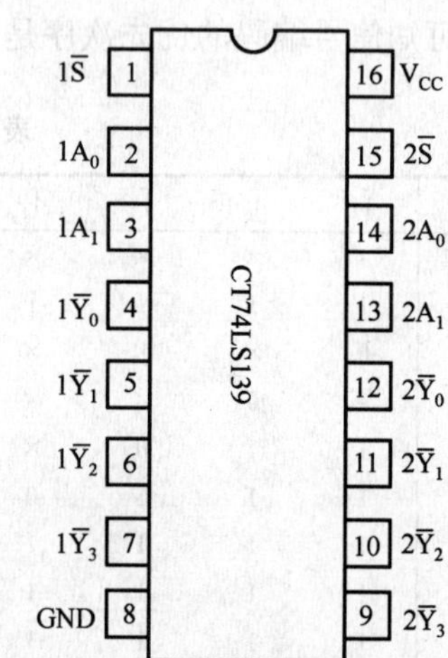

图 6-53　CT74LSl39 型译码器引脚排列图

2．二-十进制译码器

二-十进制译码器是将 4 位 BCD 代码译成 10 个高、低电平输出信号，即（4/10）译码器。图 6-54 是 74LSS42（8421BCD）译码器逻辑符号，又称 4 线-10 线译码器。

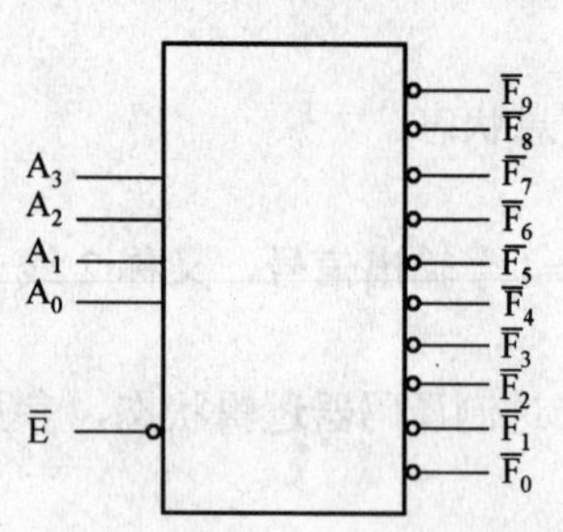

图 6-54　74LSS42 译码器逻辑符号

在图 6-54 中，当输入一个 8421BCD 码时，就会在它所表示的十进制数的对应输出端产生低电平有效信号。当输入的是非法码（在 8421BCD 码中，1010 - 1111 不代表任何数，称为伪码、属于非法码）时，$\bar{F}_0$ ～ $\bar{F}_9$ 均不能产生低电平信号，即译码器具有拒绝非法码的功能。

3．显示译码器

在数字系统中，常常要把数据或字符直观地显示出来。这就需要用显示译码器驱动显示器件来实现。显示译码器随显示器件的类型而改变。最常用的显示译码器是直接驱动数码管的七段显示译码器。

常用的显示器件有半导体数码管、液晶数码管和荧光数码管等。其中半导体数码管是由特殊的半导体材料磷砷化镓、磷化镓、砷化镓等制成的发光二极管（LED）。七段显示器由 7 个条形二极管组成 8 字形（见图 6-55），每一段含有一个发光二极管，有规律地控制 a、b、c、d、e、f、g 各段的亮灭，就可以显示不同的字形。例如，全亮时表示“8”，a、b、c 段亮时显示“7”。

半导体数码管有共阴极（见图 6-56（a））和共阳极（见图 6-56（b））两种接法。当共阴极时，输入高电平二极管亮；当共阳极时，输入低电平二极管亮。

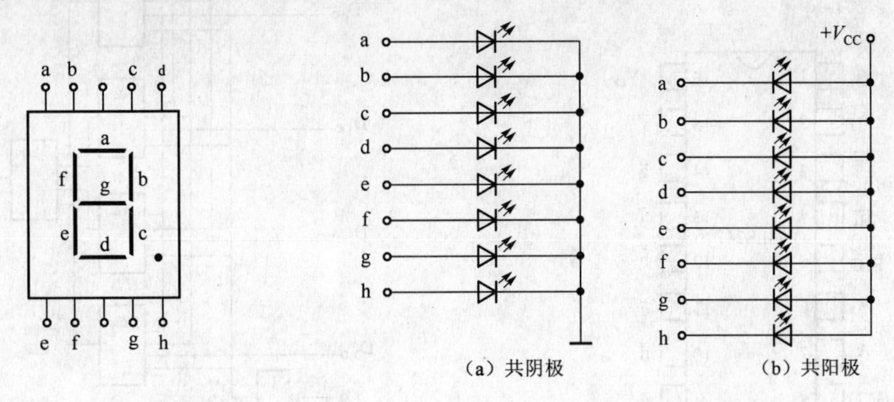

图 6-55　七段数码管　　　　图 6-56　数码管的两种接法

驱动七段数码管的是与之对应的 8421BCD 七段显示译码器。输入一个 4 位 8421 码，经七段显示译码器输出数码管各段的驱动信号，控制显示相应的十进制数。若驱动共阳极 LED 管，则七段显示译码器的逻辑状态参见表 6-21。由此可得逻辑关系式，进而画出逻辑图（本书略）。

表 6-21　8421BCD 七段显示译码器的译码表（共阳极 LED）

D_3	D_2	D_1	D_0	$\overline{F}_a$	$\overline{F}_b$	$\overline{F}_c$	$\overline{F}_d$	$\overline{F}_e$	$\overline{F}_f$	$\overline{F}_g$	显示字形
0	0	0	0	0	0	0	0	0	0	1	0
0	0	0	1	0	1	0	0	1	1	1	1
0	0	1	0	0	0	1	0	0	1	0	2
0	0	1	1	0	0	0	0	1	1	0	3
0	1	0	0	1	0	0	1	1	0	0	4
0	1	0	1	0	1	0	0	1	0	0	6
0	1	1	1	0	0	0	1	1	1	1	7
1	0	0	0	0	0	0	0	0	0	0	8
1	0	0	1	0	0	0	0	1	0	0	9

CT74LS247 为实现上述功能的七段显示译码器芯片，其引脚排列如图 6-57 所示。

6.6.4　数据选择器和数据分配器

1. 数据选择器

数据选择器的功能就是能从多个输入数据中选择一个作为输出。图 6-58 是 CT74LS153 型双 4 选 1 数据选择器的一个逻辑图。在图 6-57 中，$D_3 \sim D_0$ 是 4 个数据输入端；A_1 和 A_0 是选择端；$\overline{S}$ 是选通端或称使能端，低电平有效；Y 是输出端。

由逻辑图可写出逻辑表达式为

$$Y = D_0\overline{A}_1\ \overline{A}_2 S + D_1\overline{A}_1 A_2 S + D_2 A_1\overline{A}_2 S + D_3 A_1 A_2 S$$

由逻辑式可列出选择器的功能表。CT74LS153 型双 4 选 1 数据选择器的功能参见表 6-22。

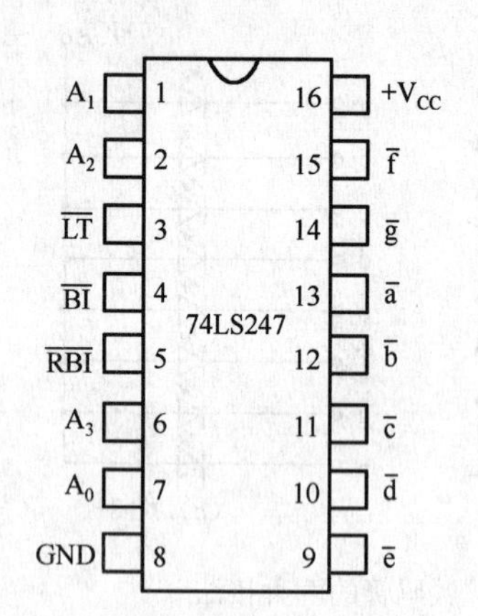

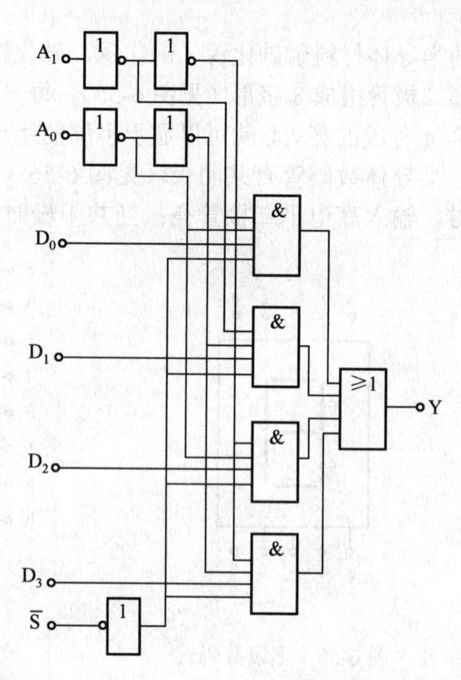

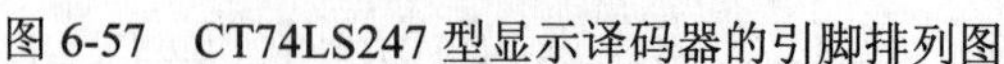

图 6-57　CT74LS247 型显示译码器的引脚排列图　　　图 6-58　CT74LS153 型双 4 选 1 数据选择器逻辑图

表 6-22　CT74LS153 型 4 选 1 数据选择器的功能表

输入			输出
$\overline{S}$	A_1	A_0	Y
1	×	×	0
0	0	0	D_0
0	0	1	D_1
0	1	0	D_2
0	1	1	D_3

当 $\overline{S}=1$ 时，Y=0，禁止选择；当 $\overline{S}=0$ 时，工作正常。

2．数据分配器

数据分配器的功能就是能将一个输入数据分时传送到多个输出端输出，也就是一路输入，多路输出。图 6-59 是一个 4 路输出数据分配器的逻辑图。

在图 6-59 中，D 是数据输入端；A_1 和 A_0 是控制端；Y_0～Y_3 是四个输出端。

由逻辑图可写出逻辑表达式为

$$Y_0=\overline{A}_1\overline{A}_2D \qquad Y_1=\overline{A}_1A_2D$$

$$Y_2=A_1\overline{A}_2D \qquad Y_3=A_1A_2D$$

由逻辑式列出分配器的功能参见表 6-23。A_1 和 A_0 有四种组合，分别将数据 D 分配给四个输出端，构成 2/4 线分配器。若有三个控制端，则可控制 8 路输出，构成 3/8 线分配器。

图 6-59　4 路输出数据分配器的逻辑图

表 6-23 4 路输出数据分配器功能表

控制		输出			
A_1	A_0	Y_3	Y_2	Y_1	Y_0
0	0	0	0	0	D
0	1	0	0	D	0
1	0	0	D	0	0
1	1	D	0	0	0

数据分配器常与数据选择器一起使用，以实现多通道数据分时传送。在图 6-60 中，发送端由数据选择器将各路数据分时传送到公共传输线上，接收端再由数据分配器将公共传输线上的数据适时分配到相应的输出端，若两者的地址输入是同步控制的，则可正确传输数据。

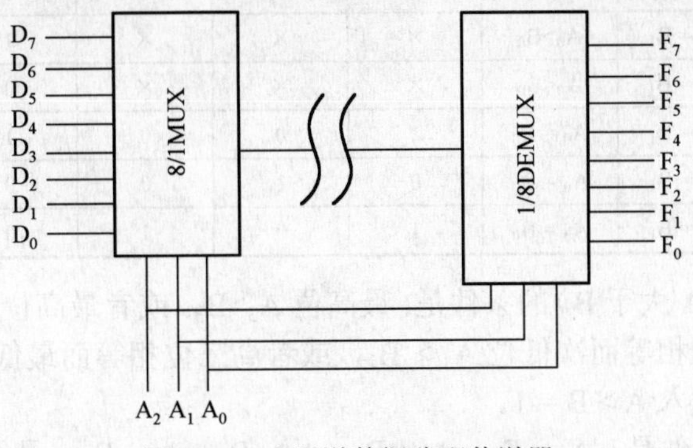

图 6-60 多通道数据分配传送器

6.6.5 数值比较器

数值比较器是对 2 个二进制数进行数值比较，并判定其大小关系的逻辑电路。图 6-61 是 4 位数值比较器逻辑符号。它有 8 个数码输入端（两个相比较数的各 4 位 $A_3A_2A_1A_0$，$B_3B_2B_1B_0$），3 个级联输入端（两数低位比较结果输入），3 个输出端 $Y_{A>B}$，$Y_{A=B}$，$Y_{A<B}$。

如图 6-62 所示为集成数字比较器 T4085（74LS85）的逻辑电路，它有 2 个 4 位二进制数输入（A、B），3 个比较结果输出（$F_{A>B}$，$F_{A<B}$ 和 $F_{A=B}$）和 3 个低位级联输入（A>B，A<B 和 A=B）。用 T4085（74LS85）能实现 2 个 4 位二进制数的比较，若将其链式连接，便能实现多位数的比较。

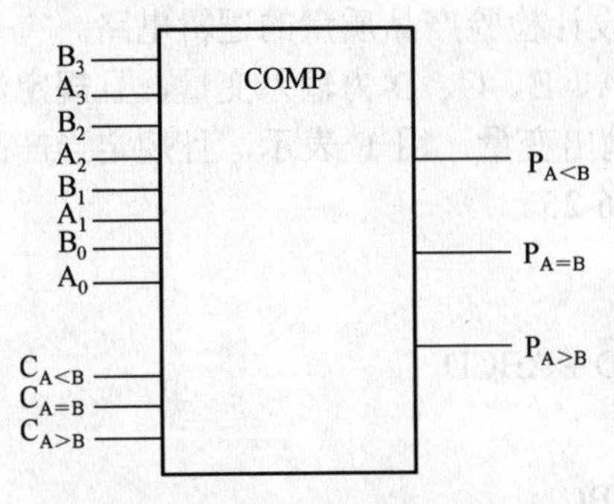

图 6-61 4 位数值比较器的逻辑符号

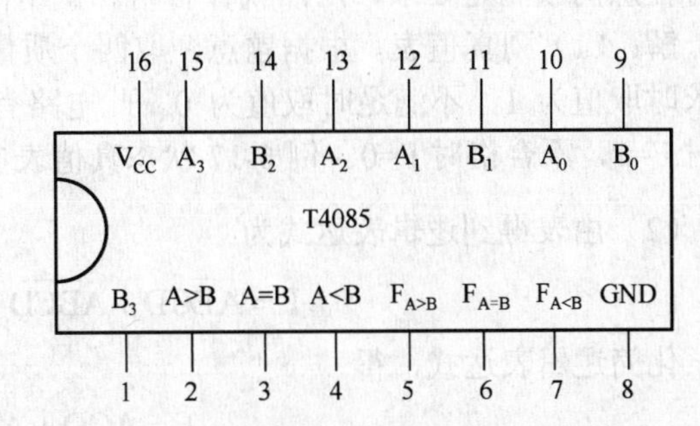

图 6-62 集成数字比较器 T4085 的逻辑电路

当两个多位数相比较时，应该从高位到低位逐位比较。如最高位不相等，则可立即判断两个数值的大小；如果最高位相等，则需比较次高位，以此类推，直到最低位。其逻辑功能参见表 6-24。

表 6-24 4 位数字比较器的逻辑功能表

比较输入				级联输入			输出		
A_3 B_3	A_2 B_2	A_1 B_1	A_0 B_0	A>B	A<B	A=B	$F_{A>B}$	$F_{A<B}$	$F_{A=B}$
$A_3>B_3$	×	×	×	×	×	×	1	0	0
$A_3<B_3$	×	×	×	×	×	×	0	1	0
$A_3=B_3$	$A_2>B_2$	×	×	×	×	×	1	0	0
$A_3=B_3$	$A_2<B_2$	×	×	×	×	×	0	1	0
$A_3=B_3$	$A_2=B_2$	$A_1>B_1$	×	×	×	×	1	0	0
$A_3=B_3$	$A_2=B_2$	$A_1<B_1$	×	×	×	×	0	1	0
$A_3=B_3$	$A_2=B_2$	$A_1=B_1$	$A_0>B_0$	×	×	×	1	0	0
$A_3=B_3$	$A_2=B_2$	$A_1=B_1$	$A_0<B_0$	×	×	×	0	1	0
$A_3=B_3$	$A_2=B_2$	$A_1=B_1$	$A_0=B_0$	1	0	0	1	0	0
$A_3=B_3$	$A_2=B_2$	$A_1=B_1$	$A_0=B_0$	0	1	0	0	1	0
$A_3=B_3$	$A_2=B_2$	$A_1=B_1$	$A_0=B_0$	1	0	1	0	0	1

输出 $F_{A>B}=1$（即 A 大于 B）的条件是：最高位 $A_3>B_3$，或者最高位相等而次高位 $A_2>B_2$，或者最高位和次高位均相等而次低位 $A_1>B_1$，或者高三位相等而最低位 $A_0>B_0$，或者 4 位均相等而低位比较器输入 $A>B=1$。

输出 $F_{A=B}=1$ 的条件是：$A_3=B_3$，$A_2=B_2$，$A_1=B_1$，$A_0=B_0$，且级联输入端 $A=B$ 为 1。

输出 $F_{A<B}=1$ 的条件请读者导出。

中规模集成 4 位数值比较器常用的型号还有 CD4063B、5485/7485、54S85/74S85、54LS85/74LS85；8 位数值比较器有 74LS885 等。

数值比较器用于实现逻辑设计非常有限，不如译码电路和多路选择电路灵活方便。但在某些特殊情况下（如需要与二进制数码比较）却特别简单，可以大大简化电路设计。

6.7 应用举例

例 6-17 某产品有 A、B、C、D 四项质量指标。规定：A 必须满足要求，其他三项中只要有任意两项满足要求，产品就算合格。试用门电路设计检验产品质量的逻辑电路。

解：（1）列真值表。根据题意，取四个质量指标 A、B、C、D 为输入变量，且规定满足要求时取值为 1，不满足时取值为 0。此电路有一个输出变量，用 F 表示，且规定当产品合格时 F=1，不合格时 F=0。例 6-17 状态真值表参见表 6-25。

（2）由表得到逻辑表达式为

$$F=A\overline{B}CD+AB\overline{C}D+ABC\overline{D}+ABCD$$

化简逻辑表达式，得

$$F=ACD+ABD+ABC$$

用与非表达式表示

$$F=ACD+ABD+ABC=\overline{\overline{ACD}\cdot\overline{ABD}\cdot\overline{ABC}}$$

（3）由逻辑表达式画出逻辑图，如图 6-63 所示。

表 6-25　例 6-17 状态真值表

A	B	C	D	F
0	0	0	0	0
0	0	0	1	0
0	0	1	0	0
0	0	1	1	0
0	1	0	0	0
0	1	0	1	0
0	1	1	0	0
0	1	1	1	0
1	0	0	0	0
1	0	0	1	0
1	0	1	0	0
1	0	1	1	1
1	1	0	0	0
1	1	0	1	1
1	1	1	0	1
1	1	1	1	1

例 6-18　设计交通灯报警电路，当红、绿灯同时亮，以及红、黄、绿灯同时亮和同时不亮时的报警装置。画出逻辑电路图，要求用与非门（包括非门）实现。

解：设输入 R、Y、G 分别代表红灯、黄灯、绿灯，灯亮时为 1，灯灭时为 0。F 表示报警输出：F=1 表示报警，F=0 表示不报警。列出状态真值表参见表 6-26。

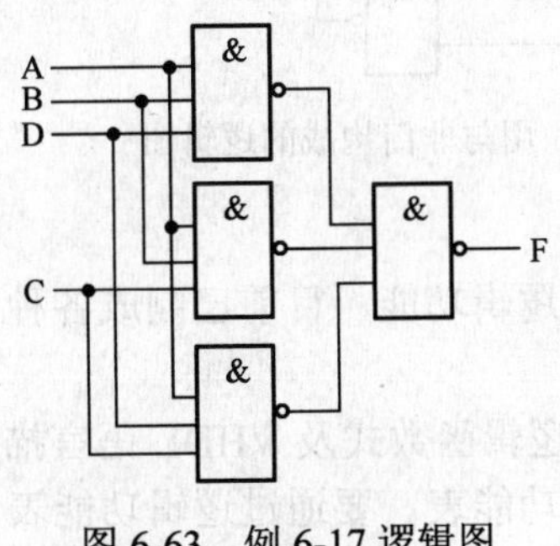

图 6-63　例 6-17 逻辑图

表 6-26　例 6-18 的状态真值表

R	Y	G	F
0	0	0	1
0	0	1	0
0	1	0	0
0	1	1	0
1	0	0	0
1	0	1	1
1	1	0	0
1	1	1	1

由此可写出逻辑表达式，F = 1 的最小项之和

$$F=\overline{R}\ \overline{Y}\ \overline{G}+R\overline{Y}G+RYG$$

将表达式化简，利用摩根定理，得到与非表达式

$$F=\overline{R}\ \overline{Y}\ \overline{G}+R\overline{Y}G+RYG=\overline{R}\ \overline{Y}\ \overline{G}+RG=\overline{\overline{\overline{R}\ \overline{Y}\ \overline{G}+RG}}=\overline{\overline{\overline{R}\ \overline{Y}\ \overline{G}}\cdot\overline{RG}}$$

用与非门构成的逻辑图如图 6-64 所示，其中非门也可以用输入端短路的与非门代替。

例 6-19　设计一个三输入可控门电路：当控制端为 0 时，门电路实现或门功能，当控制端为 1 时，门电路实现与门功能。试画出逻辑电路图，要求用与非门实现。

解：设 E 为控制端，A、B 为信号输入端，Y 为输出端。根据题意列出真值表见表 6-27。由真值表写出逻辑表达式为

$$F=\overline{E}\ \overline{A}\ B+\overline{E}A\overline{B}+\overline{E}AB+EAB$$

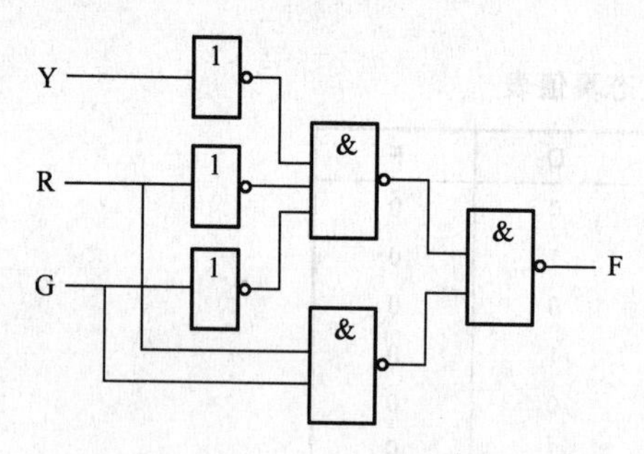

图 6-64　用与非门构成的逻辑图

表 6-27　例 6-19 的真值表

E	A	B	Y
0	0	0	0
0	0	1	1
0	1	0	1
0	1	1	1
1	0	0	0
1	0	1	0
1	1	0	0
1	1	1	1

利用图 6-65 卡诺图化简，得与或表达式

$$F=\overline{E}\,A+\overline{E}B+AB$$

利用摩根定理，得到与非表达式

$$F=\overline{\overline{\overline{E}\,A+\overline{E}B+AB}}=\overline{\overline{\overline{E}A}\cdot\overline{\overline{E}B}\cdot\overline{AB}}$$

用与非门构成的逻辑图，如图 6-66 所示。

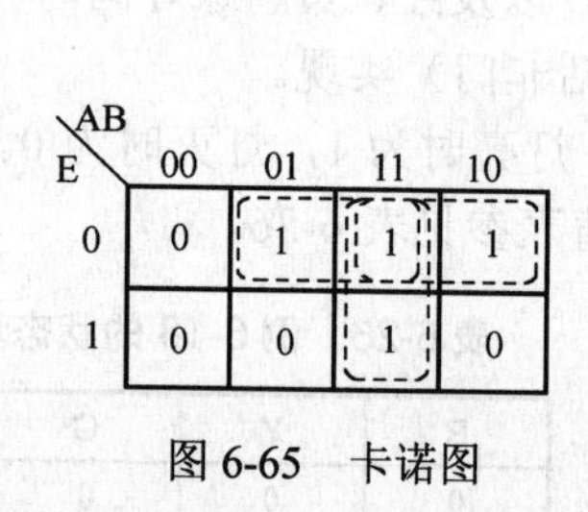

图 6-65　卡诺图

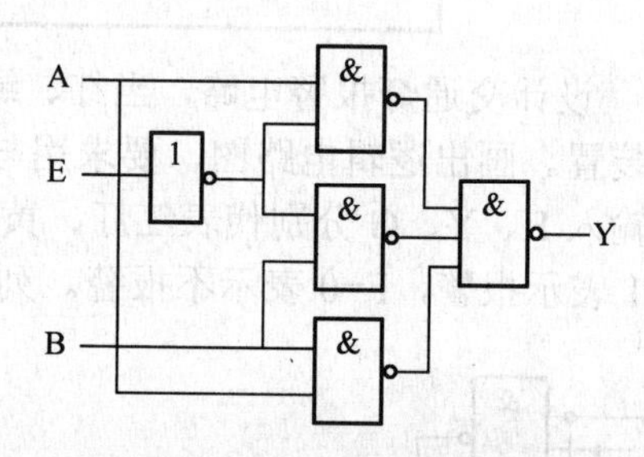

图 6-66　用与非门构成的逻辑图

下面将上述几种常用功能的电路进行总结。

（1）常用功能电路不论内部结构如何，都具有特定的逻辑功能，目前已制成各种中规模集成器件。

（2）常用功能电路的功能可用符号图、逻辑功能表、逻辑函数式及 VHDL 语言描述。集成器件手册通常给出常用中规模集成电路的引脚图、逻辑功能表。要通过逻辑功能表了解器件的逻辑功能，必要时可以进一步查阅逻辑函数式和内部电路图。

（3）在使用器件时，须注意控制端的作用和连接。在正常工作时，一定要使器件处于选通状态。在需要器件扩展时，要充分利用控制端。

（4）需要注意的是，相同功能的电路的控制端电平可有所不同；其输入和输出的有效电平可以不同；未被选通时输出端的状态可有所不同。

本章小结

（1）数字信号是一种离散信号，常用 1 和 0 表示。数字电路中广泛采用二进制数，其计数特点是逢二进一。二进制数与十进制数一一对应，也可转换为八进制数和十六进制数。BCD 码是十进制数的二进制代码。

（2）基本逻辑关系有与、或、非三种，能完成一定逻辑关系的电路称为门电路。

（3）逻辑函数有三种基本表示方法：逻辑表达式、真值表和逻辑图。这几种方法之间可以互相转换。利用逻辑代数的公式和规则，可以对逻辑表达式进行化简。

（4）分析给定的组合逻辑电路时，先要写出逻辑表达式，然后化简，使输出与输入的逻辑关系一目了然。而设计一个组合电路的过程与分析过程恰恰相反。

（5）通过对常用的编码器、显示译码器、加法器等的学习。可以初步掌握一些集成组合电路的逻辑功能、特点及使用方法。

关 键 术 语

数字信号	Digital Signal
数字电路	Digital Circuit
脉冲	Pulse
逻辑门	Logic Gate
逻辑电路	Logic Circuit
与门	And Gate
或门	OR Gate
非门	NOT Gate
与非门	Nand Gate
晶体管–晶体管逻辑电路	Transistor-Transistor Logic（TTL）Circuit
组合逻辑电路	Combinational Logic Circuit
半加器	Half-Adder
全加器	Full-Adder
编码器	Encoder
译码器	Decipherer
数据分配器	Multiplexer
数据选择器	Demultiplexer

习 题

6.1 设 $Y_1=\overline{AB}$，$Y_1=\overline{A+B}$，$Y_1=A\oplus B$。已知 A、B 的波形如图 6-67 所示。试画出 Y_1、Y_2、Y_3 对应的 A、B 波形。

6.2 由 TTL 门电路构成的电路如图 6-68 所示，试写出各个门电路输出函数表达式。

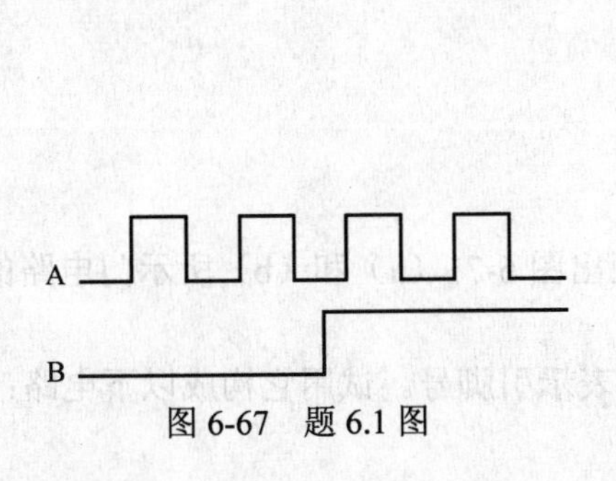

图 6-67 题 6.1 图

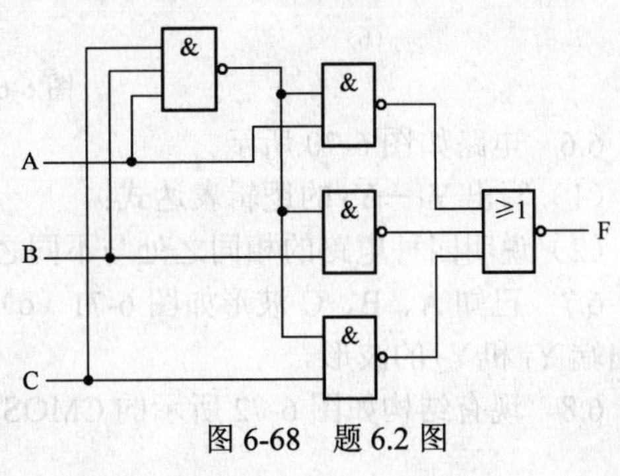

图 6-68 题 6.2 图

6.3　用公式化简下列逻辑函数。

（1）$Y = A\overline{B} + B + \overline{A}B$

（2）$Y = \overline{A}B\overline{C} + A + \overline{B} + C$

（3）$Y = \overline{A + B + C} + A\overline{B}\,\overline{C}$

（4）$Y = A\overline{B}CD + ABD + A\overline{C}D$

（5）$Y = A\overline{C} + ABC + AC\overline{D} + CD$

（6）$Y = \overline{ABC} + A + B + C$

（7）$Y = AD + A\overline{D} + \overline{A}B + \overline{A}C + BFE + CEFG$

6.4　用卡诺图化简下列逻辑函数。

（1）$Y(A, B, C) = \Sigma\, m(0, 1, 2, 3, 5, 7)$

（2）$Y(A, B, C) = \Sigma\, m(0, 1, 2, 4, 6)$

（3）$Y(A, B, C, D) = \Sigma\, m(0, 1, 2, 5, 6, 7, 14, 15)$

（4）$Y(A, B, C, D) = \Sigma\, m$（2, 4, 5, 6, 10, 11, 13, 14, 15）

（5）$Y = \overline{A}B + \overline{A}C + \overline{B}\cdot\overline{C} + AD$

（6）$Y = CD + \overline{A}BCD + \overline{A}\cdot\overline{B}D + A\overline{C}\cdot\overline{D}$

6.5　在图 6-69 中，图 6-69（a）和图 6-69（b）是 TTL 门电路，图 6-69（c）是 CMOS 门电路。试写出输出端的逻辑表达式。

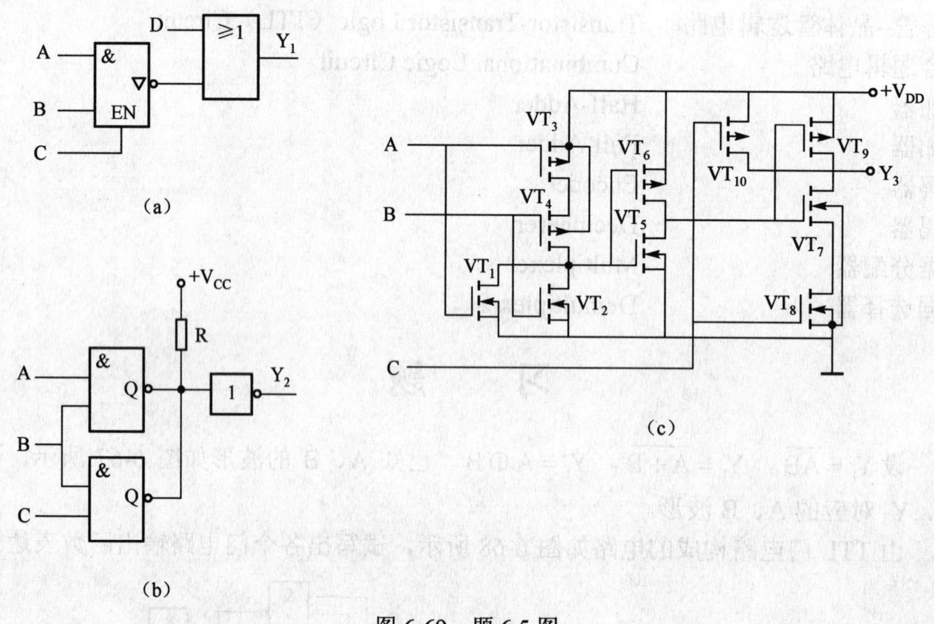

图 6-69　题 6.5 图

6.6　电路如图 6-70 所示。

（1）写出 Y_1—Y_4 的逻辑表达式；

（2）说明四种电路的相同之处与不同之处。

6.7　已知 A、B、C 波形如图 6-71（c）所示，试画出图 6-71（a）和（b）所示门电路的输出端 Y_1 和 Y_2 的波形。

6.8　现有结构如图 6-72 所示的 CMOS 组件，数字表示引脚号。试用它构成以下电路：

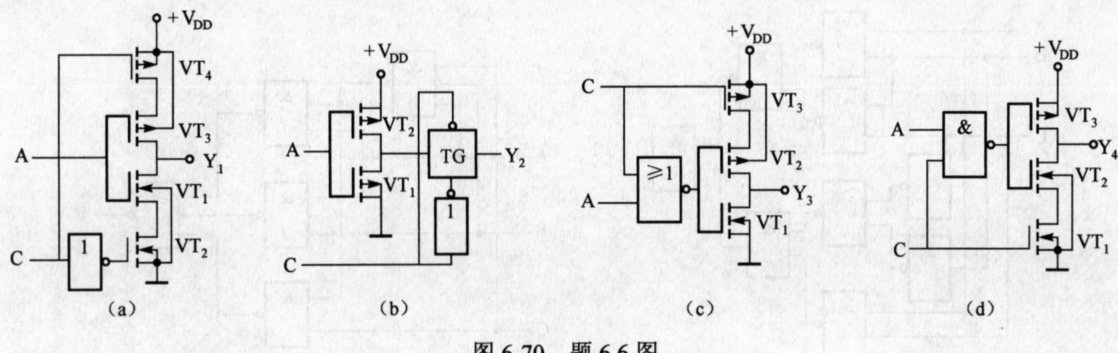

图 6-70　题 6.6 图

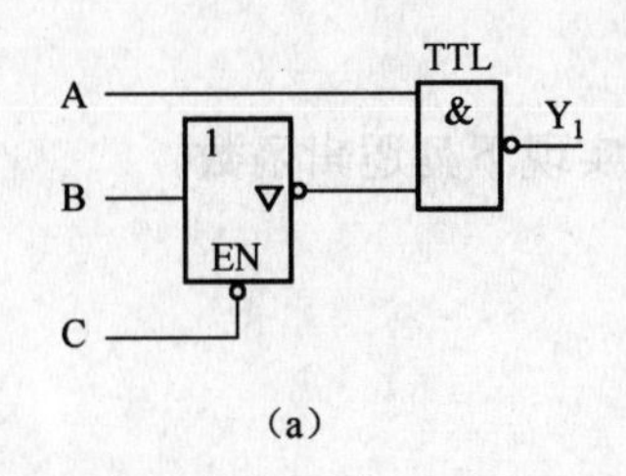

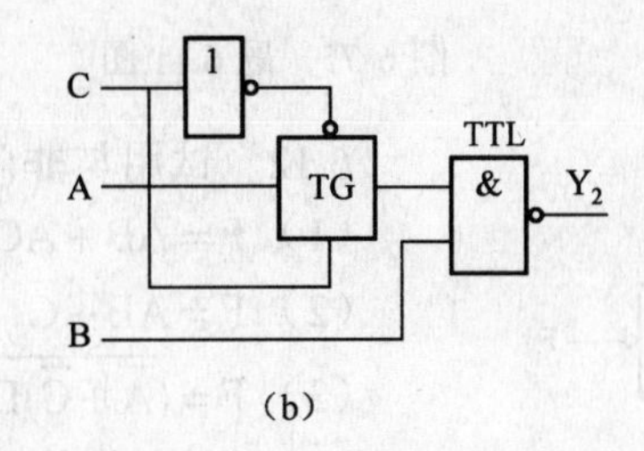

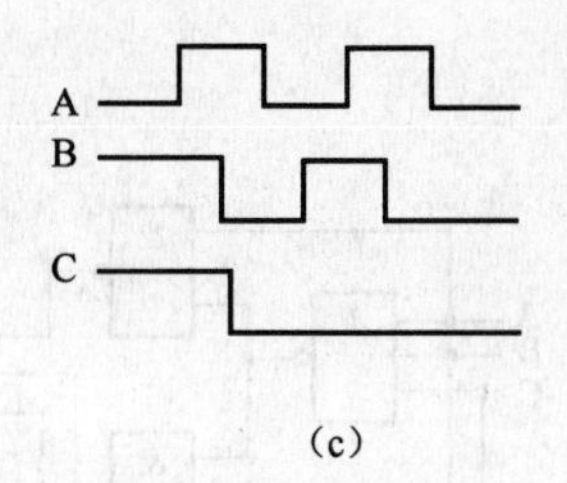

图 6-71　题 6.7 图

（1）三输入端与非门；

（2）三个非门串联的电路；

（3）两输入端或门 $(Y = A + B)$。

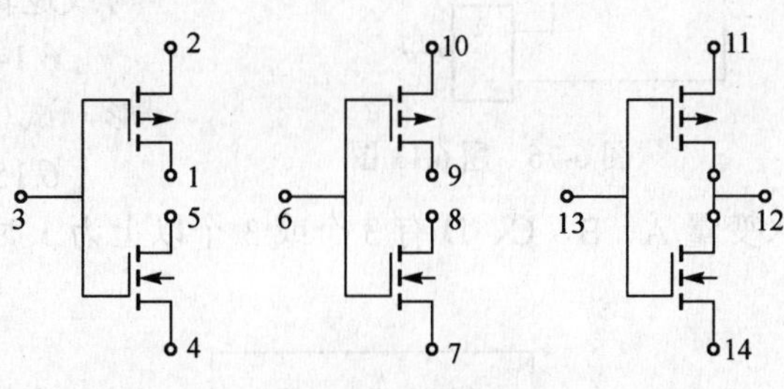

图 6-72　题 6.8 图

6.9　如图 6-73 中所示的 TTL 门电路中，输入端 1、2、3 为多余输入端，试问哪些是正确的？

6.10　试分析图 6-74 所示的组合逻辑电路的逻辑功能，并列出其真值表。

6.11　写出图 6-75 所示电路的逻辑表达式，并将其化简为最简与或表达式。

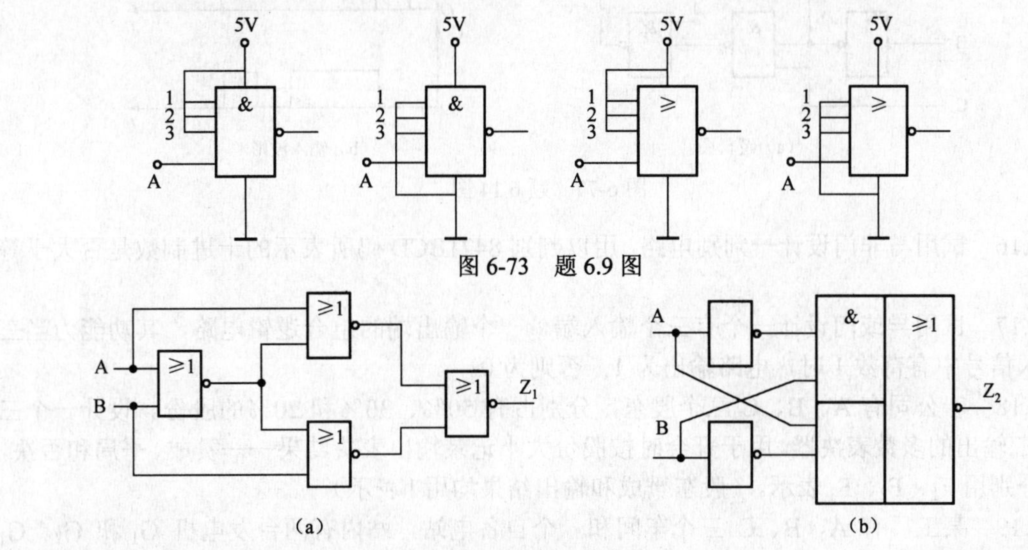

图 6-73　题 6.9 图

图 6-74　题 6.10 图

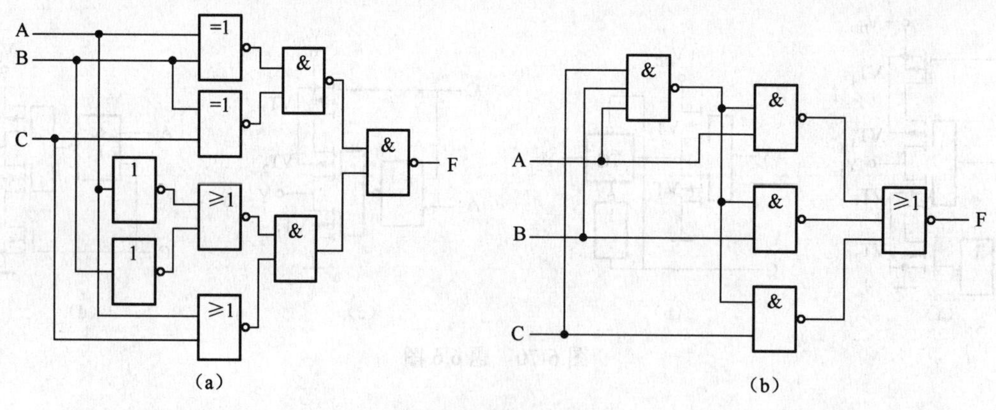

图 6-75 题 6.11 图

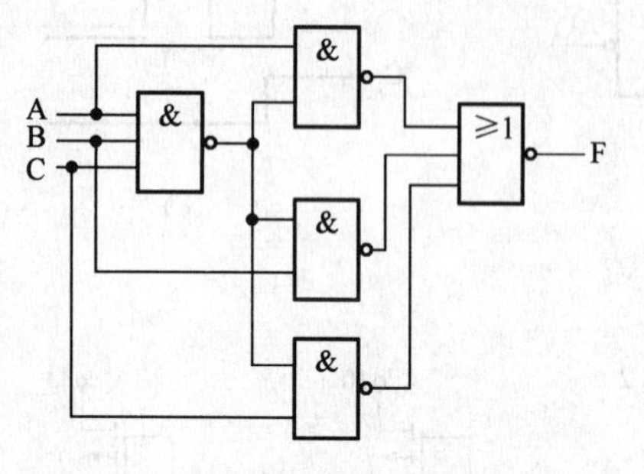

图 6-76 题 6.13 图

6.12 试用与非门分别实现下列逻辑函数。

（1）$F = AB + AC$

（2）$F = AB + \overline{C}$

（3）$F = \overline{(\overline{A} + \overline{C})D}$

6.13 某组合逻辑电路如图 6-76 所示，写出其最简与或逻辑函数表达式，并分析该电路实现的逻辑功能。

6.14 逻辑电路如图 6-77 所示。已知电路的输入波形，试写出输出函数式，并补画出输出 Z 的波形图。

6.15 用与非门设计四变量的多数表决电路，当输入变量 A、B、C、D 有 3 个或 3 个以上为 1 时，输出为 1，否则输出为 0。

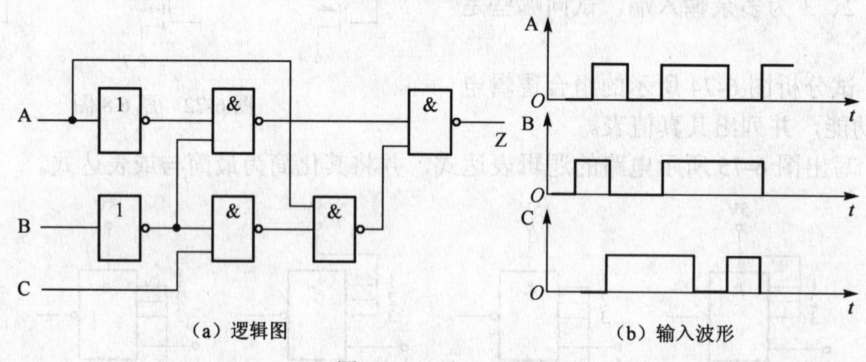

图 6-77 题 6.14 图

6.16 试用与非门设计一判别电路，用以判别 8421BCD 码所表示的十进制数是否大于等于 3。

6.17 试用异或门设计一个有三个输入端，一个输出端的组合逻辑电路，其功能为当三个输入信号中有奇数 1 时，电路输出为 1，否则为 0。

6.18 一公司有 A、B、C 三个股东，分别占有 50%、30%和 20%的股份。设计一个三输入/三输出的多数表决器，用于开会时按股份大小记录输出表决结果——赞成、平局和否决，输出分别用 F_1、F_2、F_3 表示。（股东赞成和输出结果均用 1 表示）

6.19 某工厂有 A、B、C 三个车间和一个自备电站，站内有两台发电机 G_1 和 G_2。G_1 的容量是 G_2 的两倍。如果一个车间开工，只需 G_2 运行即可满足要求；如果两个车间开工，

只需 G_1 运行即可满足要求；如果三个车间同时开工，则 G_1 和 G_2 均需运行。试画出控制 G_1 和 G_2 运行的逻辑图。

6.20 人类有四种血型 A、B、AB 和 O 型。其输血与供血关系为：AB 型可以接受任何血型，但它只能输给 AB 型血；A 型能输给 A 型或 AB 型，可接受 A 型或 O 型血，B 型能输给 B 型或 AB 型，可以接受 B 型或 O 型血；O 型能输给任何血型，但只能接受 O 型血。设计一逻辑电路，其输入是一对"输送/接受的血型"，当其符合上述严格规则时，电路输出为 1。

6.21 设计一个优先排队电路，其优先顺序为：（1）当 A=1 时，不论 B、C、D 为何值，W 灯亮，其余灯全灭；（2）当 A=0，B=1 时，不论 C、D 为何值，X 灯亮，其余灯全灭；（3）当 A=B=0，C=l 时，不论 D 为何值，Y 灯亮，其余灯全灭；（4）当 A=B=C=0，D=1 时，Z 灯亮，其余灯全灭；（5）当 A=B=C=D=0 时，所有灯都灭。设灯亮为 l，灯灭为 0。

6.22 试用与非门设计一个三变量不一致电路，要求输入变量只给原变量。

6.23 已知变量 A，B，C 代表 3 位二进制数码，且 $Y = 4A + 2B + C$，试用与非门实现 $2 \leqslant Y \leqslant 5$ 的判断逻辑电路。

6.24 设计一个优先编码器，输入信号的优先顺序为 $\overline{A}$、$\overline{B}$、$\overline{C}$、$\overline{D}$，即当多个输入为有效低电平时，应首先将 $\overline{A}$ 的编码输出。编码表参见表 6-28。要求用与非门实现，且电路最简。

表 6-28 题 6.24 表

输入	输出		
	Y_2	Y_1	Y_0
$\overline{A}$	0	0	1
$\overline{B}$	0	1	0
$\overline{C}$	0	1	1
$\overline{D}$	1	0	0

6.25 设自动售票机的接收器能接收伍角和壹元的硬币，并假定在投放硬币时，硬币数量的信息可以立刻得出，票价为壹元伍角。要求每当接收器收到的币值大于或等于壹元伍角时，发出给票信号。试设计此控制逻辑。

6.26 设计一个全减器，其输入是被减数、减数和低位的借位（$A_iB_iC_{i-1}$）。其输出是差数 D_i，和 C_i 向高位的借位信号。

6.27 电路如图 6-78 所示，A_1A_0 和 B_1B_0 分别为两组输入信号，S_0 S_1S_2 S_3 为输出端。请列真值表并试分析电路的逻辑功能。

6.28 用四选一数据选择器实现下列函数 $F = \Sigma(0, 1, 5, 6, 7, 9, 10, 14, 15)$

6.29 设计一个八段译码器，其功能是将 842lBCD 码译成八段输出信号，供如图 6-79 所示八段荧光数码管作译码驱动器。

（1）写出该译码器的各段逻辑表达式。

（2）画出用与非门实现的逻辑电路。

6.30 设计一个数字比较电路，能比较两个 2 位二进制数的大小。2 个二进制数为 A=AlA0，B=BlB0，当 A>B 时，输出 F_1 F_2=10；当 A=B 时，F1 F2=11；当 A<B 时，F_1 F_2=01。用双四选一数据选择器 74153 实现电路。74153 符号如图 6-80 所示。

6.31 双四选一数据选择器 74153 组成的电路如图 6-81 所示，输入变量为 A、B、C，试写出输出函数 F_1、F_2 的表达式，并分析电路的逻辑功能。

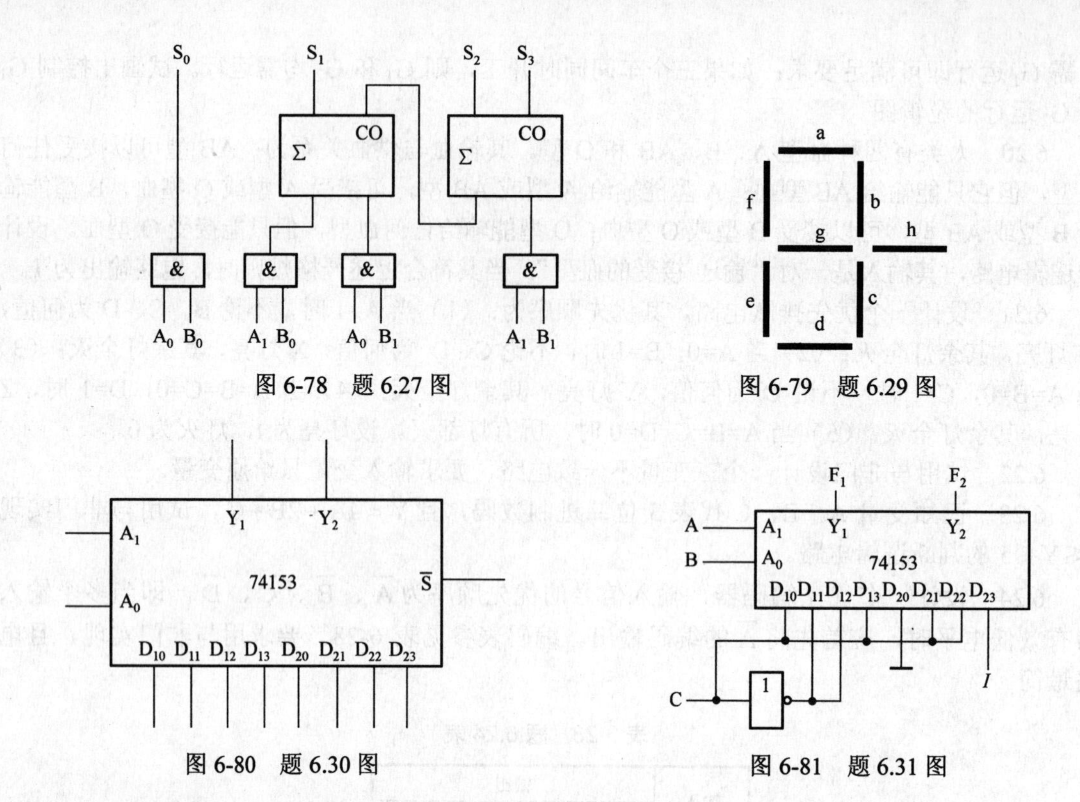

图 6-78 题 6.27 图

图 6-79 题 6.29 图

图 6-80 题 6.30 图

图 6-81 题 6.31 图

6.32 试用两个半加器和一个或门构成一个全加器。

（1）写出 S_i 和 C_i 的逻辑表达式；

（2）画出逻辑图。

第 7 章　触发器与时序逻辑电路

本章讨论数字电子电路中的另一个基本单元电路即触发器（RS、JK、D），以及由它们组成的时序逻辑电路（计数器、寄存器）的逻辑功能和应用，并介绍常用的555电路的工作原理和应用。

在数字系统中，为了能实现按一定程序进行运算，需要数字电路具有某种“记忆”功能。但组合逻辑电路的特点是输出状态仅取决于当时的输入状态，即在门电路及其组成的组合逻辑电路中，输出状态完全由当时输入状态的组合来决定，而与原来的状态无关，不具有“记忆”功能。而时序逻辑电路则不同，它的输出状态不仅取决于当时的输入状态，而且与电路的原来状态有关，也就是说，时序逻辑电路具有“记忆”功能。

组合电路的基本单元是门电路，而时序逻辑电路的基本单元是触发器。

7.1　双稳态触发器

触发器最常用的是双稳态触发器，它有“0”和“1”两种稳定输出状态，当输入某种触发信号时，它由原来的稳定状态切换为另一种稳定状态；无触发信号输入时，它保持原稳定状态。因此，触发器是储存数字信号的基本单元电路。

触发器按稳定工作状态可分为双稳态触发器、单稳态触发器和无稳态触发器（多谐振荡器）等。双稳态触发器按逻辑功能可分为RS触发器、JK触发器和D触发器等；按结构可分为主从型触发器和维持阻塞型触发器等。

7.1.1　RS 触发器

1. 基本 RS 触发器

图 7-1（a）是基本RS触发器的逻辑电路，它由两个“与非”门 G_1、G_2 互相交叉耦合组成，$\overline{R}_D$、$\overline{S}_D$ 是两个直接触发信号输入端，Q、$\overline{Q}$ 是基本RS触发器的两个互补信号输出端，一个为“1”，另一个为“0”。一般规定，“与非”门 G_2 输出端Q的状态为触发器的状态。

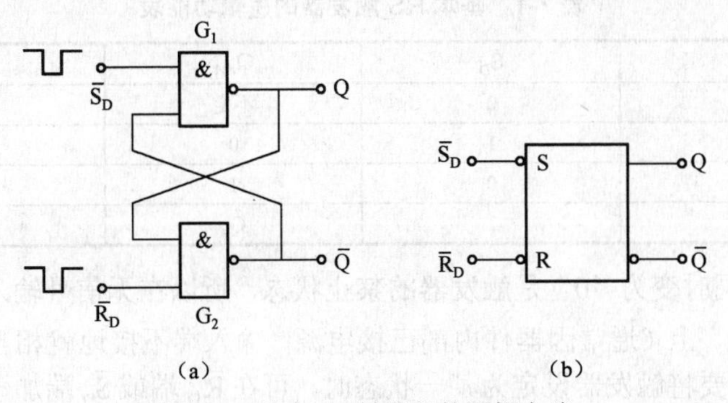

图 7-1　基本 RS 触发器的逻辑电路

从基本RS触发器的逻辑图可以看出：

$$Q=\overline{\overline{S}_D\ \overline{Q}} \quad (7\text{-}1)$$

$$\overline{Q}=\overline{\overline{R}_D\ Q} \quad (7\text{-}2)$$

式（7-1）与式（7-2）说明，RS触发器的状态既与输入信号S、R有关，也与触发器原状态有关。

基本RS触发器输出与输入的逻辑关系可分以下四种情况进行分析：

1）$\overline{R}_D=1$，$\overline{S}_D=1$

触发器的输出与原状态有关。如果原状态为$Q=1$（$\overline{Q}=0$），则G_1门输入全为“1”，故输出$\overline{Q}=0$，使$Q=1$；如果原状态为$Q=0$（$\overline{Q}=1$），则G_2门输入全为“1”，故$Q=0$，使$\overline{Q}=1$。这表明触发器具有两种稳定状态，体现了触发器的“记忆”功能。

2）$\overline{R}_D=0$，$\overline{S}_D=1$

$\overline{S}_D=1$表示将S_D端悬空；$\overline{R}_D=0$表示在R_D端加一负脉冲。由于G_1门的一个输入端为“0”，故G_1门的输出端$\overline{Q}=1$，而G_2门的输入端全是“1”，故输出$Q=0$。说明当R_D端加负脉冲时，触发器处于“0”状态。这种状态称为置“0”和复位。

3）$\overline{R}_D=1$，$\overline{S}_D=0$

因为G_2门中有一个输入端为“0”，故$Q=1$，而G_1门输入端全是“1”，说明当S_D端加负脉冲时，触发器处于“1”状态。这种状态称为置“1”或置位。

4）$\overline{R}_D=0$，$\overline{S}_D=0$

G_1、G_2两门都有为“0”的输入端，所以它们的输出$\overline{Q}=1$，$Q=1$。这就达不到$\overline{Q}$与Q的状态互补的逻辑要求，不满足双稳态条件。一旦R_D、S_D同时变为“1”，触发器的状态将取决于偶然因素，或为$Q=0$（$\overline{Q}=1$）；或为$Q=1$（$\overline{Q}=0$）。因此，实际应用时必须禁止R、S同时输入0。

基本RS触发器图形符号如图 7-1（b）所示，图中$\overline{R}_D$、$\overline{S}_D$的下标 D 表示直接输入，逻辑符号中的小圆圈表示非号，非号表示触发信号低电平时对电路有效，故$\overline{R}_D$称为直接置“0”端或直接复位端，$\overline{S}_D$称为直接置“1”端或直接置位端。在输出端同样在$\overline{Q}$端加小圆圈。

综上分析，可列出基本RS触发器的逻辑功能表，参见表 7-1。

表 7-1　基本 RS 触发器的逻辑功能表

$\overline{R}_D$	$\overline{S}_D$	Q_{n+1}	功能
0	0	不定	禁止
0	1	0	置 0
1	0	1	置 1
1	1	Q_n	保持

因为$\overline{R}_D$、$\overline{S}_D$同时变为“0”是触发器的禁止状态，所以在无信号输入时，$\overline{R}_D$、$\overline{S}_D$通常都应接在高电平“1”上（通常因器件内部已接电源，输入端不接地就相当于接高电平，称为悬空）。这样，当需要将触发器设定为某一状态时，可在$\overline{R}_D$端或$\overline{S}_D$端加一低电平“0”，使触发器置“0”或置“1”。

基本RS触发器电路简单，且它有两个稳定状态，故可用来存储一位二进制数码。常用基本RS触发器可组成更完善的双稳态触发器，集成基本RS触发器电路有 TTL 型四RS（锁存器）74HC279 和 CMOS 型 CC4043 等电路。

2. 同步 RS 触发器

在数字电路中，为使多个相关的触发器同时工作，必须引入同步信号（或称时钟脉冲信号），用CP表示，这种触发器称为同步触发器。

同步RS触发器的逻辑电路如图 7-2（a）所示，它在基本RS触发器前加入两个“与非”门G_3、G_4，作为导引门。R、S端为信号（数据）输入端，CP端为时钟脉冲控制端。电路输出状态由R、S决定，但必须在CP的作用下，才能使触发器切换稳定状态，即触发器与时钟脉冲同步工作，故称同步（钟控）RS触发器。同步RS触发器的时钟脉冲CP一般采用正脉冲，它在两个时钟脉冲的间歇内，且CP＝0时，G_3、G_4门的输出都为“1”，不受R、S的影响，触发器维持原状态（用Q^n表示）。也就是说，在CP＝0时间内，R、S状态的改变不会影响G_3、G_4门的输出，称导引门被封锁。在时钟脉冲作用期间（CP＝1）导引门畅通，将R、S的状态导引至基本RS触发器，这时触发器的状态就由R、S来决定。它的图形符号如图 7-2（b）所示，逻辑功能表参见表 7-2，表中Q^n表示CP作用前触发器的状态，称为初态；Q^{n+1}表示CP作用后触发器的新状态，称为次态。

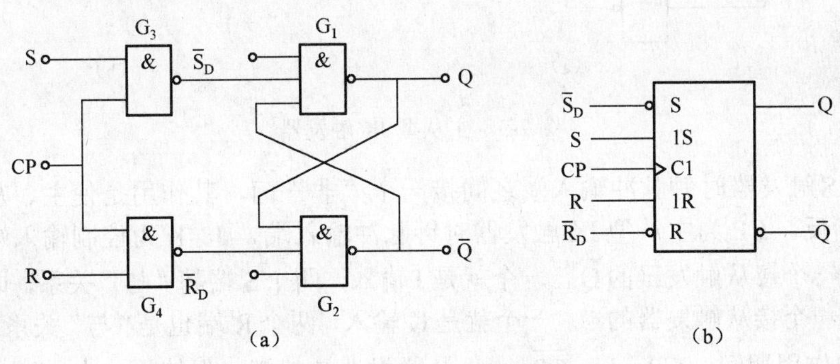

图 7-2　同步 RS 触发器

表 7-2　同步 RS 触发器的逻辑功能表

输入		输出	
R	S	Q^{n+1}	功能说明
0	1	1	置 1
1	0	0	置 0
0	0	Q^n	保持
1	1	×	禁止

由表 7-2 可见，R、S全是“1”的输入组合是应当被禁止的，因为当CP＝1时，若R＝S＝1，则导引门G_3、G_4均输出“0”态，致使$Q=\overline{Q}=1$，当时钟脉冲过去之后，触发器恢复成何种稳态是随机的。在同步RS触发器中，通常仍设有直接复位端$\overline{R}_D$和直接置位端$\overline{S}_D$，$\overline{R}_D$及$\overline{S}_D$只允许在时钟脉冲的间歇期内使用，使用时采用负脉冲置“1”或置“0”，以实现清零或置数，使其具有指定的初始状态。不用时“悬空”，即高电平。R、S端称同步输入端，触发器的状态由CP脉冲来决定。

同步RS触发器结构简单，但存在两个严重缺陷：一是会出现不确定状态；二是触发器在CP持续期间，当R、S的输入状态变化时，会造成触发器翻转，造成误动作，导致触发器的最后状态无法确定。

为克服上述缺陷，常采用边沿触发的主从型JK触发器和维持阻塞型D触发器。

7.1.2 主从型 JK 触发器

主从型JK触发器的逻辑电路图如图7-3（a）所示。它由两级同步RS触发器组成，前级称为主触发器，后级称为从触发器，并将后级输出反馈到前级输入，以消除不确定状态。

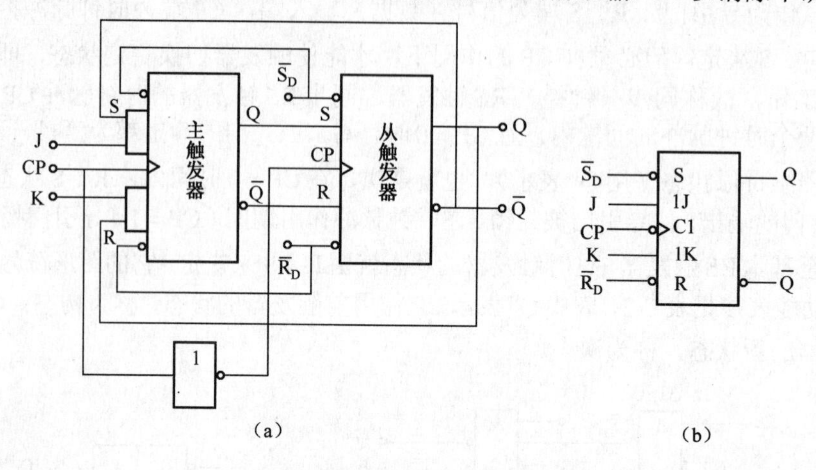

图7-3 主从型JK触发器

在两个RS触发器时钟脉冲输入端之间接一个“非”门，其作用是使主、从触发器的时钟脉冲极性相反。CP为主从型JK触发器时钟脉冲输入端，J、K为控制输入端。主触发器有两个S端，一个接从触发器的$\overline{Q}$，一个就是J输入，两个S端是“与”关系，即$S=J\overline{Q}$；R端也有两个，一个接从触发器的Q，一个就是K输入，两个R端也是“与”关系，即$R=KQ$。

时钟脉冲作用期间，$CP=1$，$\overline{CP}=0$，从触发器被封锁，保持原状态，即Q在脉冲作用期间不变；主触发器则类似同步RS触发器那样工作，但是它没有不确定状态，这是因为从输出反馈到输入的Q和$\overline{Q}$总有一个为“0”，即$S=J\overline{Q}$，$R=KQ$，即使输入端$J=K=1$，主触发器S与R不可能同时为“1”，这就消除了主触发器的不确定状态。当时钟脉冲过去后，CP由高电平变为低电平时，$CP=0$，$\overline{CP}=1$，主触发器被封锁，从触发器导通，将主触发器的状态移入从触发器中，主从型JK触发器的逻辑功能参见表7-3。

表7-3 主从型JK触发器的逻辑功能表

J	K	Q_{n+1}	功能
0	1	0	置0
1	0	1	置1
1	1	$\overline{Q}$	计数

可见，这种JK触发器的工作是分两步完成的，$CP=1$时，Q不变，只是主触发器按JK触发器功能表工作，而当CP下降沿到达时，才将主触发器的输出状态传送到从触发器的输出端，Q从原状态Q^n变为新状态Q^{n+1}。就是说在CP由“0”变为“1”时，触发器只把输入信

号J、K状态接收进来而不翻转，待CP由“1”再回到“0”，触发器才翻转，这时虽然Q的状态改变了，但因为CP为“0”，主触发器被封锁，Q不变，解决了多次翻转问题。这种主从型JK触发器的翻转是在CP脉冲下降沿到来时实现的，因此它的工作方式称为下降沿触发，在图 7-3（b）的逻辑符号中，CP输入端用小圆圈表示低电平有效，而加一个三角符号来表示边沿触发，则CP表示为下降沿触发。

由主从型JK触发器的逻辑功能表7-3可推导出JK触发器的特性方程为

$$Q^{n+1} = J\overline{Q}^n + \overline{K}Q^n \text{（CP到来后下降沿触发）} \tag{7-3}$$

主从型JK触发器是应用最广泛的基本“记忆”部件，用它可以组成多种具有其他功能的触发器和数字器件。集成主从型JK触发器有各种型号和规格，常用的 TTL 触发器有74HC73A、74HC107A、74HC76A 等；CMOS 触发器有CC4027、CC4013等。

例 7-1 主从型JK触发器输入端的波形如图 7-4 所示。其直接输入端 $\overline{R}_D = \overline{S}_D = 1$，求输出端Q的状态波形（初始状态Q=1）。

解：根据CP=1时的J、K端状态，确定CP下降沿到达低电平时Q端状态波形，即得图7-4中Q的波形。

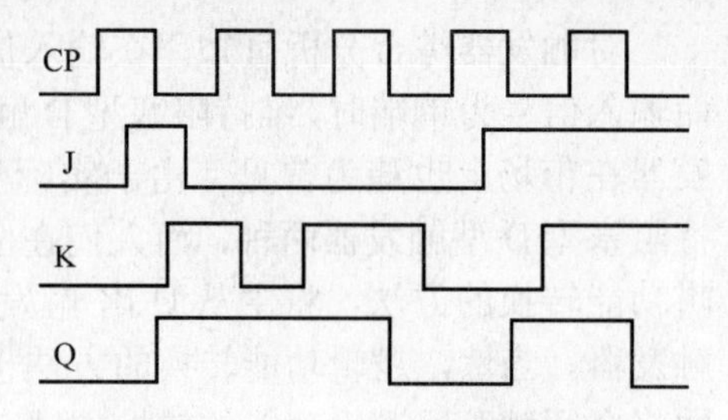

图 7-4　例 7-1 的输入、输出波形图

7.1.3　维持阻塞型D触发器

图7-5是维持阻塞型D触发器的逻辑符号，表7-4为其真值表，此触发器的输出端为Q和$\overline{Q}$。

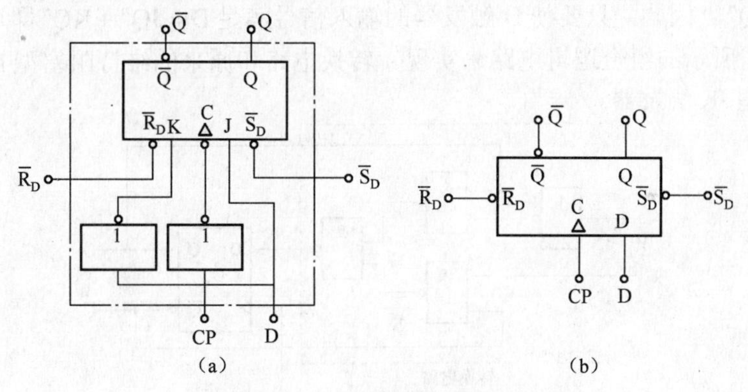

图 7-5　维持阻塞型D触发器

维持阻塞型D触发器的逻辑功能是：当D=0，即J=1，K=0，CP上升沿到来时，不论触发器的原状态如何，均有Q=0；当D=1时，CP触发后，Q=1。可见，维持阻塞型D触发器在CP时钟脉冲上升沿到来时，其输出端Q的状态将由输入端D的状态决定。其图形符号如图7-5（b）所示，因CP输入端处无小圆圈，故为上升沿触发。其逻辑功能参见表7-4。

表 7-4　维持阻塞型D触发器真值表

输入	输出	
D^n	D^{n+1}	功能说明
0	0	置0
1	1	置1

维持阻塞型D触发器的特性方程为

$$Q^{n+1}=D\text{（CP到来后上升沿触发）} \tag{7-4}$$

实际使用D触发器采用维持阻塞型，其内部结构虽然与主从型JK触发器不同，但同样解决了多次翻转问题和不确定状态。维持阻塞型D触发器的状态只取决于CP到来之前D输入端的状态，它必须等到CP脉冲上升沿到来时，才能传送到触发器的输出端。这表明维持阻塞型D触发器具有延迟作用，该维持阻塞型D触发器也称延迟触发器。

集成维持阻塞型D触发器一般都是在CP上升沿触发。也有采用下降沿触发的维持阻塞型D触发器，其图形符号在CP输入端与主从型JK触发器相同。

7.1.4 触发器逻辑功能的转换

对触发器综合分析可知，在输入信号为双端时，主从型JK触发器的逻辑功能最为完善，而输入信号为单端时，维持阻塞型D触发器用起来最方便，所以主从型JK或维持阻塞型D触发器在市场上也最为常见。由于实际生产的集成时钟触发器，只有主从型JK型触发器和维持阻塞型D型触发器两种，而人们在应用中还常常需要其他类型的触发器，这就需要通过逻辑功能转换的方法，将主从型JK触发器或维持阻塞型D触发器转换成所需要的逻辑功能的触发器。当然，逻辑功能转换的方法也适用于任何两种逻辑功能触发器之间的互相转换。下面将介绍触发器逻辑功能的转换方法。

1．维持阻塞型D触发器转换成其他逻辑功能触发器

1）从维持阻塞型D触发器到主从型JK触发器的转换

已知维持阻塞型D触发器的逻辑功能为$Q^{n+1}=D$，而主从型JK触发器的逻辑功能为$Q^{n+1}=J\overline{Q^n}+\overline{K}Q^n$。因此，只要使D触发器的输入信号满足$D=J\overline{Q^n}+\overline{K}Q^n$即可。其逻辑关系可以通过图7-6所示的组合逻辑电路来实现。转换电路和原来的维持阻塞型D触发器一起构成了新的主从型JK触发器。

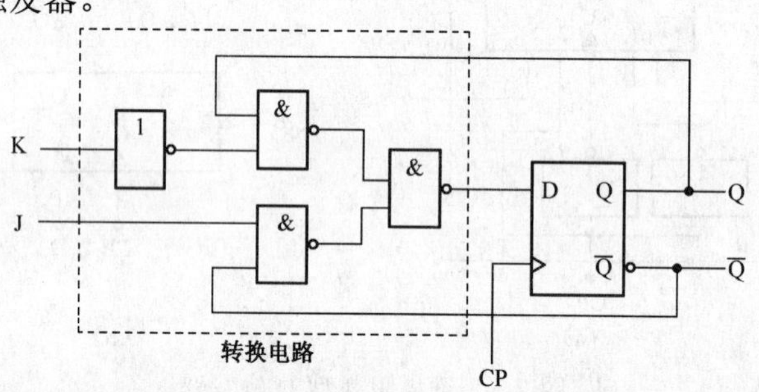

图7-6　维持阻塞型D触发器转换主从型JK触发器的电路

2）从维持阻塞型D触发器到RS触发器的转换

已知维持阻塞型D触发器的逻辑功能为$Q^{n+1}=D$，而RS触发器的逻辑功能为$Q^{n+1}=S+\overline{R}Q^n$。故只要令维持阻塞型D触发器的输入满足$D=S+\overline{R}Q^n$，就可以得到RS触发器了。其逻辑关系可以通过图7-7所示的组合逻辑电路来实现。转换电路和原来的维持阻塞型D触发器一起构成了新的RS触发器。

2．主从型JK触发器转换为其他逻辑功能触发器

1）从主从型JK触发器到维持阻塞型D触发器的转换

已知主从型JK触发器的特性方程$Q^{n+1}=J\overline{Q^n}+\overline{K}Q^n$，而D触发器的特性方程是$Q^{n+1}=D$，

为使J、K用D来表示，需要将维持阻塞型D触发器的特性方程稍做变化：

$$Q^{n+1}=D(Q^n+\overline{Q^n})=DQ^n+D\overline{Q^n}$$

将该式与主从型JK触发器的特性方程比较可知，若令$J=D$和$K=\overline{D}$，便得到了维持阻塞型D触发器。转换电路如图7-8所示。

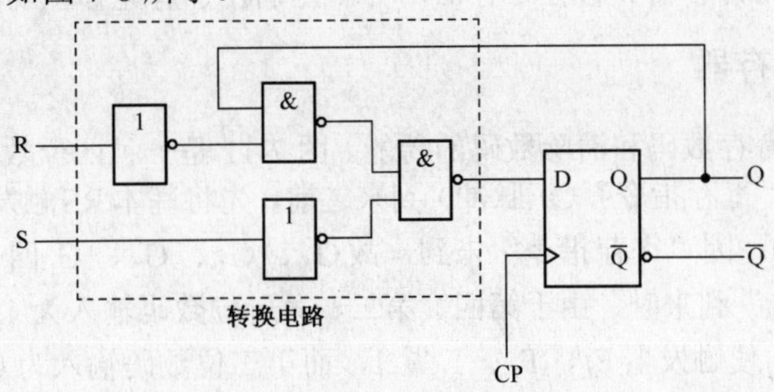

图7-7　维持阻塞型D触发器转换到RS触发器的电路

2）从主从型JK触发器到RS触发器的转换

为了找出主从型JK触发器与RS触发器的逻辑函数对应关系，对RS触发器的特性方程也要做一些变换：

$$Q^{n+1}=S+\overline{R}Q^n=S(Q^n+\overline{Q^n})+\overline{R}Q^n=S\overline{Q^n}+\overline{S}\overline{R}Q^n$$

将该式与主从型JK触发器的特性方程比较可知，$J=S$，$K=\overline{S}R$，就可以实现RS触发器的功能。利用约束条件$SR=0$，还可对上式进一步简化，得到$J=S$，$K=\overline{S}R+SR=R$。据此可得到转换电路，如图7-9所示。

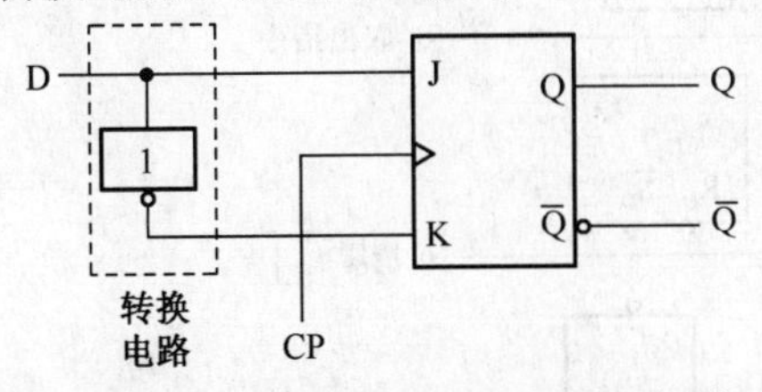

图7-8　主从型JK触发器转换为维持阻塞型D触发器

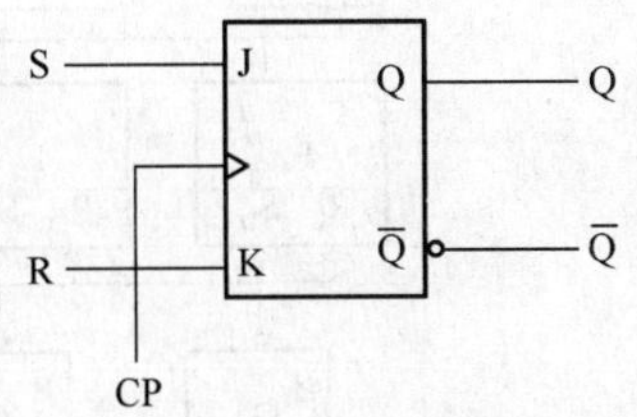

图7-9　主从型JK触发器转换为RS触发器

3）主从型JK触发器转换为T和T′触发器

根据主从型JK触发器的特征方程，只要将两个输入J和K连在一起，即满足$J=K=T$，构成T触发器；当$J=K=1$时，即构成T′触发器，如图7-10所示。

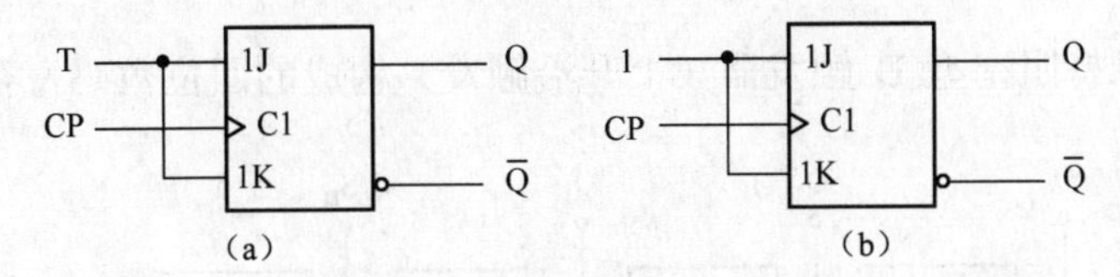

图7-10　主从型JK触发器转换成的T和T′触发器

7.2　寄　存　器

寄存器是用来暂时存储参与运算的数据和运算结果的逻辑电路。一个触发器只能寄存一位二进制数，要存放多位数时，就需要用多个触发器。常用的有四位、八位、十六位等寄存器。

寄存器存储数码的方式有并行和串行两种方式。并行方式就是数码各位从各对应位同时输入寄存器中；串行方式就是数码从一个输入端逐位输入寄存器中。

从寄存器取出数码的方式也有并行和串行两种方式。在并行方式中，被取出的数码各位在对应于各位的输出端上同时出现；而在串行方式中，被取出的数码在一个输出端逐位出现。

寄存器常分为数码寄存器和移位寄存器两种，区别在于有无移位功能。

7.2.1 并行数码寄存器

数码寄存器具有寄存数码和清除数码的功能。图 7-11 是一种四位数码寄存器。设输入的二进制数为 1011。在“寄存指令”（正脉冲）到来之前，先将基本RS触发器清零，使 F_4、F_3、F_2、F_1 的输出为 0000。因“寄存指令”未到，故 G_4、G_3、G_2、G_1 四个“与非”门的输出全为 1。当“寄存指令”到来时，由于第四、第二、第一位数码输入为 1，G_4、G_2、G_1“与非”门的输出均为 0，使触发器 F_4、F_2、F_1 置 1，而第三位数码输入为 0，G_3 的输出仍为 1，故 F_3 的状态不变，仍保持 0。于是将数码 1011 存储到基本RS触发器的输出端。若要取出该数码时，可下发给 G_8、G_7、G_6、G_5“与非”门“取出指令”（正脉冲），则各位数码就在 $Q_3 \sim Q_0$ 输出端上取出。在未下发“取出指令”时，$Q_3 \sim Q_0$ 端均为“0”。这种寄存数据的方式为并行输入，输出数据的方式为并行输出。

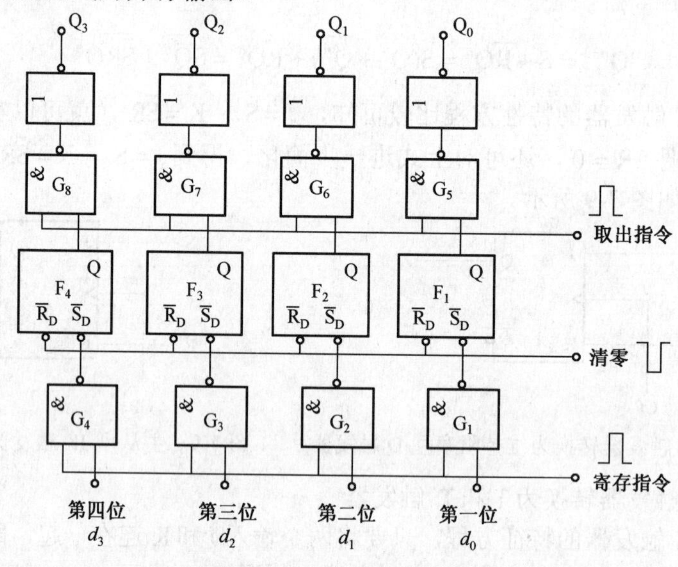

图 7-11　四位数码寄存器

图 7-12 是由维持阻塞型 D 触发器（上升沿触发）构成的四位数码寄存器，其工作情况可自行分析。

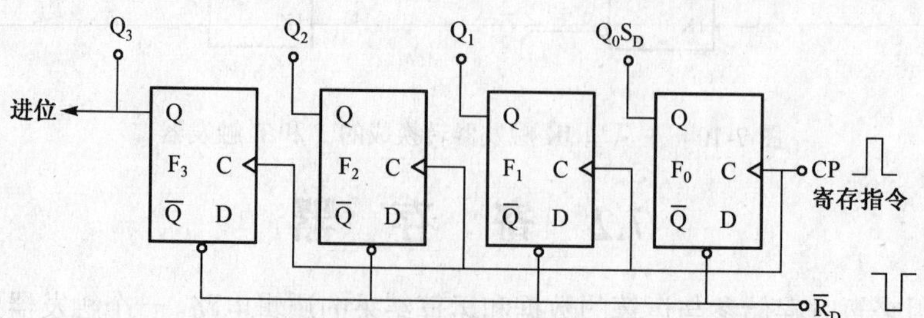

图 7-12　维持阻塞型 D 触发器构成的四位数码寄存器

上述两种寄存器都是并行输入并行输出的寄存器。常用的数码寄存器集成电路有74HC173、74HC299 等 TTL 型集成电路，以及 CC4076、CC40105、CC40208 等 CMOS 型集成电路。

7.2.2 串行移位寄存器

移位寄存器是不仅能存放数码而且具有移位功能。所谓移位是每当一个移位脉冲（时钟脉冲）到来时，触发器的状态便向右或向左移一位，也就是寄存器的数码可以在移位脉冲的控制下依次进行移位。移位寄存器在计算机中应用较为广泛。

图 7-13 是由主从型 JK 触发器组成的四位移位寄存器。F_0 接成维持阻塞型 D 触发器，数码由 0 端输入。设寄存的二进制数为 1011，按移位脉冲（即时钟脉冲）的工作节拍从高位到低位依次串行送到 D 端。工作前先清零，开始时 $D=1$，第一个移位脉冲的下降沿到来时，触发器 F_0 翻转，$Q_0=1$，其他仍保持“0”状态，寄存器为 0001。接着数据 $D=0$，第二个移位脉冲的下降沿来到时，F_0 和 F_1 同时翻转，由于 F_1 的 J 端为“1”，F_0 的 J 端为“0”，所以 $Q_1=1$，$Q_0=0$，Q_2 和 Q_3 仍为“0”，寄存器为 0010。以后过程如表 7-5 所示，移位一次，存入一个新数码，直到第四个脉冲的下降沿来到时，存数结束。这时，可以从四个触发器的 Q 端同时得到数码输出，即并行输出。因此该电路是串行输入并行输出的左移寄存器。其状态表参见表 7-5。

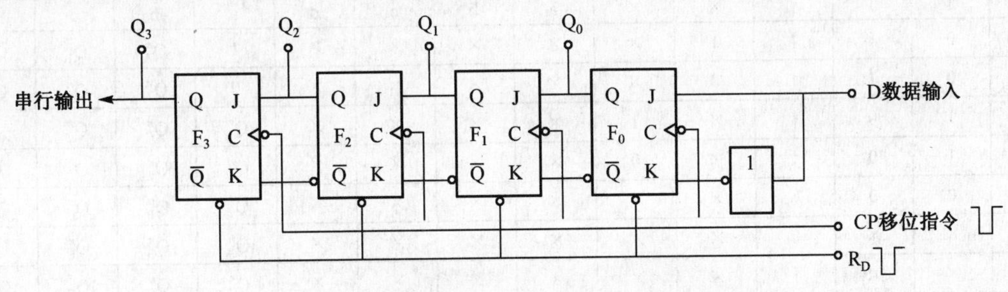

图 7-13　主从型 JK 触发器组成的四位移位寄存器

表 7-5　移位寄存器的状态表

移位脉冲数	寄存器中的数码				输入数码	移位过程
	Q_3	Q_2	Q_1	Q_0		
0	0	0	0	0	1	清零
1	0	0	0	1	0	左移一位
2	0	0	1	0	1	左移二位
3	0	1	0	0	1	左移三位
4	1	0	1	1		左移四位

如果再经过四个移位脉冲，则所寄存的 1011 逐位从 Q_3 端输出，即串行输出。

常用的移位寄存器有 74HC91、74HC95、74HCl 64、74HC165、74HCl66 等 TTL 型集成电路，以及 CC4014、CC4015、CC4021 等 CMOS 型集成电路。

7.2.3 74194 集成寄存器

74194 集成寄存器是具有多种功能的移位寄存器，它既可以并行方式工作，也可以右移方式工作，还可以左移方式工作，另外还可保持不变。电路执行哪一种功能，是由方式控制端来控制的。其外引线排列与逻辑符号如图 7-14 所示，功能表参见表 7-6。

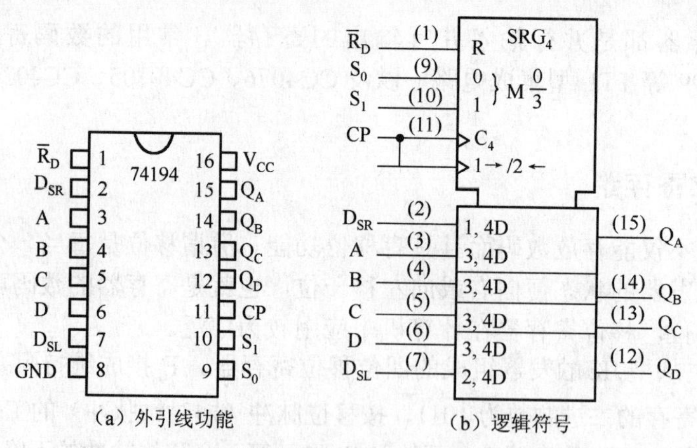

（a）外引线功能　　　　（b）逻辑符号

图 7-14　74194 集成寄存器外引线排列与逻辑符号

表 7-6　74194 集成寄存器功能表

输入										输出			
清零	方式控制		时钟	右移	左移	并行输入							
$\overline{R}_D$	S_1	S_0	CP	D_{SR}	D_{SL}	A	B	C	D	Q_A	Q_B	Q_C	Q_D
0	×	×	×	×	×	×	×	×	×	0	0	0	0
1	1	1	↑	×	×	a	b	c	d	a	b	c	d
1	0	1	↑	1	×	×	×	×	×	1	Q_A^n	Q_B^n	Q_C^n
1	0	1	↑	0	×	×	×	×	×	0	Q_A^n	Q_B^n	Q_C^n
1	1	0	↑	×	1	×	×	×	×	Q_B^n	Q_C^n	Q_C^n	1
1	1	0	↑	×	0	×	×	×	×	Q_B^n	Q_C^n	Q_C^n	0
1	0	0	×	×	×	×	×	×	×	Q_A^n	Q_B^n	Q_C^n	Q_C^n
1	×	×	0	×	×	×	×	×	×	Q_A^n	Q_B^n	Q_C^n	Q_D^n
1	×	×	1	×	×	×	×	×	×	Q_A^n	Q_B^n	Q_C^n	Q_D^n

由表 7-6 可看出 74194 集成寄存器有以下功能：

（1）异步清零：唯一条件$\overline{R}_D=0$，即只要在异步清零端加负脉冲，就能把寄存器全部清零。

（2）CP 工作模式：在$\overline{R}_D=1$的前提下，根据工作方式S_1S_0的四种不同取值组合，在 CP 上升沿的作用下，实现四种不同操作。

$S_1S_0=00$，电路状态保持不变。

$S_1S_0=01$，右移，即各触发器内容依次向右移一位，而最左边的Q_A接收“右移串行数据输入”D_{SR}。

$S_1S_0=10$，左移，即各触发器内容依次向左移一位，而最右边的Q_D接收“左移串行数据输入”D_{SL}。

$S_1S_0=11$，并行置数，即四个触发器Q_A、Q_B、Q_C、Q_D。分别接收“并行数据输入”端 A、B、C、D 信号。

思考与练习题

7.2.1　在寄存器电路中，时钟脉冲 CP 有何作用?数码寄存器和移位寄存器有何不同？

7.2.2　数码寄存器的数据被取走后，寄存器内容是否变化？移位寄存器的数据被取走后，寄存器的内容变化吗?

7.2.3　如果将八位移位寄存器的首尾相连组成循环移位寄存器，试问经过几个移位脉冲，寄存器的内容才能重复出现？

7.3　计　数　器

在电子计算机和数字逻辑系统中，计数器是重要的基本部件，它能累计和寄存输入脉冲的数目。计数器应用十分广泛，它不仅可用来计数，还可用做数字系统中的定时电路，以及执行数字运算等。因此，各种数字设备中，几乎都要用到计数器。

计数器的种类很多，按运算方法分为加法计数器、减法计数器和可逆计数器；按进位制分为二进制计数器、二-十进制计数器、N进制计数器等。

这里讨论最常用的二进制计数器和二-十进制加法计数器。

7.3.1　二进制计数器

由于双稳态触发器有“1”和“0”两种状态，所以一个双稳态触发器可以表示一位二进制数。如果要表示N位二进制数，就得用N个触发器。

四位二进制加法计数器的逻辑功能表，参见表7-7。

表7-7　四位二进制加法计数器的逻辑功能表

计数脉冲数	二进制数				十进制数
	Q_3	Q_2	Q_1	Q_0	
0	0	0	0	0	0
1	0	0	0	1	1
2	0	0	1	1	2
3	0	0	1	1	3
4	0	1	0	0	4
5	0	1	0	1	5
6	0	1	1	0	6
7	0	1	1	1	7
8	1	0	0	0	8
9	1	0	0	1	9
10	1	0	1	0	10
11	1	0	1	1	11
12	1	1	0	0	12
13	1	1	0	1	13
14	1	1	1	0	14
15	1	1	1	1	15
16	0	0	0	0	0

图7-15是JK触发器构成的四位二进制加法计数器。JK触发器作为计数触发器使用时，只要将J、K输入端悬空（相当于接高电平）即可。根据JK状态表，J＝K＝1时，每当一个时钟脉冲CP下降沿到来时，触发器就要翻转一次，即由0翻转为1，又从1翻转为0，实现了计数触发。低位触发器翻转两次后就产生一个下降沿的进位脉冲，使高位触发器翻转，所以高位触发器的CP端接低位触发器的Q端。

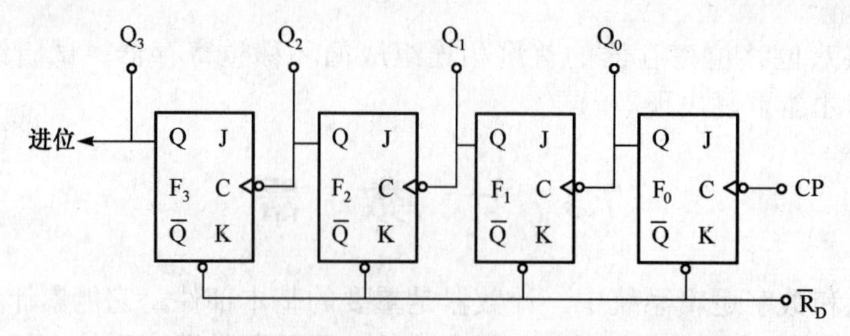

图 7-15　JK 触发器构成的四位二进制加法计数器

假设四个 JK 触发器，在直接置“0”端 $\overline{R}_D$ 加入一负脉冲，则各触发器初态均为“0”，计数器为“0000”状态。

第 1 个计数脉冲结束时，触发器 F_0 翻转为“1”，其 Q_0 输出端由“0”翻转为“1”，因而触发器 F_1、F_2、F_3 不会翻转，计数器状态为“0001”。

第 2 个计数脉冲结束时，F_0 翻转由“1”为“0”，Q_0 输出由“1”翻转为“0”，即作为第二个 JK 触发器的 CP 脉冲，Q_1 由“0”翻转为“1”，不会引起触发器 F_2 翻转；触发器 F_3 也不会翻转，计数器状态为“0010”。

第 3 个脉冲结束时，F_0 翻转为“1”，F_1、F_2、F_3 都不翻转，计数器状态为“0011”。

第 4 个脉冲结束时，F_0 翻转为“0”，使 F_1 也翻转。F_1 翻转成“0”后又使 F_2 翻转成“1”。F_3 不翻转，计数器状态为“0100”。

如此继续下去，可得该四位二进制计数器的波形图，如图 7-16 所示。这种计数器由于计数脉冲不是同时加到各触发器 CP 端的，而是只加到最低位触发器，其他各位触发器则由相邻低位触发器的进位脉冲来触发，因此它们状态的变换是不同步的，称为“异步”计数，这种计数器的速度较慢。

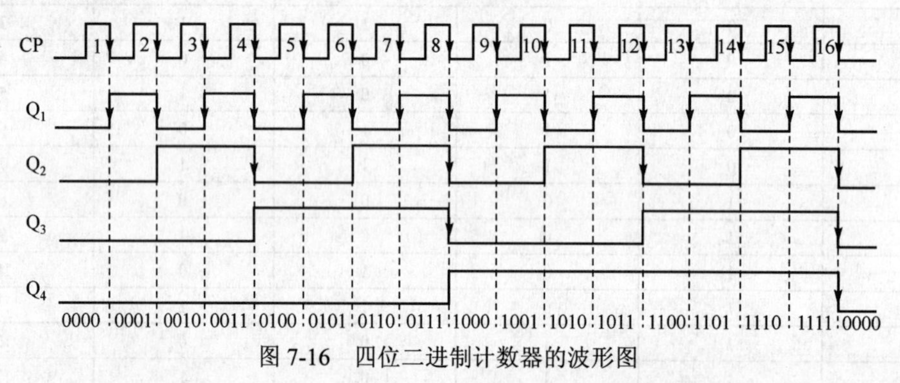

图 7-16　四位二进制计数器的波形图

图 7-17 是用上升沿触发的 D 触发器构成的异步四位二进制减法计数器。其工作原理可自行分析。

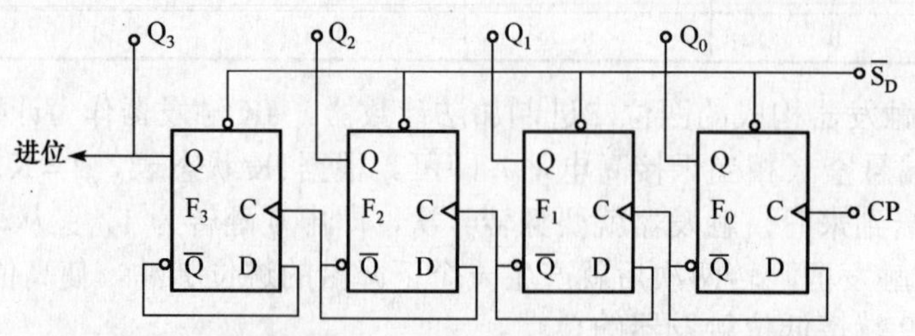

图 7-17　D 触发器构成的异步四位二进制减法计数器

常用的二进制计数器有四位二进制计数器 74HC161A、74HC163A，四位二进制同步可逆计数器 74HC169A、74HC191、74HC193 等 TTL 集成二进制计数器，以及 CC4016、CC4520、CC40161、CC40193 等 CMOS 集成二进制计数器。图 7-18 是 74HCl63 四位二进制同步计数器的引脚图。图中 Q_{CC} 为向高位的输出端；$\overline{CR}$ 为直接清零端；$\overline{LD}$ 为数据置入控制端，低电平有效；E_P、E_r 为高电平有效的使能三态控制端；CP 为上升沿触发时钟脉冲端；$D_3 \sim D_0$ 为预置数输入端。

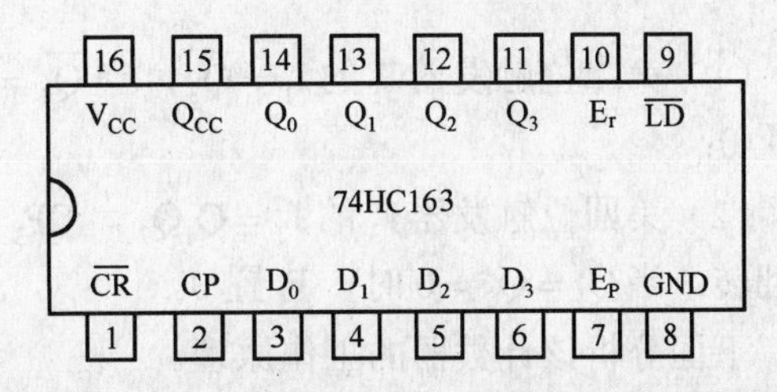

图 7-18 74HCl63 四位二进制同步计数器的引脚图

7.3.2 二-十进制加法计数器

二-十进制加法计数器，简称十进制计数器。大家习惯于用十进制计数和运算。在数字式仪表中，为了显示读数的方便，常采用十进制计数器。

用二进制代码表示十进制数的方法，称为二-十进制代码，也称 BCD 代码。BCD 码中最常用的一种是 8421BCD 代码，简称 8421 码，它可通过四位二进制代码来实现。

四位二进制计数器可计 16 个脉冲数，即有 16 个稳定的电路状态，但十进制只需要 10 个电路状态，因此在四位二进制计数器的基础上，需要设法去掉 6 个电路状态，即可满足要求。实现 8421BCD 码的十进制加法计数器的真值表，参见表 7-8。它在 0000-1001 计数满 9 个后，再加一个“1”时，必须让它翻转到“0000”状态（即跳过 1010、l011、1100、1101、1110、1111 共 6 个状态），并向高位产生一个进位信号。

表 7-8 实现 8421BCD 码的十进制加法计数器的真值表

二进制数	脉冲数	二进制数				十进制数
		Q_3	Q_2	Q_1	Q_0	
0000	0	0	0	0	0	0
0001	1	0	0	0	1	1
0010	2	0	0	1	0	2
0011	3	0	0	1	1	3
0100	4	0	1	0	0	4
0101	5	0	1	0	1	5
0110	6	0	1	1	0	6
0111	7	0	1	1	1	7
1000	8	1	0	0	0	8
1001	9	1	0	0	1	9
0000	10	0	0	0	0	10

图 7-19 是由 JK 触发器构成的 8421BCD 码十进制加法计数器的逻辑图。

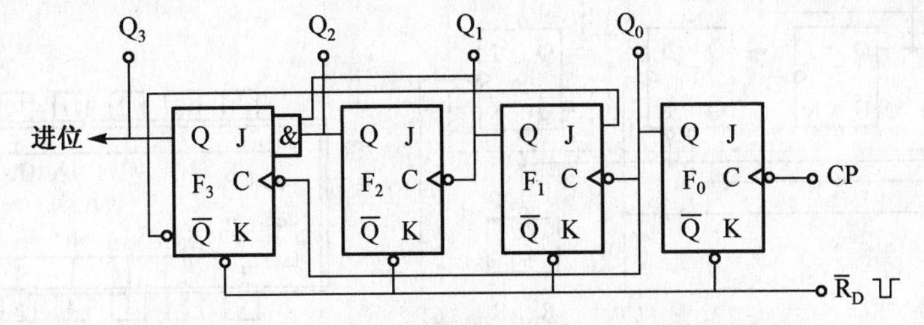

图 7-19 由 JK 触发器构成的十进制计数器逻辑图

它由 4 个主从型 JK 触发器组成，每个触发器的电路特点是：

（1）第二位触发器 F_1 的 $J_1=\overline{Q}_3$，当 $\overline{Q}_3=1$ 时，在 Q_0 由 1 变 0 时，F_1 翻转；当 $\overline{Q}_3=0$ 时，F_1 置 0；

（2）第四位触发器 F_3 的 $J_3=Q_1Q_2$，$CP_3=Q_0$。当 $Q_1=Q_2=1$，且 Q_0 由 1 变 0 时，F_3 才能翻转；当 $Q_1=Q_2=0$ 时，F_3 置 0。

下面分析该计数器的工作原理。

计数前在 $\overline{R}_D$ 端加一个负脉冲，使各触发器为 0000 状态。在 F_3 翻转之前（即计数到 8 以前），F_2、F_1、F_0 三级触发器都处于计数触发状态。其工作原理与二进制计数器相同。

当第 8 个 CP 脉冲到来后，F_0 由 1 变为 0，Q_0 输出的负跳变使 F_1 由 1 变为 0；Q_1 的负跳变又使 Q_2 也由 1 变为 0，Q_2 的负跳变又使 Q_3 也由 1 变为 0；在 Q_0 输出负跳变时，因 $J_3=Q_1Q_2=1$，故使 Q_2 由 0 变为 1，这时计数器变成 1000 状态。

第 9 个 CP 脉冲使 F_0 翻转，计数器为 1001 状态。第 10 个 CP 脉冲输入后，Q_0 由 1 翻转到 0，并送给 F_1、F_3 的 CP 端为一个下降沿信号。F_1 因 $J_1=\overline{Q}_3=0$，故 F_1 置 0 而状态不变；F_3 则因 $K_3=1$，$J_3=Q_1Q_2=0$，Q_2 由 1 翻转到 0。于是计数器由 1001 回到 0000 状态。实现了二-十进制的计数。此时 Q_3 输出一个由 1 变为 0 的下降沿进位时钟脉冲。

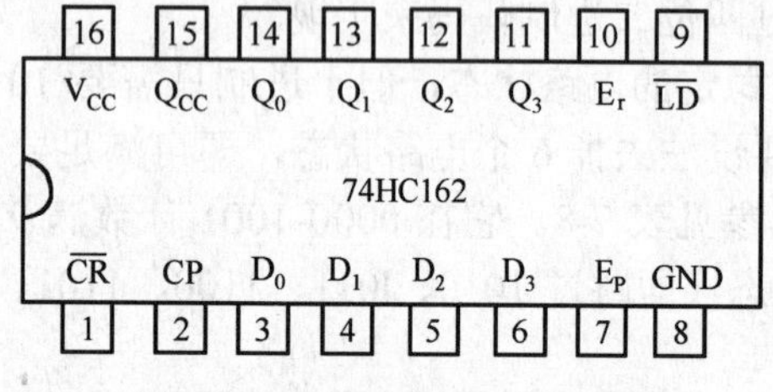

图 7-20　74HCl62 的外引脚图

常用的十进制计数器有 74HCl60A、74HCl62A、74HCl90、74HCl92、74HC290 等 TTL 型集成十进制计数器，以及 CC4017、CC4029、CC4510、CC40160、CC40162 等 CMOS 型集成十进制计数器。图 7-20 是 74HCl62A 的外引脚图。

7.3.3 中规模集成计数器组件

集成计数器产品的类型很多，如异步二-五-十进制计数器 74LS90，四位同步二进制加法计数器 74LS161、74LS163，同步十进制加法计数器 74LS160、74LSl62，十进制同步加 / 减计数器 74LS190 等。由于集成计数器功耗低、功能灵活、体积小，所以在一些小型数字系统中得到了广泛应用。

1. 十进制同步加 1 减计数器 74LS190

图 7-21（a）是 74LS90 的内部电路原理图，图 7-21（b）是其引脚图。其逻辑功能参见表 7-9。

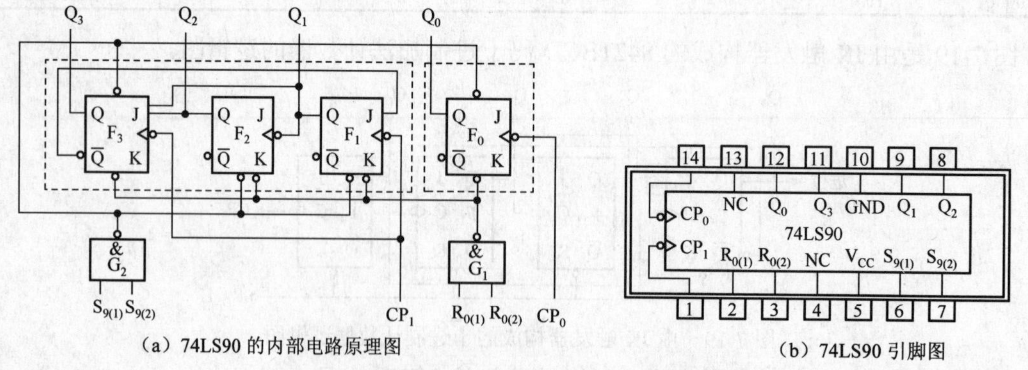

（a）74LS90 的内部电路原理图

（b）74LS90 引脚图

图 7-21　74LS90 的内部电路原理图和引脚图

表 7-9　74LS90 逻辑功能表

CP_0	CP_1	$R_{0(1)}$	$R_{0(2)}$	$S_{9(1)}$	$S_{9(2)}$	Q_3	Q_2	Q_1	Q_0
×	×	1	1	× 0	0 ×	0	0	0	0
×	×	× 0	0 ×	1	1	1	0	0	1
↓	×	× 0	0 ×	× 0	0 ×	由 Q_0 输出，二进制计数器			
×	↓	× 0	0 ×	× 0	0 ×	由 Q_3～Q_1 输出，五进制计数器			
↓	Q_0	× 0	0 ×	× 0	0 ×	由 Q_3～Q_0 输出，十进制计数器			

由表 7-9 可以看出 74LS90 具有以下功能：

（1）异步置 0 功能。当 $R_{0(1)}R_{0(2)}=1$，$R_{9(1)}R_{9(2)}=0$ 时，计数器置 0，$Q_3Q_2Q_1Q_0=0000$，与时钟脉冲 CP 没有关系。

（2）异步置 9 功能。当 $R_{0(1)}R_{0(2)}=0$，$R_{9(1)}R_{9(2)}=1$ 时，计数器置 9，$Q_3Q_2Q_1Q_0=1001$，与时钟脉冲 CP 没有关系。

（3）计数功能。当 $R_{0(1)}R_{0(2)}=0$，$R_{9(1)}R_{9(2)}=0$ 时，74LS90 处于计数工作状态，有下列四种情况：

计数脉冲由 CP_0 端输入，从 Q_0 端输出，则构成一位二进制计数器。

计数脉冲由 CP_1 端输入，从 $Q_3Q_2Q_1$ 端输出，则构成异步五进制计数器。

将 Q_0 和 CP_1 相连，计数脉冲由 CP_0 端输入，输出端为 $Q_3Q_2Q_1Q_0$ 时，则构成 8421BCD 码异步十进制计数器。

将 Q_3 和 CP_0 相连，计数脉冲由 CP_1 端输入，输出端为 $Q_3Q_2Q_1$ 时，则构成五进制计数器。

2．同步二进制计数器 74LS161 和 74LS163

图 7-22 为集成四位同步二进制加法计数器 74LS161 和 74LS163 的逻辑功能示意图。图中，$\overline{LD}$ 为同步置数控制端，$\overline{CR}$ 为置 0 控制端，CT_P 和 CT_T 为计数控制端，D_0～D_3 为并行数据输入端，Q_0～Q_3 为输出端，CO 为进位输出端。

当 $\overline{CR}=1$，$\overline{LD}=0$ 时，在输入时钟脉冲 CP 上升沿的作用下，并行输入的数据被置入计数器，且 $Q_3Q_2Q_1Q_0=D_3D_2D_1D_0$。

当 $\overline{LD}=\overline{CR}=CT_P=CT_T=1$ 时，CP 端输入计数脉冲时，计数器进行二进制加法计数。

当 $\overline{LD}=\overline{CR}=1$，且 CT_P 和 CT_T 中有 0 时，计数器保持原来的状态不变。

需要说明的是，74LS163 为同步置 0，这就是说在 CP 为低电平 0 时，计数器并不立即置 0，还需要再输人一个计数脉冲 CP 才能被置 0，而 74LS161 为异步置 0，只要 CP 为低电平 0 时，计数器立即置 0，与 CP 无关。

3．十进制同步加法计数器 74LS160 和 74LS162

图 7-23 为十进制同步加法计数器 74LS160 和 74LS162 的逻辑功能示意图。

当 $\overline{LD}=\overline{CR}=CT_P=CT_T=1$ 时，CP 端输入计数脉冲时，计数器按照 8421BCD 码的规律进行十进制加法计数。74LS160 和 74LS162 的主要区别是 74LS162 为同步置 0，而 74LS160 为异步置 0。

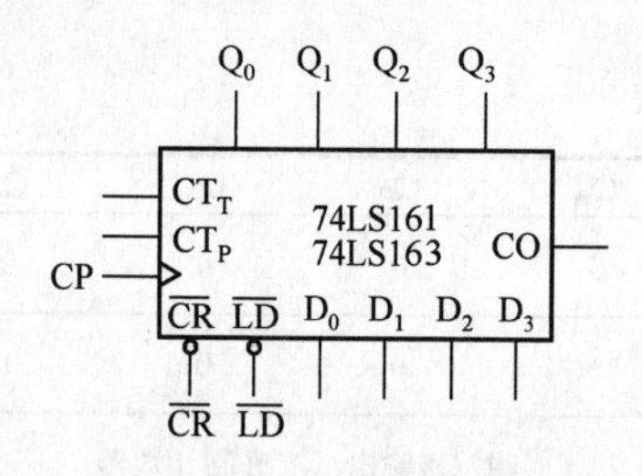

图 7-22　74LS161 和 74LS163 的逻辑功能示意图

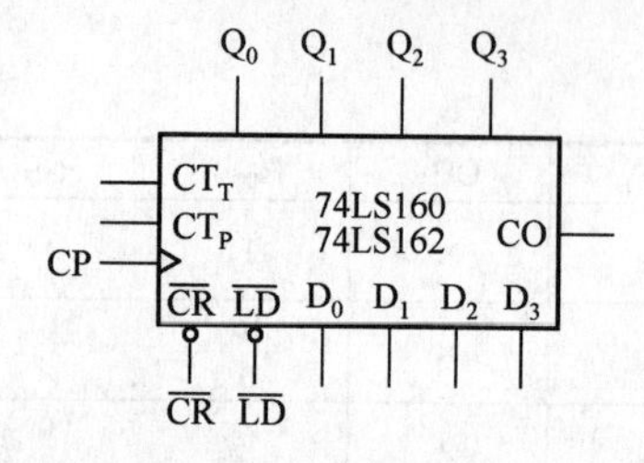

图 7-23　74LS160 和 74LS162 的逻辑功能示意图

7.3.4　任意进制计数器

在实际生活中，除了二进制、十进制计数外，还有其他进制，如时钟的小时是十二进制，分、秒是六十进制。下面介绍三种构成任意进制计数器的方法。

1. 反馈法

1 个触发器可构成一位二进制计数器。两个触发器可构成二位二进制计数器，也就构成了一位四进制计数器。所以，2^n进制的计数器．可以直接运用 n 位触发器来实现。而三、五、六、七、九……等其他进制的计数器，只能在其中引入适当的反馈线来构成。例如，三进制计数器，因为 3 大于 2，而小于 4，所以要取两个触发器，接成如图 7-24 所示的形式，其计数过程如下：

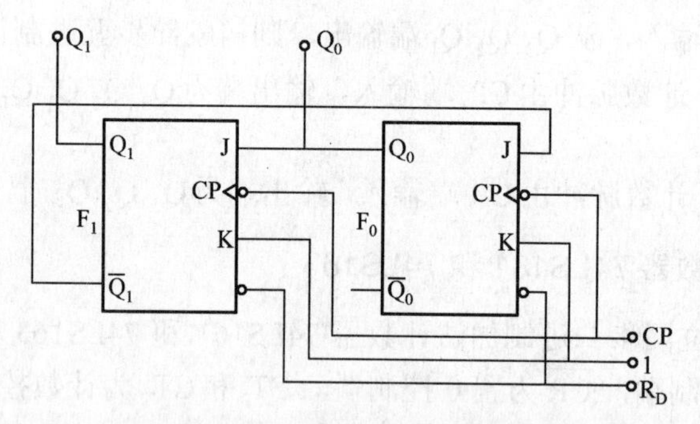

图 7-24　同步三进制加法计数器

当接通电源后，来一个清零脉冲 R_D，使 F_0、F_1 触发器清零。

在第 1 个计数脉冲到来之前，F_0 的 J、K 端为 $J_0=\overline{Q}_1=1$，$K_0=1$。F_1 的 J、K 端为 $J_1=0$，$K_1=1$。故当第 1 个计数脉冲到来后，F_0 翻转，由 0 变为 1。F_1 仍保持 0，计数器状态为 01（即 1）。

在第 2 个计数脉冲到来之前，F_0 的 J、K 端仍为 $J_0=\overline{Q}_1=1$，$K_0=1$，而 F_1 的 J、K 端为 $J_1=1$，$K_1=1$。故第 2 个计数脉冲到来后，两个触发器都翻转，F_0 由 1 变为 0，F_1 由 0 变为 1。此时，计数器状态为 10（即 2）。

在第 3 个计数脉冲到来之前，F_0 的 J、K 端为 $J_0=\overline{Q}_1=0$，$K_0=1$，F_1 的 J、K 端为 $J_0=Q_0=0$，$K_1=1$。故第 3 个计数脉冲到来后，F_0 仍保持 0，F_1 翻转，由 1 变为 0。此时，计数器状态又恢复到 00。用 F_1 的 Q_1 从 1 变为 0 的负跳变，输出一个三进制的进位脉冲。

下面再分析一个五进制的加法计数器。因为 5 大于 4，小于 8，所以要用 3 个触发器，其电路如图 7-25 所示。与三位二进制计数器比较，可以看出，同步五进制加法计数器只是把第 3 位 F_2 触发器的 $\overline{Q}_2$ 接到第 1 位 F_0 的 J 端，构成反馈线来实现五进制。同时，各个触发器的 K 端接 1，所以各触发器的工作状态由 J 端来决定，其计数过程如下：

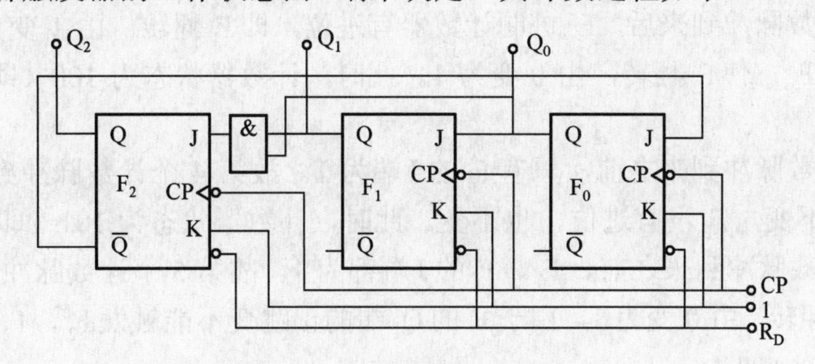

图 7-25　同步五进制加法计效器

开始计数之前，来一个清零脉冲，使各触发器为 0。

在第 1 个计数脉冲到来之前，只有 F_0 的 J 端 $J_0=\overline{Q}_2=1$，其他的 J 端都为 0。故第 1 个计数脉冲到来后，只有 F_0 翻转，由 0 变为 1。此时，计数器状态为 001（即 1）。

在第 2 个计数脉冲来之前，F_0 和 F_1 的 J 端为 1，F_2 的 J 端为 0。故当第 2 个计数脉冲到来后，F_0 和 F_1 都翻转，F_0 由 1 变为 0，F_1 由 0 变为 1，F_3 仍保持为 0。此时，计数器状态为 010（即 2）。

在第 3 个计数脉冲到来之前，F_0 的 J 端为 1．而 F_1 和 F_2 的 J 端为 0。故第 3 个计数脉冲到来后，只有 F_0 翻转，由 0 变为 1，F_1 和 F_2 保持不变。此时，计数器状态为 011（即 3）。

在第 4 个计数脉冲到来之前，F_0、F_1、F_2 的 J 端都为 1。故第 4 个计数脉冲到来后，各触发器都翻转，F_0 由 1 变为 0，F_1 由 1 变为 0，而 F_2 由 0 变为 1。此时，计数器状态为 100（即 4）。

在第 5 个计数脉冲到来之前，F_0、F_1、F_2 的 J 端都为 0。故当第 5 个计数脉冲到来后，F_2 由 1 变为 0，输出一个负跳变的五进制进位脉冲，F_0、F_1 仍然不变。此时，计数器状态恢复到 000（即 0）。

可见，采用反馈方法，可以构成不同进制的计数器，但线路比较复杂。

2．级联法

级联法的原则是：一个 X 进制计数器与一个 Y 进制计数器串联就可构成一个 Z 进制的计数器，其中 Z 为 X 与 Y 的乘积。例如，要构成一个六进制计数器，可用一位二进制计数器与一位三进制计数器串联，如图 7-26 所示，其计数过程如下：

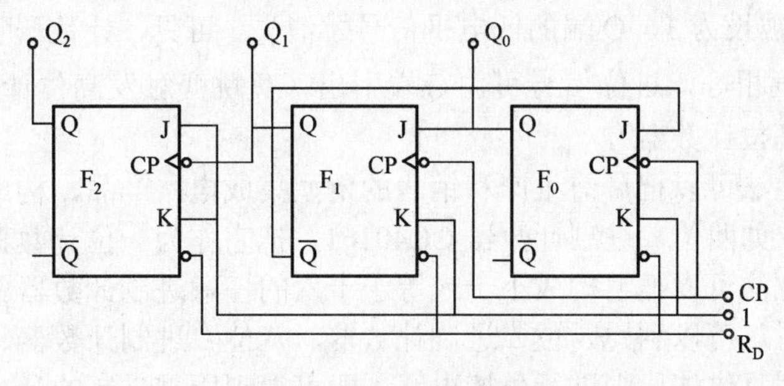

图 7-26　六进制计数器

从 1 到 2 计数过程与三进制计数过程一样，这里不再赘述。

第 2 个计数脉冲到来后，计数器的状态为 010（即 2）。

在第 3 个计数脉冲到来后，三进制计数器有进位，即 F_1 翻转，由 1 变为 0。该负跳变触发了一位二进制 F_2，使 F_2 翻转，由 0 变为 1。此时，计数器状态为 100（即 3，注意与 BCD 码区别）。

在第 4 个计数脉冲到来之前，只有 F_0 的 J 端为 1。故第 4 个计数脉冲到来后，F_0 翻转，由 0 变为 1，F_1 不变，F_2 没有进位，也不变。此时，计数器状态为 101（即 4）。

在第 5 个计数脉冲到来之前，F_0、F_1 的 J 端都为 1。故第 5 个计数脉冲到来后，F_0 翻转，由 1 变为 0，F_1 翻转，由 0 变为 1。由于 F_1 的 Q_1 端的正跳变不能触发 F_2，F_2 保持不变。此时，计数器状态为 110（即 5）。

在第 6 个计数脉冲到来之前，F_0、F_1 的 J 端都为 0。故第 6 个计数脉冲到来后，F_0 保持不变；F_1 翻转，由 1 变为 0（即置 0），其 Q_1 端的负跳变触发 F_2，使 F_2 翻转，由 1 变为 0，输出一个六进制的进位负跳变脉冲，计数器恢复到 000 状态。

由以上分析可以推出，若把一个 n 位二进制计数器和一个三进制计数器串联起来，可构成 $Z=2^n \times 3$（六、十二、二十四……）进制计数器。同理，若一个 n 位二进制计数器和一个五进制串联起来，可构成 $Z=2^n \times 5$（十、二十、四十……）进制计数器。

3．复位法

复位法的原理：设原有的计数器为 N 进制，当它从起始状态 S_0 开始计数，并在接受了 M 个计数脉冲后，电路进入 S_M 状态。如果这时利用 S_M 状态产生一个复位脉冲，将计数器设成 S_M 状态，这样就可以跳越（$N-M$）个状态，得到 M 进制计数器。举一个例子来说明，用同步十进制计数器芯片 CC40160 接成一个同步八进制计数器，如图 7-27（a）所示。

当计数器计到 $Q_3\ Q_2\ Q_1\ Q_0$=0111（即 S_M）状态时，担任译码器的门 G 输出低电平信号给 $\overline{C_r}$，将计数器置零，计数器跳过了 1000 和 1001 两个状态而构成八进制计数器。

这种电路虽然连接方法十分简单，但可靠性较差。由于复位信号随着 5 个计数器过 0 而立即消失，复位信号的持续时间极短，可能造成计数器不能置零，电路会产生误动作。为了克服这个缺点，常常采用图 7-27（b）所示的改进电路。其中 G_3 为译码器，当电路进入 0111 状态时，G_3 输出低电平信号，G_1、G_2 组成的基本 RS 触发器过 0、其 Q 端的低电平作为计数器的复位信号，使计数器复位至 0000 状态。这时虽然 G_3 输出的低电平信号已消失，但基本 RS 触发器的状态仍然不变，因而计数器的复位信号得以继续维持，直到计数脉冲回到低电平以后，基本 RS 触发器被设为 1，Q 端的低电平信号才消失。可见，计数器复位信号的宽度与计数脉冲高电平的宽度相等，进位信号可由 $\overline{Q}$ 端引出（负跳变触发高位计数器），也可从 Q 端引出（正跳变触发高位计数器）。

可见，采用复位法可以把目前生产和销售的定型集成电路产品，构成比它最大进制小的任意进制的计数器，如四位二进制计数器 CC40161。把它作为一位计数器，就是一个十六进制的计数器，用复位法可以把它构成小于或等于十六的任意进制计数器。因此，我们需要其他任意进制计数器时，可以利用四位二进制计数器、八位二进制计数器、十进制计数器等几种系列计数器。采用复位法原则进行外接电路，即可得到所需进制的计数器。

计数器种类很多，如环形计数器、可逆计数器等。由于大规模、超大规模集成电路的发展，市场上已经有不同位数不同进制的计数器，所以作为使用者，要掌握芯片功能、参数和使用注意事项，才能有效开发、设计数字系统。

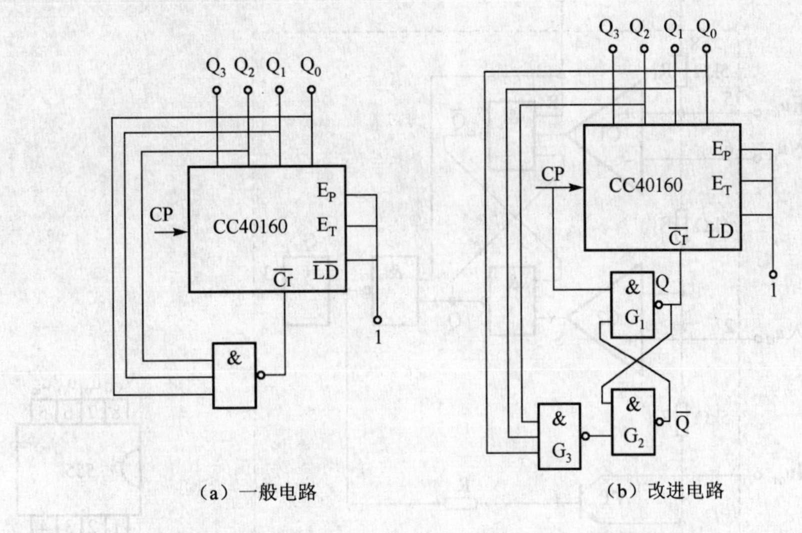

图 7-27 用复位法将 CC40160 构成八进制的电路

思考与练习题

7.3.1 同步计数器和异步计数器有何区别？在计数速度上有无差异？

7.3.2 用频率为 1000Hz 的脉冲获得秒脉冲，需要进行多少分频？

7.3.3 如何将 74161 连接成 BCD 码或 8421 码十进制计数器？

7.4 集成电路定时器 555

7.4.1 555 定时器电路简介

555 定时器是一种将模拟和数字逻辑功能结合在一起的多用途单片集成电路。它的功能灵活，使用方便，带负载能力强。利用它能方便地构成单稳态触发器、多谐振荡器、施密特触发器等，这些触发器应用于数字系统，在实现脉冲的产生、整形、变换、检测等方面都得到广泛的应用。

常用的 555 定时器有双极型定时器 CB555 和 CMOS 型 CC7555 等，下面对双极型定时器 CB555 进行简要的介绍。

图 7-28（a）是国产 CB555 定时器的电路结构图，图 7-28（b）是它的引出端功能图。它由比较器 C1 和 C2、基本 RS 触发器和集成开路的放电晶体管 VT 三部分组成。

u_{i1} 是比较器 C1 的输入端（也称阈值输入端），触发输入 u_{i2} 是比较器 C2 的输入端（也称触发输入）。C1 和 C2 的参考电压（电压比较器的基准）是经三个 5kΩ 电阻分压给出的，如果电压控制输入端 u_{ic} 不用时，可以求出分别为 $\frac{1}{3}V_{CC}$，$\frac{2}{3}V_{CC}$；如果电压控制输入端 u_{ic} 外接固定电压 U_{ic}，可以求出分别为 U_{ic}、$\frac{1}{2}U_{ic}$。R_d 是置零输入端。只要在 R_d 端加上低电平，u_o 输出端便立即被置成低电平，不受其他输入端状态的影响。正常工作时必须使 R_d 处于高电平。

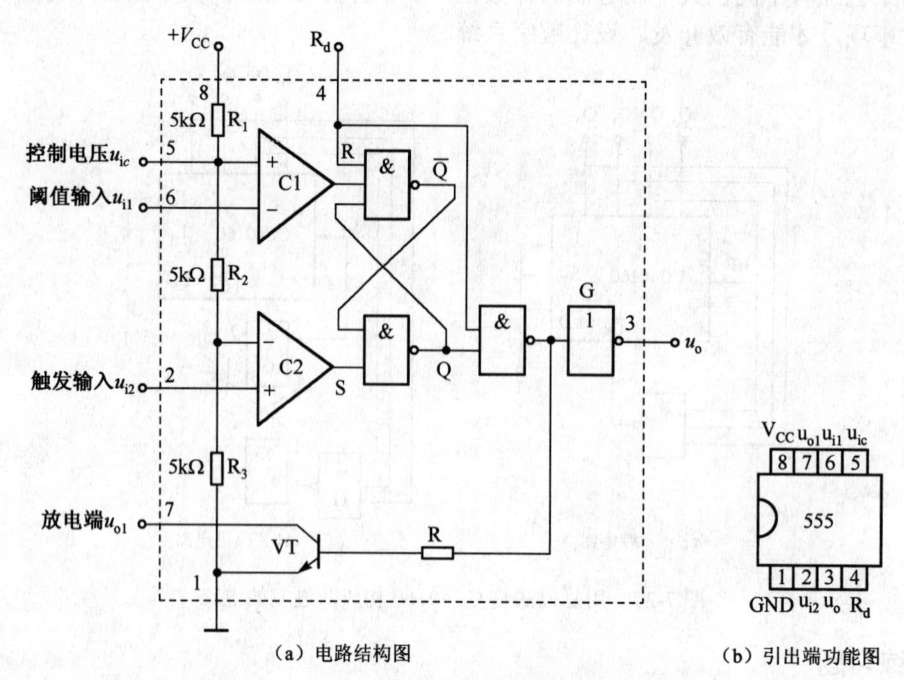

（a）电路结构图　　　　（b）引出端功能图

图 7-28　CB555 定时器电路结构和引出端功能图

由图 7-28 可知，当 $u_{i1}>\frac{2}{3}V_{CC}$、$u_{i2}>\frac{1}{3}V_{CC}$ 时，比较器 C1 输出低电平、比较器 C2 输出高电平，基本 RS 触发器被置零，晶体管 VT 导通，同时 u_o 为低电平。

当 $u_{i1}<\frac{2}{3}V_{CC}$、$u_{i2}>\frac{1}{3}V_{CC}$ 时，比较器 C1 输出高电平，比较器 C2 输出高电平，触发器的状态保持不变，因而 VT 的输出状态也维持不变。

当 $u_{i1}<\frac{2}{3}V_{CC}$、$u_{i2}<\frac{1}{3}V_{CC}$ 时，比较器 C1 输出高电平，比较器 C2 输出低电平，故触发器被置 1，u_o 为高电平，同时晶体管 VT 截止。

这样我们就得到了表 7-10 所示的 555 定时器的功能表。

表 7-10　555 定时器的功能表

输入			输出	
复位 R_d	u_{i1}	u_{i2}	输出 u_o	晶体管 VT
0	×	×	0	导通
1	$>\frac{2}{3}V_{CC}$	$>\frac{1}{3}V_{CC}$	0	导通
1	$<\frac{2}{3}V_{CC}$	$<\frac{1}{3}V_{CC}$	1	截止
1	$<\frac{2}{3}V_{CC}$	$>\frac{1}{3}V_{CC}$	保持	保持

为了提高电路的负载能力，还在输出端设置了缓冲器。555 定时器能在很宽的电源电压范围内工作，并可承受较大的负载电流。CB555 定时器的电源电压范围为 5～16V，最大的负载电流达 200mA。

7.4.2 由 555 定时器组成施密特触发器

将 555 定时器的 u_{i1} 和 u_{i2} 两个输入端连接在一起作为信号输入端，如图 7-29 所示，即可得到施密特门。为便于分析，画出其原理图，如图 7-29（a）所示，图 7-29（b）是施密特门逻辑工作波形图。

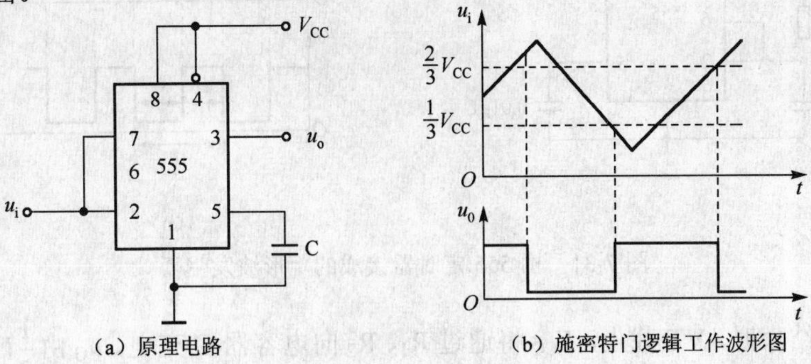

（a）原理电路　（b）施密特门逻辑工作波形图

图 7-29　555 定时器构成的施密特门

当 u_i 从 0 开始增加，只要 $u_i<\frac{1}{3}V_{CC}$，触发输入端和阈值输入端均为低电平，RS 触发器被置 1，放电晶体管截止，电路输出高电平；当 u_i 增加至 $\frac{1}{3}V_{CC}<u_i<\frac{2}{3}V_{CC}$ 时，电路保持状态不变；当 u_i 继续增加，触发输入端和阈值输入端均为高电平时，RS 触发器被置 0，放电晶体管导通，电路输出低电平。

由于比较器 C1 和 C2 的参考电压不同，因而基本 RS 触发器的置 0 信号和置 1 信号必然发生在输入信号 u_i 的不同电平。因此，输出电压 u_o 由高电平变为低电平和由低电平变为高电平所对应的 u_i 值也不相同，这样就形成了施密特触发特性，如图 7-30 所示。

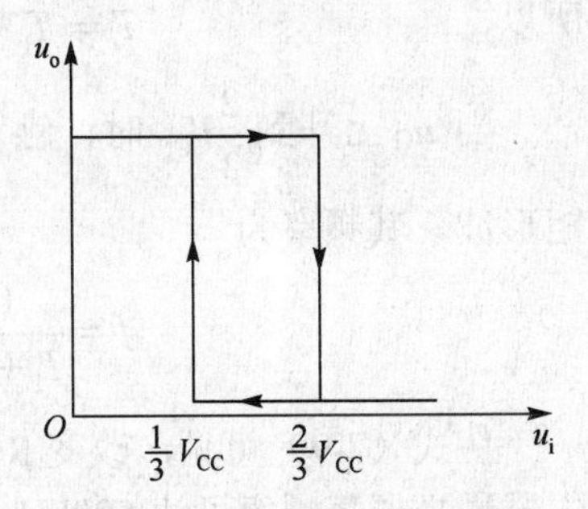

图 7-30　电路的电压传输特性

为提高比较器参考电压的稳定性，通常在 u_{ic} 端接有 0.01μF 的滤波电容。

由此得电路的回差电压为

$$\Delta U_T = U_{T+} - U_{T-} = \frac{1}{3}V_{CC} \tag{7-5}$$

图 7-30 是图 7-29 电路的电压传输特性，它是一个典型的反相输出的施密特触发特性。

7.4.3 由 555 定时器组成的多谐振荡器

既然用 555 定时器能很方便地接成施密特门，那么也就可以先把它接成施密特门，然后在施密特门的基础上改接成多谐振荡器（即矩形波发生器）。由 555 定时器接成的矩形波发生器的电路如图 7-31 所示，图 7-31（a）是其原理图，其工作波形如图 7-31（b）所示。

当此电路接通电源后，电容 C 被充电，u_G 上升，当 u_G 上升到 $\frac{1}{3}V_{CC}$ 时，触发器被复位，同时放电晶体管 VT 导通，此时 u_o 为低电平，电容 C 通过 R_2 和 VT 放电，使 u_G 下降。当 u_G 下降到 $\frac{1}{3}V_{CC}$ 时，触发器又被置位。u_o 翻转为高电平。电容器 C 放电所需的时间为

$$T_2 = R_2 C \ln 2 \approx 0.7 R_2 C \tag{7-6}$$

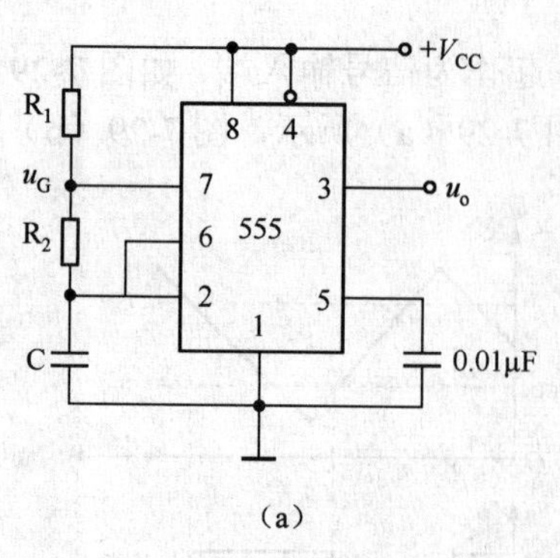

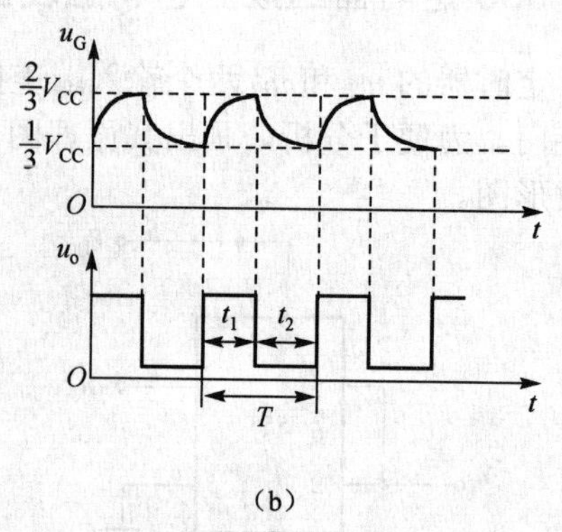

图 7-31　由 555 定时器接成的矩形波发生器

当 C 放电结束时，VT 截止，V_{CC} 将通过 R_1、R_2 向电容器 C 充电，u_G 由 $\frac{1}{3}V_{CC}$ 上升到 $\frac{2}{3}V_{CC}$ 所需要的时间为

$$T_1 = (R_1 + R_2)C\ln 2 \approx 0.7(R_1 + R_2)C \tag{7-7}$$

所以

$$T = T_1 + T_2 = (R_1 + 2R_2)C\ln 2 \approx 0.7(R_1 + 2R_2)C \tag{7-8}$$

当 u_G 上升到 $\frac{2}{3}V_{CC}$ 时，触发器又发生翻转，如此往复，在输出端就得到了一个周期性的矩形波，其频率为

$$f = \frac{1}{T_1 + T_2} = \frac{1}{(R_1 + 2R_2)C\ln 2} \approx \frac{1.43}{(R_1 + 2R_2)C} \tag{7-9}$$

从式（7-9）可见，改变 R 和 C 的参数即可改变振荡的频率。用 CB555 组成的矩形波发生器最高振荡频率可达 500kHz，用 CB555 组成的矩形波发生器最高振荡频率可达 1MHz。

由式（7-7）和式（7-8）求出输出脉冲的占空比为

$$q = \frac{T_1}{T} = \frac{R_1 + R_2}{R_1 + 2R_2} \tag{7-10}$$

由于 555 定时器内部的比较器灵敏度较高，而且采用差分电路形式，它的振荡频率受电源电压和温度变化的影响很小。

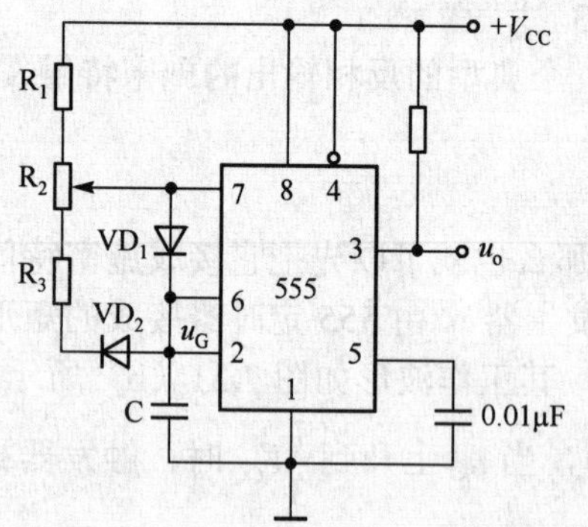

图 7-32　用 555 定时器组成的占空比可调的多谐振荡器

图 7-31（b）所示电路输出波形，其占空比始终大于 50%。如果将电路接成图 7-32 所示的改进电路，可以得到占空比可调的多谐振荡器。图 7-32 中，由于接入二极管 VD_1 和 VD_2，电容的充电电流和放电电流流经不同的路径，充电电流只流经 R_1，放电电流只流经 R_2，因此电容 C 的充电时间变为

$$T_1 = R_1 C \ln 2$$

而放电时间为

$$T_2 = R_2 C \ln 2$$

故得输出脉冲的占空比为

$$q = \frac{T_1}{T} = \frac{R_1}{R_1 + R_2}$$

若取 $R_1 = R_2$，则 $q = 50\%$。图 7-32 所示电路的振荡周期也相应地变成

$$T = T_1 + T_2 = (R_1 + R_2) C \ln 2 \tag{7-11}$$

7.4.4 由 555 定时器组成的单稳态触发器

单稳态触发器与双稳态触发器即施密特触发器的不同之处在于它只有一个稳定状态。在外加脉冲的作用下，单稳态触发器翻转到一个暂态，该暂态维持一段时间后又回到了原来的稳态。单稳态触发器的这一特性也可用做脉冲整形。

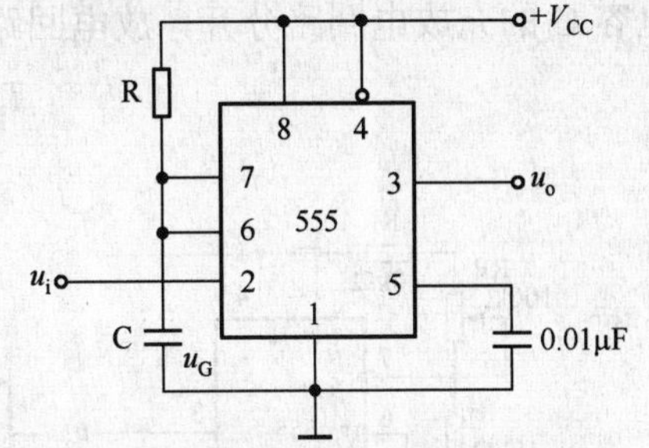

图 7-33 单稳态触发器原理图

若以 555 定时器的 u_{i2} 端作为触发信号的输入端，并将由 VT 和 R 组成的反相器输出电压 u_o 接至 u_{i1} 端，同时对地接入电容 C，就构成了图 7-33 所示的单稳态触发器。

如果没有触发信号时 u_i 处于高电平，那么稳态时这个电路一定处于比较器 C1、C2 输出高电平，Q = 0 及 u_o=0 的状态。接通电源后触发器停在的状态，则 VT 导通，$u_G \approx 0$。故比较器 C1、C2 输出高电平，Q = 0 及 $u_o = 0$ 的状态将维持不变。

如果接通电源后触发器停在 Q = 1的状态，这时 VT 一定截止，V_{CC} 便经 R 向 C 充电。当充到 $u_G = \frac{2}{6} V_{CC}$ 时，u_{C1} 变为 0，于是将触发器置 0。同时，VT 导通，电容 C 经 VT 迅速放电，使 $u_G \approx 0$。此后由于比较器 C1、C2 输出高电平，触发器保持 0 状态不变，输出也相应地稳定在 $u_G = 0$ 的状态。因此，通电后电路便自动地停在 u_o=0 的稳态。

思考与练习题

7.4.1 555 定时器有几种工作方式?在电路连接上有何区别?

7.4.2 555 定时器按多谐振荡器方式工作时，振荡周期 T 和占空比 D 如何确定?

7.4.3 将 555 定时器按 7-34（a）所示电路图连接，输入波形如图 7-34（b）所示。请画出定时器的输出波形，并说明电路相当于什么器件?设 u_o 初始输出为高电平。

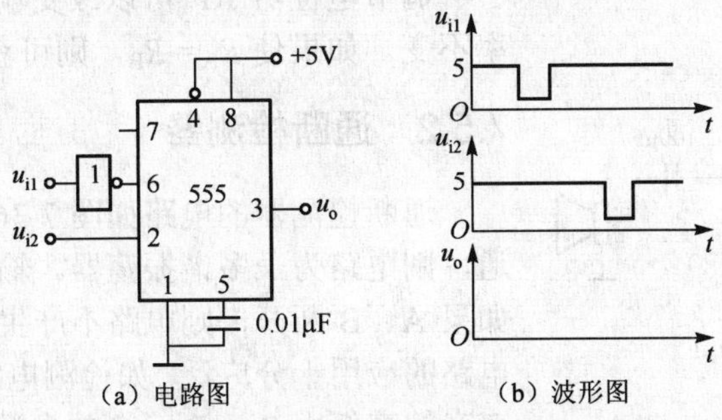

图 7-34 555 定时器电路图及输出波形图

7.5 应用举例

555 组成的多谐振荡器的应用十分广泛，以下为几种典型应用实例。

7.5.1 时钟脉冲发生器

555 组成的多谐振荡器可以用做各种时钟脉冲发生器，如图 7-35 所示。其中图 7-35（a）为脉冲频率可调的矩形脉冲发生器，改变电容 C 的参数可获得超长时间的低频脉冲，调节电位器 RP 可得到任意频率的脉冲，如秒脉冲、1kHz、10kHz 等标准脉冲。由于电容 C 的充/放电回路时间常数不相等，所以图 7-35（a）所示电路的输出波形为矩形脉冲，矩形脉冲的占空比随频率的变化而变化。

图 7-35（b）所示电路为占空比可调的时钟脉冲发生器，接入两只二极管 VD_1、VD_2 后，电容 C 的充放电回路分开，放电回路为 $VD_2 \rightarrow R_B \rightarrow$ 内部晶体管 VT→电容 C，放电时间为

$$T_1 = R_B C \ln 2 \approx 0.7 R_B C \ln 2 \tag{7-12}$$

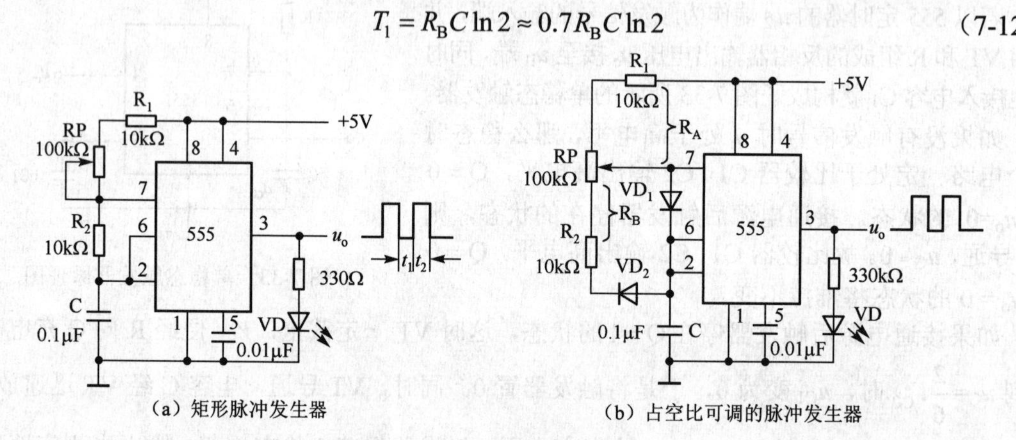

图 7-35 时钟脉冲发生器

充电回路为 $R_A \rightarrow VD_1 \rightarrow C$，充电时间为

$$T_2 = R_A C \ln 2 \approx 0.7 R_A C \ln 2$$

输出脉冲的频率为

$$f = \frac{1}{T_1 + T_2} = \frac{1}{(R_1 + 2R_2)C \ln 2} \approx \frac{1.43}{(R_1 + 2R_2)C} \tag{7-13}$$

调节电位器 RP 可以改变输出脉冲的占空比，但频率不变。如果使 $R_A = R_B$，则可获得对称方波。

7.5.2 通断检测器

通断检测器的电路如图 7-36 所示，若探头 A、B 接通，则电路为一多谐振荡器，输出脉冲经扬声器发声。如果 A、B 断开，则电路不产生振荡，扬声器无声。该电路的应用十分广泛，如检测电路的通断、水位报警等。声音的高低由 R_1，R_2，C 的参数决定。通过式（7-13）可以计算该电路的工作频率。

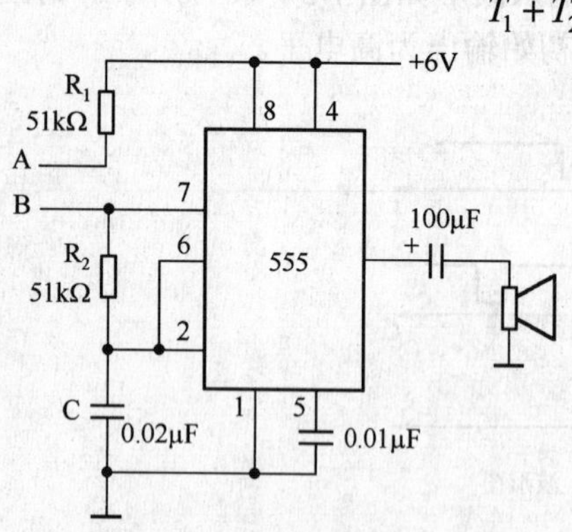

图 7-36 通断检测器的电路

7.5.3 RS 触发器和施密特触发器的应用

利用 555 可以组成基本 RS 触发器和施密特触发器，电路分别加图 7-37 中（a）、（b）所示。其中图 7-37（a）所示电路具有基本 RS 触发器的功能。当 R 端（⑥脚）为正脉冲触发（S 端的电平高于 $\frac{1}{3}V_{CC}$ 时，555 输出为低电平，即 u_o 为“0”，称为复位；当 S 端（②脚）为负脉冲触发（R 端的电平低于 $\frac{2}{3}V_{CC}$ 时，输出为高电平，即 u_o 为“1”，称为置位。若将 R、S 相连接，则可构成施密特触发器，如图 7-3（b）所示。$\frac{2}{3}V_{CC}$ 称为施密特触发器的正向阈值电压，$\frac{1}{3}V_{CC}$ 称为施密特触发器的负向阈值电压，两者的差值称为滞后电压。正向阈值电压可以通过外加电压进行改变，如图 7-37（b）中⑤脚接一可调节的直流电压 V_{CO}，则可改变滞后电压大小，从而实现对被测信号的电平检测。

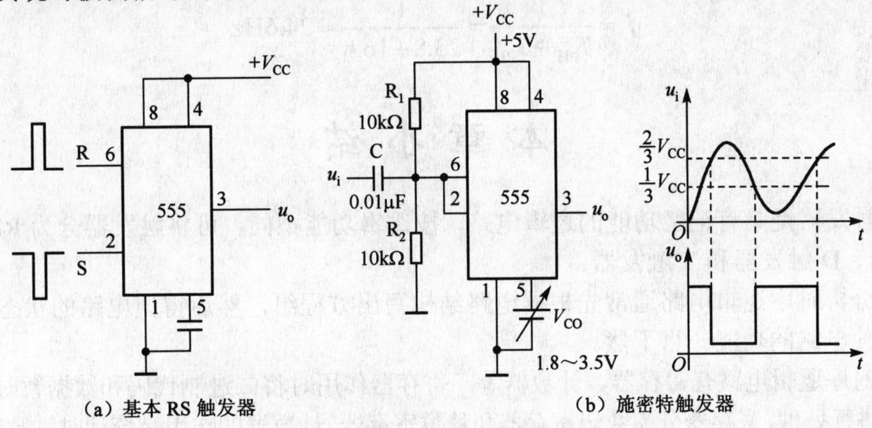

图 7-37　555 组成的 RS 触发器和施密特触发器

例 7-2　用集成电路定时器 555 所构成的自激多谐振荡器电路如例图 7-38（a）所示。试画出 u_o 和 u_C 的工作波形，并求振荡频率。

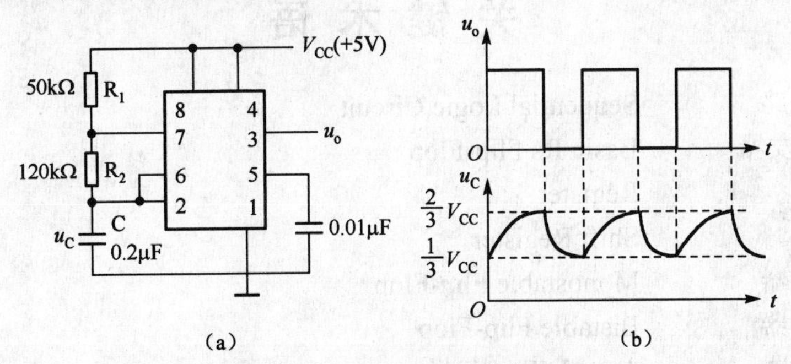

图 7-38　自激多谐振荡器电路

解： 由图 7-38 分析该电路工作原理。在分析时注意到两个比较器触发输入端 6 和 2 是接在一个端点上并连接电容 C，这个端点上的电压 u_C 变动，会同时导致两个比较器的输出电平改变，即同时得到 $\overline{R}$ 、$\overline{S}$ 的改变。u_C 经过 R_1、R_2 给电容 C 充电。当 u_C 上升到 $\frac{2}{3}V_{CC}$ 时，比较器 A1 输出低电平，$\overline{R}=0$，比较器 A2 输出高电平，$\overline{S}=1$，触发器复位，$Q=0$，u_o为低电平。同时$\overline{Q}=1$，三极管 VT 导通，电容 C 通过 R_2、VT 放电，电压 u_C 下降，当 v_C 下降到$\frac{1}{3}V_{CC}$时，比较器 A1 输出高电平，$\overline{R}=1$，比较器 A2 输出低电平，$\overline{S}=0$，触发器置 1，$Q=1$，u_o为高电平。同时$\overline{Q}=0$，三极管 VT 截止，V_{CC}又经过 R_1、R_2 给电容 C 充电，使 u_C 上升。这样周而复始，输出电压 u_o 就形成了周期性的矩形脉冲。电容 C 上的电压 u_C 就是一个周期性充电、放电的指数曲线波形。u_o和 u_C 的工作波形如图 7-38（b）所示。

充电脉冲宽度为

$$T_{PH}\approx 0.7(R_1+R_2)\,C\ln 2 = 0.7\times(50+120)\times 0.2\times 10^{-3} = 23.8\text{ms}$$

放电脉冲宽度为

$$T_{PL}\approx 0.7R_2 C\ln 2 = 0.7\times 120\times 0.2\times 10^{-3} = 16.8\text{ms}$$

振荡频率为

$$f\approx\frac{1}{T_{PH}+T_{PL}}=\frac{1}{23.8+16.8}\approx 24.6\text{Hz}$$

本 章 小 结

（1）触发器是具有记忆功能的逻辑电路，按逻辑功能不同，可将触发器分为 RS 触发器、JK 触发器、D 触发器和 T 触发器。

（2）分析时序逻辑电路通常先根据电路结构写出方程组，然后得出电路的状态转换表和时序图，使电路的功能一目了然。

（3）时序逻辑电路有寄存器、计数器等。寄存器作用时将二进制代码和数据暂时存储，而不对数据进行处理，寄存器分为数码寄存器和移位寄存器。计数器的作用是统计时钟脉冲的数目。

（4）555 定时器是一种数模混合集成电路，通过外部电路的不同组合，可以构成单稳态触发器、多谐振荡器及施密特触发器等。

关 键 术 语

时序逻辑电路	Sequential Logic Circuit
基本 RS 触发器	Basic Rs Flip-Flop
寄存器	Register
移位寄存器	Shift Register
单稳态触发器	Monostable Flip-Flop
双稳态触发器	Bistable Flip-Flop
无稳态触发器	Astable Flip-Flop
计数器	Counter
十进制计数器	Decimal Counter
异步二进制计数器	Asynchronous Binary Counter
同步二进制计数器	Synchronous Binary Counter

习　题

7.1　已知由与非门组成的基本RS触发器输入端$\overline{R}$、$\overline{S}$的波形如图7-39所示，试对应地画出Q和$\overline{Q}$的波形，并说明状态“不良”的含义。

7.2　由或非门组成的基本RS触发器和输入端R、S的波形如图7-40所示，试画出输出Q和$\overline{Q}$波形。

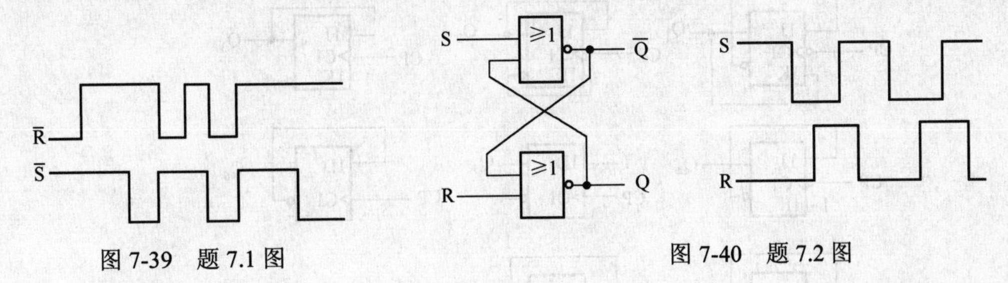

图7-39　题7.1图　　　图7-40　题7.2图

7.3　电路如图7-41所示，试列出其功能真值表和特征方程，说明电路的逻辑功能。

7.4　已知钟控RS触发器R，S，CP的波形如图7-42所示，试画出Q端的波形，初始值分别为“0”和“1”两种情况。

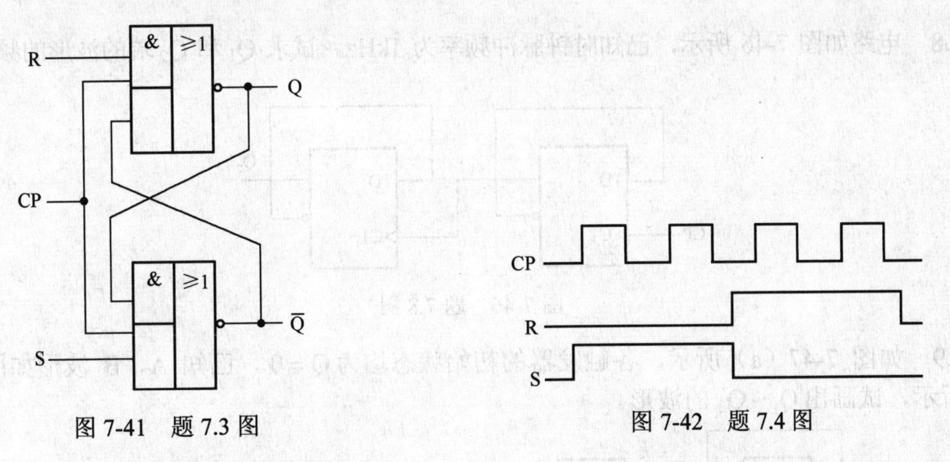

图7-41　题7.3图　　　图7-42　题7.4图

7.5　在主从结构的JK触发器中，已知J，K，CP为JK触发器时钟脉冲输入端，波形如图7-43所示，试画出Q和$\overline{Q}$端的波形。设触发器的初始状态为Q＝0。

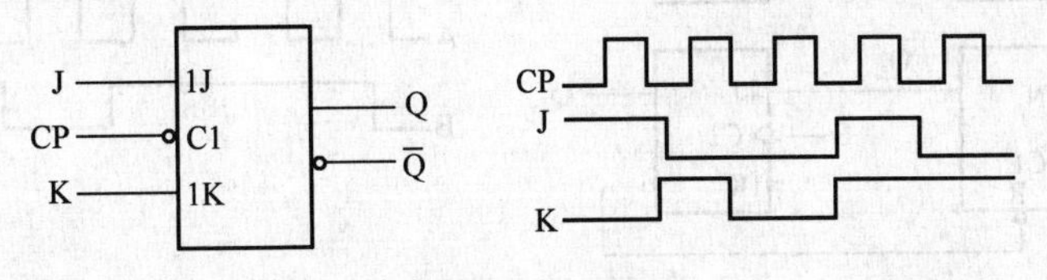

图7-43　题7.5图

7.6　采用维持阻塞型D触发器中，已知D和CP波形如图7-44所示，画出Q和$\overline{Q}$端的波形。设触发器初始状态为Q＝0。

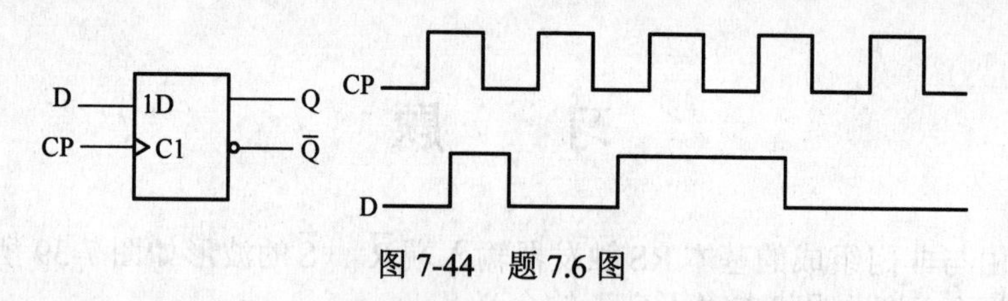

图 7-44　题 7.6 图

7.7　设图 7-45 中各触发器的初始状态皆为 Q = 0，试画出在 CP 信号连续作用下各触发器输出端的电压波形。

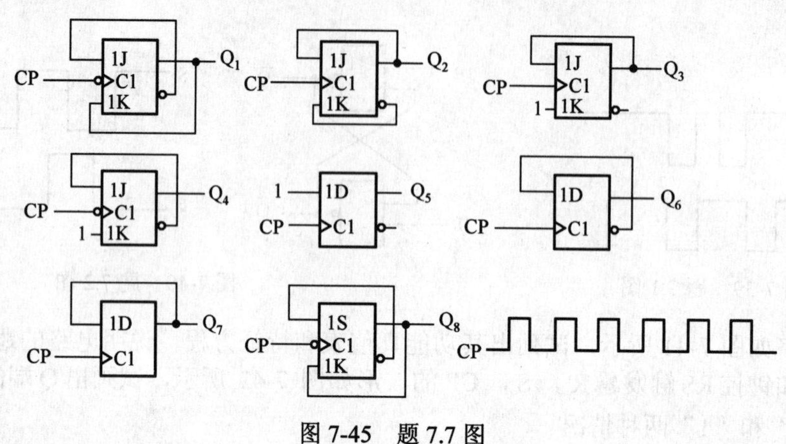

图 7-45　题 7.7 图

7.8　电路如图 7-46 所示，已知时钟脉冲频率为 1kHz，试求 Q_1 和 Q_2 端的波形的频率各为多少?

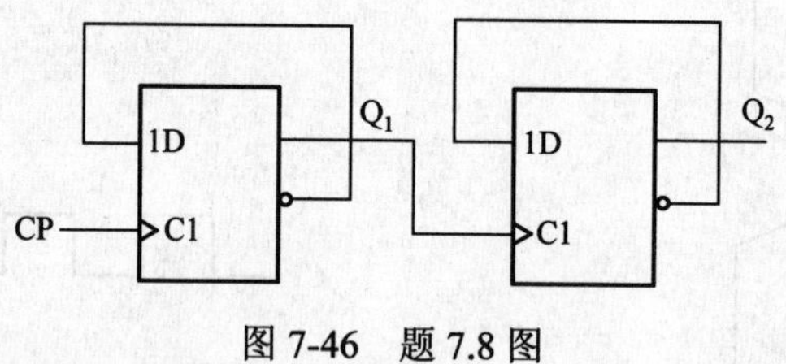

图 7-46　题 7.8 图

7.9　如图 7-47（a）所示，各触发器的初始状态均为 Q = 0，已知 A、B 波形如图 7-47（b）所示，试画出 Q_1～Q_4 的波形。

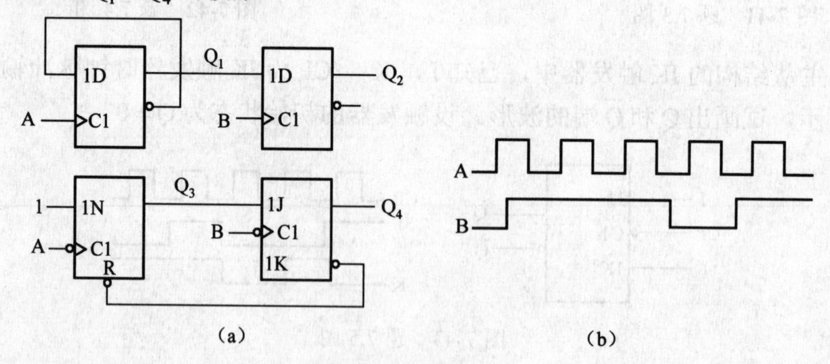

图 7-47　题 7.9 图

7.10　维持阻塞 D 触发器中，已知 CP，$\overline{R}$，$\overline{S}$ 和 D 的波形如图 7-48 所示，试画出 Q 和 $\overline{Q}$ 端的波形。设触发器的初始状态为 Q = 1。

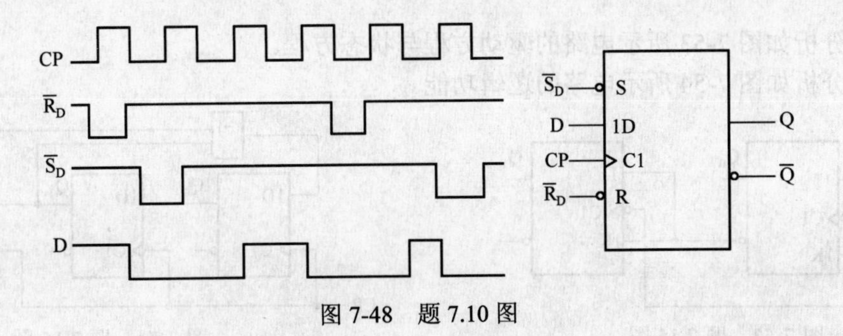

图 7-48　题 7.10 图

7.11　电路和波形如图 7-49 所示，试画出 Q 端的波形。设触发器的初始状态为 Q = 0。

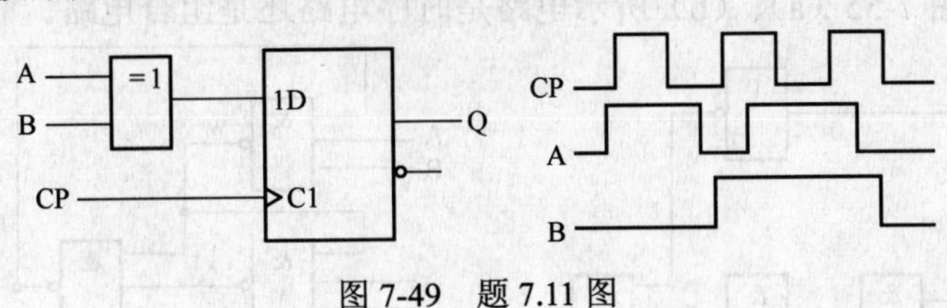

图 7-49　题 7.11 图

7.12　分析如图 7-50 所示电路的逻辑功能，写出电路的驱动方程、状态方程和输出方程，画出电路的状态图，并说明该电路能否自启动。

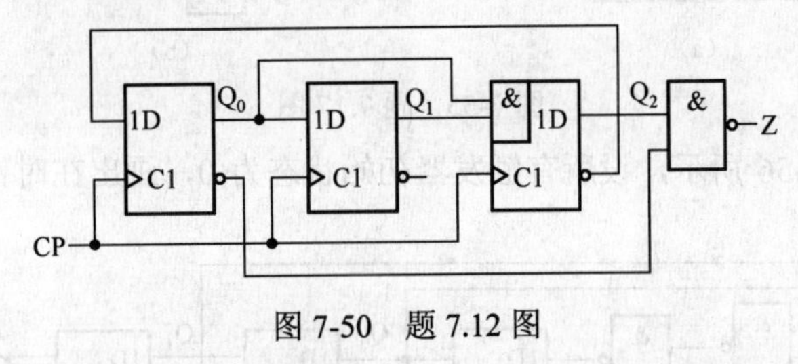

图 7-50　题 7.12 图

7.13　分析如图 7-51 所示电路的驱动方程与状态方程。设初始状态均为 0。

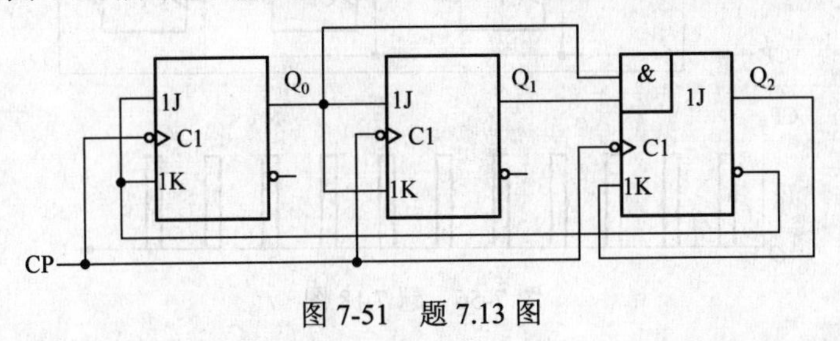

图 7-51　题 7.13 图

7.14　列出如图 7-52 所示脉冲分配器电路的驱动方程与状态方程。设初始状态均为 0。

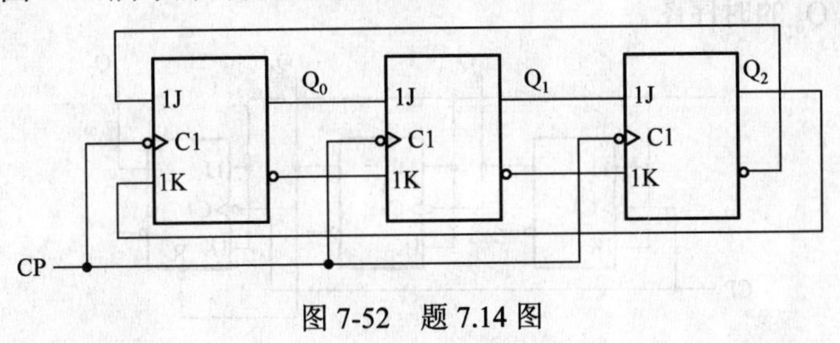

图 7-52　题 7.14 图

7.15 分析如图 7-53 所示电路的驱动方程与状态方程。

7.16 分析如图 7-54 所示电路的逻辑功能。

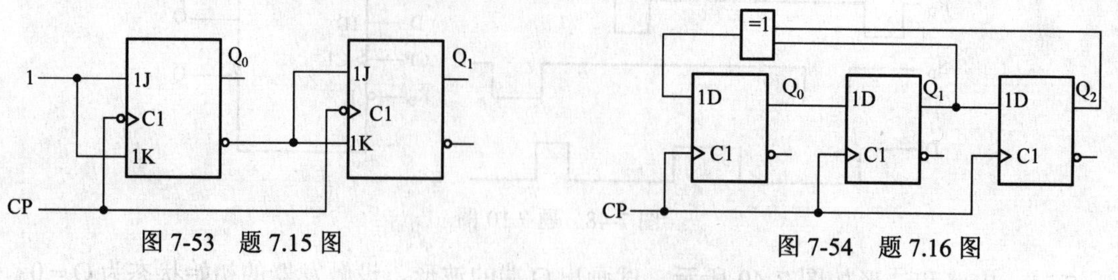

图 7-53 题 7.15 图　　图 7-54 题 7.16 图

7.17 判断如图 7-55（a）、（b）所示电路是时序电路还是组合电路。

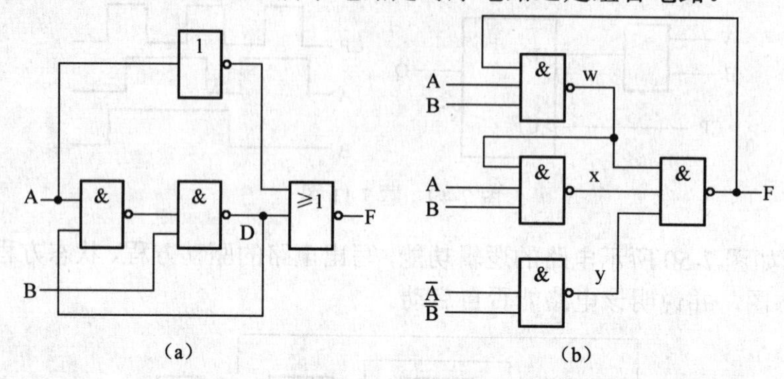

图 7-55 题 7.17 图

7.18 电路如图 7-56 所示，设所有触发器初始状态为 0，画出在时钟信号 CP 作用下输出端 Q_2 的波形。

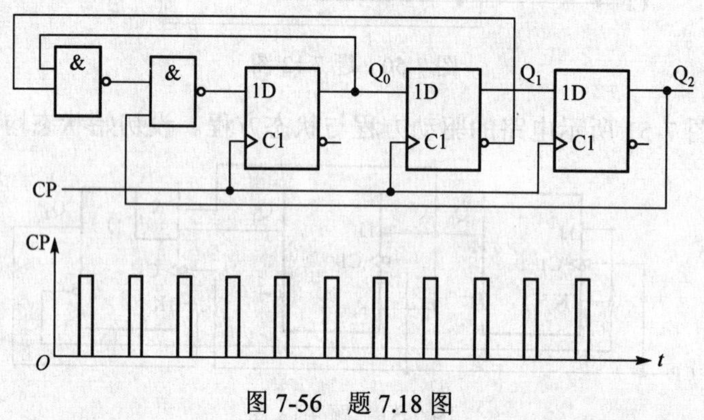

图 7-56 题 7.18 图

7.19 电路如图 7-57 所示，设各触发器初始状态均为 0，画出在周期时钟脉冲 CP 作用下输出端 Q_2、Q_1、Q_0 的时序图。

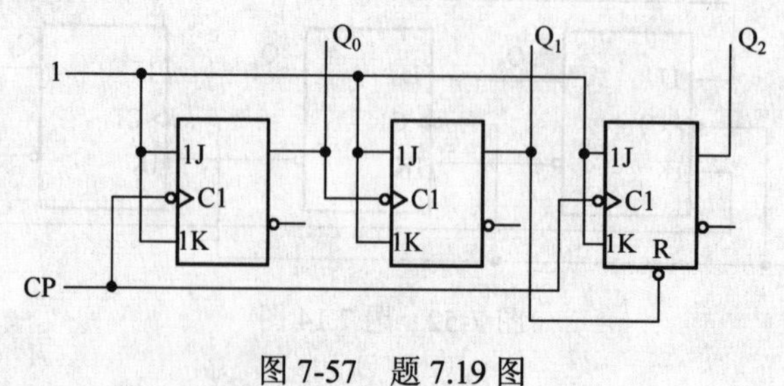

图 7-57 题 7.19 图

7.20　电路及其输入端D和时钟脉冲CP波形如图7-58所示，设各触发器初始状态均为0，试画出在CP和D的作用下，输出端Q_2、Q_1、Q_0的波形，并说明电路的逻辑功能。

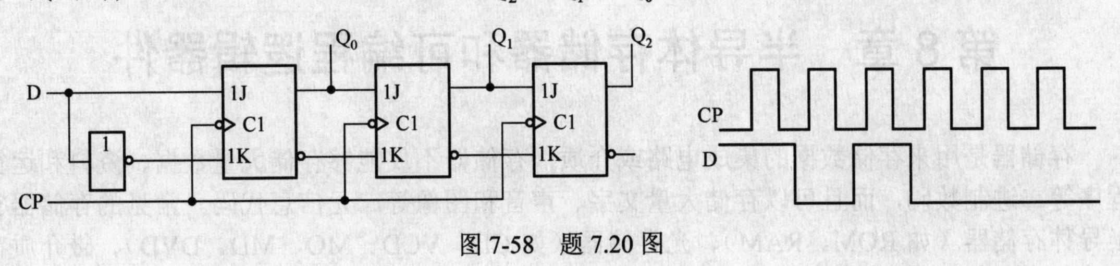

图7-58　题7.20图

7.21　某计数器波形如图7-59所示。试确定该计数器有几个独立状态，并画出状态转换图。计数器状态顺序为$Q_2\ Q_1\ Q_0$。

7.22　由D触发器构成的计数器电路如图7-60所示，试说明其逻辑功能，并画出与CP脉冲相对应的各输出端波形。

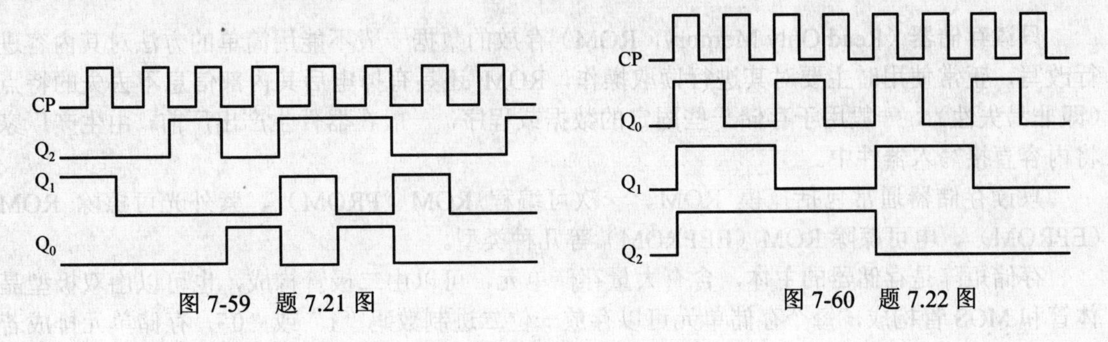

图7-59　题7.21图　　图7-60　题7.22图

第 8 章　半导体存储器和可编程逻辑器件

存储器是用来存储数据的集成电路或介质，存储器不仅能够存储大量数据、资料和运算程序等二进制数码，而且可以存储大量文字、声音和图像等二元信息代码。常见的存储器有半导体存储器（如 ROM、RAM）、光存储器（如 CD、VCD、MO、MD、DVD）、磁介质存储器（如磁带、磁盘、硬盘）等。半导体存储器是可以存储图像数据或文字数据、程序等信息，在需要时能够取出这些信息的器件。

8.1　只读存储器

只读存储器（Read Only Memory，ROM）存放的数据一般不能用简单的方法对其内容进行改写，正常使用时主要对其进行读取操作，ROM 还具有掉电后其内部信息不丢失的特点（即非易失性），一般用于存储一些固定的数据或程序，一般在器件生产出厂前，由生产厂家将内容直接写入器件中。

只读存储器通常包括掩模 ROM、一次可编程 ROM（PROM）、紫外光可擦除 ROM（EPROM）、电可擦除 ROM（EEPROM）等几种类型。

存储矩阵是存储器的主体，含有大量存储单元，可以由二极管构成，也可以由双极型晶体管和 MOS 管构成，每个存储单元可以存放一位二进制数码“1”或“0”。存储单元排成若干行和若干列，形成矩阵结构。

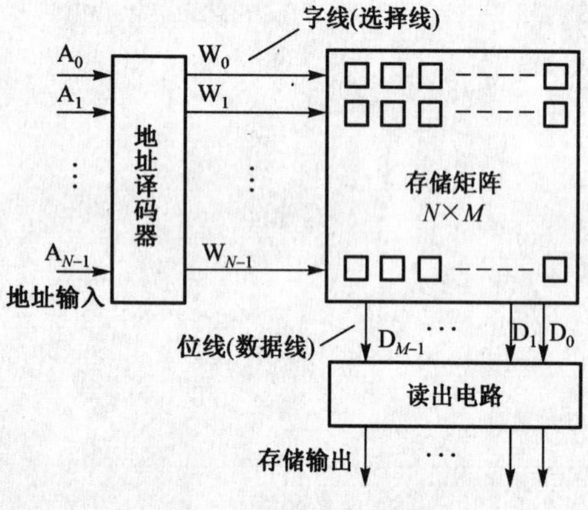

图 8-1　ROM 的结构框图

通常，数据和信息是用若干位（如 4 位、8 位、16 位等）二进制数码来表示的。这样的二进制数码称为一个字，一个字的位数称为字长。存储器以字为单位进行存储，即用一组存储单元存放一个字。存放一个字长为 M 的字，需要 M 个存储单元，这 M 个存储单元称为字单元。在图 8-1 中共有 N 个字单元，存储单元的总数为 N 字×M 位，$N \times M$ 称为存储器的存储容量。存储容量越大，存储的信息就越多，存储功能就越强。

为了从存储矩阵中取出信息，每个字单元都有一个标号，即地址。在图 8-1 中，$W_0 \sim W_{N-1}$ 分别为 N 个字单元的地址；$W_0 \sim W_{N-1}$ 这 N 条线称为字线，也称为地址选择线。地址的选择由地址译码器来完成。

地址译码器的作用是根据输入的地址代码 $A_0 \sim A_{N-1}$，从若干条字线 $W_0 \sim W_{N-1}$ 中选择一条字线，以确定与地址代码相对应的一组存储单元的位置。所选择的字线由对应输入的地址代码确定。任何时刻只能有一条字线被选中。因此，被选中的那条字线所对应的一组存储单元中的各位数码，便经位线 $D_0 \sim D_{N-1}$ 传送到数据输出端。

8.1.1 掩模 ROM

掩模 ROM 是由厂家通过掩模工艺制造出的一种固定 ROM，用户无法改变内部所存储的信息，它具有性能可靠，大批量生产时成本低等优点。它在使用时只能读出，不能写入。因此，通常只能存放固定数据、固定程序和函数表等。

掩模 ROM 的编程是由半导体制造厂家在生产过程中进行的，掩模 ROM 制造完成后不能更改其内容。

掩模 ROM 使用基于用户的数据制作而成的 IC 制造用掩模来写入数据。其成本较低，适合大批量生产。

ROM 的电路结构主要包括地址译码器、存储矩阵、输出缓冲器三部分。其结构和工作原理分别如图 8-2 所示。

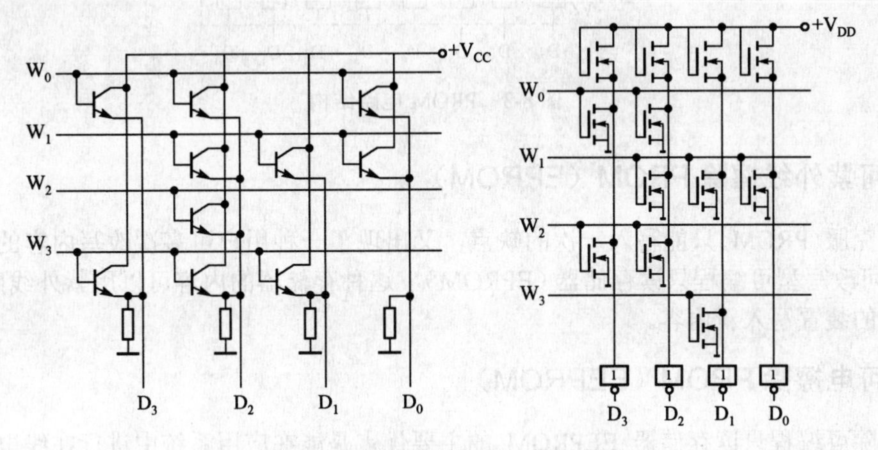

图 8-2 ROM 的结构和工作原理图

8.1.2 可编程 ROM（PROM）

为方便用户按自己的要求编写存储器程序，研究人员开发出一种由用户一次写入的存储器——PROM。其电路结构如图 8-3 所示。制造这种器件时，使存储矩阵的所有存储单元的内容全为“1”（或“0”），用户可根据自己的需要自行确定存储单元的内容，将某些存储单元按一定方式改写成“0”（或“1”）。

PROM 的结构特点是：在出厂时，每个存储单元上都制作了一个三极管，每个三极管的发射极串联有快速熔丝，并且存储矩阵中的所有熔丝均是连通的，各存储单元相当于存入“1”。当用户写入数据时，将应该存储“0”的单元通以足够大的电流，使其熔丝烧断即可。

熔丝烧断的原理是：若向某单元存入“0”，须先给出该单元的地址码，使相应的字线呈高电平；然后在相应的位线上加入规定的高电压脉冲，使读/写放大器中的稳压管 VZ 导通，写入放大器 A_W 输出低电平；因此有较大电流通过该单元三极管的射极，与其相连的熔丝将会熔断。存储器的数据读出时，读出放大器 A_R 的输出电平不能使 VZ 导通，A_W 不工作。

PROM 的熔丝熔断后不可恢复，因而只能编程一次，一旦编程完成就不能再行修改。

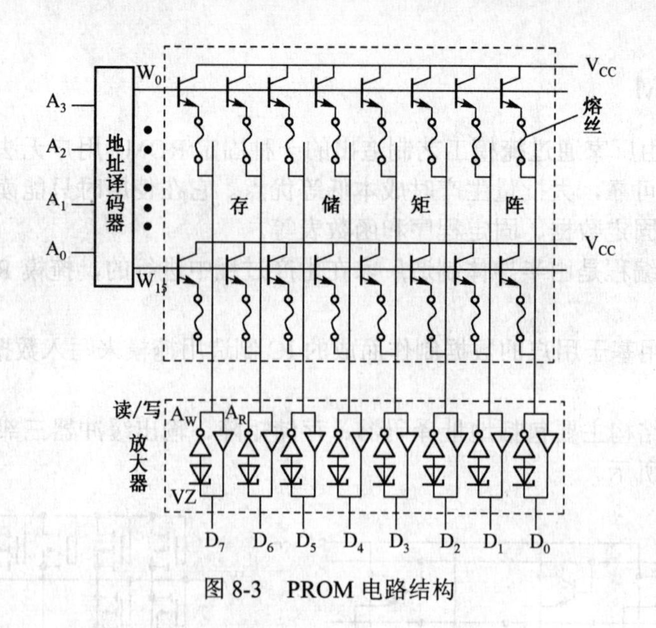

图 8-3　PROM 电路结构

8.1.3　可紫外线擦除 PROM（EPROM）

为了克服 PROM 只能写入一次的缺点，又出现了一种用户可多次改写内容的只读存储器，称为可改写型可编程只读存储器（EPROM），这种存储器的内容可以用紫外线照射抹去，再用专门的装置写入新内容。

8.1.4　可电擦除 PROM（EEPROM）

电擦除可编程只读存储器 EEPROM 的主要优点是能在应用系统中进行在线电擦除和在线电写入，并能在断电情况下保持修改的结果。它比紫外线擦除的 EPROM 更方便。因此，在智能仪表、控制装置、分布式监测系统子站、开发装置中得到了广泛应用。

EEPROM 的应用特性如下：

（1）对硬件电路没有特殊要求，操作使用十分简单。

（2）采用+5V 电擦除的 EEPROM，通常不需设置单独的擦除操作系统，可在写入的过程中自动擦除。但目前擦除时间较长，需 10ms 左右，故要保证有足够的写入时间，有的 EEPROM 芯片设有写入结束标志方便供中断和查询。

（3）EEPROM 器件大多是并行总线传输的，但也有采用串行数据传送的。串行 EEPROM 具有体积小、成本低、电路连接简单、占用系统地址线和数据线少等优点，但数据传送速率较低。

（4）EEPROM 可作为程序存储器使用，也可作为数据存储器使用，连接方式较灵活。

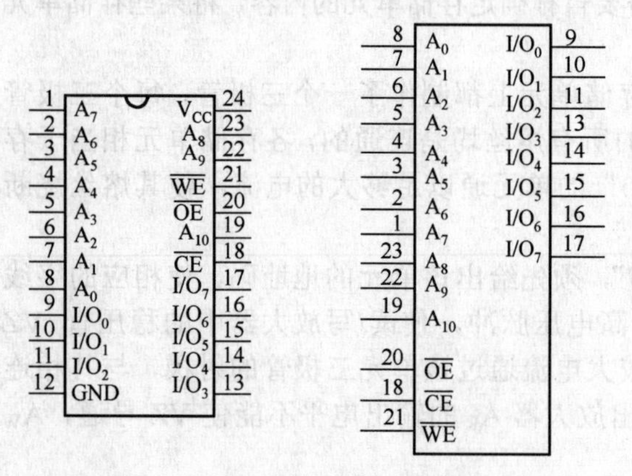

图 8-4　EEPROM2816 的引脚和逻辑符号图

图 8-4 是 EEPROM2816（2K×8）的引脚和逻辑符号图。

8.2 随机存取存储器

随机存取存储器也称为读取存储器。它可随时将数据写入任何一个指定的单元或从中读出数据，使用方便灵活；但是所存数据不能长期保存，一旦断电，所存储的信息会随之消失，不利于数据的长期保存。

随机存储器（Random Access Memory，RAM）主要用于存储短时间内使用的程序。按照存储信息的不同，随机存储器又分为静态随机存储器（Static RAM，SRAM）和动态随机存储器（Dynamic RAM，DRAM）。

8.2.1 静态随机 RAM

图 8-5 为 NMOS 六管基本存储电路。图中，VT_1 与 VT_3 组成一个反相器，VT_2 与 VT_4 组成另一个反相器，两个反相器交叉耦合构成一个基本触发器，用于存储信息。设 VT_1 截止、VT_2 导通时，$Q=0$，$\overline{Q}=1$，为“0”态；VT_1 导通、VT_2 截止时，$Q=1$，$\overline{Q}=0$，为“1”态。VT_5、VT_6 是两个门控管，用于控制触发器输出端 $Q(\overline{Q})$ 和位线 $B(\overline{B})$ 的接通和断开。当行选择线 $X_i=0$ 时，VT_5、VT_6 截止，$Q(\overline{Q})$ 和 $B(\overline{B})$ 断开。VT_7、VT_8 也是门控管，用来控制位线 $B(\overline{B})$ 与数据线 $D(\overline{D})$ 的接通或断开。当列选择线 $Y_j=1$ 时，VT_7、VT_8 导通，$B(\overline{B})$ 和 $D(\overline{D})$ 接通；当 $Y_j=0$ 时，VT_7、VT_8 截止，$B(\overline{B})$ 和 $D(\overline{D})$ 断开。需要指出的是，VT_7 和 VT_8 是同一列的所有基本存储电路共用的控制门。只有当某基本存储电路所在行、列对应的 X_i、Y_j 皆为 1 时，该基本存储电路被选中，其输出 $Q(\overline{Q})$ 与数据线 $D(\overline{D})$ 连通，实现读/写操作。

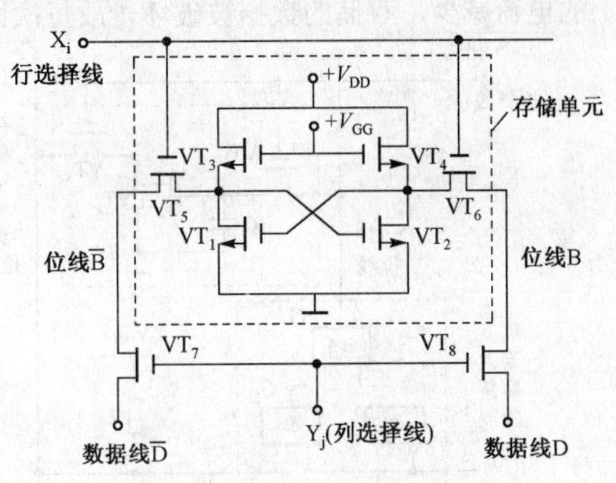

图 8-5 NMOS 六管基本存储电路

8.2.2 动态随机 RAM

静态随机 RAM 单元所用的三极数目多，功耗大，集成度受限制，就出现了动态 RAM。动态随机RAM存储数据的原理是基于MOS管栅极电容的电荷存储效应。由于漏电流的存在，电容存储的数据（电荷）不能长久保存，因此必须定期给电容补充电荷，以避免存储数据的丢失，这种操作称为再生或刷新。

常见的动态 RAM 存储单元有三管和单管两种。图 8-6 所示为三管动态存储单元，存储单元是以 MOS 管 VT_2 及其栅极电容 C 为基础构成的，数据存储于栅极电容 C 中。若电容 C 充有足够的电荷，使 VT_2 导通，这一状态为逻辑“0”，否则为逻辑“1”。图中除了存储单元外，还画出了该存储单元公用的写入刷新控制电路。

在图 8-6 中，行、列选择线 X_i、Y_j 均为高电平时，存储单元被选中；读/写控制信号 R/W 高电平时进行读操作，低电平时进行写操作。

在进行读操作时，地址信号使门控管 VT_3 导通，此时若 C 上充有电荷且使 VT_2 导通，使读位线获得低电平，则读出数据为“0”；若 VT_2 截止，使读位线获得高电平，输出数据为“1”。

由图可以看出，读位线信号分为两路，一路经 VT_5 由 D_o 输出，另一路经写入刷新控制电路对存储单元刷新。

进行写操作时，R/W 为低电平(R/W=0)，此时 G_2 被封锁，由于 Y_j 为高电平，VT_4 导通，输入数据 D_i 经 VT_4 并由写入刷新控制电路反相，再经 VT_1 写入到电容器 C 中。这样，当输入数据为“0”时，电容充电；而输入数据为“1”时，电容放电。

除了读、写操作可以进行刷新外，刷新操作也可以通过只选通行选择线来实现。例如，当行选择线 X_i 为高电平，R/W 读有效时（R/W=1），C 上的数据经 VT_2、VT_3 到达读位线，然后经写入刷新控制电路对存储单元刷新。此时，X_i 有效的整个一行存储单元被刷新。由于列选择线 Y_j 无效，因此数据不被读出。

目前大容量动态 RAM 的存储单元普遍采用单管结构，其电路如图 8-7 所示。“0”或“1”数据存于电容 C_S 中，VT 为门控管，通过控制 VT 的导通与截止，可以把数据从存储单元送至位线上，或者将位线上的数据写入到存储单元。

为了节省芯片面积，存储单元的电容 C_S 不能做得很大，而位线上连接的元件较多，杂散电容 $C_W \gg C_S$。当读出数据时，电容 C_S 上的电荷向 C_W 转移，位线上的电压 V_W 远小于读出操作前 C_S 上的电压 $V_S(V_W=V_SC_S/(C_S+C_W))$。因此，需经读出放大器对信号放大。同时由于 C_S 上的电荷减少，存储的数据被破坏，故每次读出后，必须及时对读出单元进行刷新。

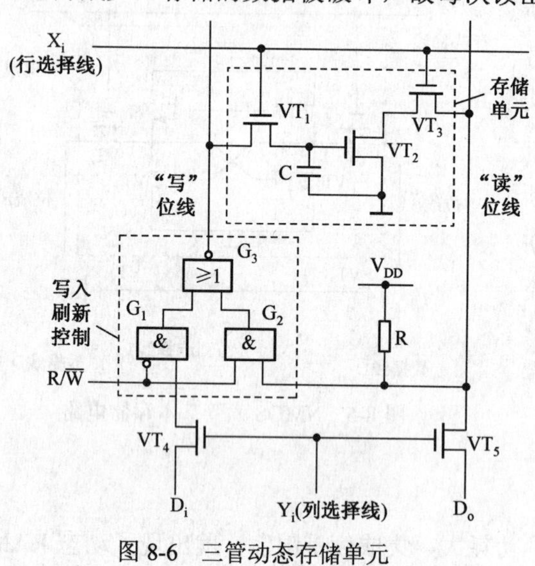

图 8-6　三管动态存储单元

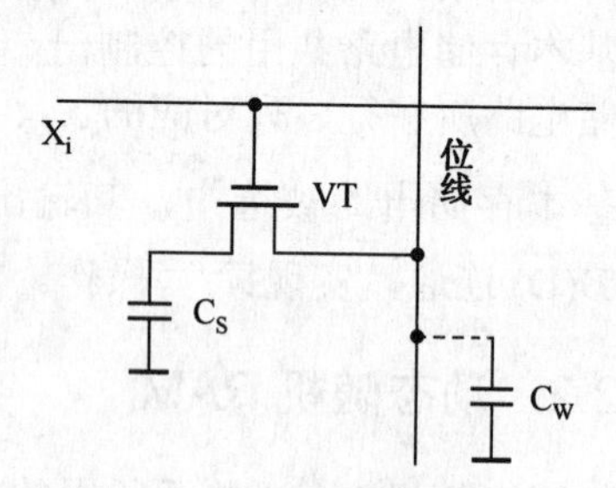

图 8-7　单管动态存储单元

8.3　闪　存

闪速存储器（Flash Memory）即闪存，它是一类非易失性存储器（Non-Volatile Memory，NVM）。即使在供电电源关闭后仍能保持片内信息；而诸如 DRAM、SRAM 这类易失性存储器，当供电电源关闭后片内信息随即丢失。与 EPROM 相比较，闪速存储器具有明显的优势——在系统电可擦除和可重复编程，而不需要特殊的高电压（某些第一代闪速存储器也要求高电压来完成擦除或编程操作）；闪速存储器具有成本低、密度大的特点。其独特的性能使其广泛地运用于各个领域，包括嵌入式系统，如 PC 及外设、电信交换机、蜂窝电话、网络互联设备、仪器仪表和汽车器件，同时还包括新兴的语音、图像、数据存储类产品，如数码相机、数字录音机和个人数字助理等。

8.4 可编程逻辑器件

8.4.1 可编程逻辑器件概述

可编程逻辑器件（Programmable Logic Device，PLD）是20世纪末发展起来的新型半导体通用集成电路，它是可由用户自行定义功能（编程）的一类逻辑器件的总称。

现代数字系统越来越多地采用PLD，这不仅能大大简化系统的设计过程，而且还能使系统结构简单，可靠性提高。PLD技术从一个方面反映了现代电子技术的发展趋势。

PLD是作为一种通用集成电路产生的，其逻辑功能按照用户对器件编程来确定。一般的PLD的集成度很高，足以满足设计一般数字系统的需要。这样就可以由设计人员自行编程而把一个数字系统“集成”在一片PLD上，而不必去请芯片制造厂商设计和制作专用的集成电路芯片了。

8.4.2 可编程只读存储器

可编程只读存储器（PROM）由“与”阵列（对应于字线）和“或”阵列（对应于位线）构成，其中“与”阵列固定，“或”阵列可编程。但PROM所用的存储单元较多，实际利用率较低，运行速度较慢。

PROM用PLD阵列表示如图8-8所示。其中：

$$X_0 = \overline{D}\,\overline{C}\,\overline{B}\,\overline{A}，\quad X_1 = \overline{D}\,\overline{C}\,\overline{B}A，\quad \cdots，\quad X_{15} = DCBA$$

$$Y_0 = X_1 + \cdots + X_{14} + X_{15}$$

$$Y_1 = X_0 + \cdots + X_{14}$$

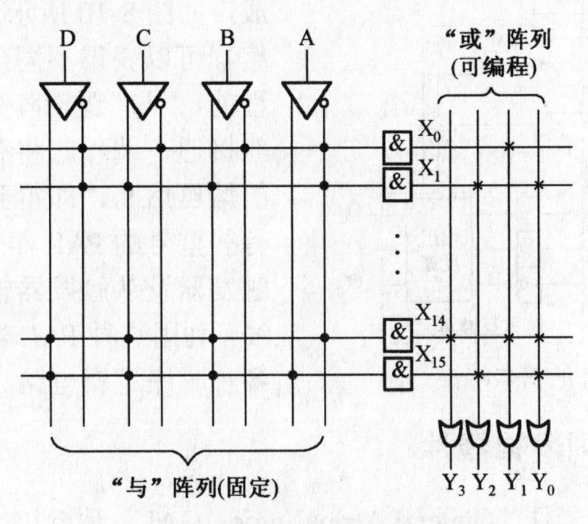

图8-8 PROM用PLD阵列表示

8.4.3 可编程阵列逻辑器件

可编程阵列逻辑器件（PLA）也是由“与”、“或”阵列组成的，其特点是两种阵列均可编程。它的体积小，速度快。其缺点是编程周期较长，且是一次性的。PLA阵列图如图8-9所示。

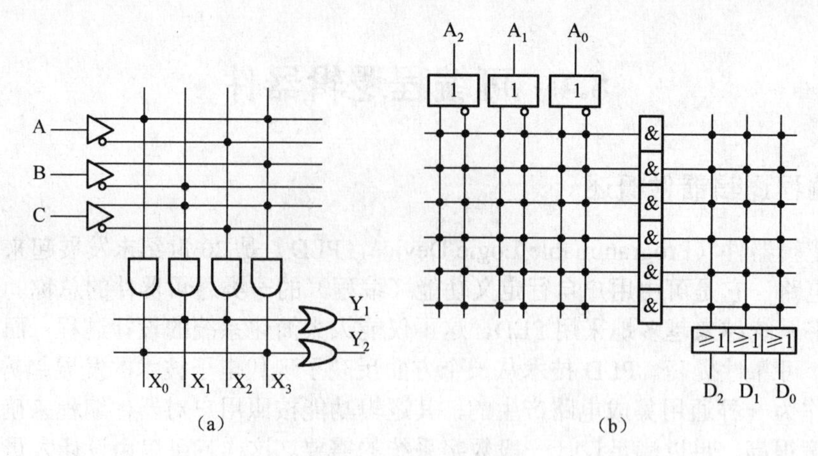

图 8-9 PLA 阵列图

图 8-9（a）中，

$$X_0 = A，\ X_1 = \overline{B}C，\ X_2 = \overline{AC}，\ X_3 = ABC$$

$$Y_1 = X_1 + X_2，\ Y_2 = X_0 + X_3$$

PLA 可以方便地构成组合逻辑电路，如果在其“或”阵列输出端接上触发器，还可构成时序逻辑电路。

可编程阵列逻辑器件（PAL）是 20 世纪 70 年代末由 MMI 公司率先推出的一种可编程逻辑器件。它采用双极型工艺制作，熔丝编程方式。

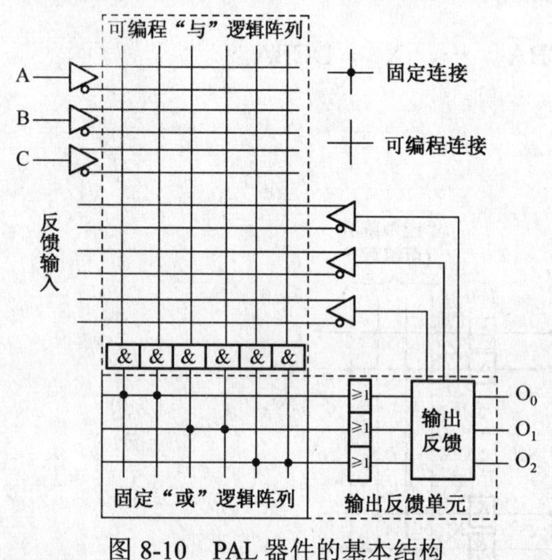

图 8-10 PAL 器件的基本结构

PAL 器件由可编程“与”逻辑阵列、固定“或”逻辑阵列和输出反馈单元三部分组成，如图 8-10 所示。通过对“与”逻辑阵列编程可以获得不同形式的组合逻辑函数。编程前，“与”逻辑阵列的所有交叉点上均有熔丝接通，编程时将有用的熔丝保留，将无用的熔丝熔断，即得到所需的电路。另外，在有些型号的 PAL 器件中，输出电路中设置有触发器及从触发器输出到与逻辑阵列的反馈线，利用这种 PAL 器件还可以很方便地构成各种时序逻辑电路。

8.4.4 通用可编程阵列逻辑器件

通用可编程阵列逻辑器件（General Array Logic，GAL）是近年来发展起来的新一代可编程逻辑器件。其结构和 PAL 基本相同。“与”、“或”阵列中，“与”阵列可编程，“或”阵列固定，但它在结构上做了很大改进。

（1）GAL 的存储单元，采用 E^2CMOS 技术，使其具备了可重复擦除和改写的功能。一个 GAL 器件至少可改写 100 次，写入的数据可保存 20 年以上。

（2）输出端增加了通用结构——输出逻辑宏单元（OLMC）。通过软件对其编程即可改变输出方式，硬件无须任何变动，给设计者带来极大便利。在使用过程中，一种 GAL 器件可以替代相同引脚数目的所有 PAL 器件。一个 GAL 器件还可以替代 4～12 片 TTL 等系列的中小规模组件。

另外，GAL 器件具有 100%的可测试性，工作可靠，功耗较小，速度较快，各种性能指标优于大部分 PLD 器件，加之其具有加密功能，可以防止他人对阵列组态模式及信息进行非法复制等操作，GAL 器件受到广泛关注。

8.4.5 复杂可编程逻辑器件

复杂可编程逻辑器件（CPLD）采用 CMOS EPROM、EEPROM、快闪存储器和 SRAM 等编程技术，从而构成了高密度、高速度和低功耗的可编程逻辑器件。

CPLD 主要由逻辑块、可编程互连通道和 I/O 控制块三部分构成。

CPLD 中的逻辑块类似于一个小规模 PLD，一个逻辑块通常包含 4～20 个宏单元，每个宏单元一般由乘积项阵列、乘积项分配和可编程寄存器构成。每个宏单元有多种配置方式，各宏单元也可级联使用，因此可实现较复杂组合逻辑和时序逻辑功能。对集成度较高的 CPLD，通常还提供了带片内 RAM/ROM 的嵌入阵列块。可编程互连通道主要提供逻辑块、宏单元、输入/输出引脚间的互连网络。输入/输出块（I/O 块）提供内部逻辑到器件 I/O 引脚之间的接口。

逻辑规模较大的 CPLD 一般还内带 JTAG 边界扫描测试电路，可对已编程的高密度可编程逻辑器件做全面彻底的系统测试，此外也可通过 JTAG 接口进行在系统编程。

由于集成工艺、集成规模和制造厂家的不同，各种 CPLD 分区结构、逻辑单元等也有较大的差别。

1．可编程互连阵列结构 CPLD

1）EPM7128S 器件

（1）EPM7128S 器件基本结构。

EPM7128S 器件主要由逻辑阵列块 LAB、宏单元、I/O 控制块和可编程互连阵列 PIA 构成。

在多阵列矩阵结构中，每个宏单元包括一个可编程的“与”阵列和一个固定的“或”阵列，以及一个具有独立可编程时钟、时钟使能、清除和置位功能的可配置触发器。图 8-11 为多阵列矩阵 MAX 结构。每 16 个宏单元组成一组，构成一个灵活的逻辑阵列模块 LAB。多个 LAB 通过可编程互连阵列 PIA 和全局总线相连。每个 LAB 还与相应的 I/O 控制模块相连，以提供直接的输入和输出通道。

（2）EPM7128S 宏单元结构。

EPM7128S 的每个宏单元能够单独配置为组合逻辑或时序逻辑工作方式。宏单元主要由逻辑阵列、乘积项选择矩阵和可编程寄存器 3 部分组成。图 8-12 为 EPM7128S 宏单元结构。可编程寄存器根据逻辑需要，可以编程旁路，实现组合逻辑。若作为寄存器使用，则相应的可编程逻辑器件开发软件将根据设计逻辑需要，选择有效的寄存器工作方式，以使设计所用器件资源最少。

2）XCR3064XL 器件

（1）XCR3064XL 器件结构。

XCR3064XL 器件宏单元结构，由零功率互连阵列连接起来的功能块及 I/O 单元构成，每个逻辑块包含 16 个宏单元。图 8-13 所示为 XCR3064XL 器件结构。

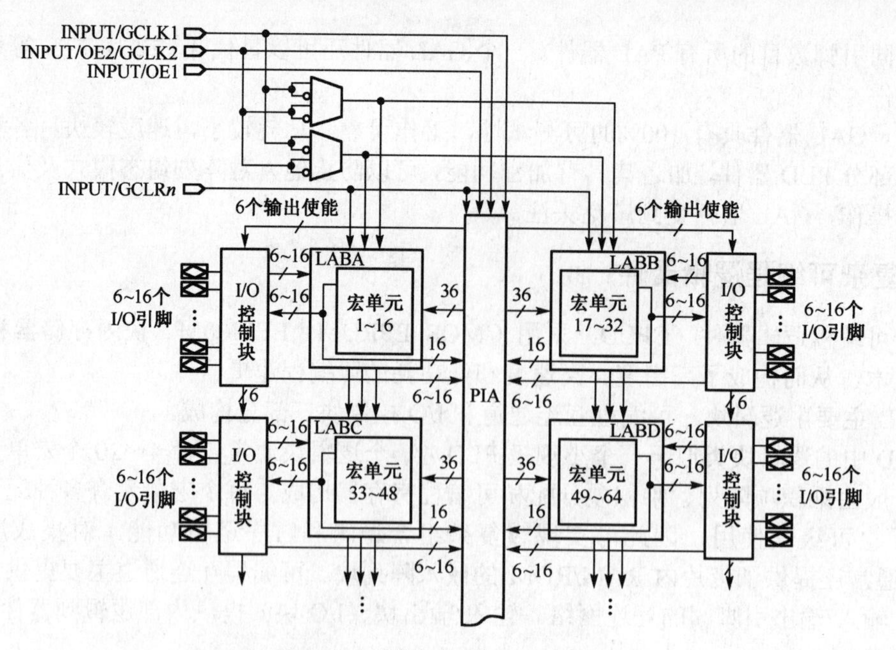

图 8-11　多阵列矩阵 MAX 结构

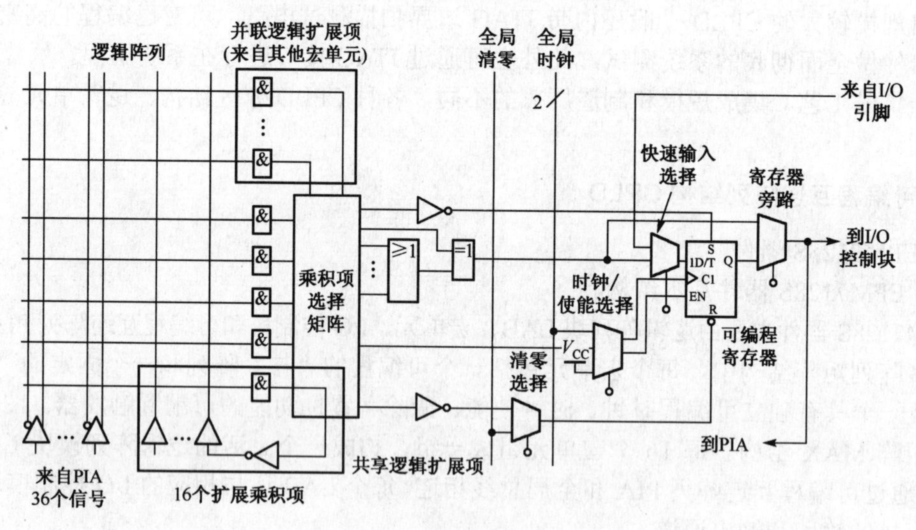

图 8-12　EPM7128S 宏单元结构

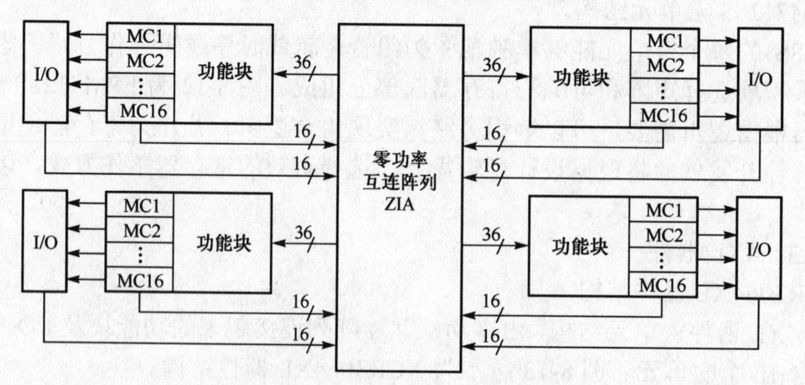

图 8-13　XCR3064XL 器件结构

（2）逻辑块与宏单元。

XCR3064XL 器件每个功能块包含一个可编程逻辑阵列，它与 PAL 的主要区别是“与”阵列和“或”阵列均可编程，所以它与固定“或”阵列、可编程“与”阵列的 PAL 结构相比，一个宏单元中可以得到或共享多个乘积项，实现逻辑上具有更大的灵活性。图 8-14 为 XCR3064XL 宏单元结构。

XCR3064XL 器件每个宏单元结构均可配置成带置“0”或置“1”的 D 触发器、T 触发器、锁存器，或实现组合逻辑功能。宏单元还有两个到 ZIA 的反馈路径，一个来自宏单元，另一个来自 I/O 引脚。当 I/O 引脚被用做输出引脚时，输出缓冲被使能，且宏单元反馈路径将宏单元逻辑反馈到 ZIA；当 I/O 引脚被用做输入引脚时，输出缓冲为三态输出，且输入信号能通过输入/输出反馈路径反馈到 ZIA。

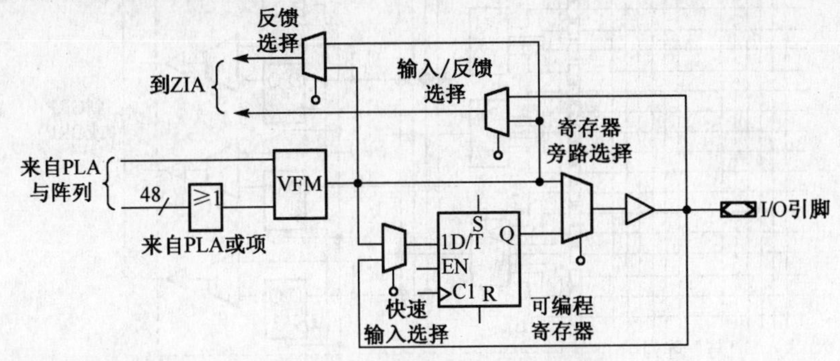

图 8-14 XCR3064XL 宏单元结构

2. 全局互连结构 CPLD

1）ispLSI1032 器件结构

ispLSI1032 器件主要由全局布线区 GRP、通用逻辑块 GLB、输入/输出单元 IOC、输出布线区 ORP 和时钟分配网络 CDN 构成。图 8-15 为 ispLSI1032 器件结构。

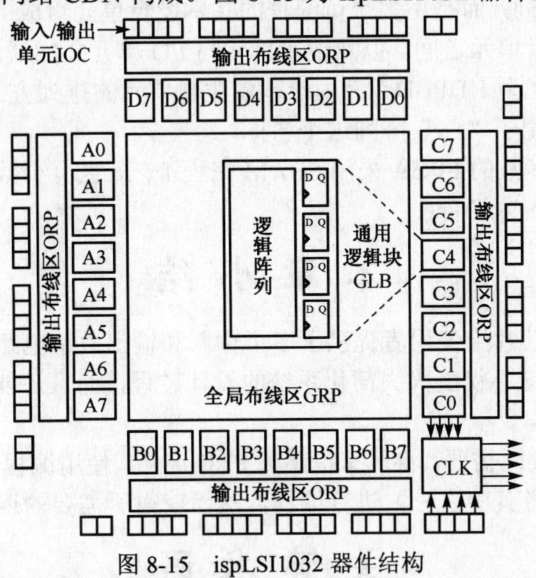

图 8-15 ispLSI1032 器件结构

全局布线区 GRP 位于器件的中心，它可将所有器件内的逻辑连接起来。GLB 由“与”阵列、乘积项共享阵列和逻辑宏单元构成，每个 GLB 相当于一个 GAL 器件。输入/输出单元

IOC 位于器件的最外层，它可编程为输入、输出和双向输入/输出模式。输出布线区 ORP 介于 GLB 和 IOC 之间的可编程互连阵列，以连接 GLB 输出到 I/O 单元。器件内所需时钟是通过时钟分配网络 CDN 进行分配的。

2）通用逻辑块 GLB

通用逻辑块 GLB 主要用于实现逻辑功能，GLB 主要由与阵列、乘积项共享阵列、4 个输出逻辑宏单元和控制逻辑电路组成。图 8-16 为 ispLSI1032 器件 GLB 结构。

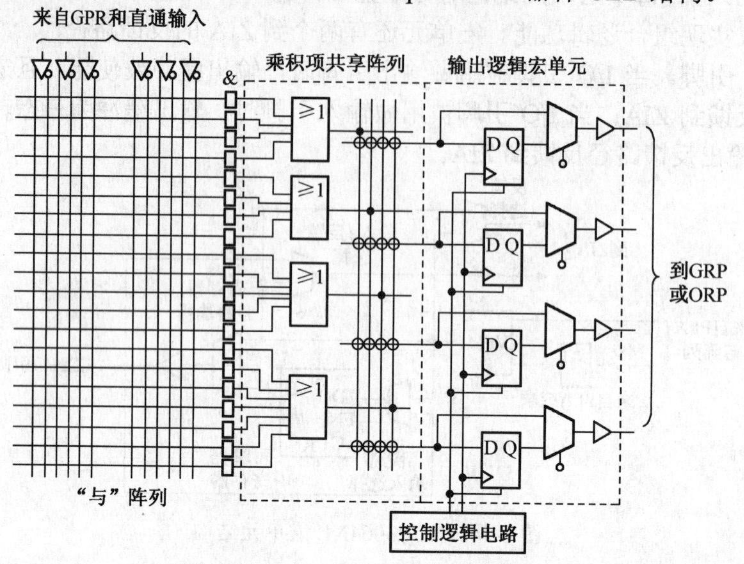

图 8-16　ispLSI1032 器件 GLB 结构

8.4.6　现场可编程"门"阵列逻辑器件

与前面介绍过的几种 PLD 器件不同，现场可编程"门"阵列逻辑器件（FPGA）的主体不再是"与"-"或"阵列，而是由多个可编程的基本逻辑单元组成的一个二维矩阵。围绕该矩阵设有 I/O 单元，逻辑单元之间，以及逻辑单元与 I/O 单元之间通过可编程连线进行连接。因此，FPGA 被称为单元型 HDPLD。而由于基本逻辑单元的排列方式与掩模可编程的"门"阵列 GA 类似，所以沿用了"门"阵列这个名称。

就编程工艺而言，多数的 FPGA 采用 SRAM 编程工艺，也有少数的 FPGA 采用反熔丝编程工艺。

本 章 小 结

可编程"门"阵列芯片给使用者提供了多个输入和输出数字电路的可能。现代数字系统越来越多地采用 PLD，这不仅能大大简化系统的设计过程，而且还能使系统结构更简单，可靠性得到极大提高。

作为用户，可根据实际需要，将厂家提供的 PLD 产品，使用编程工具和编程软件对"与"阵列和"或"阵列（或者其中之一）进行编程，从而获得所需要的逻辑关系和逻辑功能。

关 键 术 语

半导体存储器　　　　semiconductor memory

光存储器　　　　　optical memory
只读存储器　　　　read only memory
可编程只读存储器　programmable read-only memory
随机存取存储器　　random access memory
可编程逻辑器件　　programmable logic device

习　题

8.1　试用 ROM 产生一组与或逻辑函数，画出 ROM 阵列图。逻辑函数是

$$Y_0 = AB + BC$$

$$Y_1 = A\bar{B} + \bar{A}B$$

$$Y_2 = AB + BC + CA$$

8.2　试用两片 256 字×4 位 RAM 扩展成 256 字×8 位 RAM，并画出位扩展接线图。

8.3　试用四片 256 字×8 位 RAM 扩展成 1024 字×8 位 RAM，并画出字扩展接线图。

8.4　试分析图 8-17 中各片 RAM 有多少位地址码？有多少字？每字多少位？扩展后的 RAM 有多少字？每字多少位？并画出等效 RAM 的单元电路。

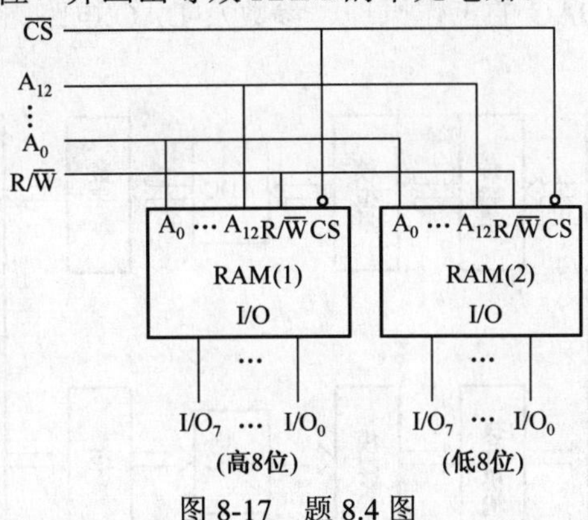

图 8-17　题 8.4 图

8.5　试分析图 8-18 中各片 RAM 有多少位地址码？有多少字？每字多少位？扩展后的 RAM 有多少字？每字多少位？并画出等效 RAM 的单元电路。

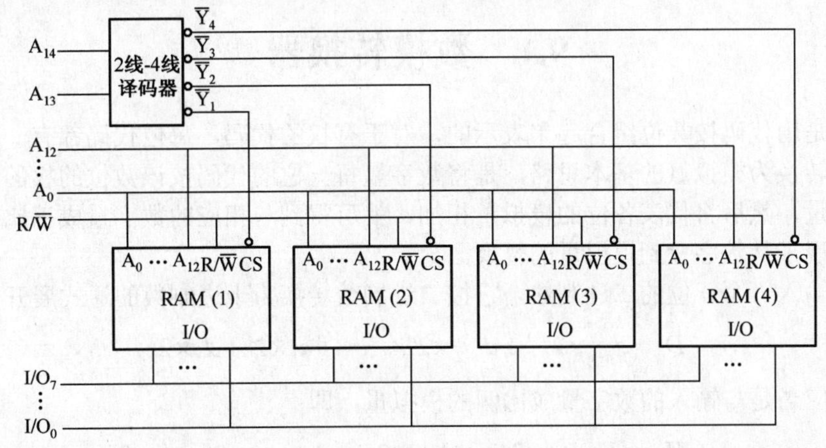

图 8-18　题 8.5 图

第 9 章　模拟量与数字量的转换

模拟量与数字量的转换技术是随着数字测量和数字控制的需要而产生和发展起来的。在自动控制系统中，数据采集或过程控制的对象通常是温度、压力、流量、角度、位移、速度及液面高度等连续变化的非电模拟量，为了使计算机或数字系统能识别这些信号，就必须先把这些非电模拟量经过传感器转换成电压或电流信号，然后转换成数字量。模拟量转换为数字量的过程就是模数转换，实现这种转换的设备就是模数转换器，简称 ADC（Analog to Digital Converter）。同样，经过数字系统或计算机处理后的数字量也必须转换成模拟量如电压或电流，才能经过执行元件或机构去显示或控制。数字量转换为模拟量的过程就是数模转换，实现数模转换的设备就是数模转换器，简称 DAC（Digital to Analog Converter）。

可见，ADC 和 DAC 是被控制对象与数字系统或计算机之间的连接桥梁，在现代信息技术中具有举足轻重的作用。ADC 和 DAC 转换系统框图如图 9-1 所示。

在本章中将首先介绍 DAC 的工作原理、参数及 DAC 电路，然后介绍 ADC 的原理、主要参数及 ADC 电路。

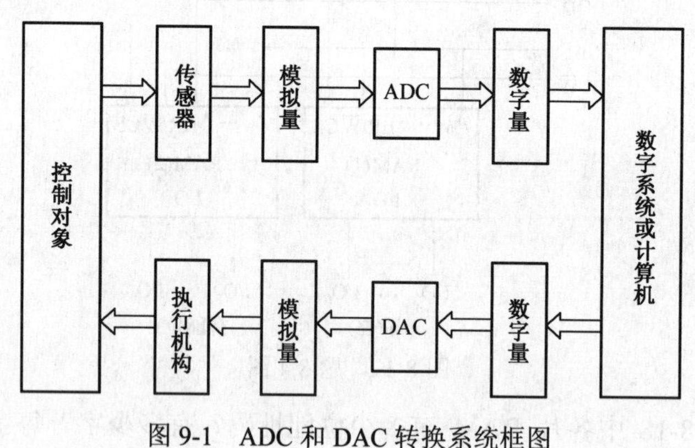

图 9-1　ADC 和 DAC 转换系统框图

9.1　数模转换器

数字量是用代码按数位组合起来表示的，对于有权的代码，每位代码都有一定的权。把一个数字量转换为模拟量的基本思路，是将数字量每一位的代码按该数位的权的大小转换成相应的模拟量，然后将代表各位的模拟量相加，就可得到与相应的数字量成正比的总的模拟量，从而实现了从数字量到模拟量的转换。

例如，输入一个 n 位的二进制数，它按二进制数转换为十进制数的通式展开为

$$D_n = d_{n-1} \times 2^{n-1} + d_{n-2} \times 2^{n-2} + \cdots + d_1 \times 2^1 + d_0 \times 2^0$$

那么，输出应当是与输入的数字量成比例的模拟量，即

$$A = KD_n = K(d_{n-1} \times 2^{n-1} + d_{n-2} \times 2^{n-2} + \cdots + d_1 \times 2^1 + d_0 \times 2^0)$$

式中，K 为转换系数。一般的数模转换器输出 A 是正比于输入数字量 D_n 的模拟电压量，单位为伏特（V）。

9.1.1 T 形电阻网络 D/A 转换器

图 9-2 是 4 位 T 形电阻网络 D/A 转换器的电路原理图，它用于对 4 位二进制数字量进行数模转换。它由电子开关、T 形电阻网络、求和运算放大器和基准电压源等部分组成。T 形电阻网络由 R 和 $2R$ 两种阻值的电阻构成，也称为梯形电阻网络，它的输出端接到求和运算放大器的反相输入端。运算放大器的输出就是模拟电压 U_o。

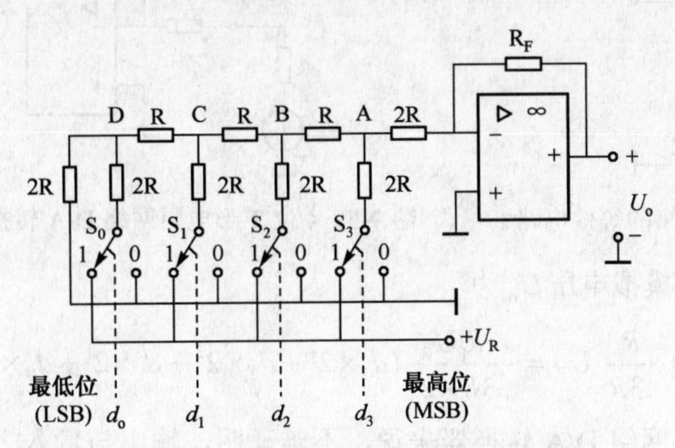

图 9-2　4 位 T 形电阻网络 D/A 转换器的电路原理图

U_R 是基准电压源提供的基准电压，或称为参考电压。S_3，S_2，S_1 和 S_0 是各位的电子模拟开关，分别受输入电阻网络的数字量 d_3、d_2、d_1 和 d_0 的控制。当某一位数字量 $d_i=1$ 时，对应电子开关接到 U_R 电源上，这样就有电流经过开关和相应电阻进入集成运放电路的反相输入端；当数字量 $d_i=0$ 时，开关将相应电阻接地，则无输入电流进入集成运放电路。

当二进制数 $d_3d_2d_1d_0=0001$ 时，只有 S_0 接 U_R，S_3、S_2 和 S_1 均接地，这时 T 形电阻网络如图 9-3（a）所示。应用戴维南定理自 D 端向右逐级化简，可以得出，每经过一个节点，输出电压都将衰减 1/2，因此在 A 端所得到的戴维南等效电压 $U_E=U_R/2^4$，戴维南等效电阻 $R_0=R$。

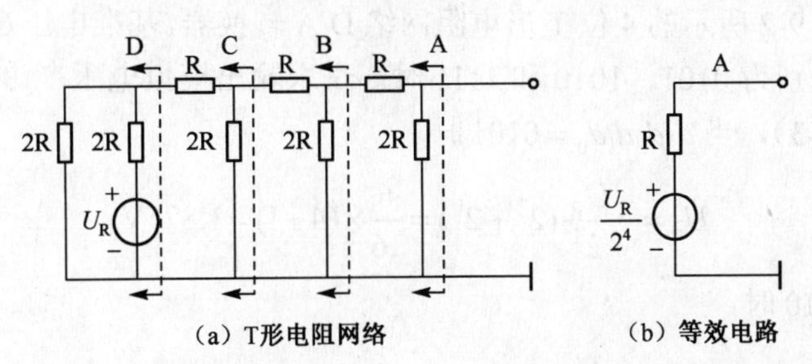

图 9-3　$d_3d_2d_1d_0=0001$ 时的 T 形电阻网络及等效电路

同理，当二进制数 $d_3d_2d_1d_0$ 分别为 0010、0100 和 1000 时，重复上述分析过程，在 A 端所得到的等效电压 U_E 分别为 $U_R/2^3$、$U_R/2^2$ 和 $U_R/2^1$，而等效电阻 $R_0=R$。

应用叠加原理可以得出，当输入量 $d_3d_2d_1d_0$ 为各种可能数值时，在 A 端所获得的等效电压为

$$U_E = \frac{U_R}{2^1}d_3 + \frac{U_R}{2^2}d_2 + \frac{U_R}{2^3}d_1 + \frac{U_R}{2^4}d_0$$
$$= \frac{U_R}{2^4}(d_3 \times 2^3 + d_2 \times 2^2 + d_1 \times 2^1 + d_0 \times 2^0) \tag{9-1}$$

其等效电路如图 9-4 所示。

将图 9-4 所示等效电路代替图 9-2 所示电路中的 T 形电阻网络，则等效电路如图 9-5 所示。

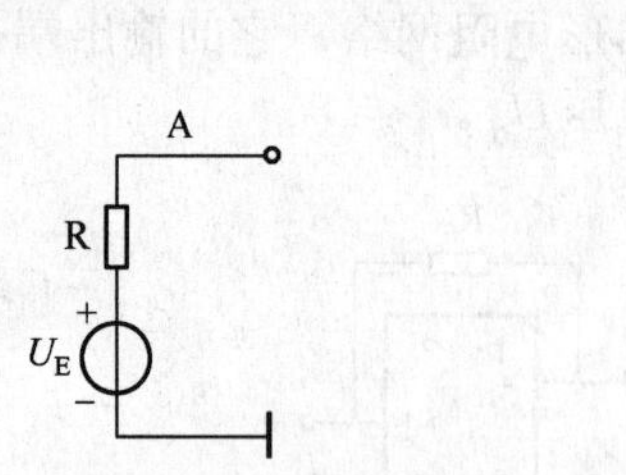

图 9-4　T 形电阻网络的等效电路

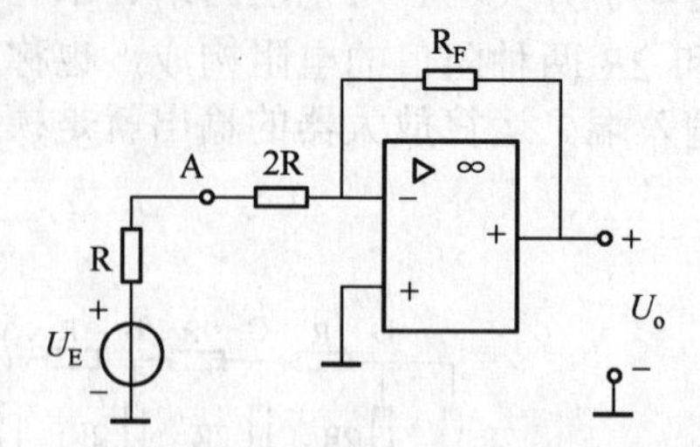

图 9-5　4 位 T 形电阻网络 D/A 转换器的等效电路

运算放大器输出的模拟电压 U_o 为

$$U_o = -\frac{R_F}{3R} \cdot U_E = -\frac{R_F U_R}{3R \times 2^4}(d_3 \times 2^3 + d_2 \times 2^2 + d_1 \times 2^1 + d_0 \times 2^0) \tag{9-2}$$

对于 n 位 T 形电阻网络 D/A 转换器来说，不难证明，输出与输入之间的关系为

$$U_o = -\frac{R_F U_R}{3R \times 2^n}(d_{n-1} \times 2^{n-1} + d_{n-2} \times 2^{n-2} + \cdots + d_0 \times 2^0) \tag{9-3}$$

其中，$\frac{R_F U_R}{3R \times 2^n}$ 为常量，由电路本身决定。

当取 $R_F = 3R$ 时，则式（9-3）为

$$U_o = -\frac{U_R}{2^n}(d_{n-1} \times 2^{n-1} + d_{n-2} \times 2^{n-2} + \cdots + d_0 \times 2^0) \tag{9-4}$$

式（9-4）说明，每位二进制数码在输出端产生的电压与该位的“权”成正比，输出模拟电压与输入的数字量成正比。

例 9-1　已知图 9-2 所示的 4 位 T 形电阻网络 D/A 转换器，基准电压 $U_R = -6\text{V}$，$R_F = 3R$，当输入量 $d_3d_2d_1d_0$ 分别为 0101、1010 和 1111 时，试求输出模拟电压 U_o 的值。

解：根据式（9-3），当 $d_3d_2d_1d_0 = 0101$ 时，

$$U_o = -\frac{U_R}{2^4}(2^2 + 2^0) = \frac{6}{16} \times (4+1) = 1.875\text{V}$$

当 $d_3d_2d_1d_0 = 1010$ 时，

$$U_o = -\frac{U_R}{2^4}(2^3 + 2^1) = \frac{6}{16} \times (8+2) = 3.75\text{V}$$

当 $d_3d_2d_1d_0 = 1111$ 时，

$$U_o = -\frac{U_R}{2^4}(2^3 + 2^2 + 2^1 + 2^0) = \frac{6}{16} \times (8+4+2+1) = 5.625\text{V}$$

可见，当输入数字量增加一倍时，对应的输出模拟量也增加一倍。

9.1.2 倒 T 形电阻网络 D/A 转换器

在 T 形电阻网络 D/A 转换器中，由于加到各个开关上的阶跃脉冲信号到达运算放大器输入端的时间不同，将会在输出端产生相当大的尖峰脉冲，引起较大的动态误差。为了消除这种动态误差，可以采用倒 T 形电阻网络 D/A 转换器。

图 9-6 为一个 4 位倒 T 形电阻网络 D/A 转换器的原理图。该转换器的电阻网络也只用两种阻值，即 R 和 $2R$，它们连接成倒 T 形结构，故称为倒 T 形网络。U_R 是基准电源电压。倒 T 形电阻网络 D/A 转换器与 T 形电阻网络 D/A 转换器相比，不同之处在于两者电子开关接入的位置不一样。倒 T 形电阻网络 D/A 转换器是将电子开关与电阻网络的位置对调，把电子开关接在运放的反相输入端。其中 S_3、S_2、S_1 和 S_0 是各位的电子模拟开关，分别受数字量 d_3、d_2、d_1 和 d_0 的控制。当某一位数字量 $d_i=1$ 时，对应电子开关接到运放的反相输入端，这时相应电阻上通过电流 I_i 流向 I_{o1}；当数字量 $d_i=0$ 时，开关接地，流过相应电阻的电流 I_i 流向 I_{o2} 到地端。

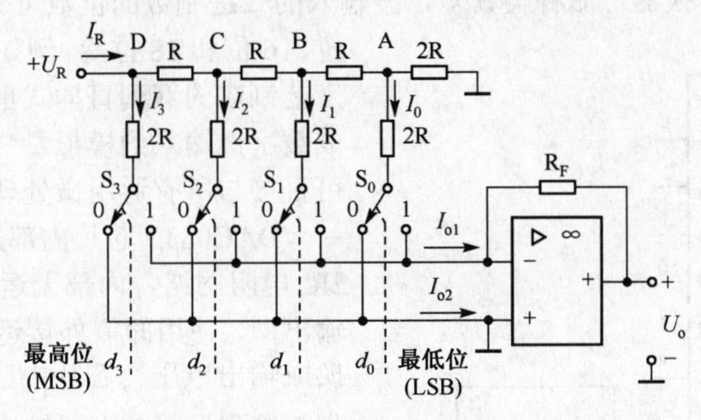

图 9-6 4 位倒 T 形电阻网络 D/A 转换器的原理图

由于运算放大器的虚“地”特性，电子开关无论是接至“0”侧还是“1”侧，每节电路的输入电阻都等于 R，即图 9-6 中 A、B、C 和 D 点从左往右看进去的等效电阻均为 R，所以电路中的输入电压都等于各节点电位逐位减半，$U_D=U_R$，$U_C=U_D/2$，$U_B=U_C/2$，$U_A=U_B/2$。因此，每节 $2R$ 支路中的电流也是逐位减半的，$I_3=U_R/(2R)$，$I_2=I_3/2$，$I_1=I_2/2$，$I_0=I_1/2$。因此，可以直接写出流入运算放大器反相输入端的总电流表达式为

$$
\begin{aligned}
I_{o1} &= I_3+I_2+I_1+I_0 \\
&= \frac{U_R}{2R}d_3+\frac{U_R}{4R}d_2+\frac{U_R}{8R}d_1+\frac{U_R}{16R}d_0 \\
&= \frac{U_R}{16R}(8d_3+4d_2+2d_1+d_0) \\
&= \frac{U_R}{R\times 2^4}(d_3\times 2^3+d_2\times 2^2+d_1\times 2^1+d_0\times 2^0)
\end{aligned}
$$

运算放大器输出的模拟电压 U_o 为

$$
U_o=-R_F I_{o1}=-\frac{U_R R_F}{2^4 R}(d_3\times 2^3+d_2\times 2^2+d_1\times 2^1+d_0\times 2^0) \qquad (9\text{-}5)
$$

对于 n 位倒 T 形电阻网络 D/A 转换器来说，输出与输入之间的关系为

$$U_o = -\frac{U_R R_F}{2^n R}(d_{n-1}\times 2^{n-1} + d_{n-2}\times 2^{n-2} + \cdots + d_0 \times 2^0) \quad (9\text{-}6)$$

在 $R_F = R$ 时，输出电压 U_o 为

$$U_o = -\frac{U_R}{2^n}(d_{n-1}\times 2^{n-1} + d_{n-2}\times 2^{n-2} + \cdots + d_0 \times 2^0) \quad (9\text{-}7)$$

式（9-7）表明，输出的模拟电压与输入的数字量成正比。

该电路的特点是电子开关在地与虚地之间切换，因此，流过每个支路的电流始终不变，即电阻网络中的电流与开关的状态无关，从而消除了尖峰脉冲，减小了动态误差，同时还进一步提高了转换速度，克服了T形电阻网络D/A转换器的缺点。由于这些原因，倒T形电阻网络D/A转换器得到了更为广泛的应用。

9.1.3 单片集成D/A转换器

单片集成D/A转换器产品种类繁多，按输入的二进制数的位数可分为8位、10位、12位、16位和18位等。例如，DAC0832是CMOS工艺制成的双列直插式单片8位DAC，能完成数字量输入到模拟量（电流）输出的转换，可直接与所有通用微处理器相连。

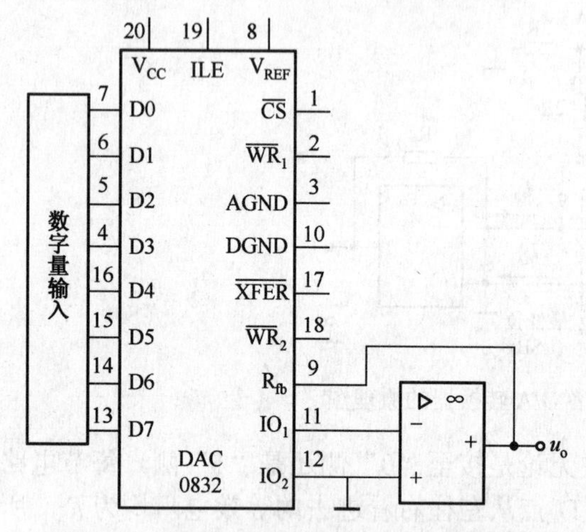

图9-7 DAC0832的引脚功能及连接电路

DAC0832芯片内部采用的是倒T形R～2R电阻网络，内部无运算放大器，属于电流输出型，使用时需外接运放，将输出电流再转换成输出电压。芯片中已设置R_{fb}，只要将引脚9接到运算放大器输出端即可。若运算放大器增益不够，还可以外接反馈电阻。

DAC0832的引脚功能及连接电路如图9-7所示，DAC0832共有20个引脚，各引脚的功能如下：

7～4，16～13（D0～D7）：八位数字量的输入端；

1（$\overline{CS}$）：片选信号输入端，低电平有效；

2、18（$\overline{WR}_1$、$\overline{WR}_2$）：写信号端；

3（AGND）：模拟接地端；

8（V_{REF}）：基准电压参考端；

9（R_{fb}）：芯片内部一个电阻的引出端，该电阻作为运算放大器的反馈电阻R_{fb}，它的另一端在芯片内部接IO_1端。

10（DGND）：数字接地端；

11（IO_1）：模拟电流输出端，接到运算放大器的反向输入端；

12（IO_2）：模拟电流输出端，一般接地；

17（$\overline{XFER}$）：控制传送信号输入端，低电平有效；

19（ILE）：输入锁存使能端，高电平有效；

20（V_{CC}）：电源。

DAC0832 的主要参数包括：分辨率为 8 位，电流建立时间为 1μs，参考电压为（−10～+10）V，供电电源为（+5～+15）V，逻辑电平输入与 TTL 兼容。

在 DAC0832 中有两级锁存器，第一级是输入寄存器，它的允许锁存信号为ILE；第二级为 DAC 寄存器，它的锁存信号也称通道控制信号 $\overline{XFER}$。当ILE 为高电平，片选信号 $\overline{CS}$、写信号 $\overline{WR_1}$ 为低电平时，输入寄存器控制信号为 1，输入寄存器的输出随输入的变化而变化。当 $\overline{WR_1}$ 由低电平变为高电平时，控制信号成为低电平，数据被锁存到输入寄存器中，输入寄存器的输出端不再随外部数据 DB 的变化而变化。传送控制信号 $\overline{XFER}$ 和写信号 $\overline{WR_2}$ 同时为低电平时，二级锁存控制信号为高电平，8 位的 DAC 寄存器的输出随输入的变化而变化；当 $\overline{WR_2}$ 由低电平变为高电平时，控制信号变为低电平，输入寄存器的信息被锁存到 DAC 寄存器中。

DAC0832 的有三种工作方式。一是直通方式，当ILE 接高电平，$\overline{CS}$、$\overline{WR_1}$、$\overline{WR_2}$、$\overline{XFER}$ 接地时，DAC 处于直通方式，则两个寄存器的输出都跟随输入数据的变化而变化，D/A 转换器的模拟输出也跟随输入数据的变化而变化。二是单缓冲方式，将两个寄存器中的一个接成直通方式，另一个用来锁存数据，DAC 就处于单缓冲工作方式。三是双缓冲方式，在转换的同时可以输入下一个数字量，能够提高转换速度；当有多个 D/A 转换器同时工作时，可以同时输出模拟量，不会在各模拟量之间造成相位差。

9.1.4 D/A 转换器的主要技术指标

1．分辨力

分辨力是指 D/A 转换器分辨输出最小电压的能力，用于表征 D/A 转换器对输入微小量变化的敏感程度，分辨力等于 D/A 转换器能分辨最小输出电压变化量与最大输出电压（即满量程输出电压）之比。最小输出电压变化量就是对应于输入数字信号最低位为“1”，其余各位为“0”时的输出电压，最大输出电压就是对应于输入数字信号的各位全是“1”时的输出电压。

对于一个 n 位的 D/A 转换器，可以证明

$$\text{分辨力} = \frac{1}{2^n - 1} \approx \frac{1}{2^n}$$

例如，10 位二进制数进行 D/A 转换的分辨力可表示为

$$\frac{1}{2^{10} - 1} = \frac{1}{1023} \approx 0.000978$$

显然，输入数字量位数越多，能够分辨的最小输出电压变化量就越小，即分辨力越高。所以分辨力有时直接用输入二进制数的位数来表示，如 8 位、10 位等。

2．精度

D/A 转换器的精度是指实际输出电压与理论输出电压之间的偏离程度。通常用最大误差与满量程输出电压之比的百分数表示。例如，D/A 转换器满量程输出电压是 6.5V，误差为 1%，就说明输出电压的最大误差为 ±0.065V(65mV)，那么输出电压的范围在 6.565～6.435V 之间。

转换精度不仅与 D/A 转换器中的元件参数的精度有关，而且还与环境温度、求和运算放大器的温度漂移及转换器的位数有关。

3. 建立时间

D/A 转换器的建立时间是指从输入数字信号开始，到输出电压（或电流）达到稳定时所需要的时间。它是一个衡量 D/A 转换速率的重要参数。建立时间的数值越小，表示 D/A 转换器的工作效率越高。

有时产品手册给出的建立时间是输出上升到满刻度的某一百分数所需要的时间。建立时间一般为几纳秒到几微秒。

4. 线性度

对于理想的 D/A 转换器，数字量输入的等量增加，所产生的对应的模拟量输出的增量也应相等，而实际上并非如此。通常用非线性误差的大小表示 D/A 转换器的线性度。并且，把偏离理想的输入-输出特性的最大偏差与满刻度输出之比的百分数定义为非线性误差。

5. 电源抑制比

输出电压的变化与相对应的电源电压的变化之比，称为电源抑制比。

除以上主要参数外，还有温度系数，输入高、低逻辑电平，输入电阻和功耗等技术指标，使用时可查阅相关资料。

思考与练习题

9.1.1　影响 DAC 转换精度的主要因素有哪些？

9.1.2　n 位 DAC 中的 n 代表的意义是什么？

9.1.3　DAC 的分辨力是怎样定义的？

9.1.4　常见的 DAC 有哪几种？它们各自的特点是什么？

9.1.5　电阻网络 DAC 在应用时，为什么要外接求和运算放大器？

9.2　模数转换器

模数转换器（ADC）的功能是将输入的模拟电压信号转换为输出的数字信号，即将时间连续和幅值连续的模拟量转换为时间离散、幅值也离散的数字量。A/D 转换一般需要经过采样、保持、量化及编码四个过程。在具体实施时，有些过程是合并进行的。通常，采样和保持就是用一种采样保持电路来完成的，而量化和编码也是在转换过程中同时实现的。

9.2.1　A/D 转换的基本原理

1. 采样与保持

采样是将时间连续的模拟量转换为时间上离散的模拟量，即获得某时间点（离散时间）的模拟量值。采样脉冲的频率越高，所取得的信号越能真实反映输入信号，合理的采样频率根据采样定理确定。为了保证能从采样信号中将原信号恢复，采样频率 f_S 必须大于或等于输入模拟信号的最高频率分量的频率 f_{max} 的 2 倍，即

$$f_S \geqslant 2f_{max}$$

采样频率越高，留给每次进行转换的时间就越短，这就要求 A/D 转换电路必须具有更高的工作效率。因此，采样频率通常取 $f_S = (3\sim5)f_{max}$，已能满足应用要求。

由于每次把采样电压转换为相应的数字信号时都需要一定的时间,因此在每次采样以后,需把采样电压保持一段时间。采样和保持通常是通过采样-保持电路同时完成的。根据采样定理，用数字方法传递和处理模拟信号，并不需要信号在整个作用时间内的数值，只需要采样点的数值。所以，在前后两次采样之间可把采样所得的模拟信号暂时存储起来，以便对其进行量化和编码。

2．量化和编码

数字信号不仅在时间上是离散的，而且在幅值上也是不连续的。任何一个数字量只能是某个最小数量单位的整数倍。为了将模拟信号转换成数字信号，在 A/D 转换器中必须将采样-保持电路的输出电压，按某种近似方式归化到与之相应的离散电平上。将采样-保持电路的输出电压归化为数字量最小单位所对应的最小量值的整数倍的过程称为量化。这个最小量值称为量化单位。

量化后的幅值用一个数值代码与之相对应，称为编码，这个数值代码就是 A/D 转换器输出的数字量。由于数字量的位数有限，一个 n 位的二进制数只能表示 2^n 个值，因而任何一个采样-保持信号的幅值,只能近似地逼近某一个离散的数字量。因而量化过程不可避免地会引入误差。这种误差称为量化误差。显然，在量化过程中，量化级分得越多，量化误差就越小。

9.2.2　并行比较型 A/D 转换器

并行比较型 A/D 转换器是一种高速 A/D 转换器。图 9-8 是 3 位并行比较型 A/D 转换器原理图，它由分压器、电压比较器、锁存器和编码器四部分组成。V_R 是精密参考电压，u_i 是输入模拟电压，其幅值在 0～V_R 之间，$D_2D_1D_0$ 是输出的 3 位二进制代码，CP 是控制时钟信号。

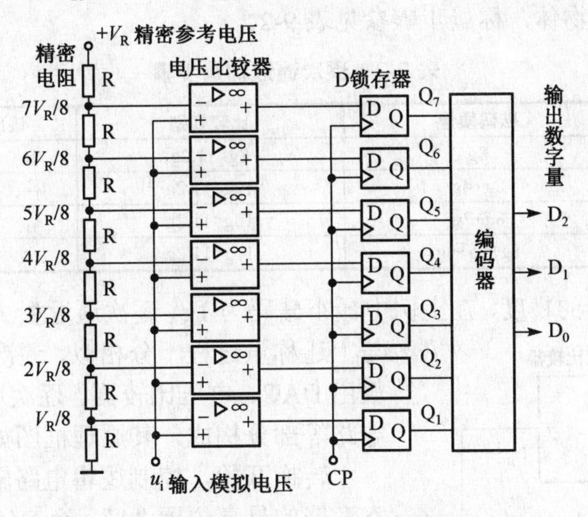

图 9-8　3 位并行比较型 A/D 转换器原理图

精密参考电压 V_R 和 8 个精密电阻 R 构成分压器，分得 7 个基准电压 $V_R/8$～$7V_R/8$，7 个等级的电压分别接到 7 个电压比较器的反相输入端，作为它们的参考电压，输入模拟电压 u_i 同时接到每个电压比较器的同相输入端上，将其与 7 个参考电压进行比较，从而决定每个电压比较器的输出状态。当电压比较器的 $u_+ > u_-$，即输入模拟电压 u_i 高于参考电压时，该比较器输出为“1”，否则输出为“0”。

当 $V_R/8 > u_i > 0$ 时，7 个电压比较器的输出全为 0，CP 到来后，锁存器中各个触发器都被置为“0”状态。编码器将代表输入电压u_i的七个输出电平信号编码转换成相应的 3 位二进制代码为$D_2D_1D_0=000$。

依次类推，当u_i为不同等级电压时，锁存器的状态及相应的输出数字量参见表 9-1。

表 9-1　3 位并行比较型 A/D 转换器逻辑状态关系表

输入模拟电压 u_i	锁存器状态 $Q_7\ Q_6\ Q_5\ Q_4\ Q_3\ Q_2\ Q_1$	输出数字量 $D_2\ D_1\ D_0$
$V_R/8>u_i>0$	0 0 0 0 0 0 0	0 0 0
$2V_R/8>u_i>V_R/8$	0 0 0 0 0 0 1	0 0 1
$3V_R/8>u_i>2V_R/8$	0 0 0 0 0 1 1	0 1 0
$4V_R/8>u_i>3V_R/8$	0 0 0 0 1 1 1	0 1 1
$5V_R/8>u_i>4V_R/8$	0 0 0 1 1 1 1	1 0 0
$6V_R/8>u_i>5V_R/8$	0 0 1 1 1 1 1	1 0 1
$7V_R/8>u_i>6V_R/8$	0 1 1 1 1 1 1	1 1 0
$V_R>u_i>7V_R/8$	1 1 1 1 1 1 1	1 1 1

对于上述的 A/D 转换器，如果希望数字信号的位数更多一些，需要采用更多的比较器，而编码电路也更加复杂。一般来说，n位的转换器，需要(2^n-1)个比较器。例如，当n=10 时，需要的电压比较器和触发器的个数均为$2^{10}-1=1023$。显然，这种 A/D 转换器的成本高。

9.2.3　逐次逼近型 A/D 转换器

逐次逼近型 A/D 转换器目前应用广泛，它能把输入的模拟电压直接转换为输出的数字代码，而不需要经过中间变量。下面举例说明什么是逐次逼近，用四个分别重 8g、4g、2g、1g 的砝码去称重 11.2g 的物体，称量步骤参见表 9-2。

表 9-2　逐次逼近称量步骤

顺序	砝码质量	比较判别	该砝码是否保留
1	8g	8g<11.2g	保留
2	8g+4g	12g>11.2g	不保留
3	8g+2g	10g<11.2g	保留
4	8g+2g+1g	11g<11.2g	保留

最小砝码就是称量的精度，在上例中最小砝码为 1g。逐次逼近型 A/D 转换器的工作过程与上述称量过程十分相似，逐次逼近型 A/D 转换器一般由 DAC、电压比较器、逐次逼近寄存器、控制逻辑电路等部分构成，其原理框图如图 9-9 所示。

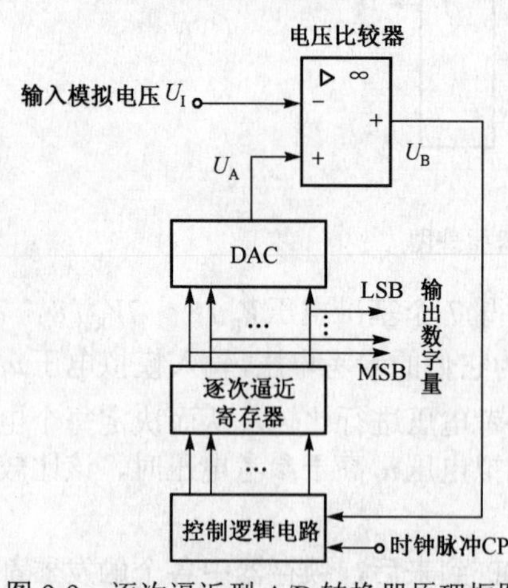

图 9-9　逐次逼近型 A/D 转换器原理框图

转换开始，控制逻辑电路输出的顺序脉冲首先将寄存器的最高位置“1”，经 D/A 转换器转换为相应的模拟电压U_A，将此模拟电压U_A与U_I进行比较，当U_A大于U_I时，说明数字量过大，将最高位置“0”；反之，当U_A小于U_I时，最高位“1”保留，再将次高位置“1”，转换为模拟量与U_I进行比较，确定次高位“1”是保留，还是去掉。依次类推，直到最后一位比较完毕，此时，寄存器中所存的二进制数即为输入模拟电压U_I对应的数字量。

图 9-10 是 4 位逐次逼近 A/D 转换器的逻辑图，其电路由以下几部分组成。

1）逐次逼近寄存器

逐次逼近寄存器由 4 个 RS 触发器 F_3、F_2、F_1 和 F_0 组成，其输出的是 4 位二进制数 $d_3d_2d_1d_0$。

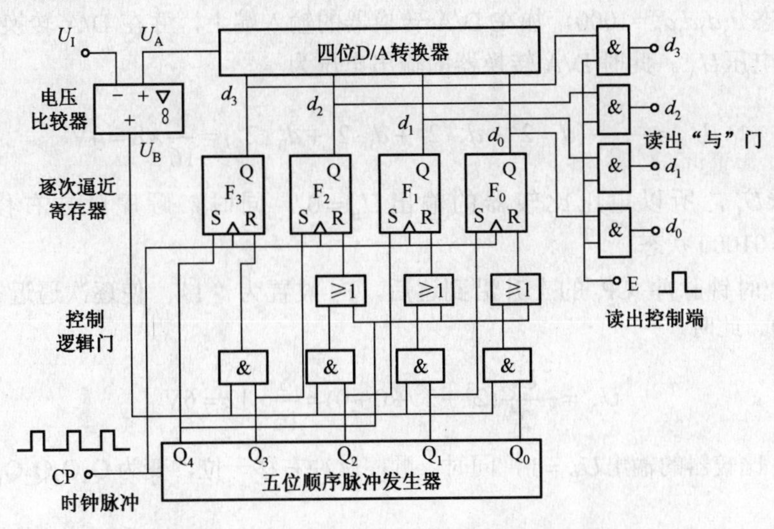

图 9-10　4 位逐次逼近 A/D 转换器的逻辑图

2）顺序脉冲发生器

顺序脉冲发生器为一个环形计数器，输入时钟脉冲，输出的是 5 个在时间上有先后顺序的脉冲 Q_4、Q_3、Q_2、Q_1、Q_0，依次右移一位，波形如图 9-11 所示。Q_4 端接 F_3 的 S 端及三个"或"门的输入端；Q_3、Q_2、Q_1、Q_0 分别接 4 个控制与门的输入端，其中 Q_3、Q_2、Q_1 还分别接 F_2、F_1 和 F_0 的 S 端。

3）四位 D/A 转换器

四位 D/A 转换器的输入来自逐次逼近寄存器，输出电压 U_A 是正值，送到电压比较器的同相输入端。

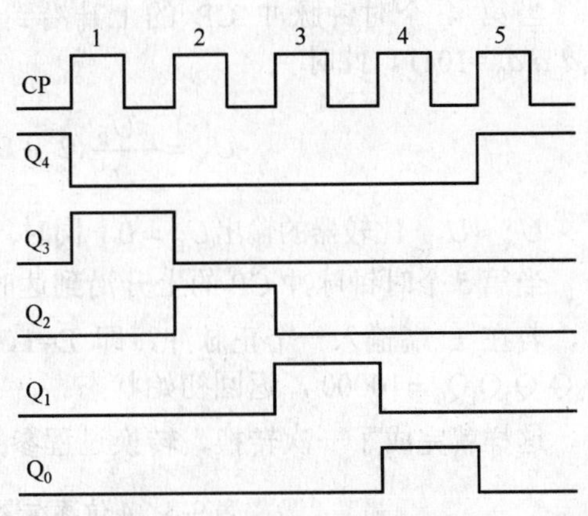

图 9-11　环形计数器的波形图

4）电压比较器

将加在反相输入端的输入电压 U_I 与加在同相输入端的 U_A 相比较，确定输出端电位的高低。若当 $U_I \geqslant U_A$ 时，电压比较器的输出 $U_B = 0$；当 $U_I < U_A$ 时，$U_B = 1$。它的输出端 U_B 接到 4 个控制"与"门的输入端。

5）控制逻辑门

图中有 4 个"与"门和 3 个"或"门，用来控制逐次逼近寄存器的输出。

6）读出"与"门

当读出控制端 E = 0 时，4 个与门封闭；当 E = 1 时，把它们打开，输出 $d_3d_2d_1d_0$ 即为转换后的二进制数。

下面分析 4 位逐次逼近型 A/D 转换器工作过程的实例。设 D/A 转换器的参考电压 $U_R = -8V$，输入模拟电压 $U_I = 5.53V$。

转换开始前，先将 F_3、F_2、F_1 和 F_0 置为“0”，同时将顺序脉冲发生器置成 $Q_4Q_3Q_2Q_1Q_0=10000$ 状态。

当第 1 个时钟脉冲 CP 的上升沿到达后，F_3 被置为“1”，而 F_2、F_1 和 F_0 被置为“0”。这时寄存器的状态 $d_3d_2d_1d_0=1000$，加在 D/A 转换器的输入端上，并在 D/A 转换器的输出端得到相应的模拟电压 U_A。此时 D/A 转换器的输出电压为

$$U_A=-\frac{U_R}{2^4}(d_3\cdot 2^3+d_2\cdot 2^2+d_1\cdot 2^1+d_0\cdot 2^0)=\frac{8}{16}\times 8=4\text{V}$$

由于 $U_A<U_I$，所以电压比较器的输出 $U_B=0$，同时，顺序脉冲右移一位，变为 $Q_4Q_3Q_2Q_1Q_0=01000$ 状态。

当第 2 个时钟脉冲 CP 的上升沿到达后，F_2 被置为“1”，使逐次逼近寄存器的输出 $d_3d_2d_1d_0=1100$。此时

$$U_A=-\frac{U_R}{2^4}(2^3+2^2+0+0)=\frac{8}{16}\times 12=6\text{V}$$

$U_A>U_I$，比较器的输出 $U_B=1$，同时，顺序脉冲右移一位，变为 $Q_4Q_3Q_2Q_1Q_0=00100$ 状态。

当第 3 个时钟脉冲 CP 的上升沿到达时，F_1 被置为“1”，使逐次逼近寄存器的输出 $d_3d_2d_1d_0=1010$。此时

$$U_A=-\frac{U_R}{2^4}(2^3+0+2^1+0)=\frac{8}{16}\times 10=5\text{V}$$

$U_A<U_I$，比较器的输出 $U_B=0$，同时，顺序脉冲右移一位，变为 $Q_4Q_3Q_2Q_1Q_0=00010$ 状态。

当第 4 个时钟脉冲 CP 的上升沿到达时，F_0 被置为“1”，使逐次逼近寄存器的输出 $d_3d_2d_1d_0=1011$。此时

$$U_A=-\frac{U_R}{2^4}(2^3+0+2^1+2^0)=\frac{8}{16}\times 11=5.5\text{V}$$

$U_A\approx U_I$，比较器的输出 $U_B=0$，同时，顺序脉冲右移一位，变为 $Q_4Q_3Q_2Q_1Q_0=00001$ 状态。

当第 5 个时钟脉冲 CP 的上升沿到达时，$d_3d_2d_1d_0=1011$ 保持不变，此即为转换结果。此时，若在 E 端输入一个正脉冲，即 E=1，则将 4 个读出“与”门打开，得以输出。同时，$Q_4Q_3Q_2Q_1Q_0=10000$，返回初始状态。

这样就完成了一次转换，转换过程参见表 9-3 和图 9-12。

表 9-3　4 位逐次逼近型 A/D 转换器的转换过程

顺序脉冲 CP	$d_3\ d_2\ d_1\ d_0$	U_A/V	比较判别	该位数码“1”是否保留
1	1 0 0 0	4	$U_A<U_I$	保留
2	1 1 0 0	6	$U_A>U_I$	除去
3	1 0 1 0	5	$U_A<U_I$	保留
4	1 0 1 1	5.5	$U_A\approx U_I$	保留

上例转换中绝对误差为 0.03V，显然误差与转换器的位数有关，位数越多，误差越小。

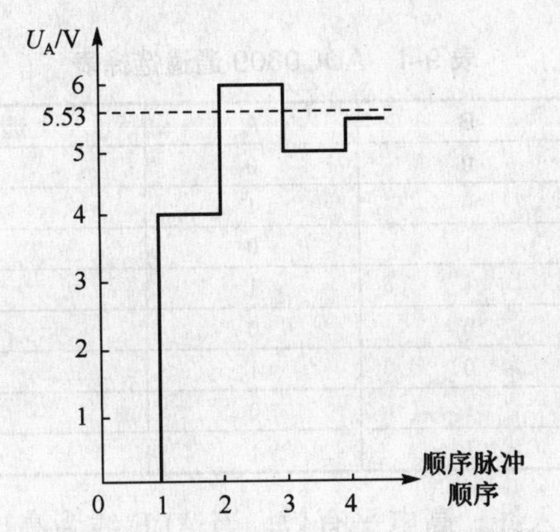

图 9-12　4 位逐次逼近型 A/D 转换器的逼近过程示意图

9.2.4 集成 A/D 转换器

ADC0809 是一种逐次逼近型集成 A/D 转换器。ADC0809 由 8 路模拟量开关、8 位 A/D 转换器，以及与微处理机兼容的控制逻辑的 CMOS 组件组成。

1．ADC0809 的内部逻辑结构

ADC0809 的内部逻辑结构图如图 9-13 所示。

由图 9-13 可知，ADC0809 由一个 8 路模拟量开关、一个地址锁存与译码器、一个 A/D 转换器和一个三态输出锁存器组成。模拟量开关可选通 8 个模拟通道，允许 8 路模拟量分时输入，共用 A/D 转换器进行转换。三态输出锁存器用于锁存 A/D 转换完成后的数字量，当 OE 端为高电平时，才可以从三态输出锁存器取走转换完成后的数据。

2．ADC0809 的引脚结构

ADC0809 采用双列直插式封装，共有 28 个引脚，引脚结构如图 9-14 所示。

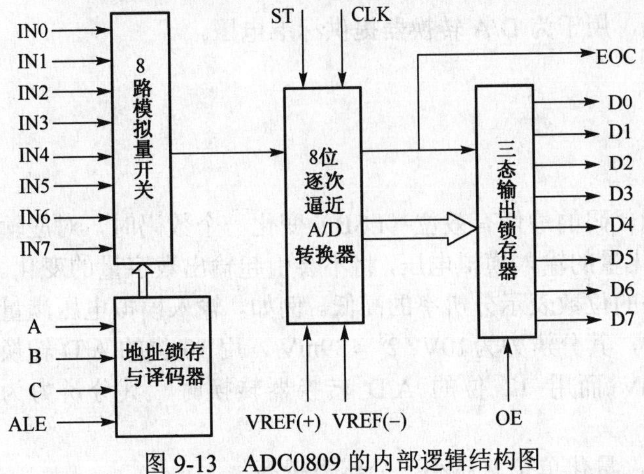

图 9-13　ADC0809 的内部逻辑结构图

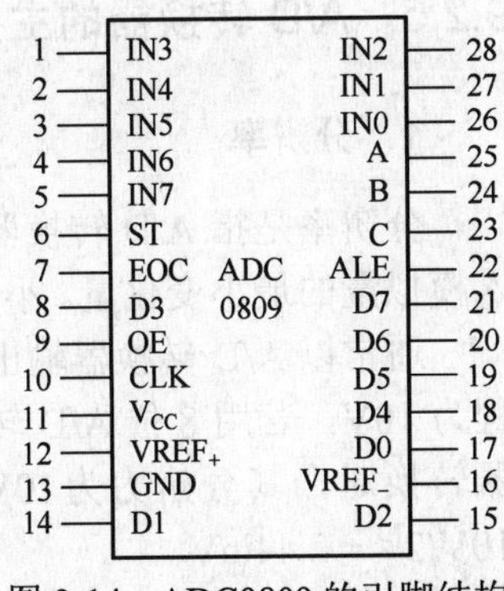

图 9-14　ADC0809 的引脚结构

1）模拟信号输入 IN0～IN7（8 个）

IN0～IN7 为 8 路模拟电压输入线，电压范围是 0～+5V。

2）地址输入和控制线（4 条）

A、B 和 C 为地址输入线（Address），用于选择 IN0～IN7 上哪一通道模拟电压送给 A/D 转换器进行转换。ADC0809 通道选择表参见表 9-4。

表 9-4　ADC0809 通道选择表

C	B	A	选择的通道
0	0	0	IN0
0	0	1	IN1
0	1	0	IN2
0	1	1	IN3
1	0	0	IN4
1	0	1	IN5
1	1	0	IN6
1	1	1	IN7

ALE 为地址锁存允许输入线，高电平有效。当 ALE 线为高电平时，A、B 和 C 三条地址线上地址信号得以锁存，经译码后被选中的通道的模拟量进入 A/D 转换器进行转换。

3）数字量输出及控制线（11 条）

ST 为启动脉冲输入线，该线的正脉冲由 CPU 送来，宽度应大于 100ns，上升沿将所有内部寄存器清零，下降沿启动 A/D 转换器工作，转换期间，ST 应保持低电平。初始化时，使 ST 信号为低电平。

EOC 为转换结束输出线，该线高电平表示 A/D 转换已结束，数字量已锁入三态输出锁存器，否则，表明正在进行 A/D 转换。

D7～D0 为 8 位数字量输出线，D7 为最高位。

OE 为输出允许端，高电平时可输出转换后的数字量，低电平时输出数据线呈高阻状态。初始化时，使 OE 信号为低电平。

4）电源线及其他（5 条）

CLK 为时钟输入线，用于为 ADC0809 提供逐次比较所需的时钟脉冲。ADC0809 的内部没有时钟电路，所需时钟信号必须由外界提供，使用频率通常为 640kHz。

V_{CC} 为+5V 电源输入线，GND 为地线。

$VREF_+$ 和 $VREF_-$ 为参考电压输入线，用于为 D/A 转换器提供标准电压。

9.2.5　A/D 转换器的主要技术指标

1．分辨率

分辨率是指 A/D 转换器输出二进制代码的最低有效位（LSB）变化一个数码时，对应输入模拟量的最小变化量。小于此最小变化量的输入模拟电压，将不会引起输出数字量的变化。

通常以 A/D 转换器输出二进制代码的位数表示分辨率的高低。例如，输入模拟电压满量程为 10V，若用 8 位 A/D 转换器转换时，其分辨力为 $10V/2^8=39mV$，用 10 位的 A/D 转换器转换时，其分辨力为 $10V/2^{10}=9.77mV$，而用 12 位的 A/D 转换器转换时，其分辨力为 $10V/2^{12}=2.44mV$。

显然，输出二进制代码的位数越多，量化单位就越小，分辨力越高。

2．转换误差

转换误差通常以相对误差的形式给出，它表示 A/D 转换器实际输出的数字量与理论上输出的数字量之间的差别，通常以输出误差的最大值形式给出，并用最低有效位 LSB 的倍数来表示。转换误差也称相对精度或相对误差。

例如，某 A/D 转换的转换误差为±(1/2)LSB，这说明理论上应输出的数字量与实际输出的数字量之间的误差不大于最低有效位的一半。

3. 转换时间

A/D 转换器转换时间是指从接收转换控制信号开始，到输出端得到稳定的数字量为止所需要的时间，即完成一次 A/D 转换所需的时间。转换时间与 A/D 转换器类型有关，并行比较型一般为几十纳秒，逐次比较型为几十微秒。ADC0809 的转换时间在 100μs 左右。

在实际应用中，应根据数据位数、输入信号极性与范围、精度要求和采样频率等几个方面综合考虑 A/D 转换器的选用。

除以上主要参数外，还有温度系数、输入模拟电压范围、输出数字信号的逻辑电平、电源抑制和功耗等技术指标，使用时可查阅相关资料。

思考与练习题

9.2.1 什么是 DAC？它有什么用途？

9.2.2 A/D 转换的过程可分为哪几个步骤？试分析转换过程。

9.2.3 什么是采样定理？它具有什么意义？

9.2.4 A/D 转换器的分辨力和相对精度与哪些因素有关？

9.2.5 什么是量化单位和量化误差？减小量化误差可以从哪些方面进行考虑？

本 章 小 结

（1）数模转换器将输入的二进制数字信号转换成与之成正比的模拟电量输出。实现数模转换有多种方式，常用的有权电阻 DAC、T 形电阻网络 DAC、权电流 DAC、倒 T 形电阻网络 DAC 等。其中，倒 T 形电阻 DAC 速度快、性能好，适合集成工艺制造，因而被广泛应用。电阻网络 DAC 的转换原理都是把输入的数字信号转换为权电流之和，所以在应用时，要外接运算放大器，把电阻网络的输出电流转换成输出电压。DAC 的分辨力和精度都与 DAC 的位数有关，位数越多，分辨力和精度就越高。

（2）模数转换器将输入的模拟电压转换成与之成正比的二进制数字信号。不同的模数转换器具有各自的特点。在要求速度高的场合，选用并行比较型 ADC；在工频干扰强、要求精度高的场合，可以选用双积分型 ADC。逐次逼近型 ADC 在一定程度上兼顾了以上两种转换器的优点，因此得到了普遍应用。

（3）不论是 A/D 转换还是 D/A 转换，基准电压 U_R 都是一个很重要的应用参数，要理解基准电压的作用，尤其是在 A/D 转换中，它的值对量化误差、分辨率都有影响。一般应按器件手册给出的电压范围取用，并且保证输入的模拟电压最大值不能大于基准电压值。

（4）转换精度和转换速度是衡量 A/D 和 D/A 转换器的重要技术指标，也是选择转换器电路的主要依据。

关 键 术 语

模拟信号	Analog Signal
数字信号	Digital Signal

模数转换器　Analog to Digital Converter（ADC）
数模转换器　Digital to Analog Converter（DAC）
模拟多路开关　Analog Multiplexer
采样保持器　Sampling/ Holder
逐次逼近型 ADC　Successive-Approximation ADC
分辨力　Resolution
建立时间　Settling time

习　题

9.1　已知 9.1.1 节中的图 9-2 所示的 4 位 T 形电阻网络 D/A 转换器，基准电压 $U_R = -4V$，$R_F = 3R$，当输入量 $d_3d_2d_1d_0$ 分别为 0110 和 1100 时，试求输出电压 U_o 的值。

9.2　已知一个 8 位 D/A 转换器，若最小输出电压增量为 0.02V，当输入代码为 01001101 时，求输出电压 U_o 的值。若其分辨力用百分数表示是多少?若某一系统中要求 D/A 转换器的精度小于 0.25%，试问这一 D/A 转换器能否得以实际应用?

9.3　已知 9.1.1 节中的图 9-2 所示的 $R/2R$ 梯形网络 D/A 转换器中，基准电压 $U_R = +5V$，$R_F = 15k\Omega$，$R = 5k\Omega$，求输入量 $d_3d_2d_1d_0$ 分别为 0101、0110 和 1011 时的输出电压 U_o。

9.4　若有一个 6 位二进制电压相加 $R/2R$ 梯形电阻网络 D/A 转换器，当基准电压 $U_R = 6.3V$ 时，$R_F = 3R$，试求：

（1）输入数字量 $d_5d_4d_3d_2d_1d_0$ 分别为 100000 和 011111 时的输出模拟电压 U_o。

（2）若输入数字量不变，而各位模拟开关接通时均产生 0.1V 的残余电压，则输出模拟电压有何变化?

（3）如果各位模拟开关接通时产生的残余电压各不相同，这对输出模拟电压有什么影响?

9.5　已知 9.1.2 节中的图 9-6 所示的 4 位倒 T 形电阻网络 D/A 转换器，基准电压 $U_R = 10V$，$R_F = R$，当输入量 $d_3d_2d_1d_0$ 分别为 0101 和 1010 时，试求输出电压 U_o 的值。

9.6　已知 9.2.2 节中的图 9-8 所示的 3 位并联比较型 A/D 转换器电路图，基准电压 $U_R = 8V$，当输入模拟电压 u_i 分别为 0.9V、2.7V、6.9V、7.8V、5.2V 和 1.2V 时，试求电路对应的二进制输出的值。

9.7　已知倒 T 形电阻网络 DAC 中，反馈电阻 $R_F = R$，$U_R = 10V$，试分别求出 4 位和 8 位 DAC 的最小输出电压，并说明这种 DAC 最小电压与位数的关系。

9.8 逐次逼近型 A/D 转换器电路原理框图（见 9.2.3 节中的图 9-9）。若要求产生 8 位二进制数码，试按工作顺序列表说明输入模拟电压为 20.5V 时的转换过程和转换结果。设 D/A 转换器的分辨力为 8 位，基准电压 $U_R = -25.5V$。

9.9　某 D/A 转换器要求用 10 位二进制数来表示 0～10V 范围内电压，此时，二进制数的最低位代表多少毫伏?

9.10　在 9.2.3 节中的图 9-10 中，设 $U_A = -8V$，$U_I = 6.65V$，试说明逐位比较的过程和转换结果。

附录A 半导体器件型号及命名

（国家标准 GB /T 249—1989）

一、半导体器件的型号命名方法如下

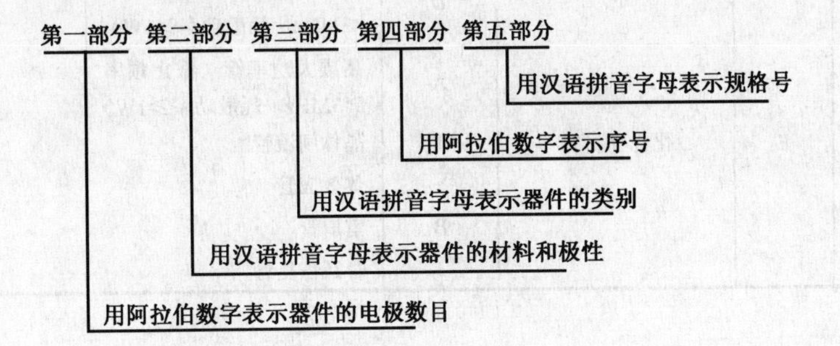

示例：

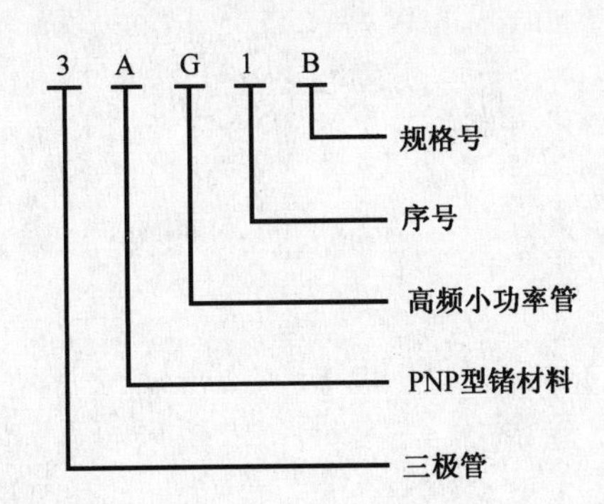

二、型号组成部分的符号及其意义

第一部分		第二部分		第三部分		第四部分	第五部分
用阿拉伯数字表示器件的电极数目		用汉语拼音字母表示器件的材料和极性		用汉语拼音字母表示器件的类别		用阿拉伯数字表示序号	用汉语拼音字母表示规格号
符号	意义	符号	意义	符号	意义		
2	二极管	A	N 型锗材料	P	小信号管		
		B	P 型锗材料	V	混频检波管		
		C	N 型硅材料	W	电压调整管和电压基准管		
		D	P 型硅材料	C	变容管		
3	三极管	A	PNP 型锗材料	Z	整流管		
		B	NPN 型锗材料	L	整流堆		

续表

第一部分		第二部分		第三部分		第四部分	第五部分
用阿拉伯数字表示器件的电极数目		用汉语拼音字母表示器件的材料和极性		用汉语拼音字母表示器件的类别		用阿拉伯数字表示序号	用汉语拼音字母表示规格号
符号	意义	符号	意义	符号	意义		
3	三极管	C	PNP 型硅材料	S	隧道管		
				K	开关管		
				X	低频小功率管（截止频率<3MHz，耗散功率<1W）		
		D	NPN 型硅材料	G	高频小功率管（截止频率≥3MHz，耗散功率<1W）		
				D	低频大功率管（截止频率<3MHz，耗散功率≥1W）		
				A	高频大功率管（截止频率≥3MHz，耗散功率≥1W）		
		E	化合物材料	T	晶体闸流管		
				Y	体效应管		
				B	雪崩管		
				J	阶跃恢复管		

附录B　常用半导体分立器件的型号和主要参数

一、半导体二极管

参数		最大整流电流	最大整流电流时的正向压降	反向工作峰值电压
符号		I_{FM}	U_F	U_{RM}
单位		mA	V	V
型号	2AP1	16	≤1.2	20
	2AP2	16		30
	2AP3	25		30
	2AP4	16		50
	2AP5	16		75
	2AP6	12		100
	2AP7	12		100
	2CZ52A	100	≤1	25
	2CZ52B			50
	2CZ52C			100
	2CZ52D			200
	2CZ52E			300
	2CZ52F			400
	2CZ52G			500
	2CZ52H			600
	2CZ54A	500	≤1	25
	2CZ54B			50
	2CZ54C			100
	2CZ54D			200
型号	2CZ54E			300
	2CZ54F			400
	2CZ54G			500
	2CZ54H			600
	2CZ55A	1000	≤1	25
	2CZ55B			50
	2CZ55C			100
	2CZ55D			200
	2CZ55E			300
	2CZ55F			400
	2CZ55G			500
	2CZ55H			600
	2CZ56A	3000	≤0.8	25
	2CZ56B			50
	2CZ56C			100
	2CZ56D			200
	2CZ56E			300
	2CZ56F			400
	2CZ56G			500
	2CZ56H			600

二、稳压二极管

参数		稳定电压	稳定电流	耗散功率	最大稳定电流	动态电阻
符号		U_Z	I_Z	P_Z	I_{ZM}	r_Z
单位		V	mA	mW	mA	Ω
测试条件		工作电流等于稳定电流	工作电压等于稳定电压	−60～+50°C	−60～+50°C	工作电流等于稳定电流
型号	2CW52	3.2～4.5	10	250	55	≤70
	2CW53	4～5.8	10	250	41	≤50
	2CW54	5.5～6.5	10	250	38	≤30
	2CW55	6.2～7.5	10	250	33	≤15
	2CW56	7～8.8	10	250	27	≤15
	2CW57	8.5～9.5	5	250	26	≤20
	2CW58	9.2～10.5	5	250	23	≤25
	2CW59	10～11.8	5	250	20	≤30
	2CW60	11.5～12.5	5	250	19	≤40
	2CW61	12.2～14	3	250	16	≤50
	2CW62	13.5～17	3	250	14	≤60
	2DW230	5.8～6.6	10	200	30	≤25
	2DW231	5.8～6.6	10	200	30	≤15
	2DW232	6～6.5	10	200	30	≤10

三、半导体晶体管

参数		电流放大系数	穿透电流	集电极最大允许电流	集电极最大耗散功率	集–射反向击穿电压	截止频率
符号		β	I_{CEO}	I_{CM}	P_{CM}	$U_{(BR)CEO}$	f
单位			μA	mA	mW	V	Hz
型号	3AX81A	30～250	≤1000	200	200	≥10	≥6kHz
	3AX81B	40～200	≤700	200	200	≥15	≥6kHz
	3AX51A	40～150	≤500	100	100	≥12	≥0.5M
	3DX1A	≥9		40	250	≥20	≥0.2M
	3DX1B	≥14		40	250	≥20	≥0.46M
	3DX1C	≥9		40	250	≥10	≥1M
	3AG54A	≥30	≤300	30	100	≥15	≥30M
	3CG100B	≥25	≤0.1	50	100	≥25	≥100M
	3DG81A	≥30	≤0.1	50	300	≥12	≥1000M
	3DK8A	≥20		200	500	≥15	≥80M
	3DK10A	≥20		1500	1500	≥20	≥100M
	3DK28A	≥25		50	300	≥25	≥500M
	3DD11A	≥10	≤3000	30A	300W	≥30	
	3DD15A	≥30	≤2000	5A	50W	≥60	

四、晶闸管

参数	符号	单位	型号				
			KP5	KP20	KP50	KP200	KP500
正向重复峰值电压	U_{FRM}	V	100～3000	100～3000	100～3000	100～3000	100～3000
反向重复峰值电压	U_{RRM}	V	100～3000	100～3000	100～3000	100～3000	100～3000
导通时平均电压	U_F	V	1.2	1.2	1.2	0.8	0.8
正向平均电流	I_F	A	5	20	50	200	500
维持电流	I_H	mA	40	60	60	100	100
门极触发电压	U_G	V	≤3.5	≤3.5	≤3.5	≤4	≤5
门极触发电流	I_G	mA	5～70	5～100	8～150	10～250	20～300

附录C 半导体集成器件型号命名方法

（国家标准 GB/T 3430—1989）

第零部分		第一部分		第二部分	第三部分		第四部分	
用字母表示器件符合国家标准		用字母表示器件的类型		用阿拉伯数字表示器件的系列和品种代号	用字母表示器件的工作温度范围		用字母表示器件的封装	
符号	意义	符号	意义		符号	意义	符号	意义
C	符合国家标准	T	TTL		C	0～70℃	F	多层陶瓷扁平
		H	HTL		G	−25～70℃	B	塑料扁平
		E	ECL		L	−25～85℃	H	黑瓷扁平
		C	CMOS		E	−40～85℃	D	多层陶瓷双列直插
		M	存储器		R	−55～85℃	J	黑瓷双列直插
		F	线性放大器		M	−40～125℃	P	塑料双列直插
		W	稳压器				S	塑料单列直插
		B	非线性电路				K	金属菱形
		J	接口电路				T	金属圆形
		AD	A/D 转换器				C	陶瓷片状载体
		DA	D/A 转换器				E	塑料片状载体
							G	网格阵列

示例：

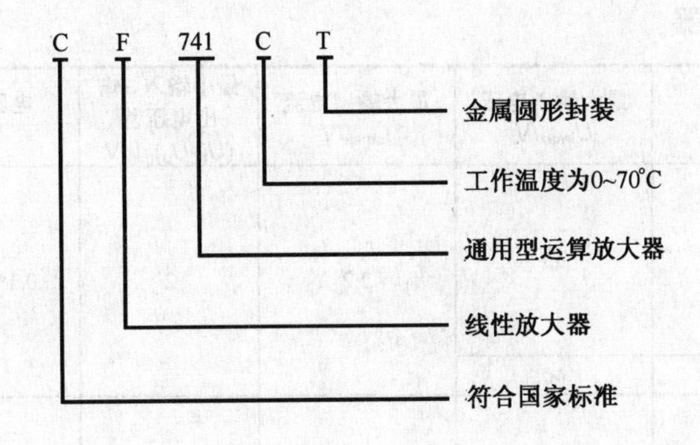

附录 D　部分集成电路的主要参数

一、运算放大器

类型			通用型		高精度型	高阻型	高速型	低功耗型
型号			CF741（F007）	F324（四运放）	CF7650	CF3140	CF715	CF253
参数名称	符号	单位						
电源电压	U	V	±22	±1.5～±15	±5	±15	±15	±3～18
差模开环电压放大倍数	A_{uo}	dB	≥90	≥87	130	≥85	90	90
输入失调电压	U_{IO}	mV	5	7	7×10^{-4}	5	2	5
输入失调电流	I_{IO}	nA	100～300	50	5×10^{-4}	5×10^{-4}	70	50
输入偏置电流	I_{IB}	nA	500	250	1.5×10^{-3}	1×10^{-2}	400	100
共模输入电压范围	U_{ICM}	V	±15		2.6　−5.2	12.5 −15.5	±12	±15
差模输入电压范围	U_{IDM}	V	±30			±8	±15	±30
共模抑制比	K_{CMR}	dB	≥70	≥65	130	≥90	92	80
差模输入电阻	r_{id}	MΩ	2		1×10^{6}	1.5×10^{6}	1	6
最大输出电压	U_{OPP}	V	±13		±4.8	13　−14.4	±13	
静态功耗	P_D	mW	≤120			120	165	
U_{IO} 温漂	dU_{IO}/dT	μV/℃	20～30		0.01	8		

二、三端集成稳压器

型号	输出电压 U_o/V	最大输入电压 U_{Imax}/V	最大输出电流 I_{omax}/V	最小输入、输出电压差 $(U_I-U_o)_{min}$/V	电压调整率 S_U	纹波抑制比 S_r/dB
W7805	5					63
W7809	9					58
W7812	12	35	2.2	2	0.1%～0.2%	55
W7815	15					53
W7818	18					52
W7824	24	40				49
W7905	−5					63
W7909	−9					58
W7912	−12	−35	2.1	2	0.1%～0.2%	55
W7915	−15					53
W7918	−18					52
W7924	−24	−40				49

附录E　数字集成电路部分系列型号分类表

系列	子序列	名称	国标型号	国际型号	速度/ns–功耗/mW
TTL	TTL	标准 TTL 系列	CT1000	54/74×××	10–10
	HTTL	高速 TTL 系列	CT2000	54/74H×××	6–22
	STTL	肖特基 TTL 系列	CT3000	54/74S×××	3–19
	LSTTL	低功耗肖特基 TTL 系列	CT4000	54/74LS×××	9.5–2
	ALSTTL	先进低功耗肖特基 TTL 系列		54/74ALS×××	4–1
MOS	PMOS	P 沟道场效晶体管系列			
	NMOS	N 沟道场效晶体管系列			
	CMOS	互补场效晶体管系列	CC4000	CC4×××/ CD4×××	125–1.25
	HCMOS	高速 CMOS 系列		CC54HC/74HC×××	8–2.5
	HCT	与 TTL 兼容的 HC 系列		CC54HCT/74HCT×××	8–2.5

附录F　数字集成电路部分品种型号

类别	型号	名称
门电路	CC4000	双 3 输入端或非门
	CD4001	四 2 输入端或非门
	CD4002	双 4 输入端或非门
	CD4007	双互补对加反向器
	CD4011	四 2 输入端与非门
	CD4012	双 4 输入端与非门
	CD4023	三 2 输入端与非门
	CD4025	三 2 输入端与非门
	CD4030	四 2 输入端异或门
	CD4068	8 输入端与门 / 与非门
	CD4069	六反相器
	CD4070	四 2 输入异或门
	CD4071	四 2 输入端或门
	CD4072	双 4 输入端或门
	CD4073	三 3 输入端与门
	CD4075	三 3 输入端或门
	CD4078	8 输入端与非门 / 或门
	CD4081	四 2 输入端与门
	CD4082	双 4 输入端与非门
	CD4085	双 2 路 2 输入端与或非门
	CD4086	四 2 输入端可扩展与或非门
触发器	CD4013	双 D 触发器
	CD4027	双 JK 触发器
	CD4042	四锁存 D 型触发器
	CD4043	四三态 R–S 锁存触发器（“1”触发）
	CD4044	四三态 R–S 锁存触发器（“0”触发）
	CD4093	四 2 输入端施密特触发器
	CD4098	双单稳态触发器
	CD4508	双 4 位锁存触发器
	CD4528	双单稳态触发器
	CD4583	双施密特触发器
	CD4584	六施密特触发器
计数器	CD4017	十进制计数/分配器
	CD4020	14 位二进制串行计数器/分频器
	CD4022	八进制计数/分配器
	CD4024	7 位二进制串行计数器/分频器
	CD4029	可预置数可逆计数器
	CD4040	12 二进制串行计数器/分频器
	CD4045	12 位计数/缓冲器
	CD4059	四十进制 N 分频器
	CD4060	14 二进制串行计数器/分频器和振荡器
	CD4095	3 输入端 J-K 触发器（相同 J-K 输入端）
	CD4096	3 输入端 J-K 触发器（相反和相同 J-K 输入端）

续表

类别	型号	名称
计数器	CD40110	十进制加/减计数/锁存/7 端译码/驱动器
	CD40160	可预置数 BCD 加计数器（异步复位）
	CD40161	可预置数 4 位二进制加计数器（异步复位）
	CD40162	可预置数 BCD 加计数器（同步复位）
	CD40163	可预置数 4 位二进制加计数器（同步复位）
	CD40192	可预置数 BCD 加/减计数器
	CD40193	可预置数 4 位二进制加/减计数器
	CD4510	可预置 BCD 加/减计数器
	CD4516	可预置 4 位二进制加/减计数器
	CD4518	双 BCD 同步加计数器
	CD4520	双同步 4 位二进制加计数器
	CD4522	可预置数 BCD 同步 1/N 加计数器
	CD4526	可预置数 4 位二进制同步 1/N 加计数器
	CD4534	实时与译码计数器
	CD4553	3 数字 BCD 计数器
	CD4568	相位比较器/可编程计数器
	CD4569	双可预置 BCD/二进制计数器
	CD4597	8 位总线相容计数/锁存器
译码器	CD4511	BCD 锁存/7 段译码器/驱动器
	CD4514	4 位锁存/4-16 线译码器
	CD4515	4 位锁存/4-16 线译码器（负逻辑输出）
	CD4026	十进制计数/7 段译码器
	CD4028	BCD-十进制译码器
	CD4033	十进制计数/7 段译码器
	CD4514	4 位锁存/4 线-16 线译码器（输出“1”）
	CD4515	4 位锁存/4 线-16 线译码器（输出“0”）
	CD4543	BCD-锁存/7 段译码/驱动器
	CD4547	BCD-锁存/7 段译码/大电流驱动器
	CD4555	双二进制 4 选 1 译码器/分离器（输出“1”）
	CD4556	双二进制 4 选 1 译码器/分离器（输出“0”）
	CD4558	BCD-7 段译码
	CD4555	双二进制 4 选 1 译码器/分离器
	CD4556	双二进制 4 选 1 译码器/分离器（负逻辑输出）
移位寄存器	CD4006	18 位串入-串出移位寄存器
	CD4014	8 位串入/并入-串出移位寄存器
	CD4015	双 4 位串入-并出移位寄存器
	CD4021	8 位串入/并入-串出移位寄存器
	CD4031	64 位移位寄存器
	CD4034	8 位通用总线寄存器
	CD4035	4 位串入/并入-串出/并出移位寄存器
	CD4076	4 线 D 型寄存器
	CD4094	8 位移位/存储总线寄存器
	CD40100	32 位左移/右移
	CD40105	先进先出寄存器
	CD40194	4 位并入/串入-并出/串出移位寄存器（左移/右移）
	CD40195	4 位并入/串入-并出/串出移位寄存器
	CD4517	64 位移位寄存器
	CD45490	连续的近似值寄存器
	CD4562	128 位静态移位寄存器
	CD4580	4×4 多端寄存器

续表

类别	型号	名称
模拟开关和数据选择器	CD4016	四联双向开关
	CD4019	四与或选择器
	CD4051	单八路模拟开关
	CD4052	双4路模拟开关
	CD4053	三2路模拟开关
	CD4066	四双向模拟开关
	CD4067	单十六路模拟开关
	CD4097	双八路模拟开关
	CD40257	四2选1数据选择器
	CD4512	八路数据选择器
	CD4529	双四路/单八路模拟开关
	CD4539	双四路数据选择器
	CD4551	四2通道模拟多路传输
运算电路	CD4008	4位超前进位全加器
	CD4527	BCD比例乘法器
	CD4032	三路串联加法器
	CD4038	三路串联加法器（负逻辑）
	CD4063	四位量级比较器
	CD4585	4位数值比较器
	CD4089	4位二进制比例乘法器
	CD40101	9位奇偶发生器/校验器
	CD4527	BCD比例乘法器
	CD4531	12位奇偶数
	CD4559	逐次近似值码器
	CD4560	"N"BCD加法器
	CD4561	"9"求补器
	CD4581	4位算术逻辑单元
	CD4582	超前进位发生器
	CD4585	4位数值比较器
存储器	CD4049	4字×8位随机存取存储器
	CD4505	64×1位RAM
	CD4537	256×1静态随机存取存储器
	CD4552	256位RAM
特殊电路	CD4046	锁相环集成电路
	CD4532	8位优先编码器
	CD4500	工业控制单元
	CD4566	工业时基发生器
	CD4573	可预置运算放大器
	CD4574	比较器、线性、双对双运放
	CD4575	双/双预置运放/比较器
	CD4597	8位总线相容计数/锁存器
	CD4598	8位总线相容可建地址锁存器

附录G　数字电路部分常用符号

名称	国标符号	常见符号及国外符号
与门	&	
或门	≥1	+
非门	1	
与非门	&	
或非门	≥1	+
异或门	=1	⊕
同或门	=	⊙
OD/OC 与非门	& ◊	◊
三态输出非门	1 ▽ EN	
CMOS 传输门	TG	
半加器	Σ CO	HA
全加器	Σ CI CO	FA
基本 RS 触发器	S R	S Q R $\overline{Q}$
可控 RS 触发器	S 1S C1 1R R	S Q CP R $\overline{Q}$

续表

名称	国标符号	常见符号及国外符号
JK 触发器（上升沿触发）	S 1J C1 1K R	J Q CP K $\overline{Q}$
JK 触发器（下降沿触发）	S 1J C1 1K R	J Q CP K $\overline{Q}$

部分习题参考答案

第 1 章

1.1 （1）C A （2）B （3）C （4）C （5）B

1.2 （a）$U_{AB}=6\text{V}$ （b）$U_{AB}=-10\text{V}$

1.3 （a）$u_{o1}=1.3\text{V}$ （b）$u_{o2}=0\text{V}$ （c）$u_{o3}=-1.3\text{V}$ （d）$u_{o4}=2\text{V}$

（e）$u_{o5}=1.3\text{V}$ （f）$u_{o6}=-2\text{V}$

1.5 串联：1.4V、8.2V、9.2V、16V；并联：0.7V、7.5V

1.6 1mA

1.7 （1）$100\Omega\leqslant R\leqslant 400\Omega$ （2）$11\text{V}\leqslant U_i\leqslant 26\text{V}$

1.8 （1）$R_L=500\Omega$ （2）$R_L=400\Omega$

1.9 A 是集电极, B 是发射极，C 是基极；PNP 管

1.10 应选用第二只管子。因为β适中，I_{CEO}小，温度稳定性好。

1.11 $\overline{\beta}=100$ $\overline{\alpha}=0.99$

第 2 章

2.3 （a）能 （b）不能

2.5 $R_L=\infty$：$I_{BQ}=20\mu\text{A}$ $I_{CQ}=2\text{mA}$ $U_{CEQ}=6\text{V}$；约为 5.3V

$R_L=3\text{k}\Omega$：$I_{BQ}=20\mu\text{A}$ $I_{CQ}=2\text{mA}$ $U_{CEQ}=3\text{V}$；约为 2.3V

2.6 （1）6.9V （2）12V （3）0.5V （4）12V （5）12V

2.7 （1）565kΩ （2）1.5kΩ

2.9 （1）$A_u\approx-7.7$ $R_i\approx3.7\text{k}\Omega$ $R_o=5\text{k}\Omega$

（2）R_i增大，$R_i\approx4.1\text{k}\Omega$；$|A_u|$减小，$A_u\approx-1.92$

2.10（1）Q 点：$I_{BQ}\approx32.3\mu\text{A}$ $I_{EQ}\approx2.61\text{mA}$ $U_{CEQ}\approx7.71\text{V}$

（2）当$R_L=\infty$时：$R_i\approx110\text{k}\Omega$ $A_u\approx0.996$；当$R_L=3\text{k}\Omega$时：$R_i\approx76\text{k}\Omega$ $A_u\approx0.992$

（3）$R_o\approx37\Omega$

2.11 （1）$\dot{A}_{u1}=-1$ $\dot{A}_{u2}=1$

2.12 （1）$I_{BQ}=3.1\mu\text{A}$ $I_{CQ}=1.86\text{mA}$ $U_{CEQ}=4.56\text{V}$ $A_u=-95$ $R_i=0.95\text{k}\Omega$ $R_o=3\text{k}\Omega$

（2）当$U_s=10\text{mV}$时：$u_i\approx3.2\text{mV}$ $u_o\approx304\text{mV}$；当C_3开路时：$u_i\approx9.6\text{mV}$ $u_o\approx14\text{mV}$

2.13 $A_u=-g_m(R_d//R_L)$ $R_i=R_3+(R_1//R_2)$ $R_o=R_d$

2.16 （1）$I_{DQ}=1\text{mA}$ $U_{GSQ}=-2\text{V}$ $U_{DSQ}\approx3\text{V}$

（2）$A_u=-5$ $R_i=1\text{M}\Omega$ $R_o=5\text{k}\Omega$

第 3 章

3.1　$u_{ic}=10V$，$u_{id}=20mV$

3.2　（1）$I_B=0.01mA$，$I_C\approx0.5mA$，$U_{CE}=6V$

（2）$u_{ic}=6mV$，$u_{id}=3mV$　（3）$A_d=-210.5$，$u_o=-1263mV$

3.3　$I_C\approx0.5mA$，$U_{CE}=10V$，$A_d=-87.66$

3.4　$A_f=100$，$\dfrac{dA_f}{A_f}=0.1\%$

3.5　$A=2500$，$F=0.0096$

3.6　（a）交直流负反馈　（b）交流正反馈　（c）交直流正反馈　（d）直流正反馈

3.7　（a）电流串联负反馈　（b）电压并联负反馈

3.8　（a）电压并联负反馈　（b）电压串联负反馈

3.9　（a）电流并联负反馈　（b）电压串联负反馈

3.10　（1）反相，同相　（2）同相，反相　（3）同相，反相

3.11　（1）同相比例（2）反相比例（3）微分（4）同相求和（5）反相求和

3.12　0～－6V

3.13　$u_o=8u_i$

3.14　（1）反相输入比例运算电路 $R_1=50k\Omega$，$R_2=33k\Omega$

（2）同相输入比例运算电路 $R_1=100k\Omega$，$R_2=50k\Omega$

3.15　（1）反相输入加法运算电路 $R_1=50k\Omega$，$R_2=20k\Omega$，$R_3=100k\Omega$，$R_4=11k\Omega$

（2）减法运算电路　$R_1=20k\Omega$，$R_2=50k\Omega$，$R_3=100k\Omega$

3.16　反相输入积分加法运算电路 $R_1=500k\Omega$，$R_2=200k\Omega$，$R_3=143k\Omega$

3.17　$u_o=-7(u_{i1}+u_{i2})$

3.18　$u_o=-6V$

3.19　$u_o=3(u_{i2}-u_{i1})$

3.20　6V，12V，12V

3.21　$u_o=-\left(\dfrac{R_F}{R_1}u_i+R_FC_1\dfrac{du_i}{dt}\right)$

3.22　$t=1s$

3.23　$u_o=-208V$

3.24　（1）－4V（2）－4V（3）－12V（4）－8V

3.25　$u_o=u_i$

3.27　（1）$u_o=-10\int u_i dt$　（2）$t_1=0.6s$

3.28　$i_o=\dfrac{U}{R}$

3.29　（1）$u_o=-(R_3/R_2)u_i$；（2）第一级：串联电压负反馈；第二级：并联电压负反馈。

3.30　$u_{o1}=-(R_{F1}/R_1)u_i$　$u_o=-(1+R_{F2}/R_3)(R_{F1}/R_1)u_i/2$

运算第一级是电压并联负反馈，第二级是电压串联负反馈。

3.31 $I_L = 0.6\text{mA}$

3.32 $u_{o1} = 4\sin\omega t$ V, $u_{o2} = -4\sin\omega t$ V, $u_o = 8\sin\omega t$ V

3.33 50μA

3.36 （1）R_6为级间反馈电阻，为并联电压负反馈。（2）$R_6 = 37.5\text{k}\Omega$

3.38 $u_O = -u_I / 2$

3.39 当$u_i < 3$V 或$u_i > 6$V 时，LED 亮。

第 4 章

4.1 （1）L 接 J，M 接 K。（2）$R_2 = 40\text{k}\Omega$　$f_0 = 1/(2\pi RC)$。（3）为了保证振荡频率的幅值条件，由$|AF|>1$过渡到$|AF| = 1$，即$|A_u|>3$过渡到$|A_u| = 3$，所以 R_2应该具有负温度系数。

4.2 （a）电路不能振荡。（b）可产生正弦波振荡。

4.3 振荡频率为 159Hz，$R_2/R_1 >2$。

4.4 RC 桥式振荡电路是产生几十千赫兹以下频率的低频振荡电路，常用的低频信号源大都属于这种正弦波振荡电路。LC 振荡电路可以产生高频振荡（几百千赫兹以上）。对于振荡频率的稳定性要求高的电路，一般选用石英晶体振荡电路。

4.5 该电路的反馈为正反馈，
分析如下：基极 B⊕→集电极 C⊖→C_1上端⊖→C_2下端⊕→基极 B⊕。

4.6 （a）不能；（b）能。

4.7 满足振荡相位条件。

4.8 LC 振荡电路常用的电路除了变压器反馈式 LC 振荡电路外，还有电感三点式和电容三点式振荡电路。

4.9 （1）不能振荡。（2）电路可能振荡。（3）不能振荡。（4）电路可能振荡。

4.10 （1）原反馈线圈接反，对调两个接头后满足相位条件；

（2）调阻值后使静态工作点合适，以满足幅值条件；

（3）改用β值较大的晶体管，以满足幅值条件；

（4）增加反馈线圈的圈数，即增大反馈量，以满足幅值条件；

（5）LC 并联电路在谐振时的等效阻抗$|Z_0| = \dfrac{L}{RC}$，当适当增加L值或减小C值后，等效阻抗$|Z_0|$增大后，也就增大了反馈量，因而容易起振。

（6）反馈线圈的圈数过多或晶体管的β值太大使反馈太强而进入非线性区，使波形变坏。

（7）调节阻值，使静态工作点在线性区，使波形变好；

（8）负载过大，就是增大了 LC 并联电路的等效电阻 R 的阻值，R 的阻值增大，一方面使$|Z_0|$减小，因而反馈幅度减小，不容易起振；也使品质因数Q减小，选频特性变坏，使波形变坏。

第 5 章

5.1 1.38A　244.4V　4.33A

5.2　122V　2.22A

5.3　（1）（A_1）=18mA　（A_2）=6mA　12mA　（V）12V

（2）（A_1）=21mA　（A_2）=6mA　15mA　（V）12V

（3）（A_1）=18mA　（A_2）=0　18mA

（4）流过稳压管的电流为 21mA，稳压管工作正常。

5.4　6.96～17.73V

第 6 章

6.1

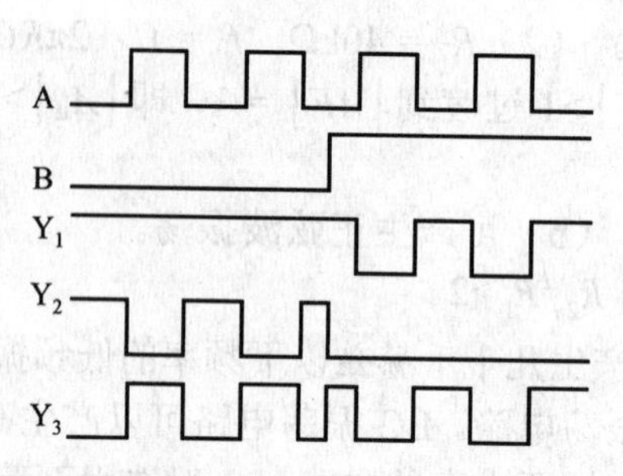

6.2　$F=\overline{A\cdot\overline{ABC}+B\cdot\overline{ABC}+C\cdot\overline{ABC}}=\overline{\overline{ABC}(A+B+C)}=ABC+\overline{A}\cdot\overline{B}\cdot\overline{C}$

6.3　（1）$Y=A\overline{B}+B+\overline{A}B=A+B$

（2）$Y=\overline{A}B\overline{C}+A+\overline{B}+C=1$

（3）$Y=\overline{A+B+C}+A\overline{BC}=A\overline{B}+\overline{B}\cdot\overline{C}+A\overline{C}$

（4）$Y=A\overline{B}CD+ABD+A\overline{C}D=AD$

（5）$Y=A\overline{C}+ABC+AC\overline{D}+CD=A+CD$

（6）$Y=\overline{ABC}+A+B+C=1$

（7）$Y=AD+A\overline{D}+\overline{A}B+\overline{A}C+BFE+CEFG=A+B+C$

6.4　（1）$F=\overline{A}+C$　（2）$F=\overline{C}+\overline{A}\cdot B$

（3）$F=\overline{A}\cdot\overline{B}\cdot\overline{D}+\overline{A}\cdot\overline{C}D+BC$　（4）$F=C\overline{D}+AC+B\overline{C}D+\overline{A}BD$

（5）$Y=\overline{A}+\overline{B}\cdot\overline{C}+D$　（6）$Y=A\overline{D}+\overline{A}C+\overline{A}\cdot\overline{B}D$

6.11　（a）$F=\overline{\overline{(A\oplus B)(B\oplus C)}\cdot\overline{\overline{A}+\overline{B}}\cdot\overline{A+C}}=(A\oplus B)(B\oplus C)+\overline{A}+\overline{B}+A+C=1$

（b）$F=\overline{A\cdot\overline{ABC}+B\cdot\overline{ABC}+C\cdot\overline{ABC}}=\overline{(A+B+C)\cdot\overline{ABC}}=ABC+\overline{A}\cdot\overline{B}\cdot\overline{C}$

6.12　（1）$F=AB+AC=\overline{\overline{AB+AC}}=\overline{\overline{AB}\cdot\overline{AC}}$

（2）$F=AB+\overline{C}=\overline{\overline{AB+\overline{C}}}=\overline{\overline{AB}\cdot C}$

（3）$F=\overline{(\overline{A}+\overline{C})D}=\overline{\overline{\overline{AC}}\cdot D}$

6.13　解：$F=\overline{A\cdot\overline{ABC}+B\cdot\overline{ABC}+C\cdot\overline{ABC}}=\overline{(A+B+C)\cdot\overline{ABC}}=ABC+\overline{A}\cdot\overline{B}\cdot\overline{C}$

由表达式可知，当 ABC=000 或 111 时，F=l，否则 F=0。所以该电路为“一致电路”。

6.15　$F=ABD+ABC+BCD+ACD=\overline{\overline{ABD}\cdot\overline{ABC}\cdot\overline{BCD}\cdot\overline{ACD}}$

6.16　$F=A+B+CD=\overline{\overline{A+B+CD}}=\overline{\overline{A}\cdot\overline{B}\cdot\overline{CD}}$

6.17　$F=\overline{A}\cdot\overline{B}\cdot C+A\cdot\overline{B}\cdot\overline{C}+\overline{A}\cdot B\cdot\overline{C}+ABC=\overline{A}(B\oplus C)+A\overline{(B\oplus C)}=A\oplus B\oplus C$

6.18 $F_1 = A\bar{B}C + AB\bar{C} + ABC = AB + AC \qquad F_2 = A\bar{B}C + A\bar{B}\cdot\bar{C}$

$$F_3 = \bar{A}\cdot\bar{B}\cdot\bar{C} + \bar{A}B\bar{C} + \bar{A}\cdot\bar{B}C = \bar{A}\cdot\bar{B} + \bar{A}\cdot\bar{C}$$

6.19 $G1 = \bar{A}BC + A\bar{B}C + AB\bar{C} + ABC \qquad G2 = \bar{A}\cdot\bar{B}C + \bar{A}B\bar{C} + A\bar{B}\cdot\bar{C} + ABC$

6.22 $F = A\bar{B} + \bar{A}C + B\bar{C} = A\overline{BC} + B\overline{AC} + C\overline{AB} = A\overline{ABC} + B\overline{ABC} + C\overline{ABC}$

$= \overline{\overline{A\overline{ABC}}\cdot\overline{B\overline{ABC}}\cdot\overline{C\overline{ABC}}}$

6.23 $F = A\bar{B}C + \bar{A}BC + \bar{A}B\bar{C} + A\bar{B}\cdot\bar{C} = A\bar{B} + B\bar{A} = A\overline{AB} + B\overline{AB} = \overline{\overline{A\overline{AB}}\cdot\overline{B\overline{AB}}}\cdot$

6.24 $Y_2 = \bar{A}\cdot\bar{B}\cdot\bar{C}\cdot\bar{\bar{D}} = \overline{\overline{\bar{A}\cdot\bar{B}\cdot\bar{C}\cdot\bar{\bar{D}}}} \qquad Y_1 = \bar{A}\cdot\bar{\bar{B}} + \bar{A}\cdot\bar{B}\cdot\bar{\bar{C}} = \overline{\overline{\bar{A}\cdot\bar{\bar{B}}\cdot\bar{\bar{C}}}}$

$$Y_0 = \bar{\bar{A}} + \bar{A}\cdot\bar{B}\cdot\bar{\bar{C}} = \overline{\bar{A}\cdot\overline{\overline{\bar{B}\cdot\bar{\bar{C}}}}}$$

6.26 $D_i = \overline{A_i}\cdot\overline{B_i}C_{i-1} + \overline{A_i}B_i\overline{C_{i-1}} + A_i\overline{B_i}\cdot\overline{C_{i-1}} + A_iB_iC_{i-1} = A_i \oplus B_i \oplus C_{i-1}$

$$C_i = \overline{A_i}C_{i-1} + A_i\overline{B_i} + B_iC_{i-1} = \overline{\overline{\overline{A_i}C_{i-1}}\cdot\overline{A_i\overline{B_i}}\cdot\overline{B_iC_{i-1}}}$$

6.31 解：$F_1 = \bar{A}BC + A\bar{B}C + AB\bar{C} + ABC = A\oplus B\oplus C$

$$F_2 = AB + (A\oplus B)C$$

这是一个一位全加器，A，B，C 分别为被加数，加数和低位进位位，F1 为本位和，F2 为本位向高位的进位位。

第 7 章

7.1 解：根据基本 RS 触发器的逻辑功能画出 Q 和 $\bar{Q}$ 端的波形如图所示。所谓 $\bar{R}$ 和 $\bar{S}$ 同时为 0 状态不定，并非 $\bar{R}$ 和 $\bar{S}$ 为 0 期间状态不定，而是 $\bar{R}$ 和 $\bar{S}$ 同时由 0 变为 1 时，由于两个与非门的变化速度不可能绝对一样，导致 Q 和 $\bar{Q}$ 的状态事先无法确定。哪个门变换速度快，其输出先变为 0，从而使另一个门输出为 1。

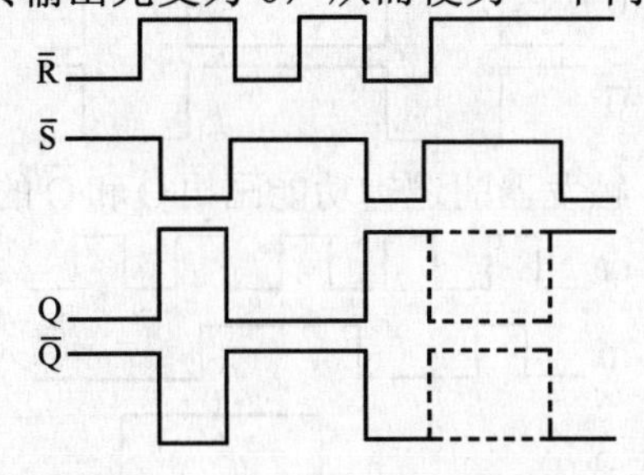

7.2 解：根据或非门的逻辑关系，可列出基本 RS 触发器的功能真值表如表所示，由此画出 Q 和 $\bar{Q}$ 的波形如图所示。

S	R	Q^{n+1}
0	0	Q^n
0	1	0
1	0	1
1	1	不定

7.3 解：电路功能真值表如表所示，由真值表作 Q^{n+1} 的卡诺图如图所示，对卡诺图中的“1”项进行化简，得特征方程为：

$$\begin{cases} Q^{n+1} = S + \overline{R}Q^n \\ R \cdot S = 0(\text{约束条件}) \end{cases}$$

CP	R	S	Q^{n+1}
0	X	X	Q^n
1	0	0	Q^n
1	0	1	1
1	1	0	0
1	1	1	不定

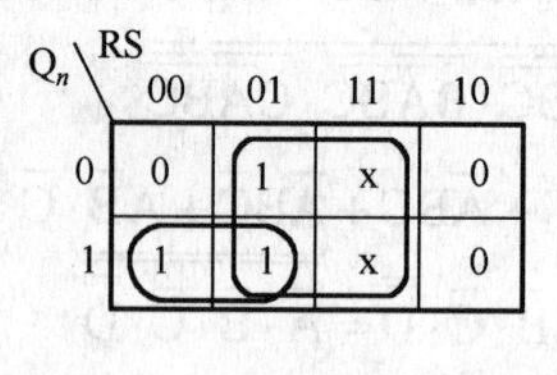

此电路为与非门构成的钟控RS触发器。

7.4 解：根据钟控RS触发器的逻辑功能画出Q端的波形如图所示。

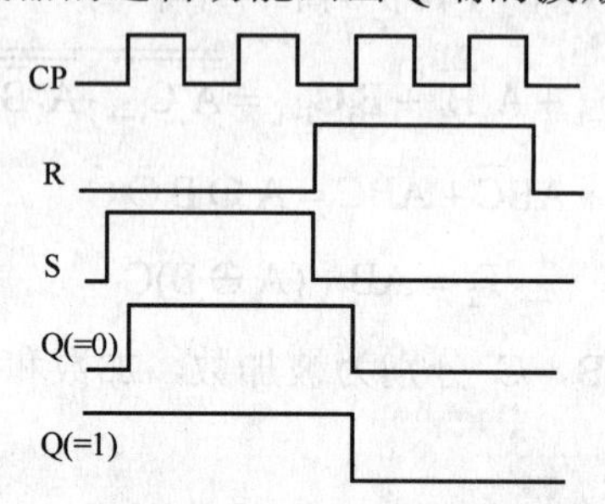

7.5 解：根据主从JK触发器的逻辑功能画出Q和$\overline{Q}$的波形如图所示。

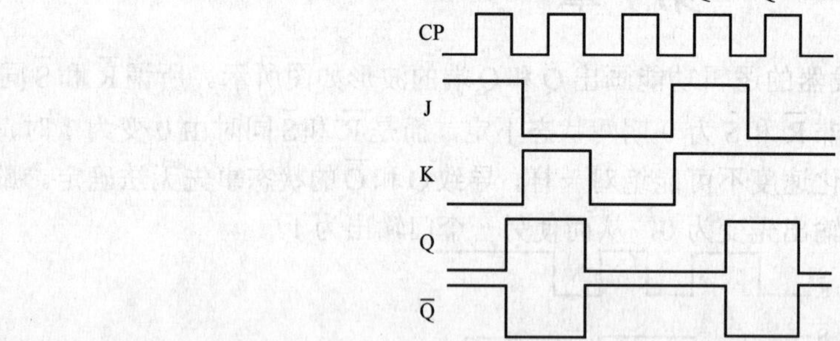

7.6 解：根据维持阻塞D触发器的逻辑功能画出Q和$\overline{Q}$的波形如图所示。

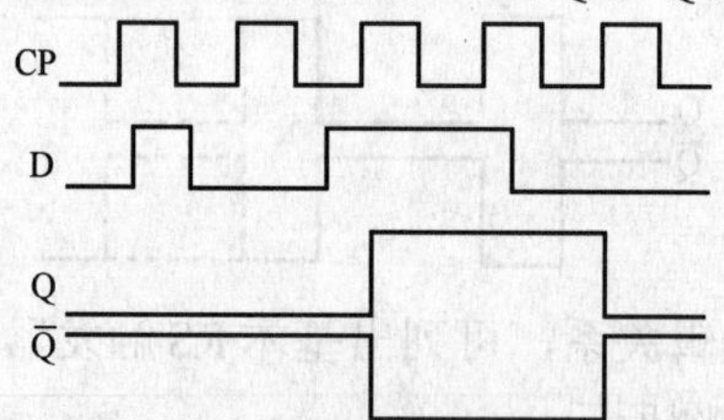

7.7 解：在CP信号连续作用下，各触发器输出端波形如图所示。

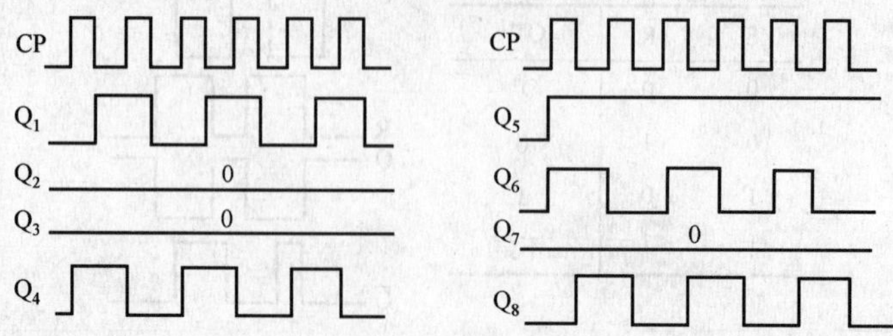

7.8　解：画出 Q_1 和 Q_2 的波形如图所示，由图可知

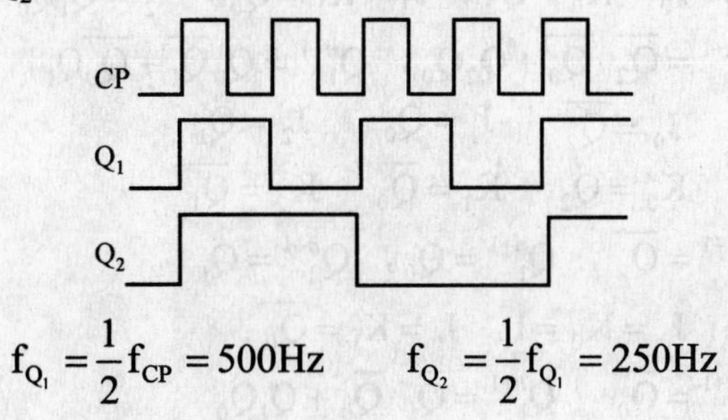

$$f_{Q_1}=\frac{1}{2}f_{CP}=500\text{Hz}\qquad f_{Q_2}=\frac{1}{2}f_{Q_1}=250\text{Hz}$$

7.9　解：画出 $Q_1\sim Q_4$ 的波形如图所示。

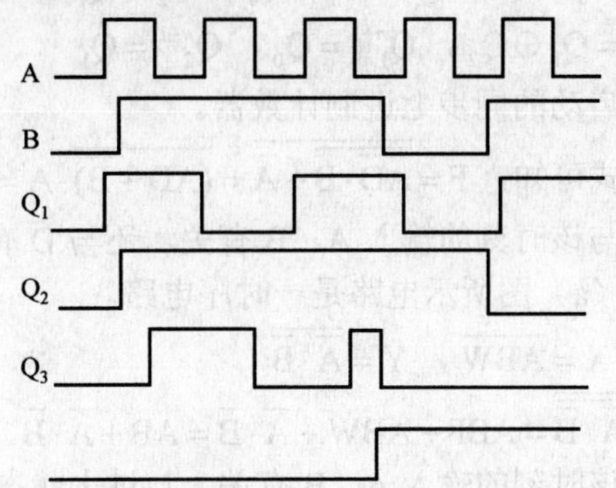

7.10　解：Q 和 $\overline{Q}$ 的波形如图所示：

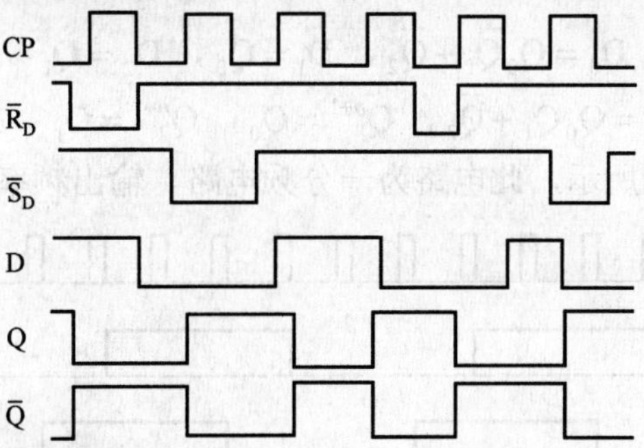

7.11　解：Q 端的波形如图所示：

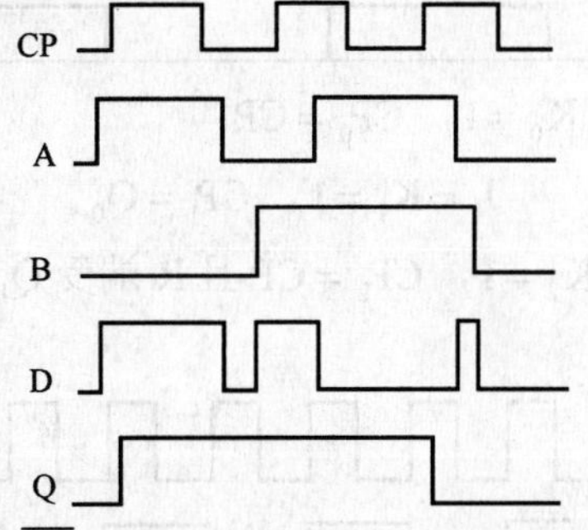

7.12　解：驱动方程：$D_0=\overline{Q_2}$，$D_1=Q_0$，$D_2=Q_1Q_0$

状态方程：$Q_0^{n+1}=\overline{Q_2}$，$Q_1^{n+1}=Q_0$，$Q_2^{n+1}=Q_1Q_0$

输出方程：$Z=\overline{Q_2\overline{Q_0}}$

该电路为一同步五进制计数器，电路可自启动。

7.13 解：驱动方程：$J_0=K_0=\overline{Q_2}$，$J_1=K_1=Q_0$，$J_2=Q_1Q_0, K_2=Q_2$，

状态方程：$Q_0^{n+1}=\overline{Q_2}\cdot\overline{Q_0}+Q_2Q_0$，$Q_1^{n+1}=Q_0\overline{Q_1}+\overline{Q_0}Q_1$，$Q_2^{n+1}=\overline{Q_2}Q_1Q_0$

7.14 解：驱动方程：$\begin{matrix}J_0=\overline{Q_2} \\ K_0=Q_2\end{matrix}$，$\begin{matrix}J_1=Q_0 \\ K_1=\overline{Q_0}\end{matrix}$，$\begin{matrix}J_2=Q_1 \\ K_2=\overline{Q_1}\end{matrix}$，

状态方程：$Q_0^{n+1}=\overline{Q_2}$，$Q_1^{n+1}=Q_0$，$Q_2^{n+1}=Q_1$

7.15 解：驱动方程：$J_0=K_0=1$，$J_1=K_1=\overline{Q_0}$，

状态方程：$Q_0^{n+1}=\overline{Q_0}$，$Q_1^{n+1}=\overline{Q_1}\cdot\overline{Q_0}+Q_1Q_0$

7.16 解：驱动方程：$D_0=Q_1\oplus Q_2$，$D_1=Q_0$，$D_2=Q_1$

状态方程：$Q_0^{n+1}=Q_1\oplus Q_2$，$Q_1^{n+1}=Q_0$，$Q_2^{n+1}=Q_1$

此电路为不可自启动的同步七进制计数器。

7.17 解：(a) 由表达式可知，$F=\overline{\overline{\overline{AD}\cdot B}+\overline{A}}=(AD+\overline{B})\cdot A=(\overline{A}+\overline{D})\cdot B\cdot A=AB\overline{D}$

输出函数F不仅与该时刻的输入A、B有关，还与D有关，而D又取决于以前时刻的输入值，故（a）图所示电路是一时序电路。

（b）$W=\overline{ABF}$，$X=\overline{ABW}$，$Y=\overline{\overline{A}\cdot\overline{B}}$

$F=\overline{\overline{ABF}\cdot\overline{ABW}\cdot\overline{\overline{A}\cdot\overline{B}}}=ABF+ABW+\overline{A}\cdot\overline{B}=AB+\overline{A}\cdot\overline{B}$

输出函数F仅与该时刻的输入A、B有关，与过去状态无关，故（b）图所示电路是一组合电路。

7.18 解：驱动方程：$D_0=Q_0\overline{Q_1}+\overline{Q_2}$，$D_1=Q_0$，$D_2=Q_1$

状态方程：$Q_0^{n+1}=Q_0\overline{Q_1}+\overline{Q_2}$，$Q_1^{n+1}=Q_0$，$Q_2^{n+1}=Q_1$

输出波形如下图所示，此电路为一分频电路，输出频率为时钟频率的1/6。

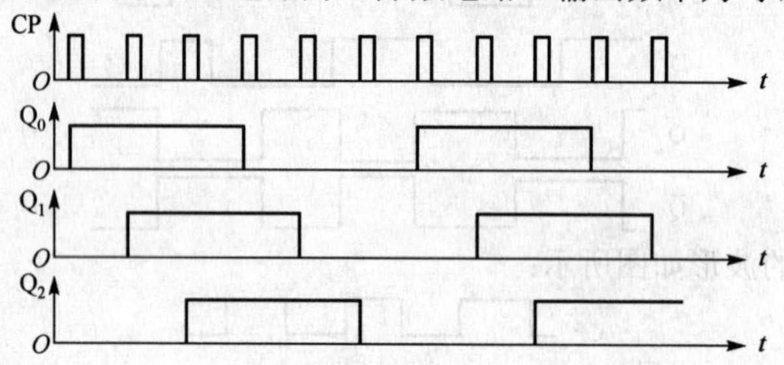

7.19 解：驱动方程：$J_0=K_0=1$，$CP_0=CP$

$J_1=K_1=1$，$CP_1=Q_0$

$J_2=K_2=1$，$CP_2=CP$ 且R端受Q_1控制

输出时序图：

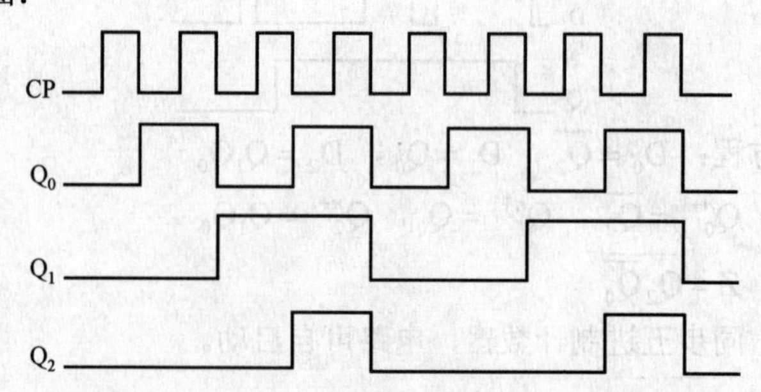

7.20　解：驱动方程：$J_0 = D$，$K_0 = \overline{D}$

$$J_1 = \overline{Q}_0，\ K_1 = \overline{Q}_0$$

$$J_2 = Q_1，\ K_2 = \overline{Q}_2$$

状态方程：$Q_0^{n+1} = D$，$Q_1^{n+1} = Q_0$，$Q_2^{n+1} = Q_1$

输出波形如图所示，此电路具有右移移位寄存器功能。

7.21　解：该计数器有六个独立状态。

7.22　解：驱动方程：$D_0 = \overline{Q}_0$，$CP_0 = CP$

$$D_1 = \overline{Q}_1，\ CP_1 = Q_0$$

$$D_2 = \overline{Q}_2，\ K_2 = \overline{Q}_2$$

状态方程：$Q_0^{n+1} = \overline{Q}_0$，$Q_1^{n+1} = \overline{Q}_1$，$Q_2^{n+1} = \overline{Q}_2$

输出波形如图所示，此电路为异步三位二进制减法计数器。

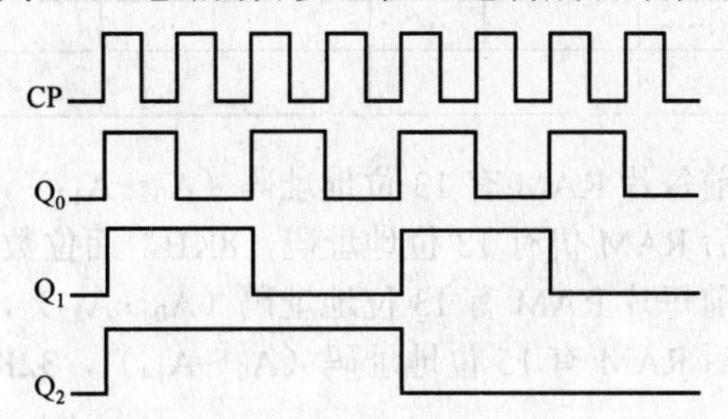

第 8 章

8.1　解：

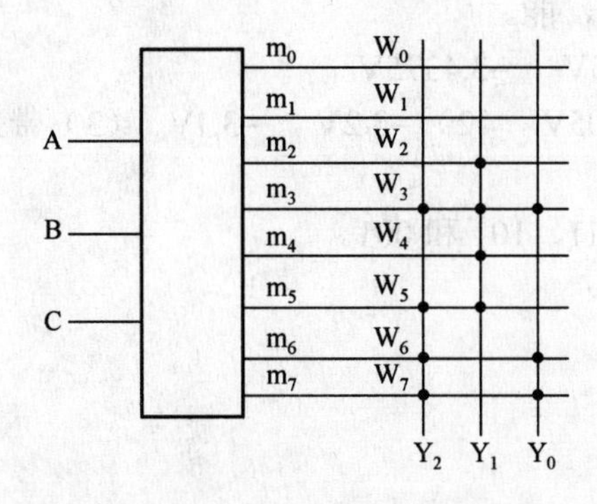

8.2 解：

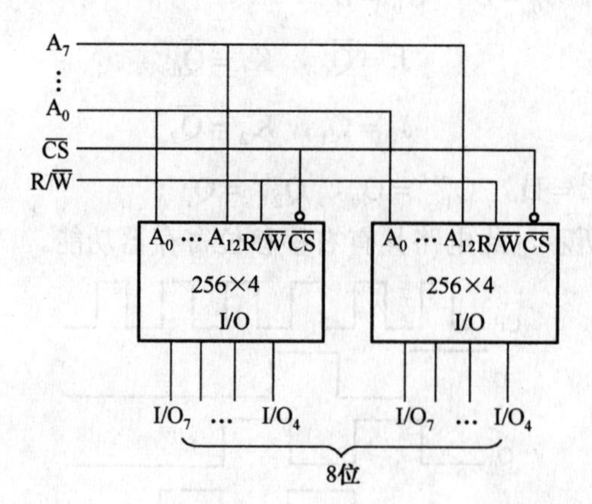

8.3 解：

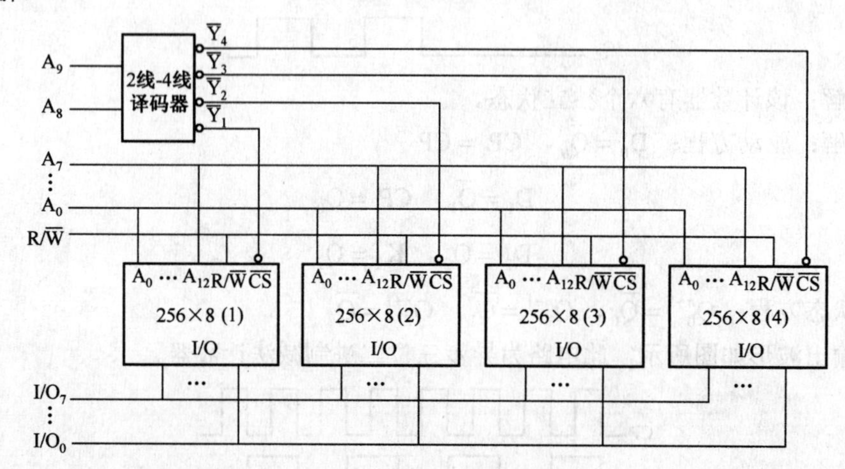

8.4 解：（1）扩展前每片 RAM 有 13 位地址码（A_0～A_{12}），8KB，每字 8 位；

（2）扩展后 RAM 仍有 13 位地址码，8KB，而位数增至 16 位。

8.5 解：（1）扩展前每片 RAM 有 13 位地址码（A_0～A_{12}），8KB，每字 8 位；

（2）扩展后 RAM 有 15 位地址码（A_0～A_{14}），32KB，每字 8 位。

第 9 章

9.1 1.5V，3V

9.2 1.54V，0.3922%，能。

9.3 −1.5625V −1.875V −3.4375V

9.4 （1）−3.15V，−3.05V （2）−3.2V，−3.1V （3）带来一定的转换误差。

9.5 −3.125V −6.25V

9.6 000、010、110、111、101 和 001。

9.7 −0.625V，−0.039V

9.8 11001101

9.9 9.78mV

9.10 $d_3d_2d_1d_0$=1101

参考文献

[1] 秦曾煌. 电工学[M]. 北京：高等教育出版社, 2009.
[2] 秦曾煌. 电工学简明教程[M]. 北京：高等教育出版社, 2006.
[3] 童诗白, 华成英. 模拟电子技术基础[M]. 北京：高等教育出版社, 2006.
[4] 唐介. 电工学（少学时）[M]. 北京：高等教育出版社, 2009.
[5] 阎石. 数字电子技术基础[M]. 北京：高等教育出版社, 2006.
[6] 邓星钟. 机电传动控制[M]. 武汉：华中科技大学出版社, 2007.
[7] 王鸿明. 电工技术和电子技术[M]. 北京：清华大学出版社, 2009.
[8] 康华光. 电子技术基础[M]. 北京：高等教育出版社, 2006.
[9] 张南. 电工学（少学时）[M]. 北京：高等教育出版社, 2009.
[10] 梁伟洋，冯祥等. 电子技术应用[M]. 长沙：国防科技大学出版社, 2002.
[11] 高吉祥. 数字电子技术[M]. 北京：电子工业出版社, 2011.
[12] 胡宴如. 模拟电子技术基础[M]. 北京：高等教育出版社, 2005.
[13] 殷瑞祥. 电路与模拟电子技术[M]. 北京：高等教育出版社, 2009.
[14] 金如麟. 电力电子技术基础[M]. 北京：上海交通大学出版社, 2001.
[15] 李若英. 电工电子技术基础[M]. 重庆：重庆大学出版社, 2008.
[16] 于晓平. 数字电子技术[M]. 北京：清华大学出版社, 2006.
[17] 白中英. 数字逻辑与数字系统[M]. 北京：科学出版社, 2007.
[18] 渠云田. 电工电子技术[M]. 北京：高等教育出版社, 2008.
[19] 叶挺秀. 电工电子学[M]. 北京：高等教育出版社, 2008.
[20] 李宏，王崇武. 现代电力电子技术基础[M]. 北京：机械工业出版社, 2009.
[21] 冷增祥，徐以荣. 电力电子技术基础[M]. 南京：东南大学出版社, 2006
[22] 应建平. 电力电子技术基础[M]. 北京：机械工业出版社, 2003.
[23] 李晓明. 电工电子技术[M]. 北京：高等教育出版社, 2008.
[24] 唐庆玉. 电工技术与电子技术（下册）[M]. 北京：清华大学出版社, 2007.
[25] 徐淑华. 电工电子技术[M]. 北京：电子工业出版社, 2008.
[26] 毕淑娥. 电工与电子技术基础[M]. 哈尔滨：哈尔滨工业大学出版社, 2008.
[27] 孙梅. 电工学（非电类）[M]. 北京：清华大学出版社, 2008.
[28] 杨志忠. 数字电子技术基础[M]. 北京：高等教育出版社, 2009.
[29] 肖志红. 电工电子技术（下册）[M]. 北京：机械工业出版社, 2010.
[30] 胡斌. 图表细说电子元器件[M]. 北京：电子工业出版社, 2008.
[31] 董传岱. 电工学（电子技术）[M]. 北京：机械工业出版社, 2007.
[32] 熊幸明. 电工电子技术（下册）电子技术[M]. 北京：清华大学出版社, 2007.
[33] 程开明，唐治德. 数字电子技术[M]. 重庆：重庆大学出版社, 2005.

[34] 康润生. 电工与电子技术之电子技术[M]. 徐州：中国矿业大学出版社, 2007.
[35] 黄继昌. 常用电子元器件实用手册[M]. 北京：人民邮电出版社, 2009.
[36] 刘全忠. 电子技术（电工学Ⅱ）[M]. 北京：高等教育出版社, 2009.
[37] 符磊，王久华. 电工技术与电子技术基础[M]. 北京：清华大学出版社, 2011.
[38] 李伟凯. 数字电子技术[M]. 北京：中国农业出版社, 2008.
[39] 罗会昌，周新云. 电子技术（电工学Ⅱ）[M]. 北京：机械工业出版社, 2009.